普通高等院校“十三五”精品教材

结 构 力 学

主　编 ◎ 李春林

本书的重要知识点讲解视频和 PPT 请扫描以下二维码或登录网站进入学习平台绑定学习，登录网址：https://mooc1-1.chaoxing.com/course/201819722.html

西南交通大学出版社
·成　都·

图书在版编目（CIP）数据

结构力学 / 李春林主编. —成都：西南交通大学出版社，2020.10（2022.7 重印）
普通高等院校“十三五”精品教材
ISBN 978-7-5643-7637-6

Ⅰ. ①结… Ⅱ. ①李… Ⅲ. ①结构力学 – 高等学校 – 教材 Ⅳ. ①O342

中国版本图书馆 CIP 数据核字（2020）第 170523 号

普通高等院校“十三五”精品教材

Jiegou Lixue

结构力学

主编　李春林

责任编辑　陈　斌
封面设计　原谋书装

出版发行　西南交通大学出版社
（四川省成都市金牛区二环路北一段 111 号
西南交通大学创新大厦 21 楼）
邮政编码　610031
发行部电话　028-87600564　028-87600533
网址　http://www.xnjdcbs.com
印刷　四川森林印务有限责任公司

成品尺寸　185 mm × 260 mm
印张　15.75
字数　392 千
版次　2020 年 10 月第 1 版
印次　2022 年 7 月第 2 次
定价　45.00 元
书号　ISBN 978-7-5643-7637-6

课件咨询电话：028-81435775

前　言

本书是普通高等院校“十三五”精品教材，是根据教育部高等学校力学教学指导委员会力学基础课程指导分委员会最新制订的《结构力学课程教学基本要求（B类）》，并结合近年教学改革成果编写而成的。

本书以结构力学的基本概念、基本原理及其科学运用为主线；以认知规律为出发点；以工程实践为背景；以素质与能力的提高为目标。本书概念清晰、内容简明、深入浅出和理论联系实际，并通过二维码引入结构力学数字化教学资源。

本书吸取了以往有关教材的长处和多年来的教学经验，根据调查及一些学校的反映，近年来结构力学课程的教学课时逐渐减少，因此，教材中力图保持结构力学基本理论的系统性和贯彻“少而精”的原则，基本上只收入了《基本要求》中要求的内容；同时考虑到现代科学技术的发展，适当介绍了一部分新内容。

本书的特点是采用项目式教学法，以某一工程建设项目为背景，以教学内容为主线展开项目教学。本书内容包括绪论、平面体系的几何组成分析、静定梁与静定刚架、静定拱、静定平面桁架、影响线、结构位移计算、力法、位移法、渐近法及矩阵位移法。全书各章均附有思考题和习题及部分习题答案。

本书可作为高等学校力学、土建、水利等专业的教材，也可供有关工程技术人员参考。

本书由李春林主编，编写过程中辽宁工程技术大学的郤英楼、唐巨鹏、李利萍等参加了审稿会议，提出了许多宝贵意见，在此表示衷心的感谢！

作为结构力学课程体系改革的一种探索，本书难免存在疏漏和不足之处，恳请读者提出宝贵的意见，在此致以衷心的感谢！

编　者

2020年7月

目　录

1 绪 论

1.1 结构力学的研究对象与任务

结构是建筑物、构筑物或其他工程对象中承受和传递荷载并起骨架作用的部分，结构的各个组成部分称为构件。通过一定的构造将杆件连接而成的结构叫杆件结构，通常简称为结构。结构力学主要研究在弹性范围内发生小变形时杆件结构的内力和变形，**结构力学**是固体力学的一个主要分支。

任何结构都要实现一定的功能要求。为使结构既能安全、正常地工作，又能符合经济的要求，就需对其进行强度、刚度和稳定性的计算，同时要使结构中的各构件之间相对位置保持不变，这一任务是由材料力学、结构力学、弹性力学等几门课程共同来承担的。材料力学主要研究单个杆件的计算；结构力学则在此基础上着重研究由杆件所组成的结构；弹性力学将对杆件做更精确的分析，并将研究板、壳、块体等非杆状结构。当然，这种分工不是绝对的，各课程间常存在互相渗透的情况。

如上所述，结构力学的研究对象主要是杆件结构，结构力学的基本任务主要包括以下几个方面：

（1）研究结构的组成规律，使结构具有可靠的几何组成和合理的组成方式。

（2）研究结构在荷载等因素作用下的内力和位移的计算方法，并进行强度和刚度的验算。

（3）研究结构的稳定性及动力荷载作用下的结构响应。

结构力学是介于基础课与专业技术课之间的专业基础课，它一方面要用到数学、理论力学和材料力学等课程中的知识；另一方面，结构力学的基本概念、基本理论和基本方法是钢筋混凝土结构、钢结构、地基基础和结构抗震设计等工程结构课程的基础，结构力学与工程结构联系更为紧密，结构力学的分析结果又是各类结构的设计依据。当前的计算机辅助设计软件，其核心计算部分的基本理论和方法也都以结构力学作为基础。

根据本课程在力学、土建、水利工程等专业本科教育中的作用及特点，本书将在研究结构力学的主要内容的同时，引入现代结构力学的理念，采用项目教学法，以某一工程建设项目为背景（见图 1-1），以教学内容为主线，开展项目教学，在完成相关教学内容后结合工程项目进行相应的综合训练。学生在学习结构力学基本知识的同时，熟悉工程环境和工程背景，实现理论学习和工程实践有机结合，使结构力学的学习与工程结构设计紧密联系起来，拓展学习空间，开阔视野。

图 1-1

1.2 结构的组成

1.2.1 结构的组成

结构通常由以下几部分组成：

（1）杆件：通常用其轴线表示。

（2）结点：杆件和杆件相互连接的部分。

（3）支座：大地（基础）或与大地牢固连接的物体称为不动体，结构与不动体相互连接的装置称为支座。

支座或结点等限制结构运动的装置称为约束。

不动体通过支座对结构的作用，通常叫支座反力或约束反力，属于被动产生的力，简称之为反力。

1.2.2 支座和支座反力

1．可动铰支座

桥梁结构中所用的辊轴支座［见图 1-2（a）］及摇轴支座［见图 1-2（b）］，都是可动铰支座的实例。可动铰支座的机动特征是结构可绕铰 A 做自由转动，并允许沿支承面有微量的移动，但限制铰 A 沿垂直于支承面方向的移动。只有竖向反力 F_{Ay}，根据可动铰支座的机动特征和受力特征，通常可简化为图 1-2（c）所示一根垂直于支撑面的链杆。

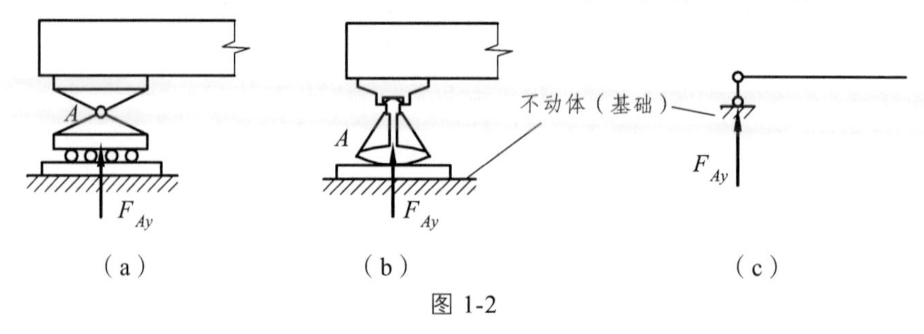

图 1-2

2．固定铰支座

固定铰支座，其构造如图 1-3（a）所示，简称为铰支座，其约束特点是结构可绕铰 A 转动，但沿水平和竖向的移动受到限制，此时，支座反力通过铰 A 的中心，通常分解成水平和竖向的分反力 F_{Ax}、F_{Ay}。根据铰支座的约束特性和受力特征，可简化为如图 1-3（b）或图 1-3（c）所示的两根支撑链杆。

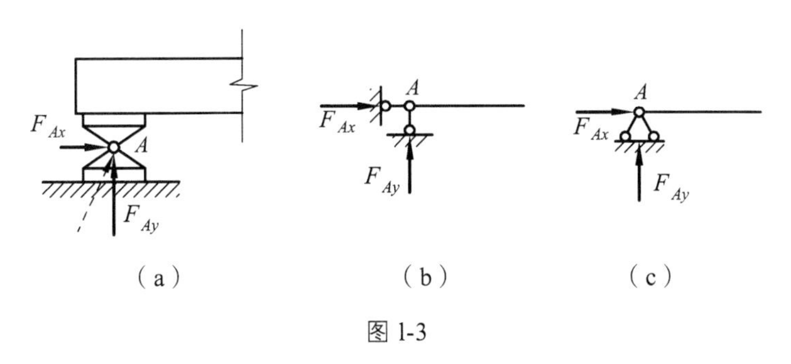

图 1-3

3．固定支座

图 1-4（a）所示为悬臂梁，当梁端插入墙内有一定深度时，梁被不动体（墙）牢固约束，则称其为固定支座。固定支座不容许结构在支撑处发生任何转动和移动，相应的支座反力，通常可用水平反力 F_{Ax} 、竖向反力 F_{Ay} 和反力矩 M_A 来表示，可简化为如图 1-4（b）所示，或如图 1-4（c）所示的三根支撑链杆来表示。

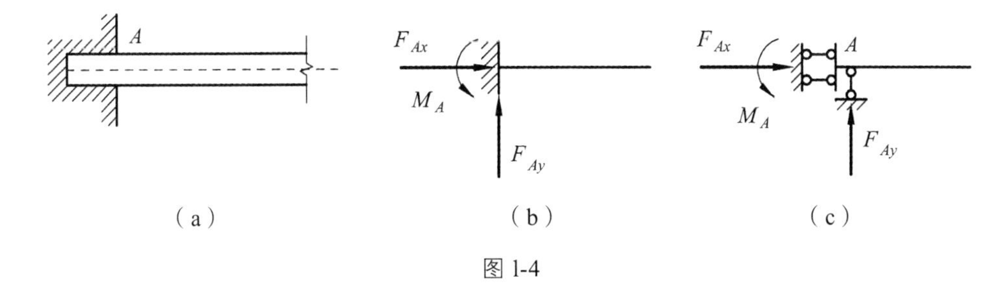

图 1-4

4．滑动支座

这种支座又称为定向支座，如图 1-5（a）所示，这类支座只能限制结构转动和沿一个（y 轴）方向移动，但可沿另一个（x 轴）方向自由移动，因此，相应的两个反力（F_{Ay}，M_A），通常可简化为图 1-5（b）所示两根垂直于支撑面的链杆。

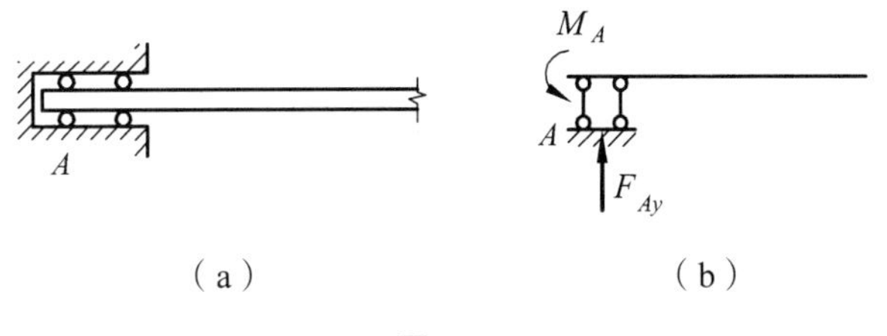

图 1-5

1.2.3 结　点

杆件结构是由若干根杆件相互连接而组成的，其连接部分称为结点。在钢结构和混凝土等结构中，杆件之间相互连接的构造方式虽有不同，但按其约束效用及其力学特性，结点通常简化为铰结点、刚结点、组合结点和定向结点等几种理想的结点。

1．铰结点

理想铰结点的特点是所连接的各杆可以绕铰做自由转动，但不能相对移动；在铰结点处可承受和传递力，但不能承受和传递力矩。这种理想情况，在实际工程中很难实现。图1-6（a）所示为钢桁架的结点，该处虽然是把各杆件焊接在结点板上使各杆端不能相对转动，但在桁架中各杆主要是承受轴力，因此计算时仍常将这种结点简化为铰结点［见图1-6（b）］。由此所引起的误差在多数情况下是可以允许的。

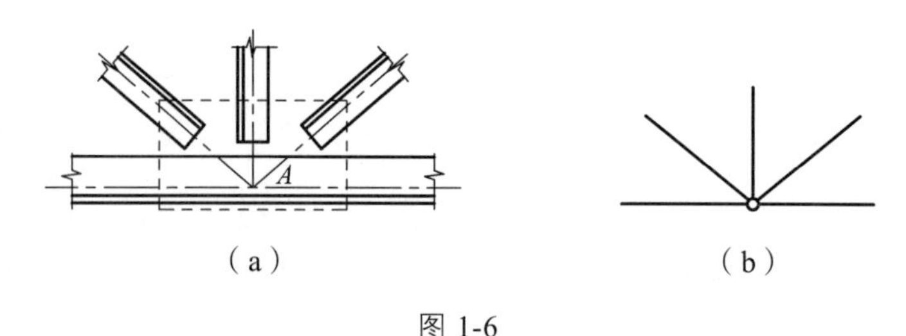

（a）　　（b）

图 1-6

2．刚结点

刚结点的特点是所连接杆件之间在结点处不能相对移动，也不能相对转动（保持夹角不变）；即在刚结点处不但能承受和传递力，而且能传递力矩，各杆之间的夹角在变形前后保持不变。如图 1-7（a）所示为混凝土多层框架边柱与横梁的结点构造图。由于边柱与横梁间为整体浇筑，同时横梁的受力钢筋伸入柱内并满足锚固长度的要求，因而就保证了横梁与边柱能相互牢固地连接在一起，可简化为如图 1-7（b）所示的刚结点。

3．组合结点

在结点处部分杆件间采用刚性连接，另外一些杆件间采用铰连接的结点称为组合结点，如图 1-8 所示。它的杆件变形与受力特征是：用刚性连接的杆件，其变形、位移和受力同刚结点；用铰连接的杆件，其变形、位移和受力同铰结点。

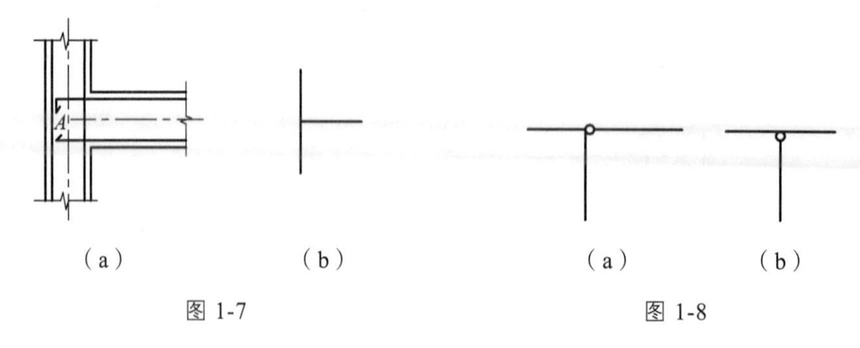

（a）　（b）　（a）　（b）

图 1-7　　图 1-8

4．定向结点

两杆连接起来、相互之间不能发生相对转动而只能沿某一方向发生相对平移的结点，称为定向结点。图 1-9（a）所示为允许剪切平移的定向结点，可简称为剪移定向结点。图 1-9（b）所示为允许轴向平移的定向结点，可简称为轴移定向结点。此类结点的实例虽然少见，但在结构计算中却经常用到。

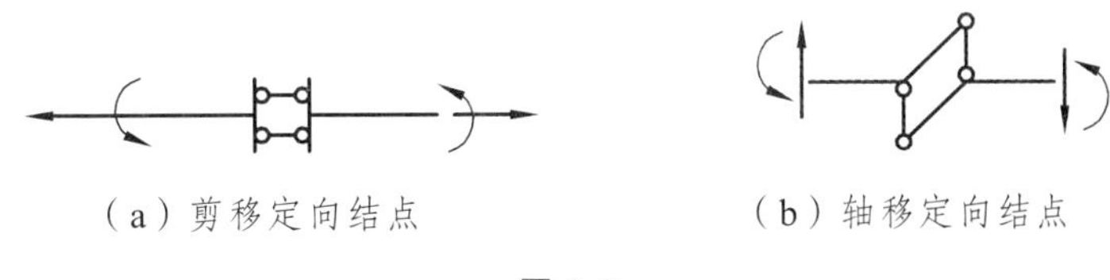

（a）剪移定向结点　　（b）轴移定向结点

图 1-9

1.2.4　结构计算简图

实际工程是很复杂的，如果不做任何简化，分析计算将十分困难。

分析实际结构，需利用力学知识和工程实践经验，经过科学的抽象，并根据实际受力、变形规律等主要因素，对结构进行合理的简化。这一过程称为力学建模，经简化后可以用于分析计算的模型，称为结构的计算简图。

确定计算简图的原则是：

（1）计算简图应尽可能反映实际结构的主要受力、变形等特性；

（2）保留主要因素，忽略次要因素，使计算简图便于分析计算。

实际结构均为三维空间结构。为方便分析，在一些情况下可以简化为二维平面结构。空间结构与平面结构的分析方法基本相同，掌握了平面结构的分析方法后不难将其扩展到空间结构，因此，本书主要介绍平面结构。

前面介绍了结构的杆件、结点及支座等各组成部分的简化，下面通过简单的工程实例说明结构体系简化过程的步骤和方法。

例如一根梁两端搁在墙上，上面放一重物［见图 1-10（a）］。简化时，梁本身用其轴线来代表。重物近似看作集中荷载，梁的自重则视为均布荷载；两端墙限制梁的运动，说明墙的作用功能是支座。至于两端墙对梁的支座反力，其分布规律是难以知道的，现假定为均匀分布，并以其作用于墙宽中点的合力来代替。考虑到支承面有摩擦，梁不能左右移动，但受热膨胀时仍可伸长，故可将其一端视为固定铰支座，而另一端视为活动铰支座。这样，便得到如图 1-10（b）所示的计算简图。显然，只要梁的截面尺寸、墙宽及重物与梁的接触长度均比梁的长度小许多，则做上述简化在工程上合理的。

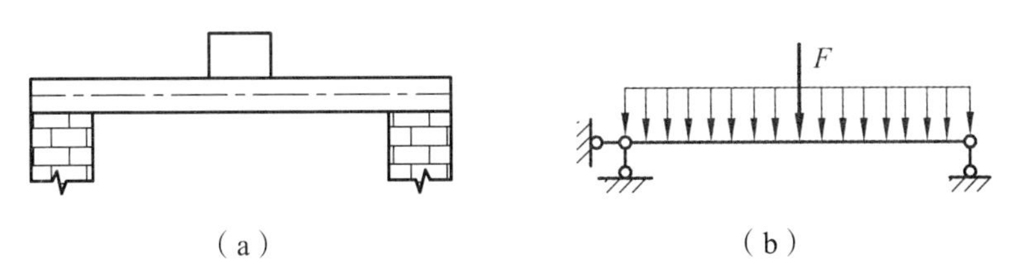

（a）　　（b）

图 1-10

又如图 1-11（a）所示的是由屋架、柱、吊车梁、基础等构件组成的平面排架结构，若沿垂直于纸面方向将若干个平面排架结构相隔一定的距离布置，通过连接构件就可构成空间体系的单层厂房，由于每一榀排架结构的受力基本相同，因此设计时可以取出单榀排架按平面结构计算。

屋架、吊车梁等构件都是预制的，施工时先将基础、柱子现浇好，然后把屋架安放于柱顶，由预埋件通过螺栓连接就形成了平面排架结构。它的计算简图如图 1-11（b）所示，其中型钢制作的屋架结点简化成铰结点，屋架与柱子的连接，简化成铰结点，对于柱子与基础的连接，可简化成固定支座。

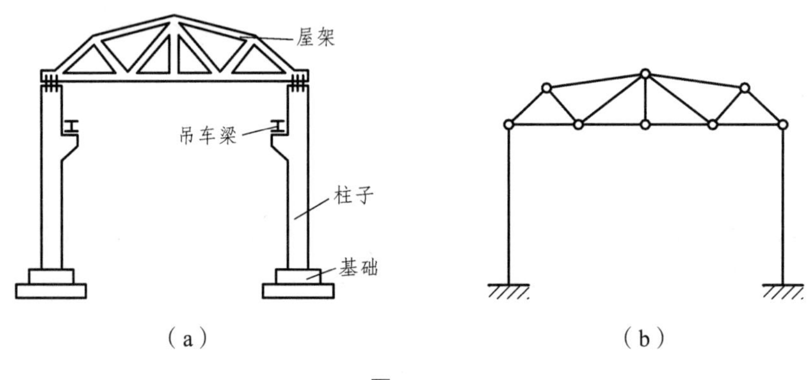

图 1-11

为了简化计算，可把柱子视作屋架的基础，把屋架拿出来单独计算，其计算简图如图 1-12（a）所示，至于支座形式可视具体连接方法而确定，若跨度比较大，为了释放热胀冷缩引起的应力，可以把其中一个支座做成在水平方向是可动的，其计算简图如图 1-12（b）所示，排架的计算简图则如图 1-12（c）所示，其中屋架用一根 $EA=\infty$ 的杆件来代替。即用图 1-12（a）或图 1-12（b）来计算排架结构中屋架的内力和位移，用图 1-12（c）来计算排架结构中柱子的内力和位移。

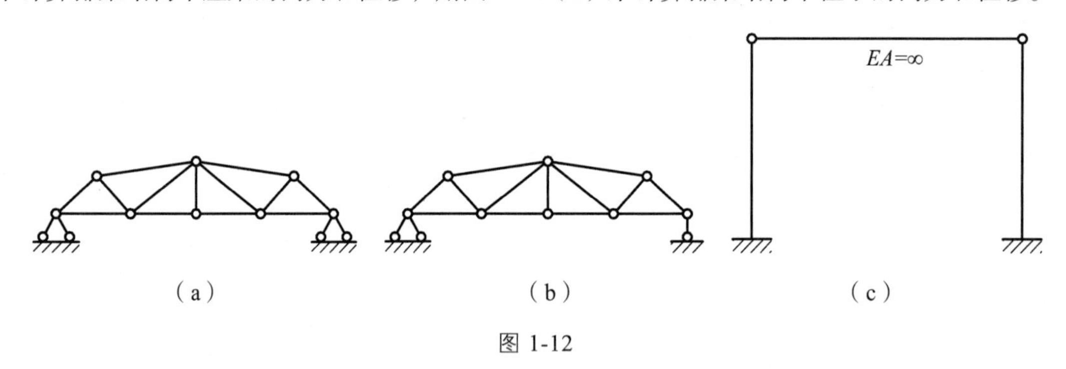

图 1-12

1.3 杆件结构的分类

在杆件结构的分析中，通常以结构计算简图代替实际结构，简称为结构。杆件结构是应用最多、使用最广的一种结构形式，因此种类甚多，根据不同的观点，可有不同的分类方法。下面介绍几种较为重要的分类方法。

1．按计算特点分类

（1）静定结构。

支座反力和内力通过静力平衡条件能够完全确定的结构，称为静定结构。例如图 1-13（a）所示的简支梁，其全部反力和任一截面的内力均可通过平衡条件求得，故它是静定结构。再如图 1-13（b）所示的三角桁架也是静定结构。

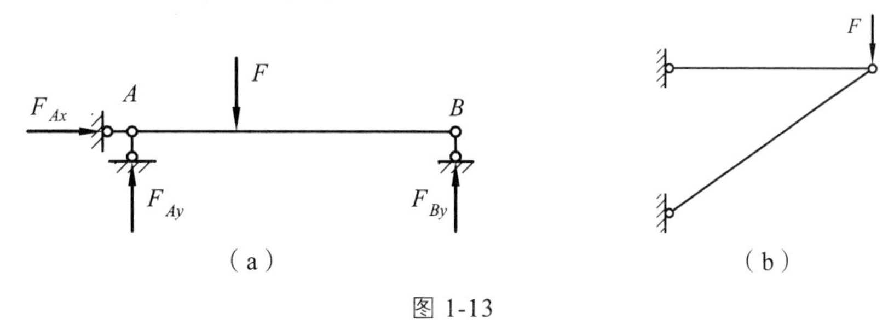

图 1-13

（2）超静定结构。

支座反力和内力不能通过静力平衡条件完全确定的结构，称为超静定结构。如图 1-14（a）所示的梁，它具有四个未知反力，可是考虑该梁的整体平衡条件，却只能建立三个独立的平衡方程。因此，若要求出这些反力，则还必须根据梁的实际变形情况（例如 A 或 B 点的竖向位移为零），建立一个变形协调方程，因而它是超静定结构。又如图 1-14（b）所示是具有多余内力的超静定桁架；图 1-15 是既有多余支座反力又有多余内力的超静定结构。

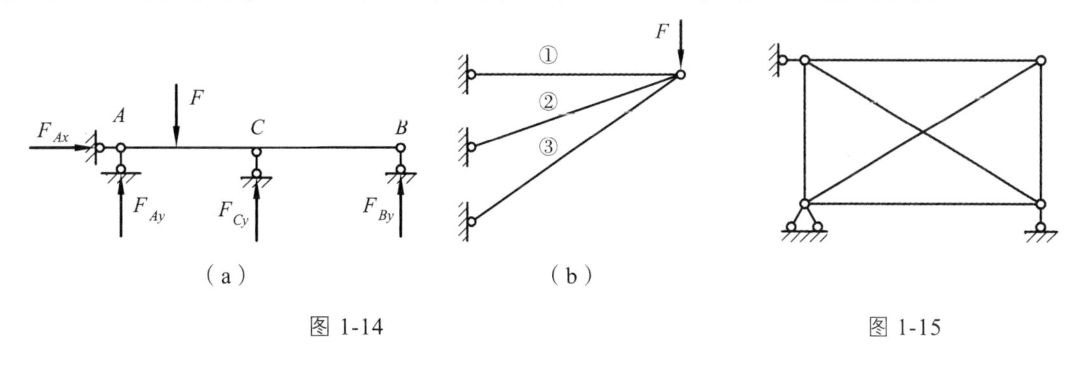

图 1-14　　图 1-15

2．按结构组成和受力特点分类

（1）梁。

梁是一种受弯构件，其轴线通常为直线。在竖向荷载作用下无水平支座反力，内力有弯矩和剪力。有静定的，也有超静定的，可以是单跨的［见图 1-13（a）］，也可以是多跨的［见图 1-16（a）、（b）］。其中，图 1-16（a）称为多跨静定梁；图 1-16（b）为超静定的多跨梁，称为连续梁。

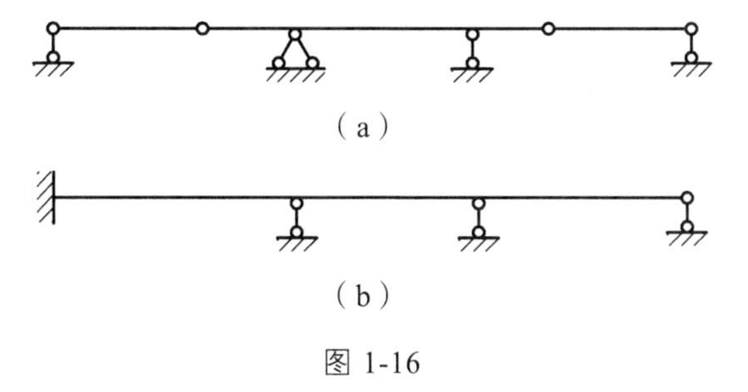

图 1-16

（2）拱。

拱的轴线通常为曲线，它的特点是：在竖向荷载作用下能产生水平反力，从而可以大大减小拱截面内的弯矩，所以能做成很大的跨度。在工程中常用的有三铰拱、两铰拱和无铰拱[见图 1-17（a）、（b）、（c）]，其中，三铰拱是静定的，而后两者则是超静定的。在一般情况下，拱截面内有弯矩、剪力和轴力等三种内力，其中，轴力往往是主要的。

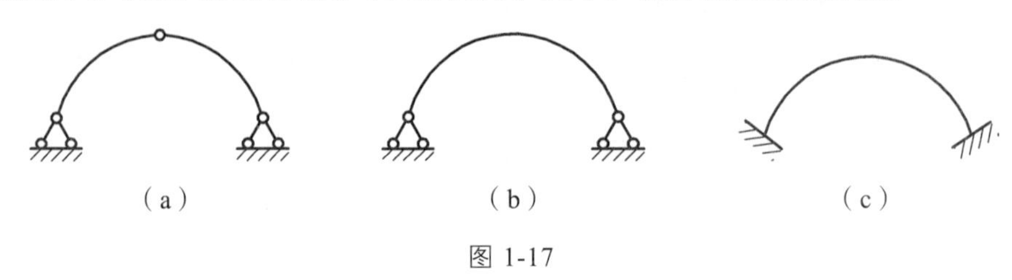

图 1-17

（3）桁架。

各杆全部用铰连接的结构称为桁架，当荷载作用于结点时，各杆只受轴力，如图 1-18（a）、（b）所示。

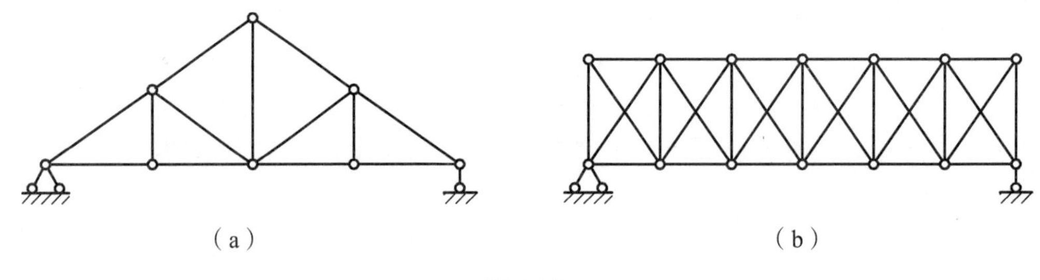

图 1-18

（4）刚架。

由梁和柱等直杆全部或部分采用刚性连接组合而成的结构，称为刚架，如图 1-19 所示。刚架中的杆件均受弯，通常有弯矩、剪力和轴力等三种内力。

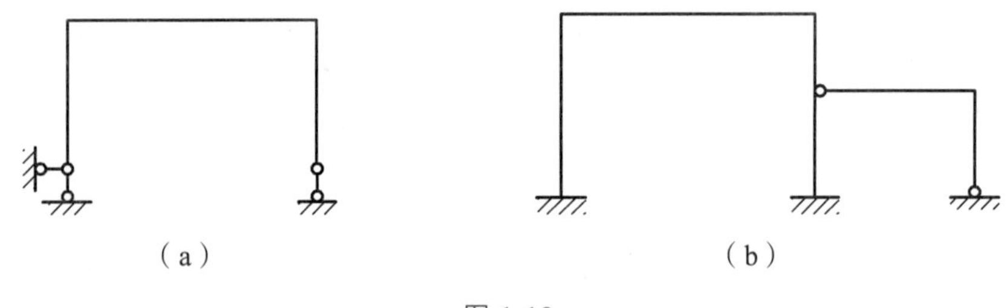

图 1-19

（5）组合结构。

结构中既有刚结点又有铰结点，称为组合结构。其特点是桁架杆只承受轴力，其余受弯杆件同时承受轴力、剪力和弯矩。如图 1-20 所示的加劲梁。

（6）悬吊结构。

悬吊结构的特点是，通常以仅能承受拉力的柔性缆索作为主要受力构件，如图 1-21 所示。在桥梁工程中，常用的悬吊结构有柔式悬索桥、劲式悬索桥及缆索倾斜设置的斜拉桥等。

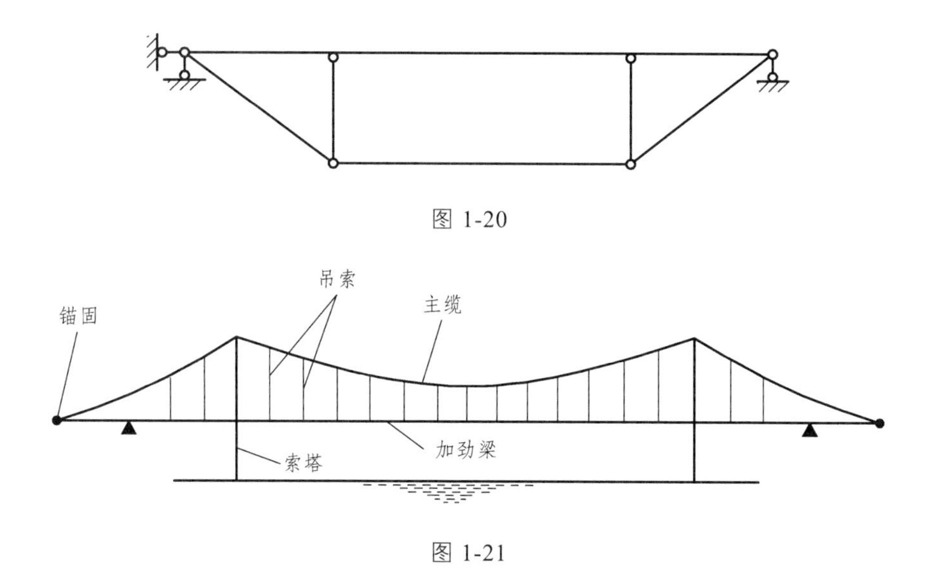

图 1-20

图 1-21

3．根据杆轴线和荷载在空间的位置分类

按照杆件轴线及荷载作用线在空间所处的不同位置，杆件结构可分为平面结构和空间结构。如果结构中各杆轴线及荷载均在同一平面内，则称为平面结构，否则为空间结构。实际上工程中的结构都是空间结构，在很多情况下可以简化为平面结构或分解为几个平面结构，但在有些情况下必须按空间结构计算，如图 1-22 所示。

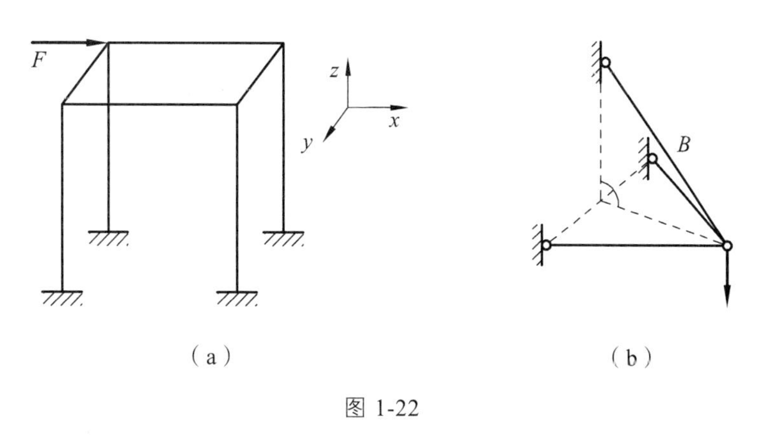

（a）　　（b）

图 1-22

1.4　荷载的性质与分类

荷载通常是指主动作用于结构上的外力。例如，结构本身的自重、工业厂房结构上的吊车荷载、行驶在桥梁上的车辆荷载等。

根据荷载的分布、荷载作用时间的久暂及荷载作用的性质，可将荷载做如下分类：

1．按荷载的分布划分

（1）面荷载。如风荷载、雪荷载、雨荷载、人群荷载、水压力等。

（2）体积荷载。如结构自重、温度荷载等。

（3）集中荷载。如集中力、集中力矩等。

2．按荷载作用时间的久暂划分

（1）恒载。是指长期或较长时间作用在结构上不变动的荷载，如结构物的自重、固定设备的重量、回填土压力和地下水压力等。

（2）活荷载。是指短期或临时作用在结构上可变动的荷载，如一般楼面上正常的使用荷载、屋面上的积灰荷载、楼面或屋面上施工或检修时人和小工具的重量、吊车梁上的吊车荷载、桥梁上的车辆荷载，以及风荷载、雪荷载等。

3．按荷载作用性质划分

按是否会引起结构振动或是否考虑动力效应来区分，可分为：

（1）静力荷载。

静力荷载的大小、方向和作用位置不随时间而变化，而且加载过程比较缓慢，在静力荷载的作用下，结构上的质量不会引起加速度和惯性力，如结构自重和设备重力等。

（2）动力荷载。

动力荷载是随时间迅速变化的荷载，在动力荷载作用下，结构上的质量会引起加速度和惯性力，因而引起结构显著的冲击或振动，如动力机械运转时产生的振动荷载、地震荷载、风荷载等。

另外，按荷载在结构上的作用位置是否可变更来区分，又可划分为固定荷载和移动荷载。恒载和一部分活载（如水塔内水的重量、风、雪等）在结构上的位置是固定不变的，所以又称为固定荷载；另一部分活载如吊车梁上的吊车荷载和车辆荷载等，则是一组作用线平行且间距不变的可在结构上移动的荷载，称为移动荷载。

思考题

1. 什么是结构的计算简图？为什么要将实际结构简化为计算简图？

2. 计算简图的选择原则是什么？

3. 平面杆件结构的结点通常简化为哪几种情形？它们的构造、限制结构运动和受力的特征各是什么？

4. 平面杆件结构的支座通常简化为哪几种情况？它们的构造、限制结构运动和受力特征各是什么？

5. 常用的杆件结构有哪几类？

6. 试说明杆件结构、板壳结构与实体结构在几何特征方面的主要差别。

7. 试说明结构力学的基本任务和结构力学课程学习中应注意的问题。

8. 试说明移动荷载与动力荷载之间的区别以及可能存在的联系。

2 结构的几何组成分析

2.1 杆件体系

通过节点将杆件连接在一起，则构成杆件体系，具有一定的几何形状。如果杆件之间全部或部分可以发生相对位移，使原有几何形状不能维持的叫几何可变体系，通常又称为机构。机构在外力作用下将发生运动，例如图 2-1（b）所示的四连杆机构。如果全部杆件的几何位置不可以发生相对改变，原有几何形状能够维持的叫几何不变体系，当有足够适当的支座约束时，就是结构。例如图 2-1（a）所示铰接三角形体系是最基本的几何不变体系，结构是可以承受外力作用的。如果全部或部分杆件必须发生一定的变形而在改变原来的几何形状后，才能承受外力作用的，叫作瞬变体系。例如图 2-1（c）所示的体系，在竖向荷载作用下 AC、BC 会发生微小的变形而改变原来的几何形状，经微小变形后为基本的三角形结构，不再可以改变其几何形状，成为几何不变体系。但瞬变体系即使在很小的荷载作用下，也会产生较大的内力而导致体系的破坏，故瞬变体系不可以作为结构使用。

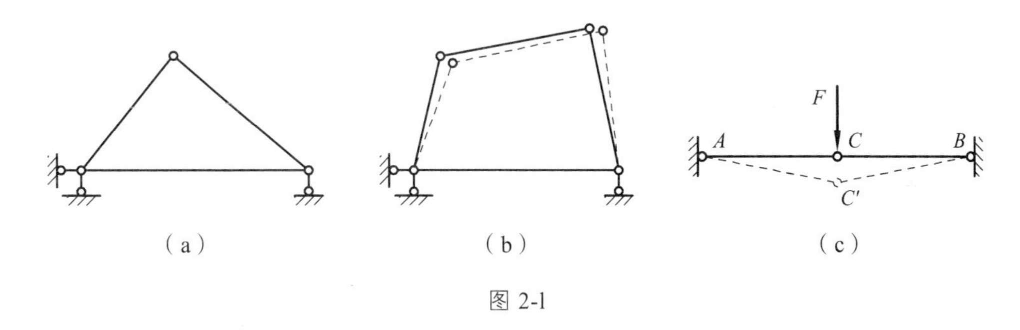

图 2-1

按照机械运动及几何学原理对体系发生运动的可能性进行分析，称为体系的几何组成分析，亦称几何构造分析。

显然，只有几何不变体系才能作为结构，而几何可变体系或瞬变体系是不可以作为结构的。因此在选择或组成一个结构时，必须根据几何不变体系的组成规律进行分析，以确保体系是几何不变的。此外，几何组成分析对于指导结构的受力分析来说也是很有必要的。

2.2 平面体系的自由度和约束

1. 刚　片

在几何组成分析中，由于不考虑材料的变形，因此可以把一根杆件或已知是几何不变的部分看作一个刚体，在平面体系中又将刚体称为刚片。

2．自由度

所谓自由度，是指体系运动时可以独立改变的几何参数的数目，也是确定体系在空间的位置所需独立坐标的数目。例如一个点在平面内自由运动时，其位置需用两个坐标 x、y 来确定。若分别给出 x 和 y 已确定的数值，则此点在该平面内的位置便被完全确定［见图 2-2（a）］。所以，一点在平面内具有两个自由度。要确定空间点的位置需要三个坐标，空间的一个点有三个自由度。又如一个刚片在平面内自由运动时，其位置可由其上任一点 A 的坐标 x、y 和刚片上任一直线 AB 的倾角 θ 来确定［见图 2-2（b）］，因此可以说，x、y 和 θ 是此刚片在其平面内运动的三个独立几何参数。故一个刚片在其平面内具有三个自由度。同理，空间内的刚体有六个自由度。

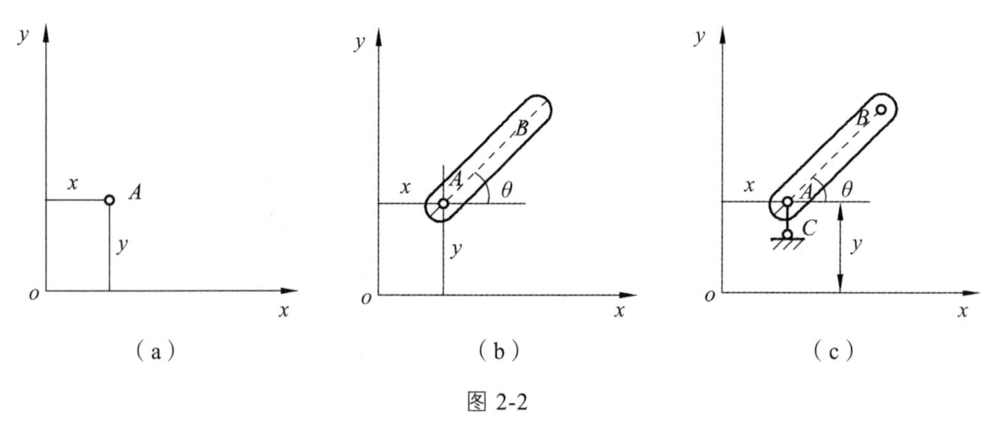

图 2-2

3．约　束

使体系减少自由度的装置称为约束（或称为联系）。能使体系减少几个自由度的装置，就相当于几个约束。常见的约束有链杆、铰、刚性连接和支座。

（1）链杆。

两端用铰与其他物体相连的杆件称为链杆（连接基础时也称支杆）。如图 2-3（a）所示，A、B 两点间由一链杆连接，原先 A、B 两个独立的点有 4 个自由度，通过链杆连接后成为杆，在平面内只有图示 3 个自由度；在图 2-2（b）中的刚片有三个自由度，若通过链杆 AC 与基础连接［见图 2-2（c）］，刚片相对于基础沿链杆轴线方向不能运动，只能沿与杆垂直的方向运动和转动，只有两个自由度。故一个链杆能使体系减少一个自由度，相当于一个约束。如果把链杆换成曲杆或折杆，其约束作用与直杆相同。

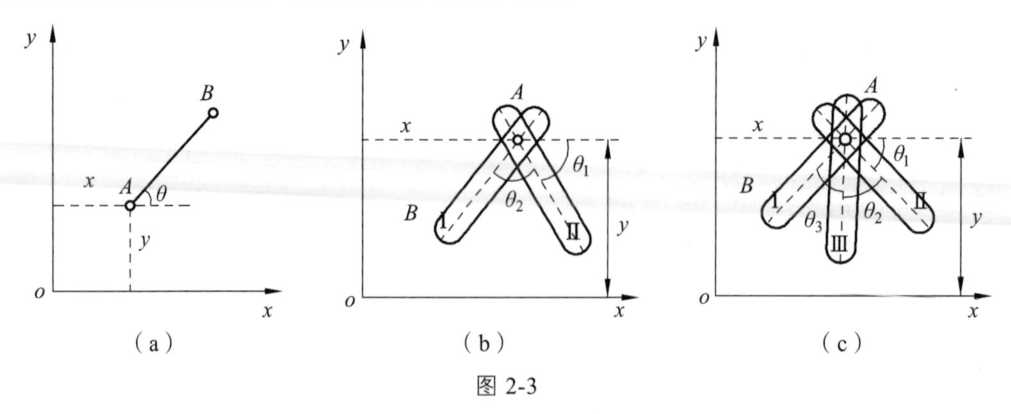

图 2-3

（2）铰。

铰是用销钉将两个或多个钢片连接在一起的一种连接装置，也称为铰链。连接两个刚片的铰称为单铰，连接两个以上刚片的铰称为复铰。互不相连的两个刚片，在其平面内共有 6 个自由度。若用一个单铰 A 把Ⅰ、Ⅱ两个刚片连接起来，如图 2-3（b）所示，则还剩下 4 个运动独立几何参数，故一个单铰能使体系减少 2 个自由度，相当于两个约束。互不相连的三个刚片，在其平面内共有 9 个自由度。若用一个复铰 A 把Ⅰ、Ⅱ、Ⅲ三个刚片连接起来，如图 2-3（c）所示，则还剩下 5 个自由度，该复铰能减少 4 个自由度，相当于 4 个约束。复铰上连接的刚片越多，消除的自由度就越多，相当于约束数就越多。若一个复铰连接了 n 个刚片，则该复铰相当于 $2(n-1)$ 个约束，或相当于（$n-1$）个单铰。

一个单铰能使体系减少两个自由度，两个链杆也能使体系减少两个自由度，从减少自由度的数目方面来看两者是一样的，但两者的约束效用是否也相同呢？用两个链杆连接两个刚片有如图 2-4（b）、（c）、（d）所示的三种情况。图（b）中两个链杆的作用与图（a）中的单铰相同。图（c）中的刚片可发生绕瞬心 A 的转动，因此在当前位置，两个链杆的约束作用相当于一个在 A 点的铰，称之为虚铰。图（d）中的两个链杆平行，可看成是在无穷远处的一个虚铰，刚片可做水平平动，相当于绕无穷远点做相对转动。总之，在当前位置，两个链杆与一个单铰的约束作用可以看成是相同的，均使所连接的两个刚片绕一点做相对转动。相对于虚铰而言，图（a）、（b）中的铰称为实铰。

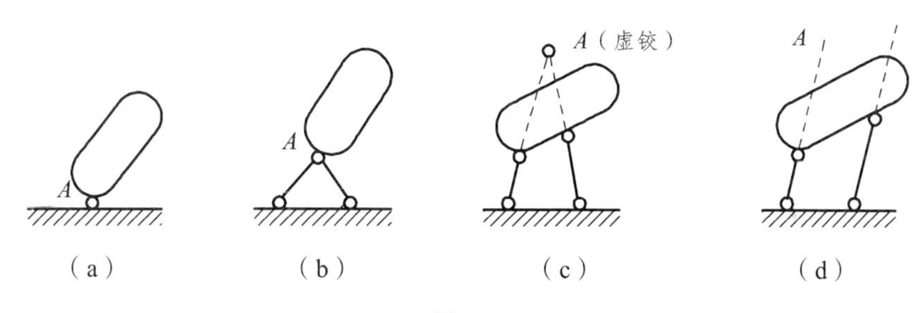

图 2-4

（3）刚性连接。

刚性结点包括刚结点和固定端，若用刚结点把两个刚片或不动体连接起来，如图 2-5（a）、（b）所示，则两者便被连成一体而成为一个刚片，可见连接两个刚片的刚结点能使体系减少 3 个自由度，相当于 3 个约束。其约束作用与三个不平行也不交于一点的链杆相同，也与一个单铰和一个不通过铰的链杆相同，如图 2-5（c）、（d）所示。一个杆件中间的任意一点均可以看成是一个刚结点，即一根杆件可以看成是由两个杆件用刚结点相连或用三根链杆相连。

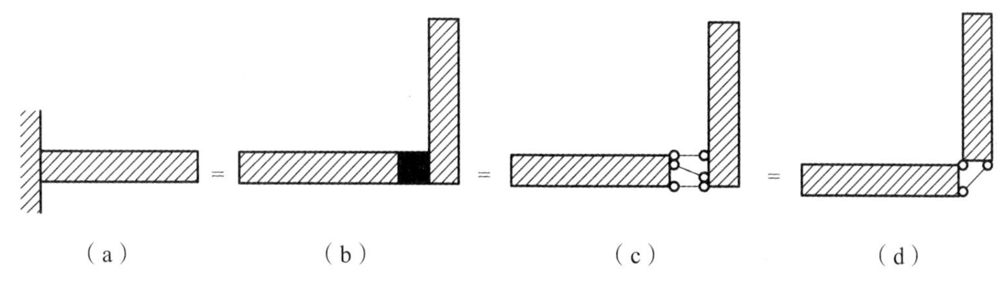

图 2-5

同理可知，连接 n 个刚片的复刚结点，相当于 $3(n-1)$ 个约束或 $(n-1)$ 个单刚结点。

4．必要约束与多余约束

并非所有的约束都能减少体系的自由度。在图 2-6 中，平面内点 A 原有 2 个自由度，若用两根不共线链杆 1、2 将其与基础相连，则 A 点的位置被完全确定，体系的自由度为零。此时，若再加一根链杆 3，体系的自由度仍为零，这说明所增加链杆约束的作用与体系中已有约束中的作用是重复的。一般将使体系成为几何不变而必需的约束，称为必要约束，其余的约束称为多余约束。每一个必要约束都能使体系减少 1 个自由度，而多余约束的存在并不减少体系的自由度，必要约束与多余约束经常是相对而言的。如图 2-6 所示体系中和三根链杆中的任意两根均可认为是必要约束，则剩余的一根为多余约束。

平面内的杆 AB 原有三个自由度，如果用三根不交于一点的链杆 1、2、3 把 AB 与基础相连［见图 2-7（a）］，则 AB 的位置被完全确定，三个自由度受到了约束，成为几何不变的简支梁。因此，链杆 1、2、3 都是必要约束，如果在图 2-7（a）的梁中间 C 点再增加一链杆 4 与基础相连［见图 2-7（b）］，则链杆 4 即为多余约束（可将杆 2、3、4 中的任何一根看成是多余约束），而水平链杆 1 则是必要约束。

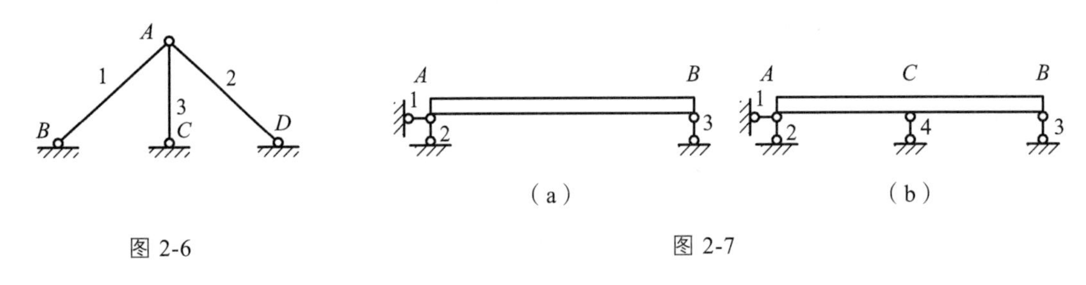

图 2-6

图 2-7

5．自由度的计算

杆件体系是由若干杆件（刚片）彼此用铰相连，并用支座与基础相连而组成的。若体系中的刚片总数为 m，单铰总数为 h，链杆总数为 b，则当刚片都是自由的时，自由度的总数为 $3m$，加入的约束总数为（$2h+b$），则体系的自由度数为：

$$W=3m-(2h+b) \tag{2-1}$$

当体系中的结点均为铰结点时，也可按式（2-2）计算：

$$W=2j-b \tag{2-2}$$

式中 j——铰结点总数；

b——链杆总数。

式（2-1）与式（2-2）中，W 称为体系的计算自由度，因为体系中可能有多余约束，多余约束不减少自由度，所以计算自由度并不一定是体系的真实自由度。只有无多余约束几何不变体系的计算自由度与自由度才是相等的；对于有多余约束的体系，计算自由度加上多余约束的个数才是体系的自由度。在未知多余约束个数的情况下，只有计算自由度大于零，才能给出体系一定是几何可变体系的结论；而计算自由度小于或等于零时，是得不到体系是几何不变的结论的，这时还需用后面介绍的方法来分析。

此外，当已知体系为几何不变体系时，计算自由度会给出多余约束的个数。

【例题 2-1】 试计算图 2-8 所示体系的计算自由度。

解：由图可知，

$m=7$（ADE、BE、CF、EF、EG、HG、HF 为刚片）

$h=10$（A、B、C、G、H 为单铰；F 为复铰，相当于 2 个单铰；E 为复铰，相当于 3 个单铰）

$b=0$

由式（2-1）可知：$W=3m-(2h+b)=3\times7-(2\times10+0)=1$

或

$m=3$（ADE、EG、HF 为刚片）

$h=2$（A、E 为单铰）

$b=4$（BE、EF、HG、CF 为链杆）

则： $W=3m-(2h+b)=3\times3-(2\times2+4)=1$

【例题 2-2】 试计算图 2-9 所示体系的计算自由度。

解： $m=5$（AE、BEF、FG、CGH、HD 为刚片）

$h=6$（A、D、E、F、G、H 为单铰）

$b=2$

由式（2-1）可知：$W=3m-(2h+b)=3\times5-(2\times6+2)=1$

或

$m=2$（BEF、CGH 为刚片）

$h=0$

$b=5$（AE、DHA、FG 及 B、C 为链杆）

由式（2-1）可知：$W=3m-(2h+b)=3\times2-(2\times0+5)=1$

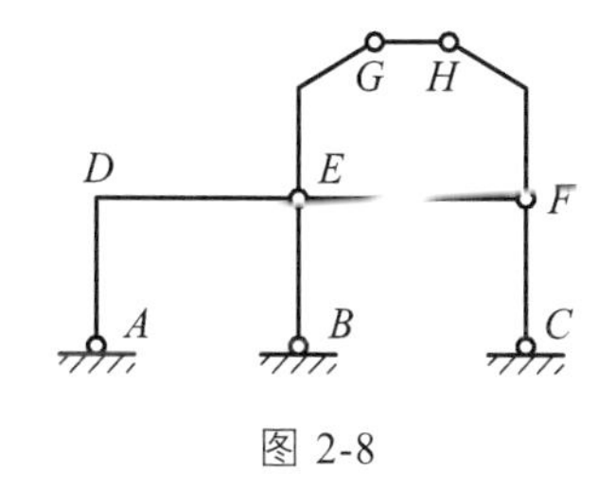

图 2-8

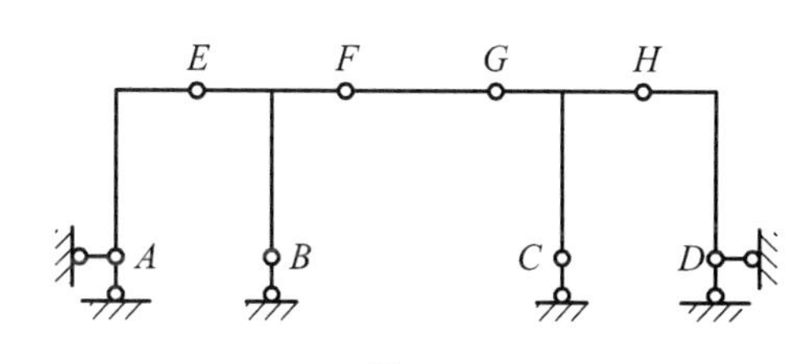

图 2-9

2.3 几何不变体系的组成规则

体系的计算自由度小于或等于零，只是体系几何不变的必要条件，体系是否几何不变，还需运用组成几何不变体系的基本规则进行分析和判定，组成几何不变体系的基本规则，主要有以下三种：

1. 点和刚片的组成规则

平面内的 1 个点具有 2 个自由度。如果用 1 根链杆把点 P 与刚片（基础也可看作是一个刚片）上的点 A 相连，如图 2-10（a）所示，则此点仍可在以 A 为圆心、以链杆长度 AP 为半径的圆弧上运动。若再用 1 根链杆将其与刚片上的点 B 相连，如图 2-10（b）所示，则 P 点的位置就被完全固定，而不能再做任何运动了。

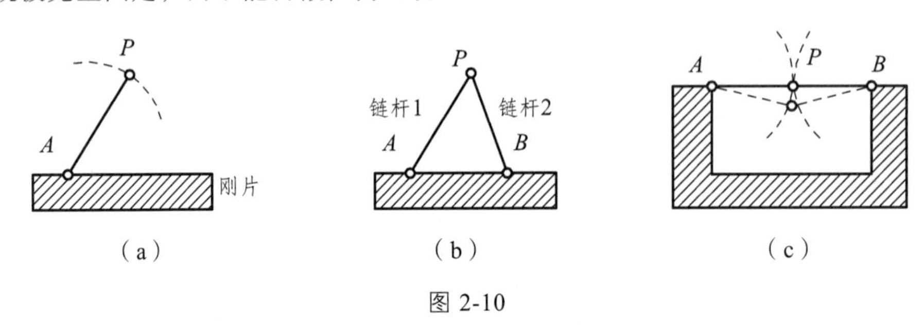

图 2-10

若 2 根链杆排列成一条直线，即 P 点的铰与铰 A、B 在同一条直线上，如图 2-10（c）所示，则 P 点仍可发生微量的竖向微量位移。当 P 点偏离原位置后，2 个杆与刚片构成三角形，成为几何不变体系。将这样的在原位置上可以发生微小运动，运动后成为几何不变的体系称为瞬变体系。瞬变体系在较小的荷载作用下会产生较大的内力，不能作为结构。由此可得：

规则 1：1 个点和 1 个刚片用 2 根不在同一直线上的链杆相连，构成内部几何不变且无多余约束的体系。

这种组成法则，也可表述为二元片（二元体）的组成规则，在 1 个刚片上，增加 1 个二元片仍为几何不变且无多余约束的体系。

二元片本是指用两根不在同一直线的链杆连接 1 个新结点的构造。二元片的构造不改变原体系的自由度。

2. 两刚片的组成规则

在几何组成分析中，体系中任何一个几何不变的部分都可看作是刚片。1 根链杆也可以看成 1 个刚片，因此将图 2-10（b）中的 1 根链杆用刚片来替代，则 2 个刚片可以用 1 根链杆和 1 个铰相连［见图 2-11（a）］，组成的同样是无多余约束的几何不变体系。

规则 2：2 个刚片用 1 个铰（实铰或虚铰）和不通过该铰的 1 根链杆相连接，构成内部几何不变且无多余约束的体系。

如前所述，1 根链杆相当于 1 个约束，1 个单铰相当于 2 个约束，因此 1 个单铰可以用 2 根链杆来代替。同样图 2-11（a）中的铰可以用 2 根交于一点的链杆 1、3 来代替，如图 2-11（b）所示，其中的链杆 1、3 构成的虚铰 A 与图 2-11（a）中的实铰作用相当，由此可得出两刚片规则的另一种表述，即：

2 个刚片用 3 根不交于一点也不完全平行的链杆相连，构成内部几何不变且无多余约束的体系。

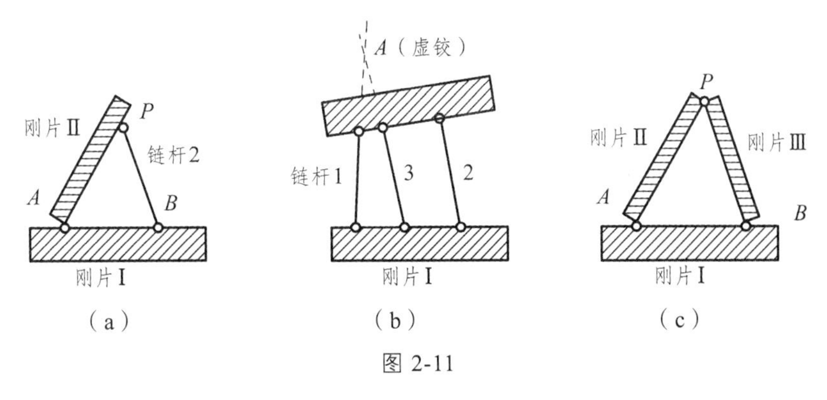

图 2-11

3．三刚片的组成规则

图 2-11（a）中的链杆 2 也可用刚片Ⅲ来替代，则形成了 3 个刚片用 3 个铰两两相连的情况，由此可得出：

规则 3： 3 个刚片用不共线的 3 个铰两两相连，构成内部几何不变且无多余约束的体系。

以上三条规则其实可以归纳为一个基本规律：三角形不变规则。

2.4　平面体系几何组成分析举例

利用组成几何不变体系的基本规则，可以组成各种各样的几何不变体系，也可以利用这些规则对已有的体系进行几何组成分析。下面将通过具体的例子来说明平面体系的几何组成分析。

【例题 2-3】 试对图 2-12（a）所示体系做几何组成分析。

解： 自身内部为几何不变的一个平面体系，它仅需要 3 根支杆（链杆）与基础相连，就可保持几何不变了。可是本例却有 4 根支杆，说明体系外部具有一个多余约束，对于此类体系，其内部有可能是缺少约束的，依靠增加外部约束来弥补体系内部约束的不足。因此，在分析此类体系的几何组成时，应当连同基础一起考虑。在该体系中，曲杆 *AEC* 和 *BFD* 上各有三个连接点，一般不宜当作链杆，而应当分别看作刚片。两端铰接的直杆 *CD* 和 *EF* 都是链杆。支座 *A* 和 *B* 都是铰支座，可分别当作铰来看待。先假设基础为刚片Ⅰ，把与基础相连的刚片 *AEC* 和 *BFD* 分别看作刚片Ⅱ和Ⅲ。最后，再看刚片Ⅱ和Ⅲ之间的连接情况，显然，刚片Ⅱ和Ⅲ之间有链杆 *CD* 和 *EF*（相当于一个虚铰）相连。分析结果表明：三个刚片Ⅰ、Ⅱ和Ⅲ用三个不在同一直线上的三个铰（ⅠⅡ），（ⅠⅢ），（ⅡⅢ）两两相连，如图 2-12（b）所示，符合组成规则 3，故为几何不变体系，且无多余约束。

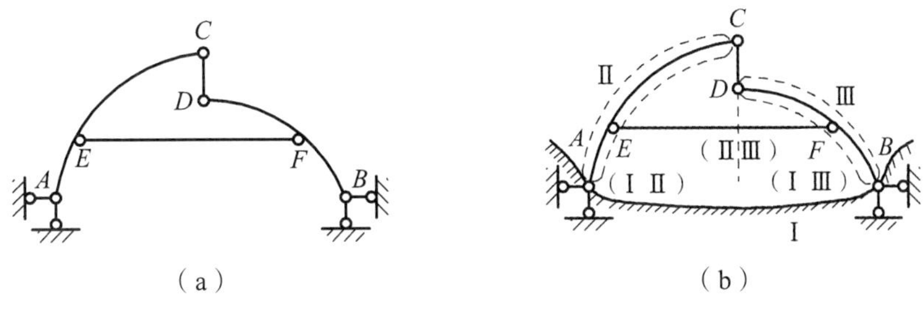

图 2-12

由于基础上只有两个连接点 A 和 B，故亦可不把基础当作刚片，而把它看作连接刚片Ⅱ和Ⅲ的链杆 AB，这样，Ⅱ、Ⅲ两个刚片之间，用不交于一点的三根链杆 AB，CD 及 EF 相连，符合组成规则 2，故为不变体系，且无多余约束。这说明分析的方法尽管可以不同，但正确的结论只有一个。

【例题 2-4】 试分析图 2-13（a）所示体系的几何组成。

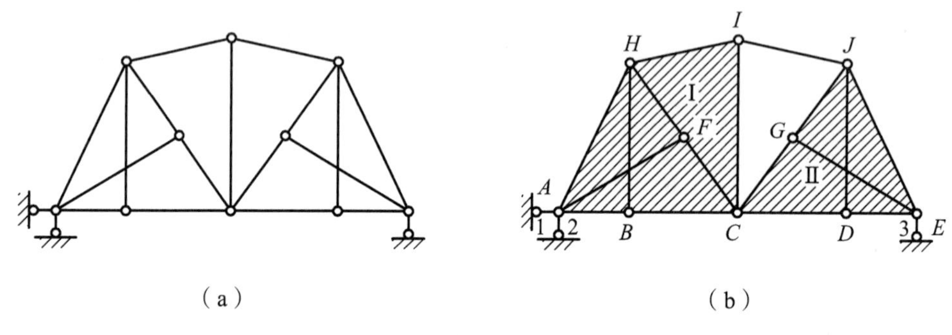

图 2-13

解：（1）将铰接三角形 ABH 看作一个刚片，在此刚片上依次增加二元片 AFH、BCF、CIH 组成几何不变体系，设为刚片Ⅰ；同理可得到刚片Ⅱ。两刚片由铰 C 和杆 IJ 连接，根据规则 2 可知，体系为几何不变体，且无多余约束，作为一个大刚片。如图 2-13（b）所示。

（2）整个大刚片与基础用不交于一点的三根支杆 1、2、3 相连，组成几何不变且无多余约束的体系。因此，整个体系几何不变且无多余约束。

【例题 2-5】 试对图 2-14（a）所示体系进行几何组成分析。

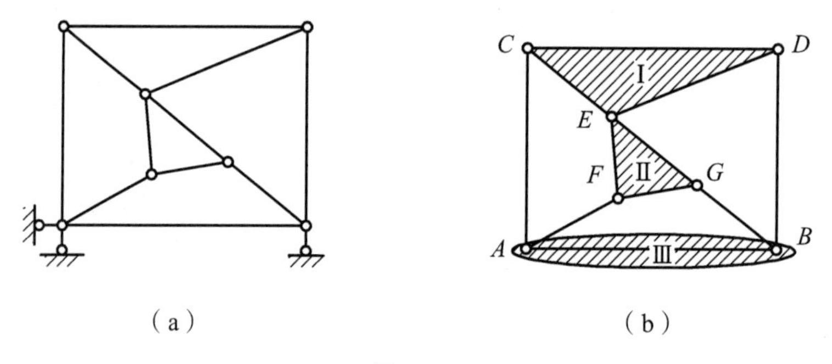

图 2-14

解：由于与基础只有三根链杆连接，所以可以直接分析上部体系［见图 2-14（b）］。铰接三角形 CED 为刚片Ⅰ，铰接三角形 EFG 为刚片Ⅱ，杆 AB 为刚片Ⅲ。刚片Ⅰ与刚片Ⅱ用铰 E 相连，刚片Ⅰ与刚片Ⅲ是由杆 AC 和杆 BD 相连，虚铰在无穷远处，而刚片Ⅱ与刚片Ⅲ是由杆 AF 和杆 BG 相连，虚铰在 BG 延长线上，且三铰不共线，故体系为几何不变体，且无多余约束。

【例题 2-6】 试分析图 2-15（a）所示体系的几何组成。

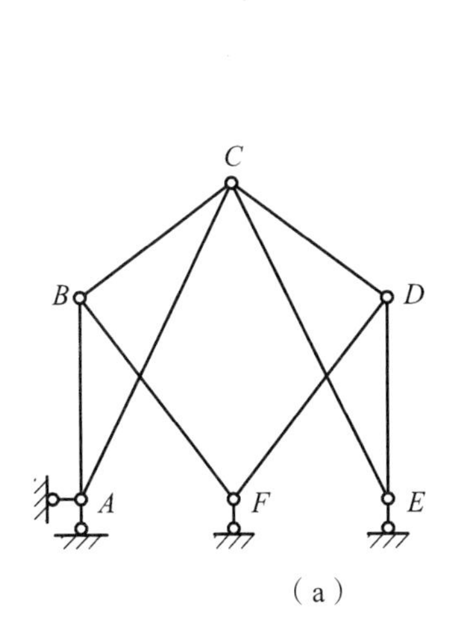

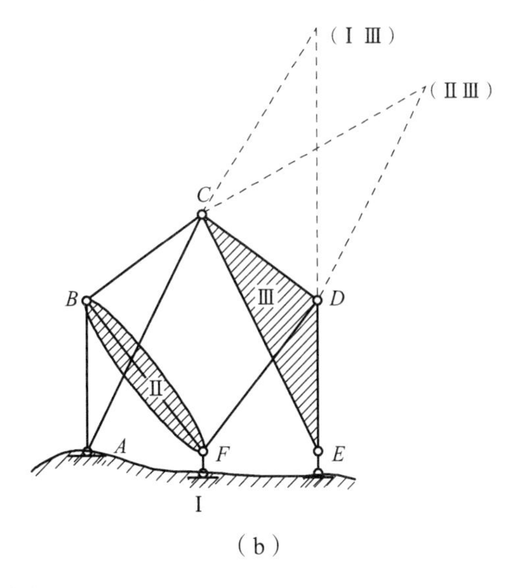

图 2-15

解： 将固定铰支座换为单铰，如图 2-15（b）所示，由于与基础的约束多于三个，故基础作为刚片Ⅰ。链杆 *BF* 为刚片Ⅱ，铰接三角形 *CDE* 为刚片Ⅲ。刚片Ⅰ与刚片Ⅱ是由杆 *AB* 和支杆 *F* 相连，虚铰在无穷远处，刚片Ⅰ与刚片Ⅲ是由杆 *AC* 和支杆 *E* 相连，虚铰在两杆的延长线的交点处，而刚片Ⅱ与刚片Ⅲ是由杆 *BC* 和杆 *FD* 相连，虚铰在两杆的延长线的交点处。此时，三铰不共线，该体系为几何不变体，且无多余约束。

【例题 2-7】 试对图 2-16（a）所示体系做几何组成分析。

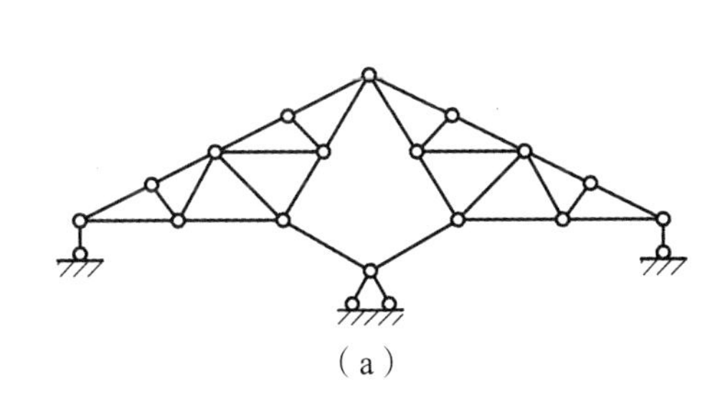

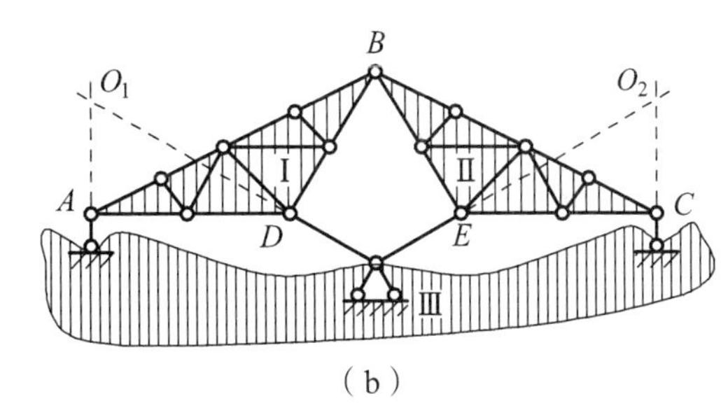

图 2-16

解： 本题中体系与基础有四根支座链杆，应与基础一起作为一个整体来考虑。

按照例题 2-4 的分析方法，可将 *ABD* 部分作为刚片Ⅰ，*BCE* 部分作为刚片Ⅱ，取基础作为刚片Ⅲ。刚片Ⅰ与刚片Ⅱ由铰 *B* 相连，刚片Ⅰ与刚片Ⅲ由两根链杆相连，其延长线交于虚铰 O_1，刚片Ⅱ与刚片Ⅲ由两根链杆相连，其延长线交于虚铰 O_2。则此三个刚片用铰 *B* 和虚铰 O_1、O_2 两两相连，如图 2-16（b）所示。如果铰 *B* 和虚铰 O_1、O_2 不在同一条直线上，则此体系为无多余约束的几何不变体系；如果此三铰在同一条直线上，则为瞬变体系。

2.5 体系的几何组成与静力特性的关系

以上主要按机械运动及几何学的观点，论述了各种体系的几何特征。本节将按静力平衡的观点，来讨论几种体系的静力特性。

1．静定结构的静力特征

静定结构，几何组成上是没有多余约束的几何不变体系，如图 2-17（a）所示的梁，它与基础用不交于一点且不平行的三根链杆（支杆）相连，符合组成规则 2，故为无多余约束的几何不变体系。有三个未知反力，可由平面一般力系三个平衡方程 $\sum F_x = 0$、$\sum F_y = 0$、$\sum M = 0$ 求得。从而其全部的内力可由平衡条件确定，且解答是唯一的。当荷载为零时，体系的反力和内力也等于零。

2．超静定结构的静力特性

超静定结构，几何组成上是具有多余约束的几何不变体系，如果上述梁有四根支杆与基础相连，如图 2-17（b）所示，则它就变成具有一个多余约束的几何不变体系。考虑该梁的整体平衡条件，仍只能建立三个独立的平衡方程。因此，若要求出这些反力，还必须根据梁的实际变形情况（例如 A 或 B 点的竖向位移为零），建立一个变形协调方程。

当荷载为零时，体系也可以有非零的反力和内力。这种没有荷载，而体系可以有非零反力和内力的情况，称作初内力或自内力状态。体系可以产生和存在初内力或自内力，这是超静定结构极为重要的一个静力特性。

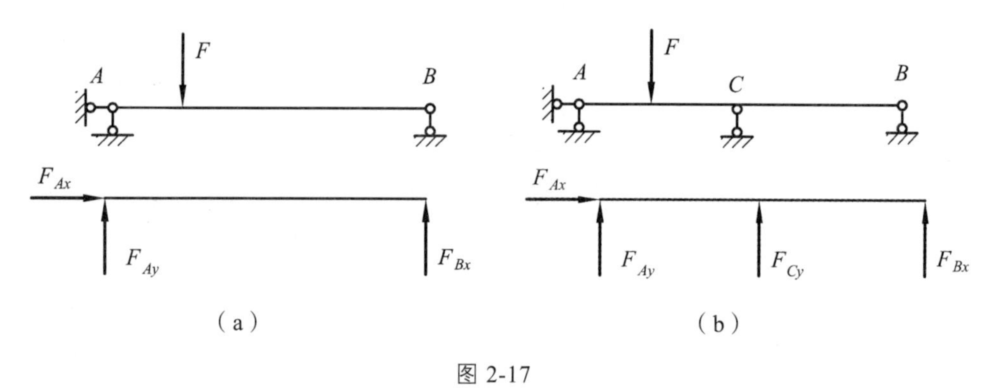

图 2-17

3．瞬变体系的静力特性

有关瞬变体系的几何特征，已在第三节中做了比较详细的介绍，这里我们将讨论它的静力特性。

现分析图 2-18（a）中三铰共线的情况。由图可知，当刚片Ⅰ、Ⅱ分别绕 A、B 转动时，在 C 处有一公切线。这说明刚片Ⅰ、Ⅱ都允许 C 点沿 AC、BC 铅垂方向移动。但一旦发生微小移动后，A、B、C 三铰就不在同一直线上，C 点就不能再动了。这种只在某一瞬间能发生微小移动，过后就不再动的体系，称为瞬变体系。既然瞬变体系只是瞬时可动，随后就变为几何不变的了，那么工程结构可否采用呢？分析一下图 2-18（a）所示体系的内力，就可得知。取结点 C 为隔离体，如图 2-18（b）所示，则

由 $\sum F_x = 0$，　$F_{N1} = F_{N2} = F_N$

由 $\sum F_y = 0$，　$2F_N \sin\theta - F = 0$

则

$$F_N = \frac{F}{2\sin\theta}$$

当 $F \neq 0$ 时，θ 越小，F_N 就越大；当 $\theta = 0$ 也就是三铰共线时，$F_N = \infty$，这说明瞬变体系即使在很小的荷载作用下，也会产生无穷大的内力而导致体系的破坏，故瞬变体系不能用于工程结构。

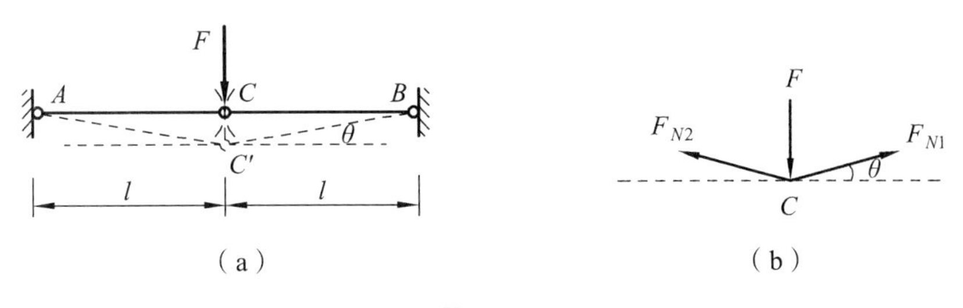

（a）（b）

图 2-18

✎ 思考题

1. 试说明体系的必要约束与多余约束之间的区别。

2. 什么是刚片？什么是链杆？链杆能否作为刚片？刚片能否作为链杆？

3. 何谓单铰、复铰、虚铰？体系中的任何两根链杆是否都相当于在其交点处的虚铰？实铰与虚铰有何区别？

4. 无多余约束几何不变体系（静定结构）三个组成规则之间有何关系？

5. 何谓瞬变体系？为什么工程中要避免采用瞬变和接近瞬变的体系？

6. 平面体系几何组成特征与其静力特征间有何关系？

7. 体系计算自由度有何作用？

8. 若三刚片三铰体系中的两个虚铰在无穷远处，何种情况下体系是几何不变的？何种情况下体系是常变的？何种情况下体系是瞬变的？

9. 若三刚片三铰体系中的三个虚铰均在无穷远处，体系一定是几何可变的吗？

✎ 习　题

1. 试分析图示体系的几何组成（见图 2-19）。

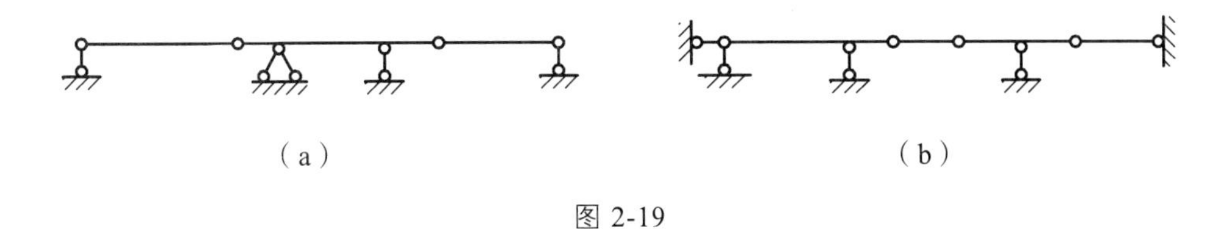
（a）（b）

图 2-19

2. 试分析图示体系的几何组成（见图 2-20）。

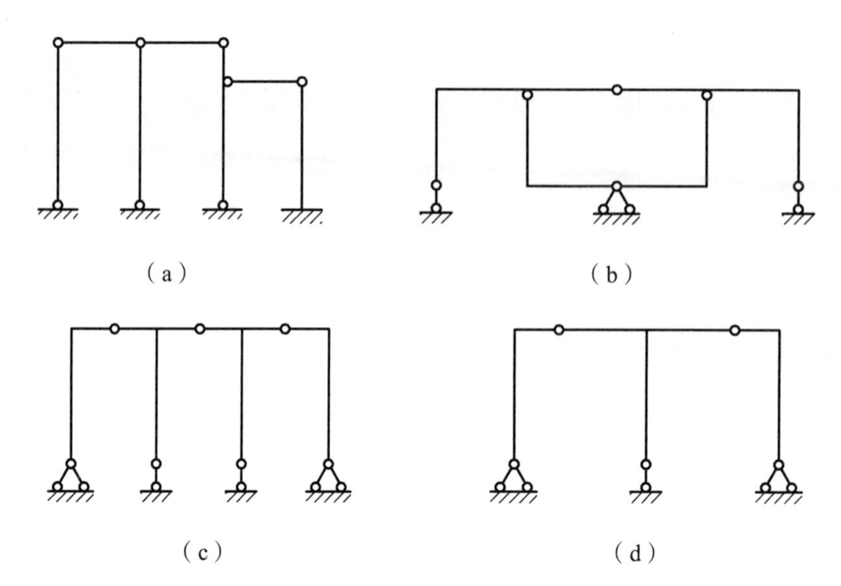

图 2-20

3. 试分析图示体系的几何组成（见图 2-21）。

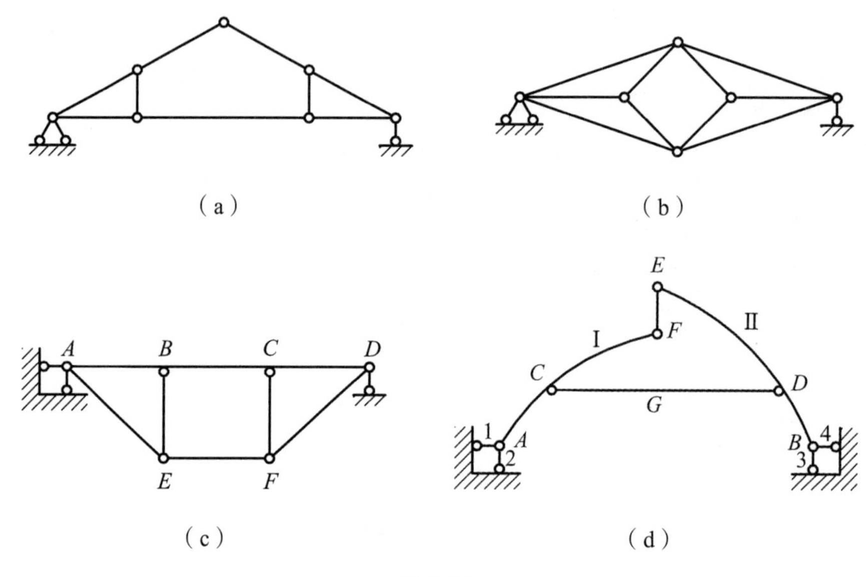

图 2-21

4. 试分析图示体系的几何组成（见图 2-22）。

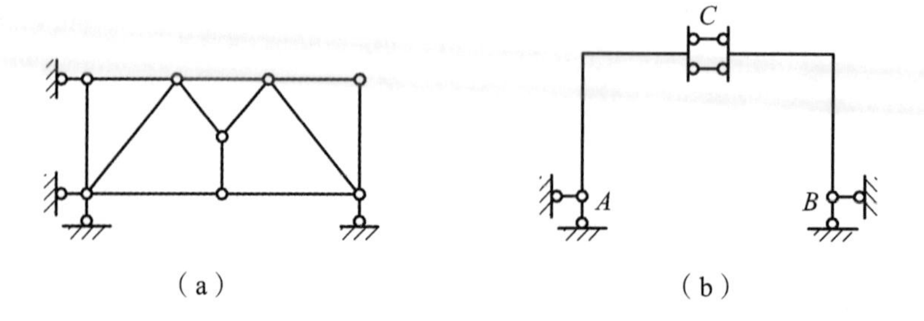

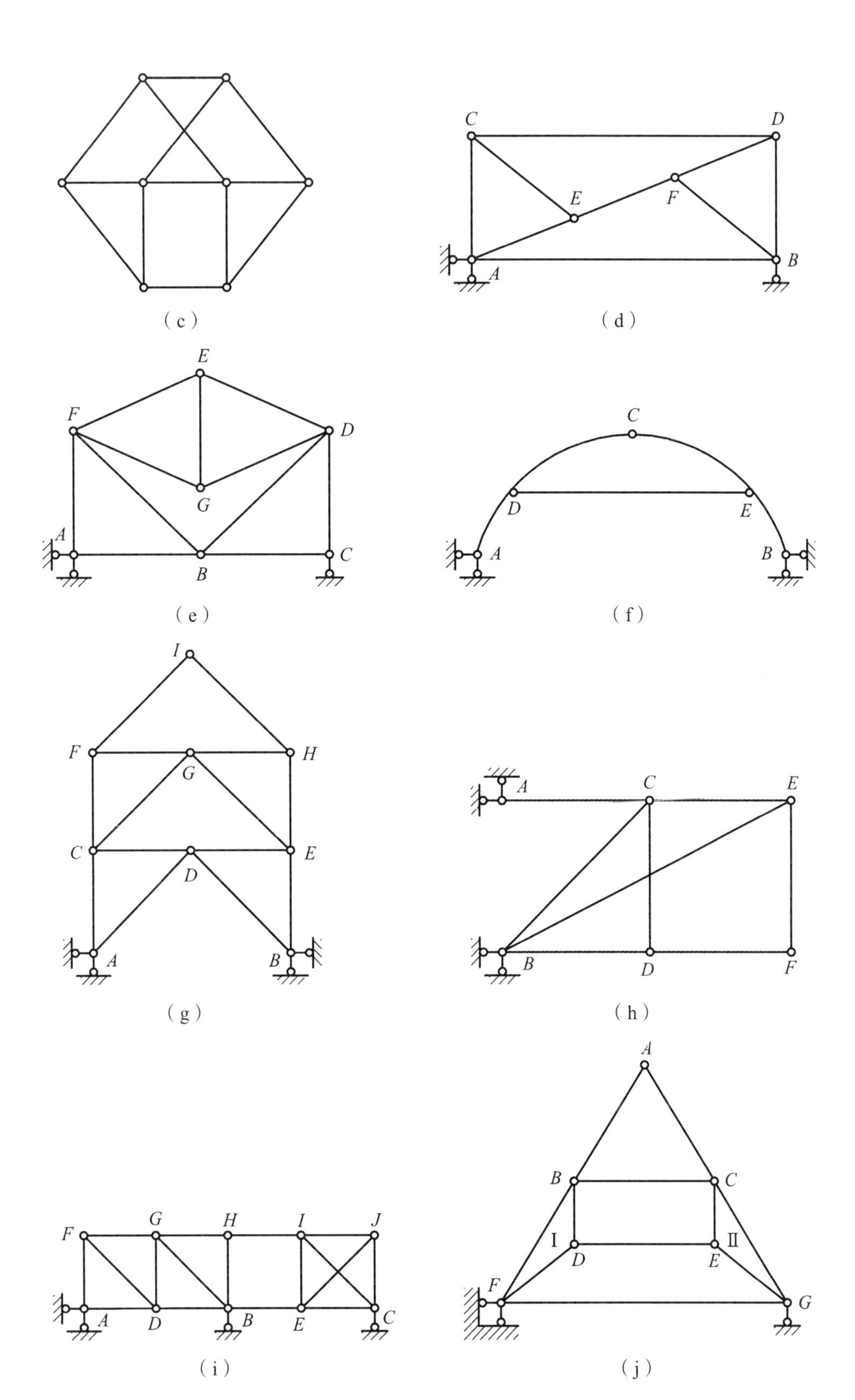

（c）
C
D
E
F
A
B
（d）
E
F
D
G
A
B
C
（e）
C
D
E
A
B
（f）
I
F
G
H
C
E
D
A
B
（g）
A
C
E
B
D
F
（h）
F
G
H
I
J
A
D
B
E
C
（i）
A
B
C
Ⅰ
Ⅱ
D
E
F
G
（j）

图 2-22

5. 计算图示体系的自由度（见图 2-23）。

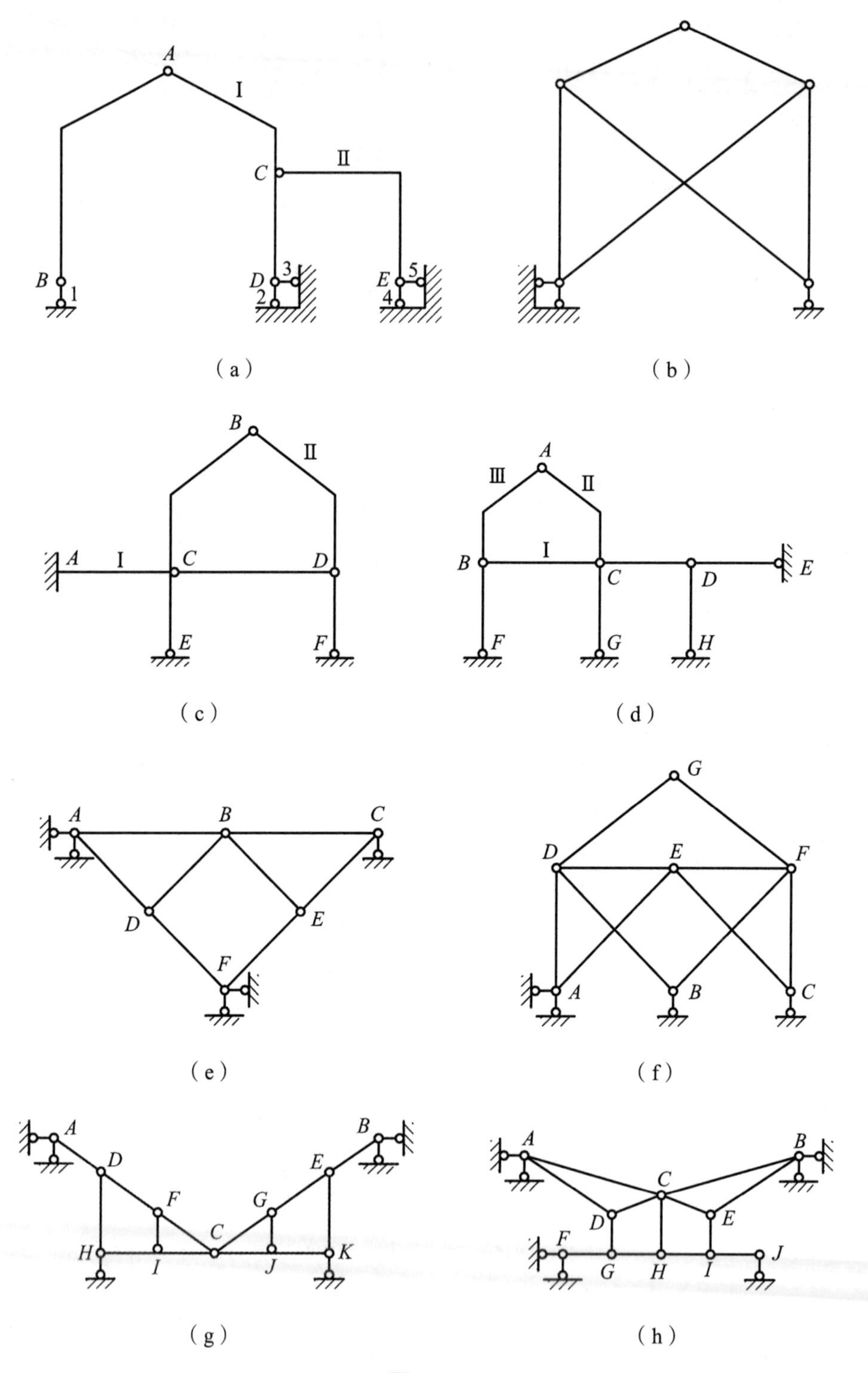

图 2-23

6. 试分析图示体系的几何组成（见图 2-24）。

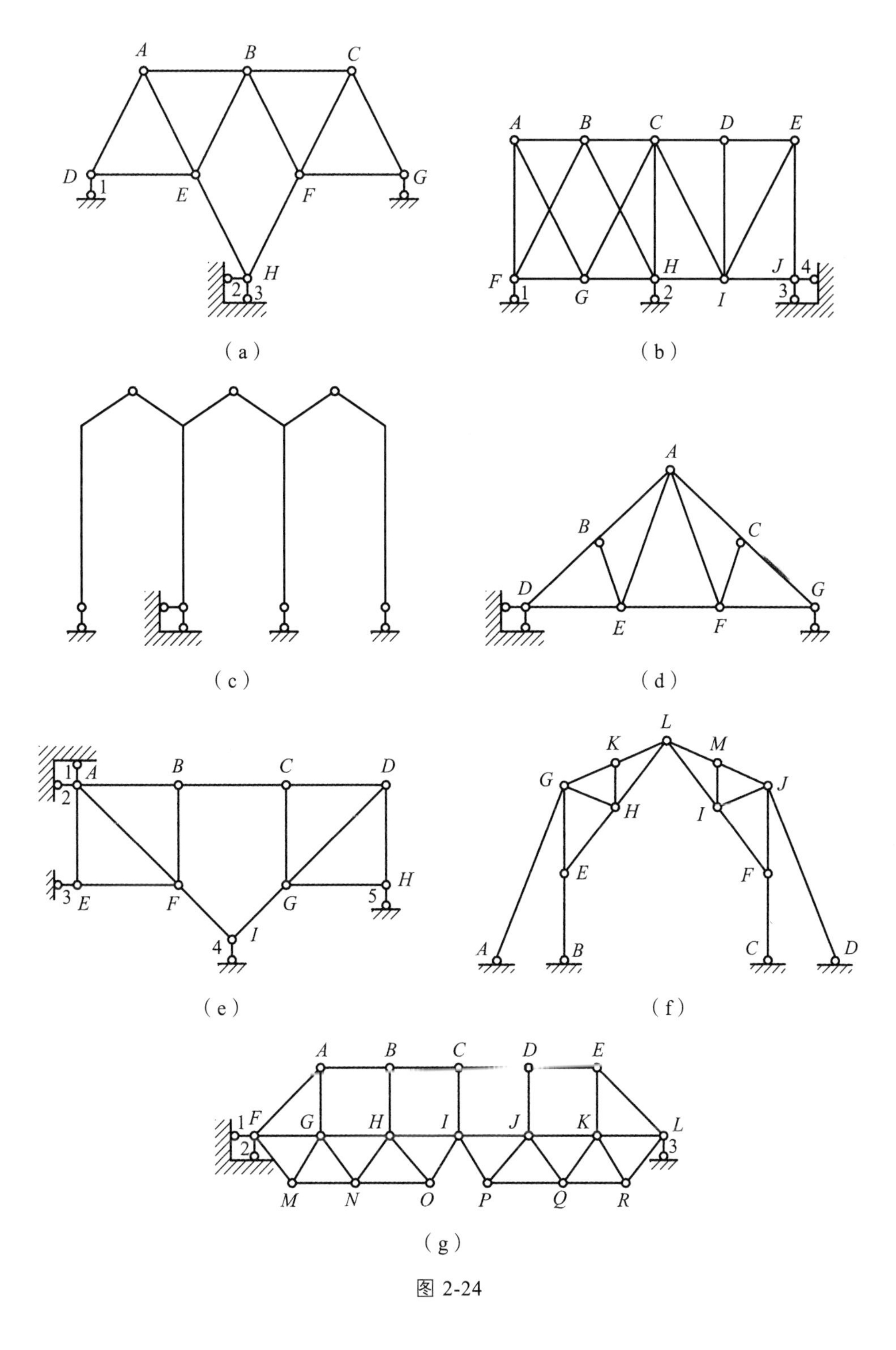

图 2-24

答　案

1.（a）几何不变体系，没有多余约束；（b）几何可变体系。

2.（a）几何不变体系，没有多余约束；（b）几何不变体系，没有多余约束；
（c）几何不变体系，没有多余约束；（d）几何瞬变体系。

3.（a）几何不变体系，没有多余约束；（b）几何不变体系，有一个多余约束；
（c）几何不变体系，有一个多余约束；（d）几何不变体系，没有多余约束。

4.（a）几何不变体系，没有多余约束；（b）几何瞬变体系；
（c）几何瞬变体系；（d）几何不变体系，没有多余约束；
（e）几何不变体系，没有多余约束；（f）几何不变体系，有一个多余约束；
（g）几何不变体系，没有多余约束；（h）几何不变体系，没有多余约束；
（i）几何不变体系，没有多余约束；（j）几何瞬变体系。

5.（a）$W=0$；
（b）$W=1$；
（c）$W=-3$；
（d）$W=0$；
（e）$W=-1$；
（f）$W=0$；
（g）$W=0$；
（h）$W=0$。

6.（a）几何不变体系，没有多余约束；（b）几何不变体系，有两个多余约束；
（c）几何可变体系；（d）几何不变体系，有两个多余约束；
（e）几何瞬变体系；（f）几何不变体系，没有多余约束；
（g）几何不变体系，没有多余约束。

3　静定结构的内力计算

静定结构的种类很多，包括静定梁、刚架、桁架、组合结构、拱和悬索等不同的类型。本章将结合工程中常见的结构形式，讨论静定结构的内力计算。

静定结构的内力计算，主要是确定各类结构由荷载所引起的内力并绘制相应的内力图。本章将在理论力学的受力分析和材料力学的内力分析基础上，分析、计算静定结构的内力。主要是应用结点法、截面法和内力与荷载间的平衡微分关系来确定各种静定结构的内力和内力图。材料力学主要讨论单根杆件的受力分析，通过学习本章内容，学生要掌握好从单根杆件到整个结构的转变，这是学好后续课程的重要前提和基础。

3.1　内力和内力图

1．内力的种类及其符号规定

平面结构在任意荷载作用下，杆件截面上的内力一般有三个分量：轴力 F_N、剪力 F_S 和弯矩 M，如图 3-1 所示。

截面内力沿杆横截面法线方向的分力称为轴力。轴力以拉力为正，压力为负。

截面内力沿杆横截面切线方向的分力称为剪力。剪力对截取的隔离体邻近截面顺时针旋转者为正，反之为负。

截面内力对截面形心的力矩称为弯矩。弯矩在水平杆中，当弯矩使杆件下部纤维受拉时，弯矩为正，反之为负。

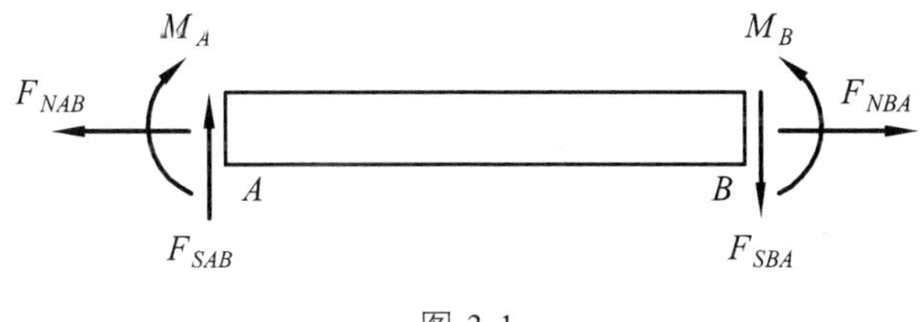

图 3-1

为明确地表示杆件上不同截面的内力，一般在内力符号后面引用两个脚标：第一个表示内力所属截面，第二个表示该截面所属杆件的另一端。

2．截面法求内力及内力图

静定结构的全部反力和内力都可以根据静力平衡条件求得，计算截面内力的基本方法是截面法。所谓截面法，就是用假想的截面将杆件沿欲求内力的截面截开，取截面的任意一侧为隔离体（受力简单部分），利用隔离体的平衡条件一般可列出三个平衡方程，从而求得该截面的三个内力分量。

根据隔离体的平衡条件可得：

轴力等于截面任一侧隔离体上所有外力沿杆轴切线方向投影的代数和。

剪力等于截面任一侧隔离体上所有外力沿杆轴法线方向投影的代数和。

弯矩等于截面任一侧隔离体上所有外力对截面形心力矩的代数和。

或用公式来表示：

$$F_N=\sum F_t\ ,\ F_S=\sum F_n\ ,\ M=\sum m_c(F) \tag{3-1}$$

式中各力的投影及力矩符号请读者自行确定。

表示结构上杆件各截面内力数值的图形称为内力图，通常是用平行于杆轴线的坐标表示截面的位置（此坐标轴通常又称为基线），而用垂直于杆轴线的纵坐标表示内力的数值所绘出的。在结构力学中，要求弯矩绘在杆件纤维受拉的一侧，无须在图上标明正负号。剪力图和轴力图则将正值的纵坐标绘在基线的上方，同时标明正负号。

3．荷载与内力的微分关系及内力图的特征

截面法可以很方便地求出指定截面的内力，但如要绘制内力图，还需要应用荷载与内力之间的微分关系，掌握内力图的特点，才能迅速绘制内力图或者校核内力图的正确性。

如图 3-2（a）所示为一静定简支梁，梁上作用有水平分布荷载 q_x 及竖向分布荷载 q_y，集中力 F，集中力矩 m。取出梁上一个微段如图 3-2（b）所示。

由平衡方程：$\sum F_x=0$，$\sum F_y=0$，$\sum M=0$，可得直杆内力与荷载之间的微分关系：

$$\frac{\mathrm{d}F_N}{\mathrm{d}x}=-q_x\ ,\quad \frac{\mathrm{d}F_S}{\mathrm{d}x}=-q_y\ ,\quad \frac{\mathrm{d}M}{\mathrm{d}x}=F_S \text{ 及 } \frac{\mathrm{d}^2M}{\mathrm{d}x^2}=-q_y$$

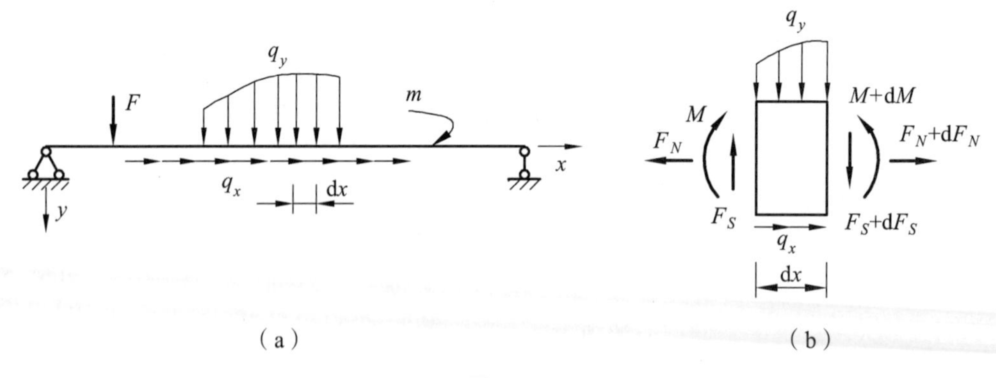

图 3-2

应用直杆内力与荷载的微分关系，可确定控制截面之间内力图形的正确形状，如表 3-1 所示，掌握内力图的形状特征有助于正确并快速地绘制出内力图。

表 3-1　剪力图与弯矩图形状特征

序号	梁上情况	剪力图	弯矩图
1	无外荷载	水平线	一般为斜直线
2	均布荷载作用（q 向下）	斜直线	抛物线（下凸）
		为零处	有极值
3	集中力作用处（F 向下）	有突变（突变值 F）	有尖角（向下）
		如变号	有极值
4	集中力偶 m 作用处	无变化	有突变（突变值 m）
5	铰结点处	无影响	为零

4．绘制直杆弯矩图的区段叠加法

叠加原理是力学分析中的一个基本理论，可表述为：结构中一组荷载作用所产生的效应（反力、内力和位移等）等于每一个荷载单独作用所产生的效应的总和。这意味着这些荷载的效应与荷载的关系必须是线性的，下面介绍利用叠加原理绘制直杆段弯矩图的方法。

我们先来用叠加法绘制简支梁的弯矩图。如图 3-3（a）所示简支梁同时承受集中力和两端力偶的作用，可先分别绘出两端力偶 M_A、M_B 作用下和荷载 F 作用下的弯矩图 $\bar{M}$ 图、M_0 图，如图 3-3（b）、（c）所示。然后将其纵坐标叠加，即得所求弯矩图 M 图[见图 3-3（d）]，实际作图时，不必作出图 3-3（b）、（c）而可直接作出图 3-3（d）。具体做法是：先将两端弯矩 M_A、M_B 的纵坐标绘出并连以直线（虚线），然后以此直线为基线叠加简支梁在荷载 F 作用下的弯矩图。需要注意的是，这里所说的弯矩图的叠加，是纵坐标值的叠加，而不是图形的简单拼凑，因此，图 3-3（d）中的纵坐标 F_{ab}/l 是沿垂直于杆轴线方向从 M_A、M_B 连线开始量取而不是垂直于 M_A、M_B 连线方向。这样，最后的图线与最初基线（杆轴线，是量取纵坐标的起点）之间所包含的图形即为叠加后所得的弯矩图。

上述叠加法对直杆的任何区段都是适用的。如图 3-4（a）所示梁中某一区段 AB，取出该梁段为隔离体[见图 3-4（b）]，除荷载 q 外，两端还有弯矩 M_A、M_B 和剪力 F_{SAB}、F_{SBA} 作用。如果把它与一个长度相等承受同样荷载 q 并在两端还有力偶 M_A、M_B 作用的简支梁[见图 3-4（c）]相比，在二者中分别用平衡条件求其剪力 F_{SAB}、F_{SBA} 及支座反力 F_A、F_B，则可知 $F_{SAB}=F_A$、$F_{SBA}=-F_B$，可见，它们所受的外力完全相同，因而二者具有相同的内力及内力图。于是，这段梁的弯矩图就可以这样来绘制：先将其两端弯矩 M_A、M_B 求出并连以直线（虚线），然后在此直线上再叠加相应简支梁在荷载 q 作用下的弯矩图，即得 AB 段弯矩图[见图 3-4（d）]，这种方法可称为区段叠加法。

应用区段叠加法绘制弯矩图时，其步骤可归纳为：

（1）求控制截面弯矩，以外荷载的不连续点，如集中力及集中力偶作用点、均布荷载的起（止）点、支座及结点等为控制截面，求出其弯矩值。

（2）分段绘制弯矩图，将控制截面弯矩值在基线上用纵坐标绘出，当控制截面间无荷载作用时，用直线连接两控制面的弯矩值，即得该段弯矩图；当区段内有荷载作用时，先用虚线连接两控制面的弯矩值，然后以此为基线，再叠加相应荷载作用在这段简支梁的弯矩图，从而绘制出最后的弯矩图。弯矩图的凸向与荷载指向一致。

所谓区段叠加法，就是利用相应简支梁的弯矩图的叠加来作直杆某一区段弯矩图的方法。

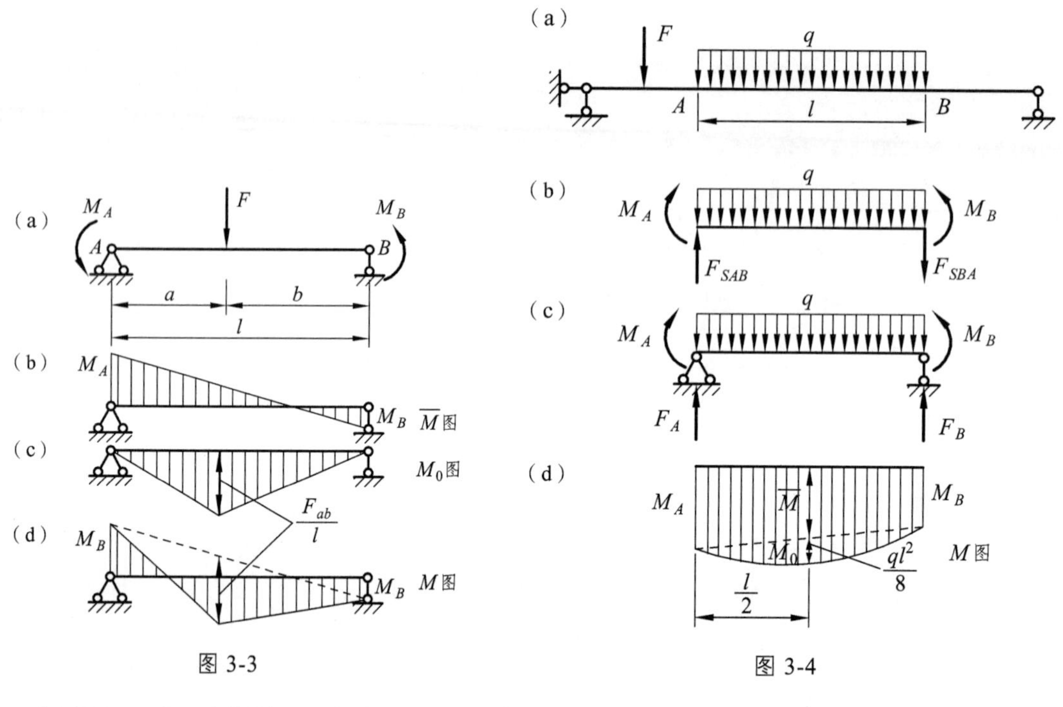

图 3-3　　　　图 3-4

【例题 3-1】 试作图 3-5（a）所示梁的弯矩图和剪力图。

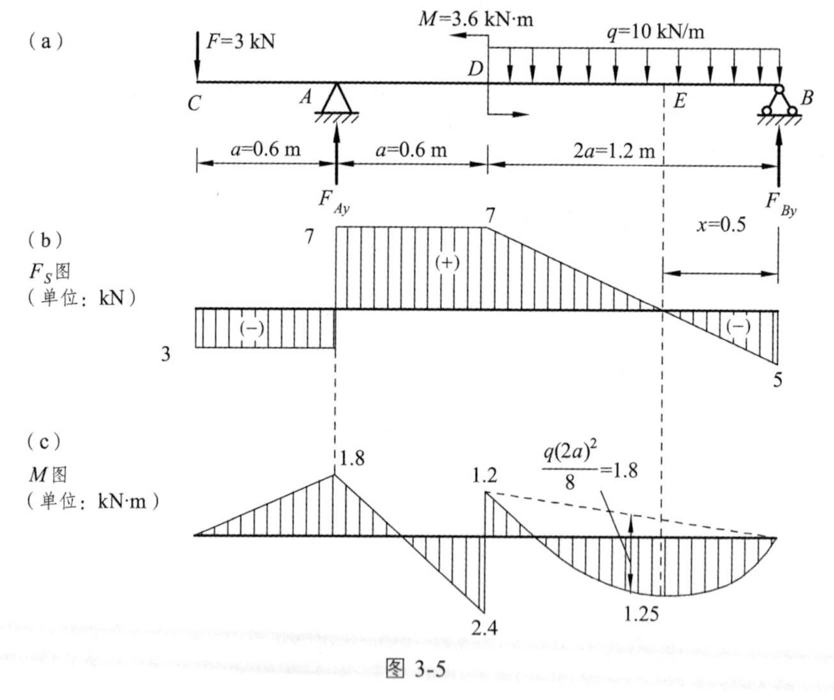

图 3-5

解：（1）求支座反力。

以梁整体为隔离体，由平衡方程 $\sum M_B = 0$，得

$$\sum M_B = F \times 4a - F_{Ay} \times 3a + M + \frac{q(2a)^2}{2} = 0$$

解得：　　$F_{Ay}=\frac{4F}{3}+\frac{M}{3a}+\frac{2qa}{3}=\frac{4\times3}{3}+\frac{3.6}{3\times0.6}+\frac{2\times10\times0.6}{3}=10\text{ kN}$

再由　　$\sum F_y=-F-2qa+R_{Ay}+R_{By}=0$

解得：　　$F_{By}=F+2qa-F_{Ay}=3+2\times10\times0.6-10=5\text{ kN}$

（2）绘制剪力图。

绘制剪力图时，先用截面法计算出各控制截面的剪力值。

$$F_{SCA}=-F=-3\text{ kN}$$

$$F_{SAD}=F_{SD}=-F+F_{Ay}=-3+10=7\text{ kN}$$

$$F_{SBE}=-F_{By}=-5\text{ kN}$$

计算出各控制截面的剪力值即可作出剪力图，如图 3-5（b）所示。

剪力最大值：$F_{\max}=7\text{ kN}$。

（3）作弯矩图。

绘制弯矩图时，先用截面法计算出各控制截面的弯矩值。

$$M_A=-F\times a=-3\times0.6=-1.8\text{ kN}\cdot\text{m}\text{（上侧受拉）}$$

$$M_{DA}=-F\times2a+F_{Ay}\times a=-3\times2\times0.6+10\times0.6=2.4\text{ kN}\cdot\text{m}\text{（下侧受拉）}$$

$$M_{DB}=F_{By}\times2a-\frac{1}{2}q\times(2a)^2=5\times2\times0.6-\frac{10}{2}\times(2\times0.6)^2=-1.2\text{ kN}\cdot\text{m}\text{（上侧受拉）}$$

根据 DB 段内剪力图正负两部分三角形的比例关系可知，该段梁弯矩图的极值截面位置 E，至 B 端的距离为：$x=\frac{5}{5+7}\times2\times0.6=0.5\text{ m}$，$E$ 截面的弯矩值为：

$$M_E=F_{By}\times0.5-\frac{q}{2}(0.5)^2=5\times0.5-\frac{10}{2}\times0.25=1.25\text{ kN}\cdot\text{m}\text{（下侧受拉）}$$

计算出各控制截面的弯矩值便可绘制出弯矩图，以梁轴线为横轴（基线），将各弯矩值 M_C、M_A、M_{DA} 标于坐标上，分别以直线连接，得 CA、AD 段的弯矩图；将 M_{DB}、M_B、M_E 各值标于坐标上，分别连以直线（虚线），再叠加均布荷载作用于简支梁的弯矩图，即得 DB 段的弯矩图，全梁的弯矩图如图 3-5（c）所示。由图可见 D 处左侧截面上的弯矩最大，为：$M_{\max}=2.4\text{ kN}\cdot\text{m}$。

3.2　多跨静定梁

1．多跨静定梁的组成

静定梁可分为单跨静定梁和多跨静定梁。其中单跨静定梁常见的形式有悬臂梁、简支梁和伸臂梁等，分别如图 3-6（a）、（b）、（c）所示。

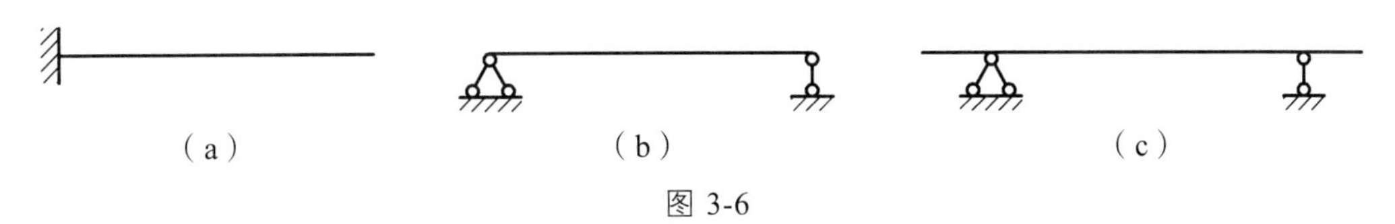

图 3-6

多跨静定梁是由若干单跨静定梁相互用铰连接起来的，通常有两种基本形式。

一种如图 3-7（a）所示，其特点是伸臂梁与简支梁交叉排列，即沿梁长度上，无铰跨和具有两个铰的跨交替出现。

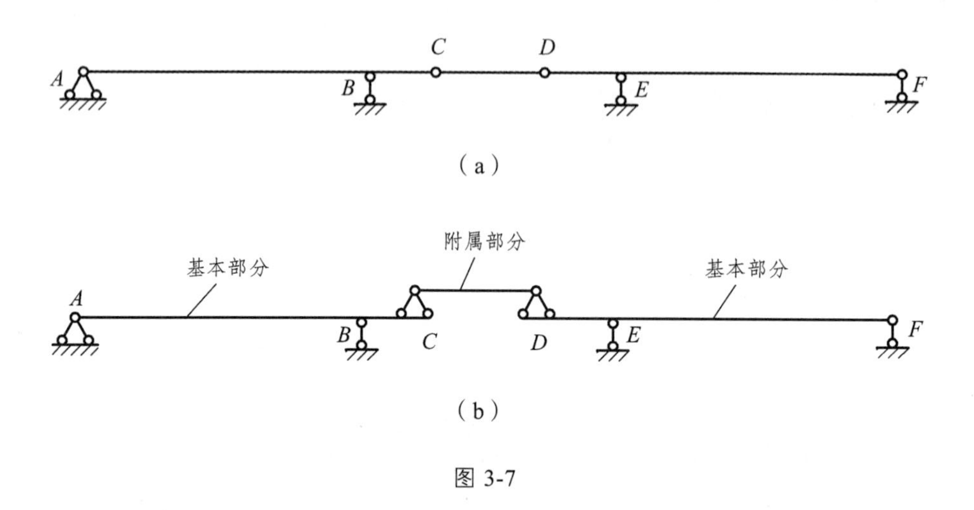

图 3-7

从几何组成上看，多跨静定梁的各部分可分为基本部分和附属部分，在结构中无须依赖其他部分而能独立地维持其几何不变的部分，称为基本部分；需要依靠其他部分的支承才能保持几何不变者，称为附属部分。从受力的独立性意义上来理解，基本部分能够单独承受外荷载，而附属部分则需要有关基本部分的支撑才能承受外荷载。为了更清晰地表示各部分之间的支承关系，可以把基本部分画在下层，而把附属部分画在上层，如图 3-7（b）所示，称为层叠关系图或层叠图。

另一种如图 3-8（a）所示，其特点是每个部分都是伸臂梁，除一跨无铰外，其余每跨各有一个铰。其层叠图如图 3-8（b）所示。

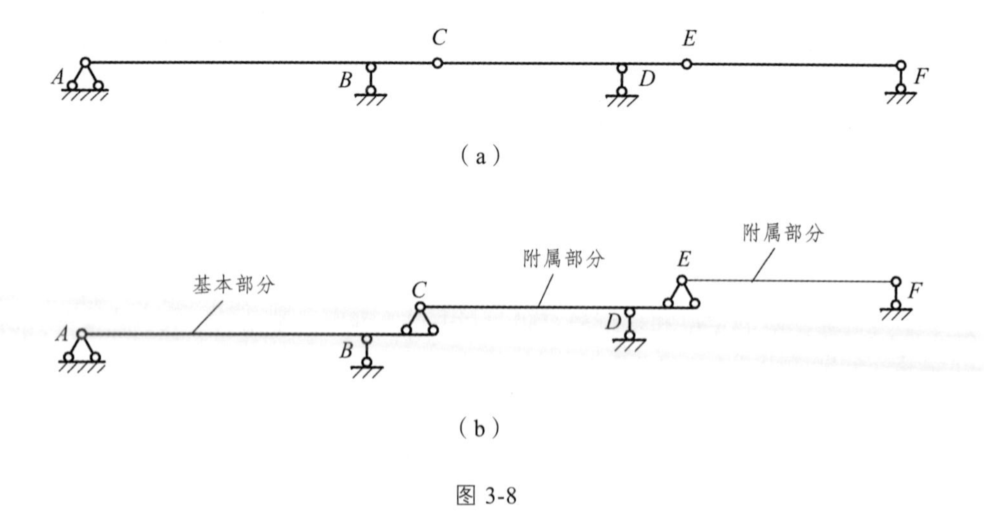

图 3-8

2．多跨静定梁的内力计算

从受力分析来看，由于基本部分直接与地基组成几何不变体系，因此它能独立承受荷载而维持平衡。当荷载作用于基本部分上时，附属部分不会产生反力、内力和位移；而当荷载作用在附属部分时，不但使各附属部分产生反力、内力和位移，而且与其相关的基本部分也将同时产生反力、内力和位移。因此，计算多跨静定梁的反力和内力时，应当根据层叠关系图，先计算附属部分，后计算基本部分，也就是说与几何组成的顺序相反，如此依次逐层往下计算，这样才可顺利地求出各部分的反力和内力，而避免求解联立方程。当每取一部分为隔离体进行分析时，均与单跨梁的情况无异，故亦不难计算出反力和内力并绘制出内力图。

【例题 3-2】 试作图 3-9（a）所示梁的弯矩图和剪力图。

解：（1）进行几何组成分析，作层叠关系图。

梁 AB 固定在基础上，是基本部分。梁 EH 有两根竖向支杆与基础相连，在竖向荷载作用下，它亦为基本部分。梁 BD 的左端用铰支承于基本部分 AB 上，另有一根竖向支杆 C 直接与基础相连，是附属部分。梁 DE 亦为附属部分，各部分的关系如图 3-9（b）所示。由于荷载是竖向的，水平约束不起作用，故可将铰 E 的一个水平约束，移至支座 F 处。对梁的几何组成和内力均无影响。

（2）计算反力。

把原有荷载施加在图中各梁的相应位置上，其中作用在铰 E 上的荷载 F_3，可假想它略偏右（或左）作用于梁 EH（或 DE）上。这样处理，对梁的内力图不会有影响。计算应从附属层次最高的部分 DE 开始，由该部分的平衡条件求得。

$$F_{Dy}=\frac{1}{2}\times30=15\ \text{kN}\ ,\quad F_{Ey}=\frac{1}{2}\times30=15\ \text{kN}$$

并将其反向分别作用于梁 BD 和 EH。再计算附属部分 BD 的反力，依次可计算出全部的反力，如图 3-9（b）所示。

（3）绘制弯矩图。

梁 DE 的弯矩图可按简支梁作出；悬臂梁 AB 及伸臂部分 CD、EF、GH 等的弯矩图，可按悬臂梁作出；而 BC 和 FG ［见图 3-9（e）、（f）］两段梁的弯矩图，则可利用叠加法作出，即先绘出杆两端弯矩的纵坐标，连以直线（虚线），然后再叠加由杆上荷载所产生的简支梁弯矩图。因而得到全梁的弯矩图，如图 3-9（c）所示。

（4）绘剪力图。

用前面归纳的方法计算出各控制截面的剪力值，即可绘制出剪力图，如图 3-9（d）所示。

最后利用弯矩、剪力与荷载集度的微分关系检查内力图的图形特征与荷载的实际情况是否相符。

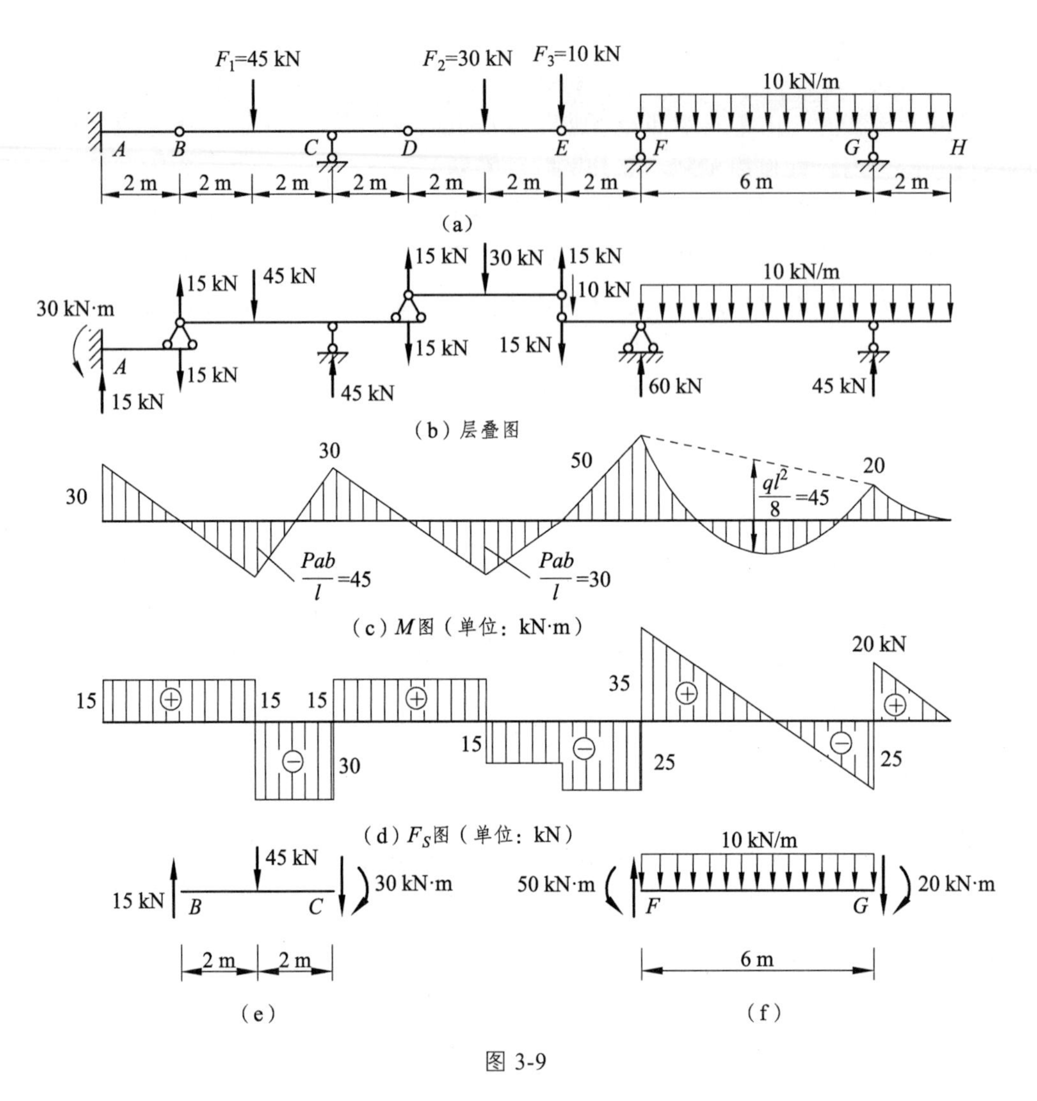

图 3-9

【**例题 3-3**】 图 3-10（a）所示的多跨静定梁，要求确定 E、F 铰的位置，使梁上最大正、负弯矩的绝对值相等，并作出此时梁的弯矩图及相应简支梁的弯矩图。

解：（1）几何组成分析，作层叠关系图，如图 3-10（b）所示，EF 为基本部分，AE、FD 为附属部分。

（2）内力分析。

由于结构及荷载对称布置，故弯矩图也应为正对称图形，其最大正弯矩出现在 AE（FD）跨中或 BC 跨中，最大负弯矩在支座 B、C 处。

① 当 AE 跨中正弯矩与 C 支座、B 支座负弯矩绝对值相等时。

$$|M_{AE中}|=|M_C|=|M_B|$$

即：

$$\frac{q(l-x)^2}{8}=\frac{qlx}{2}$$

解得：

$$x_1=5.828l,\quad x_2=0.171\,6l$$

取

$$x=0.171\,6l$$

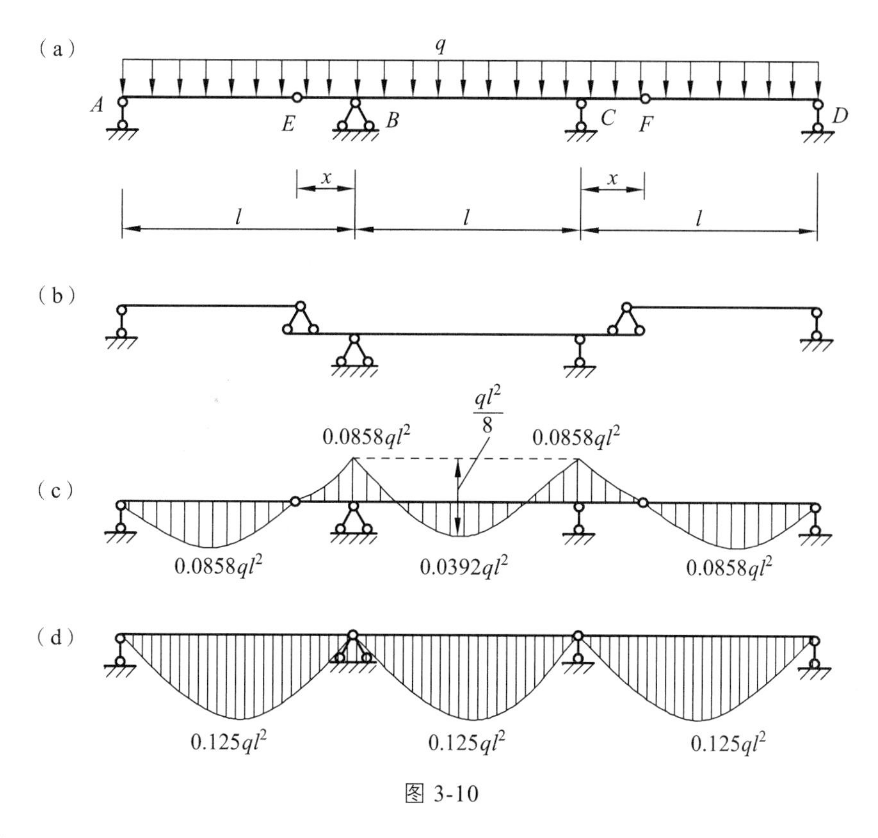

图 3-10

② 当 BC 跨中正弯矩与支座 C、B 负弯矩绝对值相等时。

$$\left|M_{BC中}\right|=\left|M_C\right|=\left|M_B\right|$$

即：
$$\frac{ql^2}{8}-\frac{qlx}{2}=\frac{qlx}{2}$$

解得：
$$x=\frac{l}{8}=0.125l$$

比较以上两种情况，取 $x=0.171\,6l$

即 E、F 铰的位置距离支座 B、C 为 $x=0.171\,6l$ 时，梁的最大正、负弯矩绝对值相等。

于是，即可绘制出多跨静定梁的弯矩图及相应简支梁的弯矩图，分别如图 3-10（c）、（d）所示。

由此可见，同样的跨度、同样的荷载作用下，多跨静定梁跨中的正弯矩值要小于相应的简支梁跨中弯矩值（$0.125ql^2$），而简支梁支座处弯矩为零，因此，采用多跨静定梁可以更好地分配结构的内力，充分地利用材料性能。

3.3 静定刚架

1．静定刚架的组成

刚架是由梁和柱等用刚结点连接而成的结构，其几何不变性主要依靠结点的刚性连接来维持，因而无须斜向杆件。这样，不但简化了结构形式，同时也更有利于建筑空间的利用。同时，由于有刚结点的存在，削弱了弯矩的峰值，使杆件的弯矩分布更趋于均匀。

杆件轴线及荷载作用线均处在同一平面内的刚架，称为平面刚架。在工程中实际应用的刚架，多数是超静定的，静定刚架较少采用。但静定刚架分析是超静定刚架计算的必要基础。

静定平面刚架常见的形式有悬臂刚架，如图 3-11（a）所示；简支刚架，如图 3-11（b）所示；三铰刚架，如图 3-11（c）所示等。

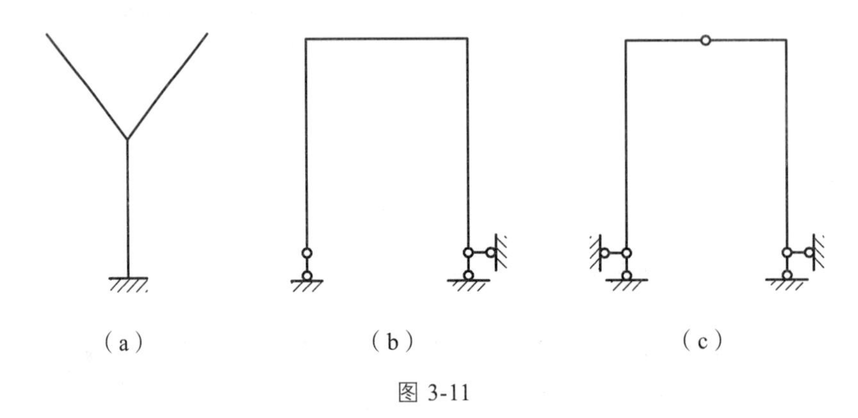

（a）　　（b）　　（c）

图 3-11

2．静定平面刚架计算

静定刚架的内力通常有弯矩、剪力和轴力，其计算方法原则上与静定梁的计算相同。在静定刚架计算中，一般也需要对结构的组成情况进行分析，以便了解结构的具体特点及各部分之间的关系，应遵循先计算附属部分，后计算基本部分，即按几何组成相反的顺序，依次计算。

当刚架与基础按两刚片规则组成时，支座反力只有三个，容易求得；当刚架与基础按三刚片规则组成时（如三铰刚架），支座反力有四个，除考虑结构整体的三个平衡方程外，还需再取刚架的左半部（或右半部）为隔离体建立一个平衡方程，方可求出全部反力。反力求出后，即可逐杆段绘制内力图。

【例题 3-4】 计算图 3-12（a）所示静定悬臂刚架的内力，并绘制内力图。

解：（1）求支座反力。

由整体平衡条件得：

$$\sum X = 0, \qquad F_{Ax} = 0$$

$$\sum F_y = 0, \qquad F_{Ay} = 5 + 2\times 2 = 9\ \text{kN}\,(\uparrow)$$

$$\sum M_A = 0, \quad 2\times 2\times 1 - 5\times 2 - M_A = 0\,,\, M_A = -6\ \text{kN}\cdot\text{m}$$

（2）计算杆端弯矩，绘制弯矩图。作弯矩图时，各杆逐一考虑，在刚架中，弯矩图绘于杆件受拉一侧。

BC 杆：

$$M_{BC} = 5\times 2 = 10\ \text{kN}\cdot\text{m}\,(\text{上侧受拉})$$

$$M_{CB} = 0$$

BC 为悬臂梁。B 端上侧边受拉，弯矩纵坐标绘于 B 点上侧。C 端为自由端，弯矩等于零，将两点纵坐标连以直线，即得 BC 杆的弯矩图。

BD 杆：

$$M_{BD}=\frac{1}{2}\times 2\times 2^2=4\ \text{kN}\cdot\text{m}\,(\text{上侧受拉})$$

$$M_{DB}=0$$

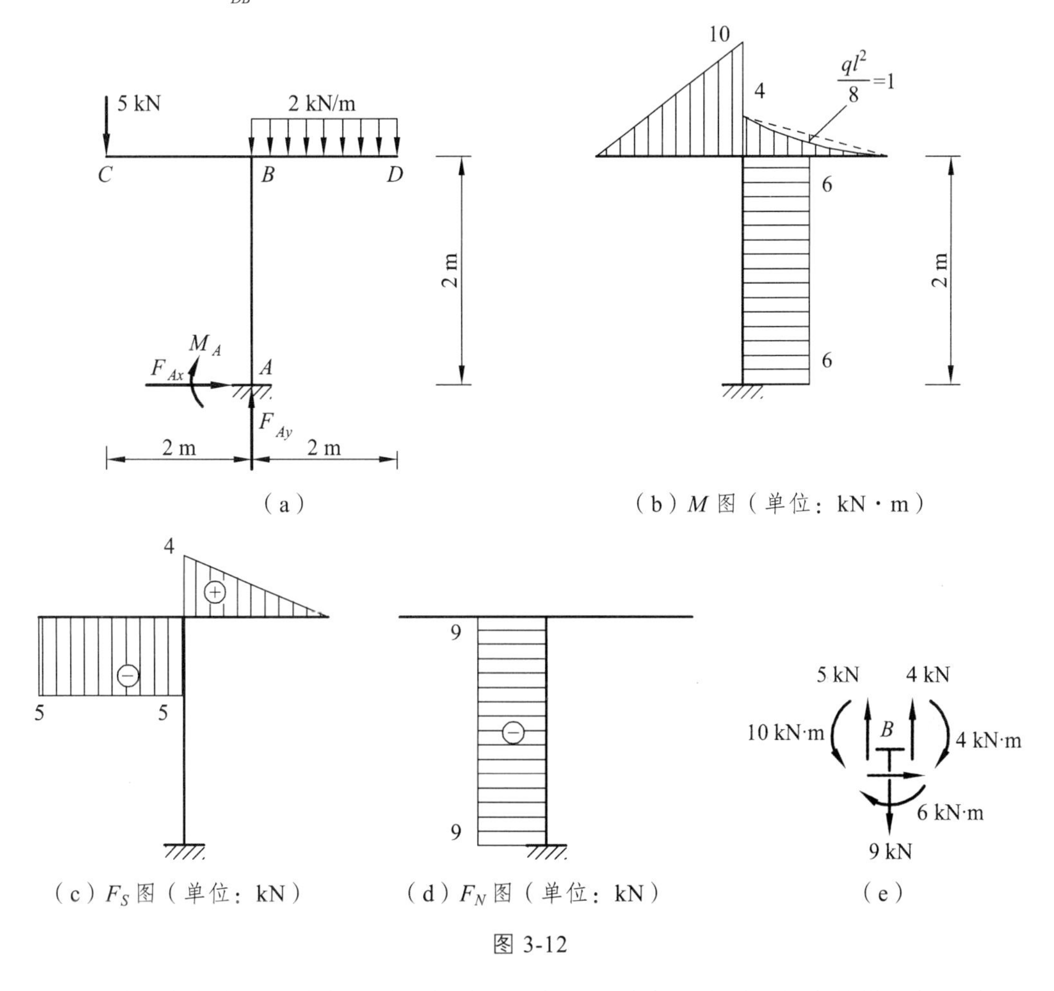

（a）　（b）M 图（单位：kN·m）

（c）F_S 图（单位：kN）　（d）F_N 图（单位：kN）　（e）

图 3-12

BD 杆受均布荷载，B 端弯矩纵坐标绘于上侧。C 端弯矩为零，相应的纵坐标也为零，将两控制截面纵坐标连以虚线，并以此虚线作为基线，叠加相应简支梁在均布载荷作用下的弯矩图，即得到 BD 杆的弯矩图。由于荷载方向是向下的，故简支梁弯矩纵坐标应自虚线向下量取 $\frac{ql^2}{8}=1$，可见，即使是悬臂梁，也可看作是简支梁应用叠加原理绘制其弯矩图。

AB 杆：

$$M_{AB}=M_A=-6\ \text{kN}\cdot\text{m}\ （右侧受拉）$$

$$M_{BA}=M_A+F_{Ax}\times 3=-6\ \text{kN}\cdot\text{m}\ （右侧受拉）$$

AB 杆无荷载作用，两端截面弯矩相同，弯矩图为直线。

由以上可得整个刚架的弯矩图，如图 3-12（b）所示。

（3）计算杆端剪力，绘制剪力图。

$$F_{SAB}=F_{SBA}=F_{Ax}=0\ ,\quad F_{SBC}=F_{SCB}=-5\ \text{kN}$$

$$F_{SBD}=2\times2=4\ \text{kN}\ ,\quad F_{SDB}=0$$

根据杆端剪力值可作出刚架的剪力图，如图 3-12（c）所示。

（4）计算杆端轴力，绘制轴力图。

$$F_{NAB}=F_{NBA}=-F_{Ay}=-9\ \text{kN}$$

$$F_{NBC}=F_{NCB}=0\ ,\quad F_{NBD}=F_{NDB}=0$$

各杆轴力求出后，即可作出轴力图，如图 3-12（d）所示。

弯矩图绘制在杆件截面的受拉一侧，无须标明正、负号；绘制剪力图和轴力图时，正、负值应当绘于杆件的不同侧边，而且都必须注明正、负号。

（5）校核。

在刚架的计算中，除对内力的图形特征进行检查外，一般还需校核节点的平衡条件，本例取 B 结点为隔离体，如图 3-12（e）所示，每个截面上的三种内力，取自三个内力图，其方向按如下方法定出：弯矩的箭头指向由杆件的受拉边指向受压边；剪力、轴力方向按前述规定。作用于该节点上的所有力，应当满足平面一般力系的三个平衡条件。显然，作用于节点 B 上所有力和力矩，是满足 $\sum F_x=0$、$\sum F_y=0$ 及 $\sum M=0$ 的三个平衡条件的。

【例题 3-5】 试作出图 3-13（a）所示刚架的内力图。

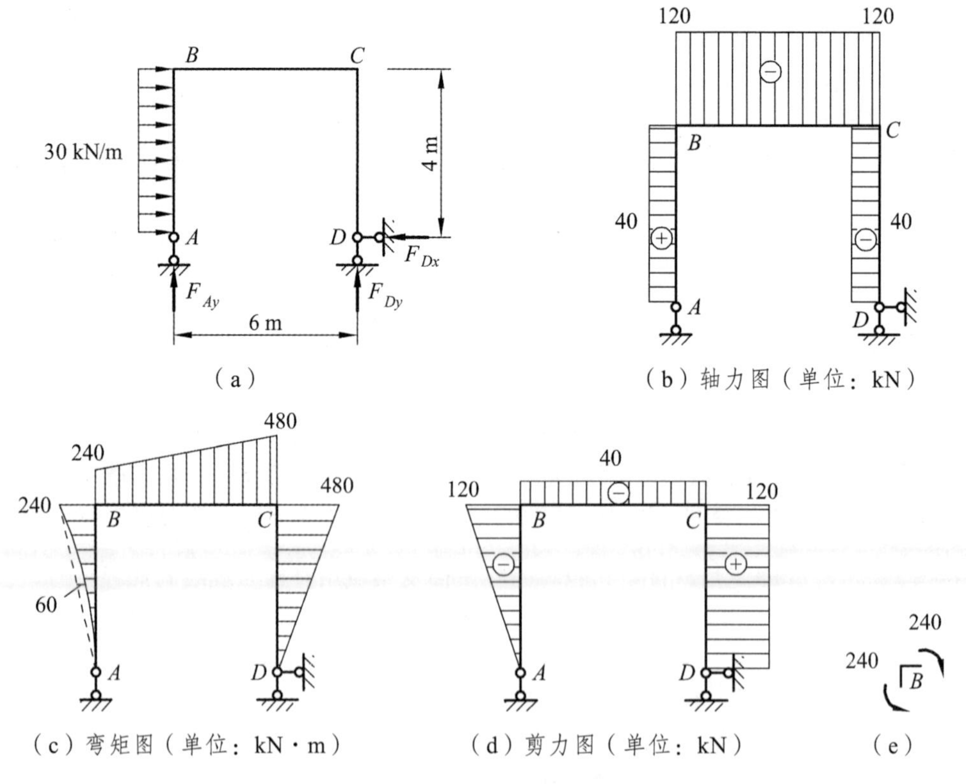

图 3-13

解：（1）计算支座反力。

这是个简支刚架，考虑整体的平衡条件，由 $\sum F_x = 0$ 可得

$$-F_{Dx} + 30\times 4 = 0$$

得：$$F_{Dx} = 120\ \text{kN}\ (\leftarrow)$$

由 $\sum M_D = 0$ 可得

$$30\times 4\times 2 + 6F_{Ay} = 0$$

得：$$F_{Ay} = -40\ \text{kN}\ (\downarrow)$$

再由 $\sum F_y = 0$ 可得

$$F_{Ay} + F_{Dy} = 0$$

得：$$F_{Dy} = -F_{Ay} = 40\ \text{kN}\ (\uparrow)$$

（2）绘制弯矩图。

作弯矩图时，逐杆绘制。

AB 杆：柱 *AB* 上受均布荷载作用，用叠加法绘制其弯矩图，先求杆端弯矩。

$$M_{BA} = \frac{1}{2}\times 30\times 4^2 = 240\ \text{kN}\cdot\text{m}\ （左侧受拉）$$

$$M_{AB} = 0$$

弯矩绘于 *B* 点左侧。将 *A*、*B* 两坐标的端点连以虚线，并以此虚线作为基线，叠加均布荷载所产生的简支梁的弯矩图，由于荷载方向是向右的，故简支梁弯矩纵坐标应自基线向右量取 $\frac{ql^2}{8} = 60\ \text{kN}\cdot\text{m}$。

DC 上无荷载，所以弯矩图为一直线。*DC* 两端截面弯矩分别为：

$$M_{DC} = 0$$

$$M_{CD} = 120\times 4 = 480\ \text{kN}\cdot\text{m}\ （右侧受拉）$$

横梁 *BC* 上无荷载，弯矩图为一直线，两端弯矩数值为：

$$M_{BC} = \frac{1}{2}\times 30\times 4^2 = 240\ \text{kN}\cdot\text{m}\ （上侧受拉）$$

$$M_{CB} = 4\times 120 = 480\ \text{kN}\cdot\text{m}\ （上侧受拉）$$

由此得出整个刚架的弯矩图，如图 3-13（c）所示。

需要指出，凡只有两杆交汇的刚结点，若结点上无外力偶作用，则两杆端弯矩必大小相等且同侧受拉（即同使刚架外侧或同使刚架内侧受拉）。本例刚架的结点 *B* 或结点 *C*［见图 3-13（e）］就属这种情况。

（3）绘制剪力图。

分别计算出各控制截面剪力。

$$F_{SAB} = 0, \qquad F_{SBA} = -30\times 4 = -120\ \text{kN}$$

$$F_{SBC} = F_{SCB} = F_{Ay} = -40\ \text{kN}, \qquad F_{SDC} = F_{SCD} = F_{Dx} = 120\ \text{kN}$$

据此可作出剪力图，如图 3-13（d）所示。

同理，可绘出轴力图，如图 3-13（b）所示。

【例题 3-6】 试作出图 3-14（a）所示三铰刚架的内力图。

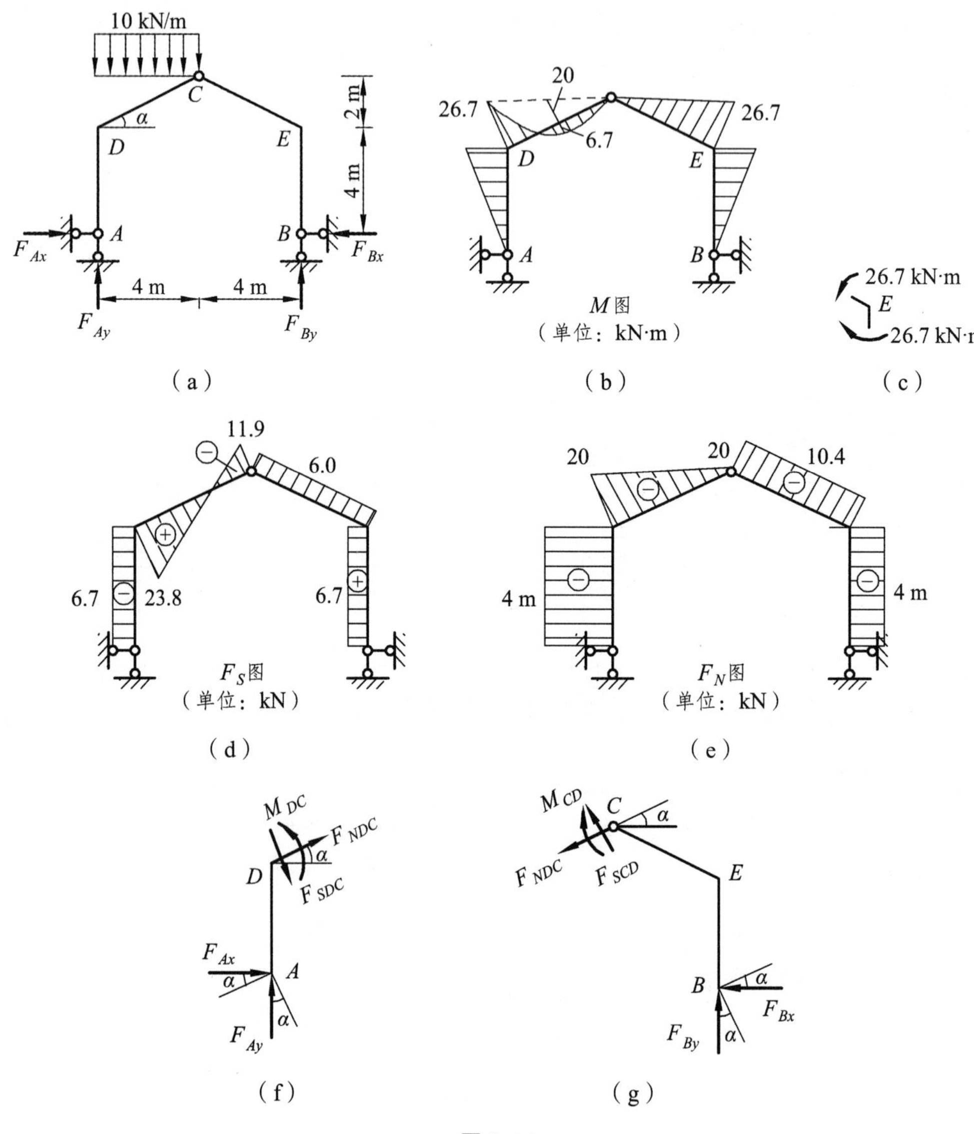

图 3-14

解：（1）求反力。由刚架整体平衡 $\sum M_B = 0$，可得：

$$F_{Ay} = (10\ \text{kN/m} \times 4\ \text{m} \times 6\ \text{m})/8\ \text{m} = 30\ \text{kN}\ (\uparrow)$$

由 $\sum F_y = 0$，得：

$$F_{By} = 10\ \text{kN/m} \times 4\ \text{m} - F_{Ay} = 40\ \text{kN} - 30\ \text{kN} = 10\ \text{kN}\ (\uparrow)$$

再取刚架右半部分为隔离体，由 $\sum M_C = 0$ 有

$$F_{By} \times 4\ \text{m} - F_{Bx} \times 6\ \text{m} = 0$$

则得

$$F_{Bx} = \frac{F_{By} \times 4\ \text{m}}{6\ \text{m}} = 6.67\ \text{kN}\ (\leftarrow)$$

由 $\sum F_x = 0$ 得

$$F_{Ax} = 6.67\ \text{kN}\ (\rightarrow)$$

（2）作弯矩图，以 DC 杆为例，先求出其两端弯矩：

$$M_{DC} = 6.67\ \text{kN} \times 4\ \text{m} = 26.7\ \text{kN} \cdot \text{m}\ （外侧受拉）$$

$$M_{CD} = 0$$

连以直线（虚线），再叠加简支梁的弯矩图，杆中的弯矩为：

$$\frac{1}{8} \times 10\ \text{kN/m} \times (4\ \text{m})^2 - \frac{1}{2} \times 26.7\ \text{kN} \cdot \text{m} = 6.67\ \text{kN} \cdot \text{m}\ （内侧受拉）$$

同理可求其余各杆端弯矩，绘出弯矩图，如图 3-14（b）所示。

（3）作剪力图和轴力图。以 DC 杆为例，求 D 截面的剪力和轴力时，可取该截面以左部分 AD 为隔离体［见图 3-14（f）］，由截面法可得：

$$F_{SDC} = F_{Ay}\cos\alpha - F_{Ax}\sin\alpha = 30 \times \frac{2}{\sqrt{5}} - 6.67 \times \frac{1}{\sqrt{5}} = 23.8\ \text{kN}$$

$$F_{NDC} = -F_{Ay}\sin\alpha - F_{Ax}\cos\alpha = -30 \times \frac{1}{\sqrt{5}} - 6.67 \times \frac{2}{\sqrt{5}} = -19.4\ \text{kN}$$

求 C 截面的剪力和轴力时，若取其右边部分 CEB 为隔离体［见图 3-14（g）］，则有

$$F_{SCD} = -F_{By}\cos\alpha - F_{Bx}\sin\alpha = -10 \times \frac{2}{\sqrt{5}} - 6.67 \times \frac{1}{\sqrt{5}} = 11.9\ \text{kN}$$

$$F_{NDC} = F_{By}\sin\alpha - F_{Bx}\cos\alpha = 10 \times \frac{1}{\sqrt{5}} - 6.67 \times \frac{2}{\sqrt{5}} = -1.5\ \text{kN}$$

由此，即可绘出 CD 杆的剪力图和轴力图。其余各杆同理可求得，结果如图 13-4（d）、（e）所示。

3．静定空间刚架

若刚架的各杆轴及所承受的荷载不在同一平面内，则称为空间刚架，无多余约束的几何不变的空间刚架，称为静定空间刚架。确定一个自身为几何不变的空间刚架在空间的位置，需要六根不相交在同一直线上的支杆与基础连接，体系才能成为不变，如图 3-15（a）所示。图中的刚架，虽然各杆轴线都在 Oxy 平面内，但荷载不在此平面内，故亦属于空间刚架，也称为平面刚架承受空间荷载。

空间刚架的杆件横截面上一般有六个内力分量［见图 3-15（b）］，即轴力 F_N（沿杆轴线方向），剪力 F_{Sy} 和 F_{Sz}(分别沿横截面的两个形心主轴方向)，弯矩 M_x 和 M_y(分别绕两形心主轴旋转的力偶)，以及扭矩 M_z(绕杆轴线旋转的力偶)。为了清楚起见，力偶都按右手螺旋法则用双箭头矢量表示。

各内力分量的正、负号以图 3-15（b）中所设的方向为正，反之为负。通常以杆轴为 x 轴并以截面的外法线为 x 轴的正方向；以截面的两个主轴为 y 轴和 z 轴，按右手螺旋法则定出 y 轴和 z 轴的正方向。

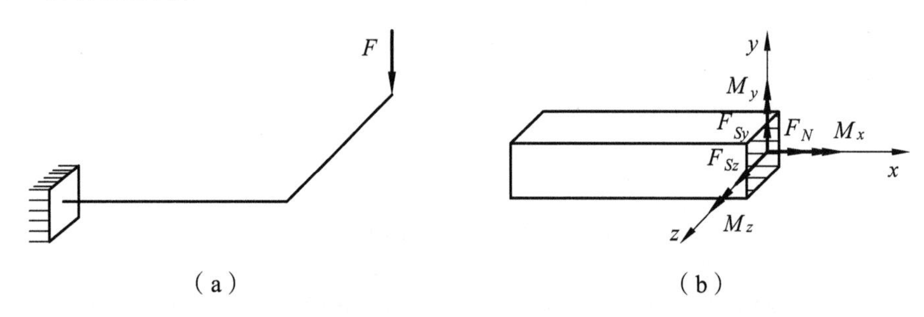

图 3-15

计算静定空间刚架内力的基本方法，仍是截面法。从静定空间刚架中截取不超过六个未知内力分量的隔离体，由空间一般力系的六个平衡条件，可求得截面上的六个内力分量。作内力图时，可逐杆建立各内力方程，再按各内力方程作图。或首先分段求作各控制截面的内力，再根据作用于杆件的荷载情况作出各杆的内力图。作空间刚架的内力图时，弯矩纵标仍画在杆件受拉纤维一侧，弯矩图上不标明正负号；轴力图、剪力图和扭矩图可画在杆件的任一侧，但需标明正、负号。

【例题 3-7】 试求图 3-16（a）所示的空间刚架的支座反力，并作内力图。水平杆 CD 平行于坐标轴 z，水平荷载垂直于 CD 杆作用。

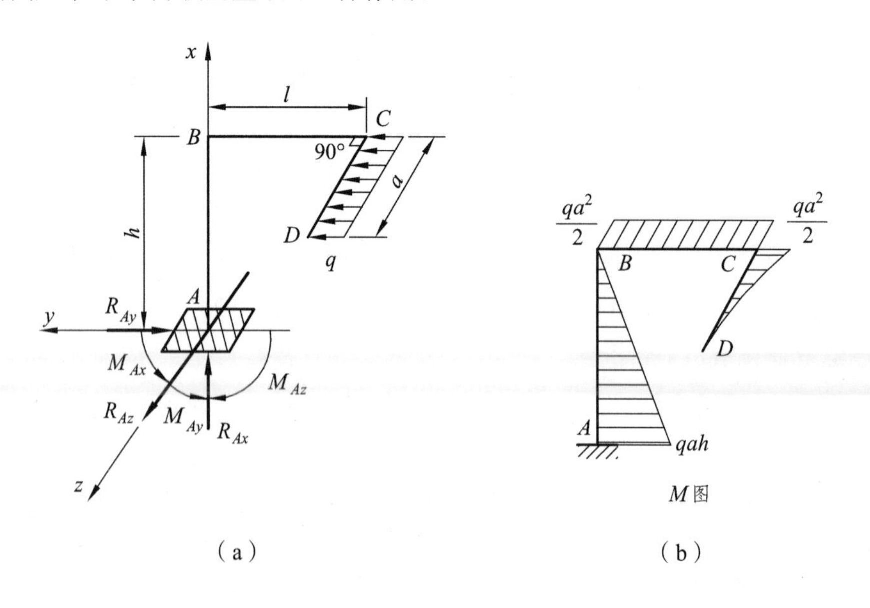

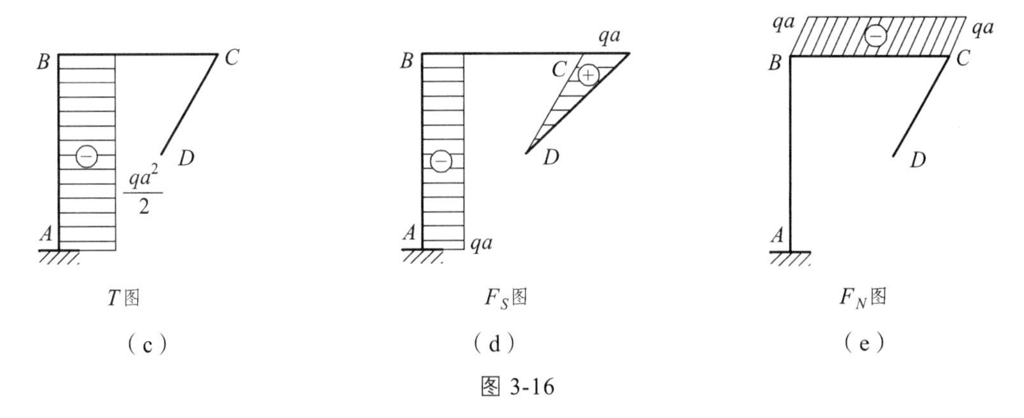

图 3-16

解：设各支座反力的方向如图 3-16（a）所示，则由刚架的平衡条件可得：

$$\sum F_x = 0 \qquad F_{Ax} = 0$$

$$\sum F_y = 0 \qquad F_{Ay} = qa$$

$$\sum F_z = 0 \qquad F_{Az} = 0$$

$$\sum M_x = 0 \qquad M_{Ax} - \frac{qa^2}{2} = 0,\ M_{Ax} = \frac{qa^2}{2}$$

$$\sum M_y = 0 \qquad M_{Ay} = 0$$

$$\sum M_z = 0 \qquad M_{Az} - qah = 0,\ M_{Az} = qah$$

其中，$M_{Ax} = \frac{qa^2}{2}$是扭矩，$M_{Az} = qah$是 xy 平面内的弯矩。

由于荷载与刚架的 BCD 部分处在同一平面内，故该部分属于平面受力状态。柱 AB 除了在 xy 平面内承受弯矩外，并承受沿杆轴为常量的扭矩 $T_{Ax} = -M_{Ax} = -qa^2/2$。此刚架的 M 图、T 图、F_S 图和 F_N 图，分别如图 3-40（b）、（c）、（d）、（e）所示。

3.4　三铰拱

3.4.1　概　述

1．拱的特点

拱是由曲杆组成的在竖向荷载作用下支座处产生水平推力的结构。水平推力是指拱两个支座处指向拱内部的水平反力。在竖向荷载作用下有无水平推力，这是拱式结构和梁式结构的主要区别。

在拱结构中，由于水平推力的存在，拱横截面上的弯矩比相应简支梁对应截面上的弯矩小得多，并且可使拱横截面上的内力以轴向压力为主。这样，拱可以用抗压强度较高而抗拉强度较低的砖、石和混凝土等材料来制造。因此，拱结构在房屋建筑、桥梁和水利工程中得到广泛应用。例如在桥梁工程中，拱桥是最基本的桥型之一；如图 3-17（a）所示为屋面承重结构，图 3-17（b）是它的计算简图。

在拱结构中，由于水平推力的存在，使得拱对其基础的要求较高，若基础不能承受水平推力，可用一根拉杆来代替水平支座链杆承受拱的推力，如图 3-17（a)、(b）所示。这种拱称为拉杆拱。为增加拱下的净空，拉杆拱的拉杆位置可适当提高［见图 3-18（a)]；也可以将拉杆做成折线形，并用吊杆悬挂，如图 3-18（b）所示。

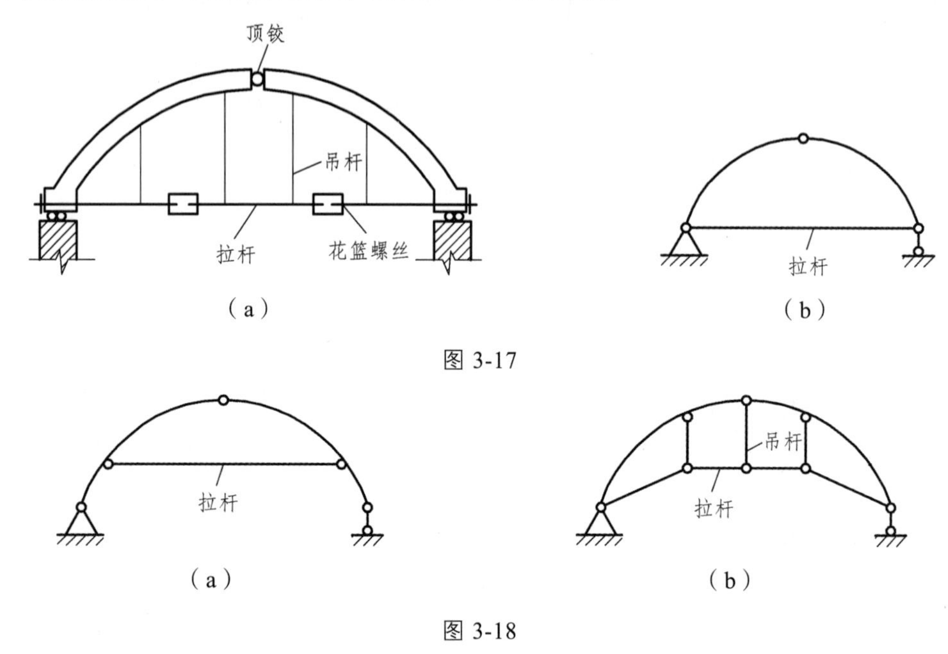

图 3-17

图 3-18

2．拱的分类

按铰的多少，拱可以分为无铰拱［见图 3-19（a)]、两铰拱［见图 3-19（b)］和三铰拱［见图 3-19（c)]。无铰拱和两铰拱属超静定结构，三铰拱属静定结构。按拱轴线的曲线形状，拱又可以分为抛物线拱、圆弧拱和悬链线拱等。

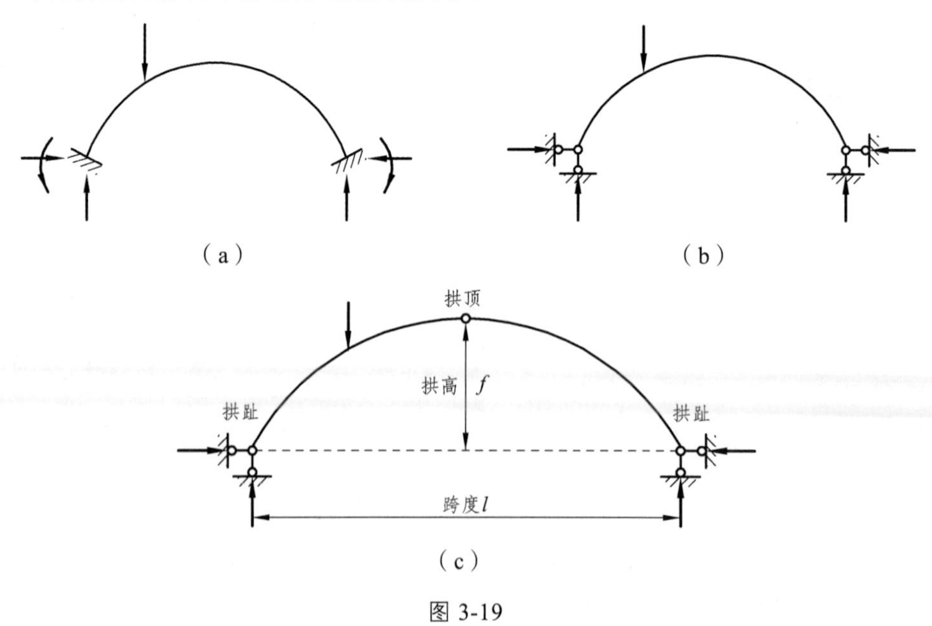

图 3-19

3．拱的各部分名称

拱与基础的连接处称为拱趾，或称拱脚。拱轴线的最高点称为拱顶。拱顶到两拱趾连线的高度 f 称为拱高，两个拱趾间的水平距离 l 称为拱跨，如图 3-19（c）所示。拱高与拱跨的比值 f/l 称为高跨比，高跨比是影响拱的受力性能的重要的几何参数。

3.4.2 三铰拱的内力计算

现以图 3-20（a）所示的三铰拱为例说明其内力计算过程。该拱的两支座在同一水平线上，且只承受竖向荷载。

1．求支座反力

取拱整体为隔离体，由平衡方程 $\sum M_B=0$，得

$$F_{Ay}=\frac{1}{l}(F_1b_1+F_2b_2) \tag{a}$$

由 $\sum M_A=0$，得

$$F_{By}=\frac{1}{l}(F_1a_1+F_2a_2) \tag{b}$$

由 $\sum F_x=0$，得

$$F_{Ax}=F_{Bx}=F_x \tag{c}$$

再取左半个拱为隔离体，由平衡方程 $\sum M_C=0$，得

$$F_{Ax}=\frac{1}{f}\left[F_{Ay}\times\frac{l}{2}-F_1\times\left(\frac{l}{2}-a_1\right)\right] \tag{d}$$

与三铰拱同跨度同荷载的相应简支梁如图 3-20（b）所示，其支座反力为

$$\left.\begin{aligned}F_{Ay}^0&=\frac{1}{l}(F_1b_1+F_2b_2)\\F_{By}^0&=\frac{1}{l}(F_1a_1+F_2a_2)\\F_{Ax}^0&=0\end{aligned}\right\} \tag{e}$$

同时，可以计算出相应简支梁 C 截面上的弯矩为

$$M_C^0=F_{Ay}^0\times\frac{l}{2}-F_1\times\left(\frac{l}{2}-a_1\right) \tag{f}$$

比较以上诸式，可得三铰拱的支座反力与相应简支梁的支座反力之间的关系为

$$\left.\begin{aligned}F_{Ay}&=F_{Ay}^0\\F_{By}&=F_{By}^0\\F_{Ax}&=F_{Bx}=F_x=\frac{M_C^0}{f}\end{aligned}\right\} \tag{3-2}$$

利用式（3-2），可以借助相应简支梁的支座反力和内力的计算结果来求三铰拱的支座反力。

由式（3-2）可以看出，只受竖向荷载作用的三铰拱，两固定铰支座的竖向反力与相应简支梁的竖向反力相同，水平反力 F_x 等于相应简支梁截面 C 处的弯矩 M_C^0 与拱高 f 的比值。当荷载与拱跨不变时，M_C^0 为定值，水平反力与拱高 f 成反比。若 $f \to 0$，则 $F_x \to \infty$，此时三个铰共线，成为瞬变体系。

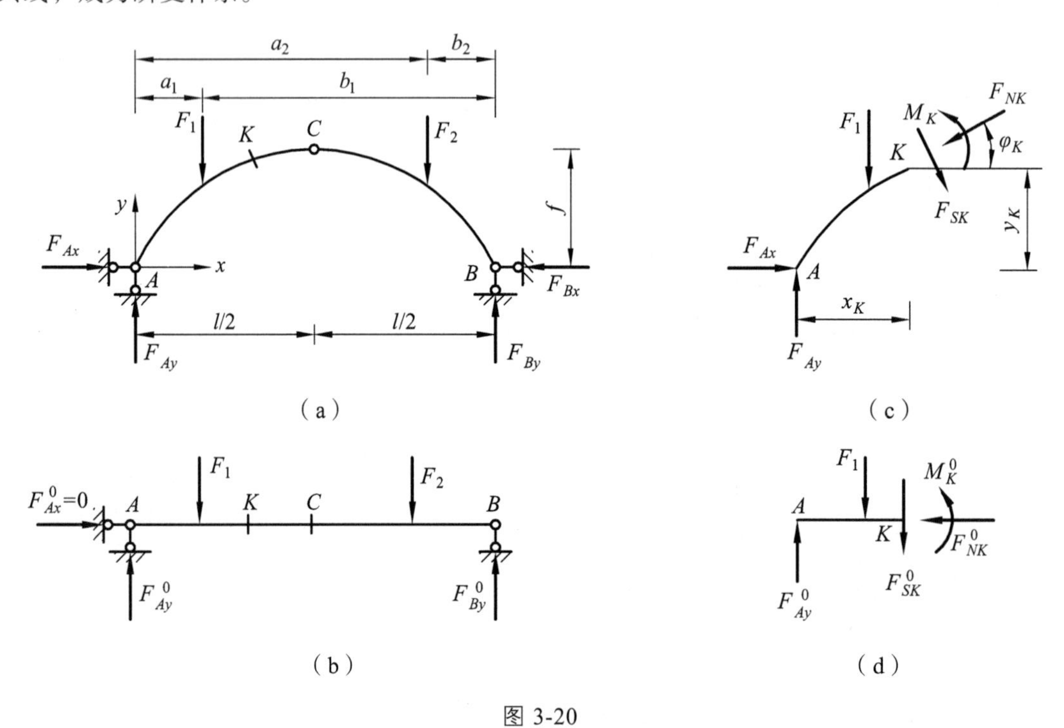

图 3-20

2．求任一截面 K 上的内力

由于拱轴线为曲线，这使得三铰拱的内力计算较为复杂，但也可以借助其相应简支梁的内力计算结果，来求拱的任一截面 K 上的内力。具体分析如下：

取三铰拱的 K 截面以左部分为隔离体［见图 3-20（c）］。设 K 截面形心的坐标分别为 x_K、y_K，K 截面的法线与 x 轴的夹角为 φ_K。K 截面上的内力有弯矩 M_K、剪力 F_{SK} 和轴力 F_{NK}。规定弯矩以使拱内侧纤维受拉为正，反之为负；剪力以使隔离体产生顺时针转动趋势时为正，反之为负；轴力以压力为正，拉力为负（在隔离体图上将内力均按正向画出）。利用平衡方程，可以求出拱的任意截面 K 上的内力为

$$\left.\begin{aligned} M_K &= [F_{Ay} \cdot x_K - F_1 \cdot (x_K - a_1)] - F_x \cdot y_K \\ F_{SK} &= (F_{Ay} - F_1) \cdot \cos\varphi_K - F_x \cdot \sin\varphi_K \\ F_{NK} &= (F_{Ay} - F_1) \cdot \sin\varphi_K + F_x \cdot \cos\varphi_K \end{aligned}\right\} \tag{g}$$

在相应简支梁上取如图 3-20（d）所示的隔离体，利用平衡方程，可以求出相应简支梁 K 截面上的内力为

$$\left.\begin{aligned} M_K^0 &= F_{Ay}^0 \cdot x_K - F_1 \cdot (x_K - a_1) \\ F_{SK}^0 &= F_{Ay}^0 - F_1 \\ F_{NK}^0 &= 0 \end{aligned}\right\} \qquad (h)$$

利用式（h）与式（3-2），式（g）可写为

$$\left.\begin{aligned} M_K &= M_K^0 - F_x \cdot y_K \\ F_{SK} &= F_{SK}^0 \cdot \cos\varphi_K - F_x \cdot \sin\varphi_K \\ F_{NK} &= F_{SK}^0 \cdot \sin\varphi_K + F_x \cdot \cos\varphi_K \end{aligned}\right\} \qquad (3\text{-}3)$$

式（3-3）即为三铰拱任意截面 K 上的内力计算公式。计算时要注意内力的正负号规定和夹角 φ_K 的取值，在左半拱时 φ_K 取正值，在右半拱时 φ_K 取负值。

由式（3-3）可以看出，由于水平支座反力 F_x 的存在，三铰拱任意截面 K 上的弯矩和剪力均小于其相应简支梁的弯矩和剪力，并且存在着使截面受压的轴力。通常轴力较大，为主要内力。

3．绘制内力图

一般情况下，三铰拱的内力图均为曲线图形。为了简便起见，在绘制三铰拱的内力图时，通常沿跨长或沿拱轴线选取若干个截面，求出这些截面上的内力值。然后以拱轴线的水平投影为基线，在基线上把所求截面上的内力值按比例标出，用曲线相连，绘出内力图。

【例题 3-8】 绘制图 3-21（a）所示三铰拱的内力图。已知拱轴线方程为：

$$y = \frac{4f}{l^2} x(l - x)$$

解：（1）求支座反力。三铰拱的相应简支梁如图 3-21（b）所示。由式（3-2），并利用平衡方程，可得支座反力为

$$F_{Ay} = F_{Ay}^0 = \frac{100\times9 + 20\times6\times3}{12}\ \text{kN} = 105\ \text{kN}$$

$$F_{By} = F_{By}^0 = \frac{100\times3 + 20\times6\times9}{12}\ \text{kN} = 115\ \text{kN}$$

$$F_{Ax} = F_{Bx} = F_x = \frac{M_C^0}{f} = \frac{105\times6 - 100\times3}{4}\ \text{kN} = 82.5\ \text{kN}$$

（2）求截面上的内力。为了绘制内力图，在三铰拱上沿拱跨每隔水平距离 1.5 m 取一个截面［见图 3-21（a）］，分别计算这些截面上的内力值。现以截面 2 为例，说明内力的计算方法。

计算所需的有关数据为：

$$x_2 = 3\,\text{m}, \qquad y_2 = \frac{4f}{l^2} x_2 (l - x_2) = 3\,\text{m}$$

$$\tan\phi_2 = \left.\frac{\mathrm{d}y}{\mathrm{d}x}\right|_{x=3} = \left.\frac{4f}{l}\left(1 - \frac{2x}{l}\right)\right|_{x=3} = 0.667$$

$$\phi_2 = 32°48', \qquad \sin\phi_2 = 0.555, \qquad \cos\phi_2 = 0.832$$

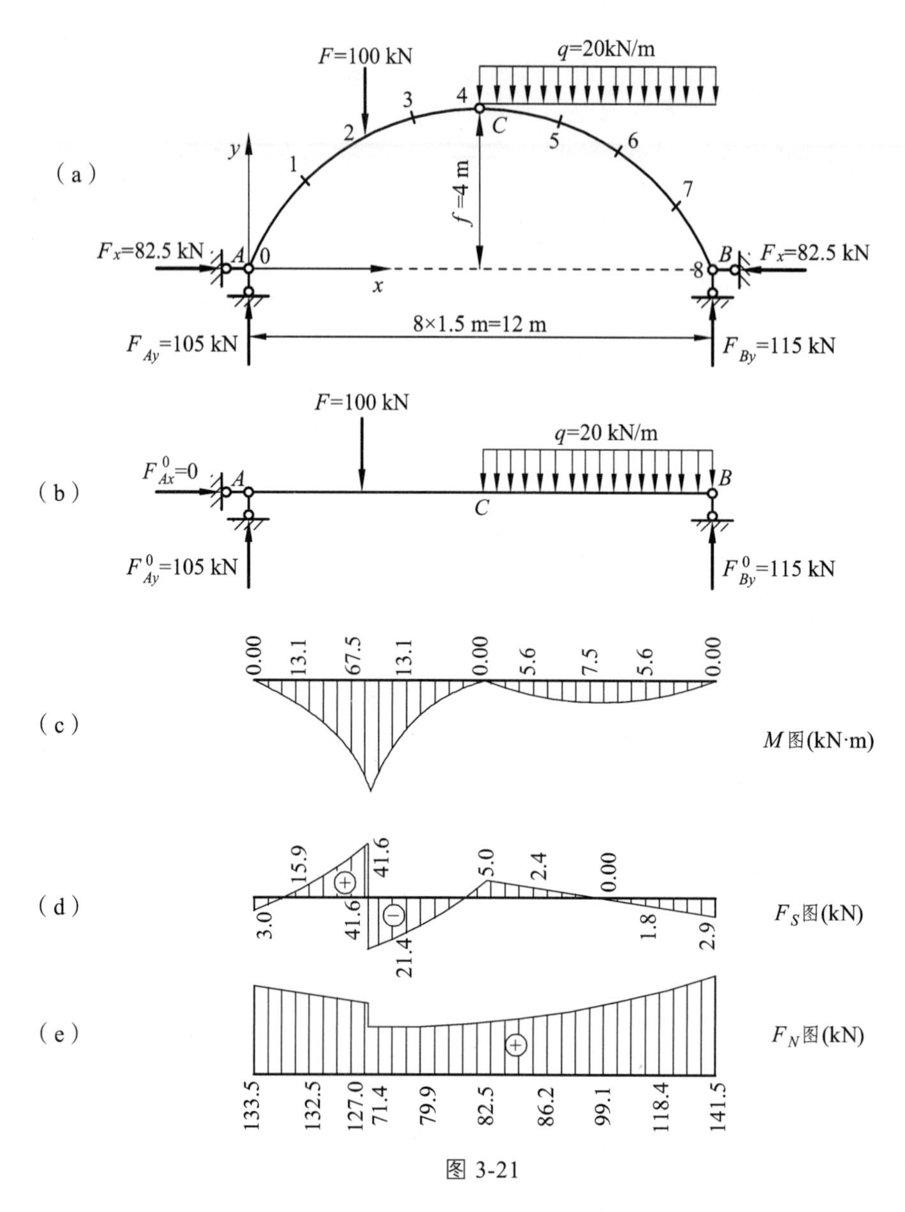

图 3-21

由式（3-3），可得截面 2 上的内力为：

$$M_2 = M_2^0 - F_x y_2 = (105\times3-82.5\times3)\text{kN}\cdot\text{m} = 67.5\ \text{kN}\cdot\text{m}$$

$$F_{S2}^{\text{L}} = F_{S2}^{0\text{L}}\cos\varphi_2 - F_x\sin\varphi_2 = (105\times0.832-82.5\times0.555)\ \text{kN} = 41.6\ \text{kN}$$

$$F_{S2}^{\text{R}} = F_{S2}^{0\text{R}}\cos\varphi_2 - F_x\sin\varphi_2 = (105-100)\times0.832\text{kN} - 82.5\times0.555\ \text{kN} = -41.6\ \text{kN}$$

$$F_{N2}^{\text{L}} = F_{S2}^{0\text{L}}\sin\varphi_2 + F_x\cos\varphi_2 = (105\times0.555+82.5\times0.832)\ \text{kN} = 127\ \text{kN}$$

$$F_{N2}^{\text{R}} = F_{S2}^{0\text{R}}\sin\varphi_2 + F_x\cos\varphi_2 = (105-100)\times0.555\ \text{kN} + 82.5\times0.832\ \text{kN} = 71.4\ \text{kN}$$

必须指出，因为截面 2 处受集中荷载作用，F_{S2}^0 有突变，所以该处左、右两侧截面上的剪力和轴力不同，要分别加以计算。

用同样的方法可计算其他各截面上的内力，其结果列于表 3-2 中。

（3）绘制内力图。根据表 3-2 中的数值，用描点法逐一绘出弯矩图、剪力图和轴力图，分别如图 3-21（c）、（d）、（e）所示。

表 3-2　三铰拱的内力计算

拱轴分点	横坐标 x_K/m	纵坐标 y_K/m	$\tan\varphi_K$	$\sin\varphi_K$	$\cos\varphi_K$	F_{SK}^0/kN	M_K/(kN·m)			F_{SK}/kN			F_{NK}/kN		
							M_K^0	$-F_x y_K$	M_K	$F_{SK}^0\cos\varphi_K$	$-F_x\sin\varphi_K$	F_{SK}	$F_{SK}^0\sin\varphi_K$	$F_x\cos\varphi_K$	F_{SK}
0	0.0	0.00	1.333	0.800	0.600	105.0	0.0	0.0	0.0	63.0	−66.0	−3.0	84.0	49.5	133.5
1	1.5	1.75	1.000	0.707	0.707	105.0	157.5	−144.4	13.1	74.2	−58.3	15.9	74.2	58.3	132.5
2 左 2 右	3.0	3.00	0.667	0.555	0.822	105.0 5.0	315.0	−247.5	67.5	87.4 4.2	−45.8	41.6 −41.6	58.4 2.8	68.6	127.0 71.4
3	4.5	3.75	0.333	0.136	0.948	5.0	322.5	−309.4	13.1	4.7	−26.1	−21.4	1.6	78.3	79.0
4	6.0	4.00	0.000	0.000	1.000	5.0	330.0	−330.0	0.0	5.0	0.0	5.0	0.0	82.5	82.5
5	7.5	3.75	−0.333	−0.316	0.948	−25.0	315.0	−309.4	5.6	−23.7	26.1	2.4	7.9	78.3	86.2
6	9.0	3.00	−0.667	−0.555	0.832	−55.0	255.0	−247.5	7.5	−45.8	45.8	0.0	30.5	68.6	99.1
7	10.5	1.75	−1.000	−0.707	0.707	−85.0	150.0	−144.4	5.6	−60.1	58.3	−1.8	60.1	58.3	118.4
8	12.0	0.00	−1.333	−0.800	0.600	−115.0	0.0	0.0	0.0	−68.9	66.0	−2.9	92.0	49.5	141.5

3.4.3　合理拱轴的概念

在一般情况下，三铰拱任意截面上受弯矩、剪力和轴力的作用，截面上的正应力分布是不均匀的。若能使拱的所有截面上的弯矩都为零（剪力也为零），则截面上仅受轴向压力的作用，各截面都处于均匀受压状态，材料能得到充分的利用，设计成这样的拱是最经济的。由式（3-3）可以看出，在给定荷载作用下，可以通过调整拱轴线的形状来达到这一目的。若拱的所有截面上的弯矩都为零，则这样的拱轴线就称为在该荷载作用下的合理拱轴。

下面讨论合理拱轴的确定。由式（3-3）可知，三铰拱任意截面上的弯矩为

$$M_K = M_K^0 - F_x \cdot y_K$$

令其等于零，得

$$y_K = \frac{M_K^0}{F_x} \tag{3-4}$$

当拱所受的荷载为已知时，只要求出相应简支梁的弯矩方程 M_K^0，然后除以水平推力（水平支座反力）F_x，便可得到合理拱轴方程。

【例题 3-12】 求图 3-22（a）所示三铰拱在竖向均布荷载 q 作用下的合理拱轴。

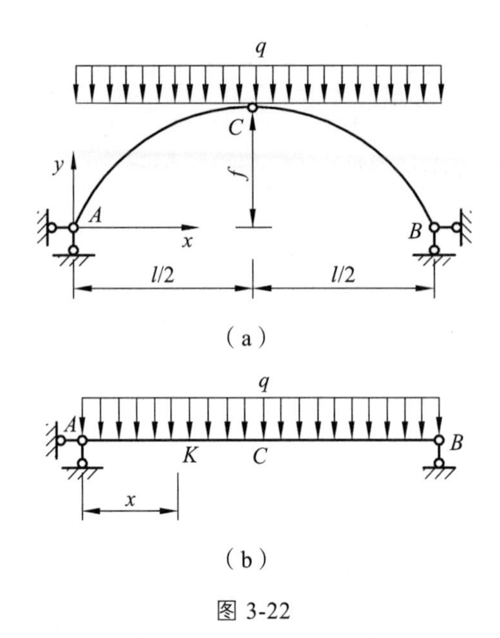

图 3-22

解：绘出拱的相应简支梁，如图 3-22（b）所示，其弯矩方程为

$$M_K^0=\frac{1}{2}qlx-\frac{1}{2}qx^2=\frac{1}{2}qx(l-x)$$

由式（3-3）可知，拱的水平推力(水平支座反力)为

$$F_x=\frac{M_C^0}{f}=\frac{ql^2/8}{f}=\frac{ql^2}{8f}$$

利用式（3-4），可求得合理拱轴的方程为

$$y_K=\frac{M_K^0}{F_x}=\frac{qx(l-x)/2}{ql^2/8f}=\frac{4f}{l^2}x(l-x)$$

由此可见，在满跨的竖向均布荷载作用下，对称三铰拱的合理拱轴为二次抛物线。这就是工程中拱轴线常采用抛物线的原因。

需要指出，三铰拱的合理拱轴只是对一种给定荷载而言的，在不同的荷载作用下有不同的合理拱轴。例如，对称三铰拱在径向均布荷载的作用下，其合理拱轴为圆弧线［见图 3-23（a）］；在拱上填土（填土表面为水平）的重力作用下，其合理拱轴为悬链线［见图 3-23（b）］。

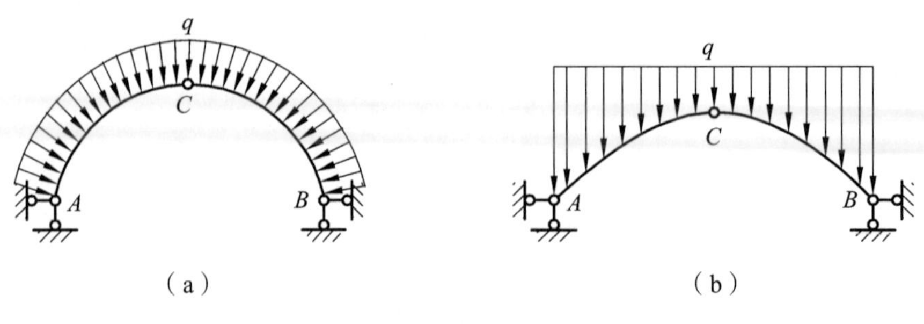

图 3-23

3.5 静定平面桁架

3.5.1 平面桁架的组成与分类

梁和刚架在荷载作用下，内力以弯矩为主，截面上的应力按不均匀的三角形分布，因此，杆截面的材料不能被充分利用，当跨度较大时，需要较大的截面高度，不经济，而桁架则弥补了上述结构的不足。桁架是由直杆组成，全部由铰结点连接而成的结构。在结点荷载作用下，桁架各杆的内力只有轴力，截面上应力是均匀分布的，材料得到充分的利用。因此，桁架在大跨度的结构中应用非常广泛，如民用房屋和工业厂房中的屋架、托架，大跨度的铁路和公路桥梁，起重设备中的塔架，以及建筑施工中的支架，等等。例如图 3-24 所示为房屋建筑中钢屋架的计算简图，图 3-25 所示为九江长江大桥主桁横梁的一段。

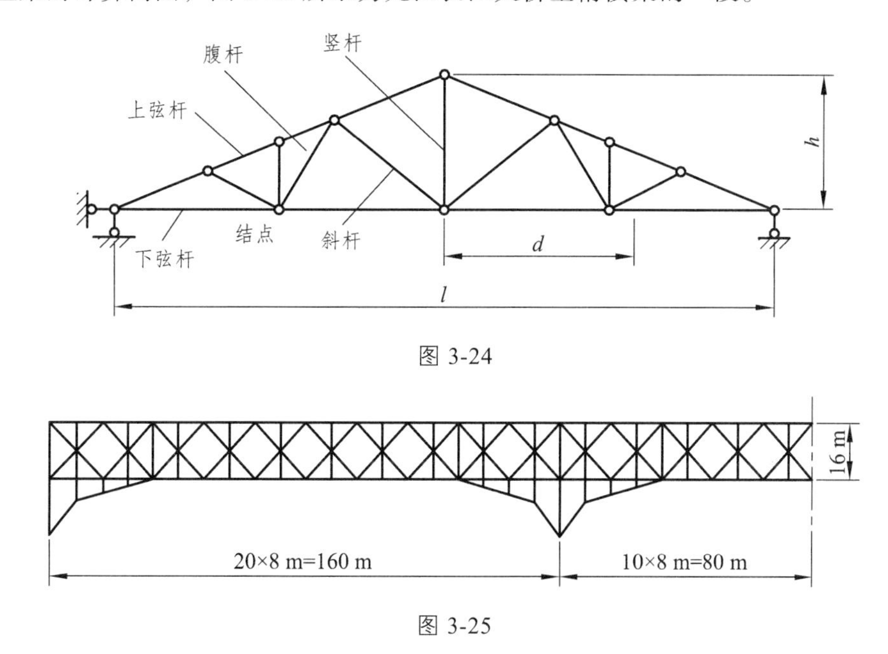

图 3-24

图 3-25

在平面桁架的计算简图中，通常做如下三点假定：

（1）每个结点都是光滑无摩擦力的理想铰结点；

（2）每根杆件的轴线都是直线，且在同一平面内都通过铰的中心；

（3）所有荷载都作用在结点上。

符合上述假定的桁架称为理想桁架，当桁架中各杆的轴线和外力都作用在同一平面内时，称为平面桁架。理想桁架中各杆的内力只有轴力，然而，实际上在钢、钢筋混凝土的桁架中的结点，都具有不同程度的抵抗转动的刚性，杆件可能是连续地通过结点，且结点所连各杆的轴线也可能并非全都汇交于一点。因此，实际桁架中的各杆不可能只承受轴力。通常把根据计算简图求出的内力称为主内力，把由于实际情况与理想情况不完全相符而产生的附加内力称为次内力。理论分析和实测表明，在一般情况下次内力可忽略不计。本书仅讨论主内力的计算。

在桁架中，依据各杆所处的位置的不同，可分为弦杆和腹杆两类。如图 3-24 所示桁架，桁架上、下边缘的杆件分别称为上弦杆和下弦杆，上、下弦杆之间的杆件称为腹杆，腹杆又分为竖杆和斜杆。弦杆相邻两结点之间的水平距离 d 称为节间长度，两支座之间的水平距离 l 称为跨度，桁架最高点至支座连线的垂直距离 h 称为桁高。

桁架的种类很多，从不同的观点出发可有不同的分类方法。按照桁架外形的特点区分，可分为平行弦桁架［见图 3-26（a）］、抛物线桁架或折线桁架［见图 3-26（b）］、三角形桁架［见图 3-26（c）］和梯形桁架［见图 3-26（d）］等；按照桁架支座反力的特点区分，可分为梁式桁架（见图 3-26）和有推挽力桁架（见图 3-27）。

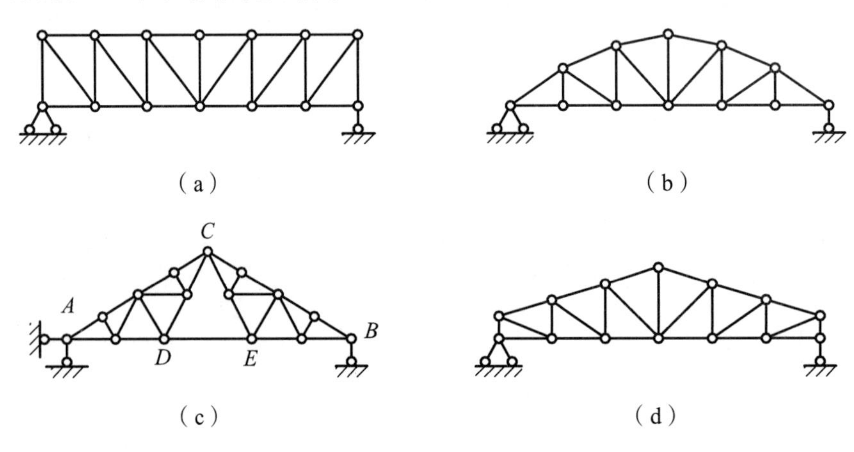

图 3-26

桁架的内力计算与其几何组成有着紧密的联系，按桁架几何组成的特点，平面桁架可分为：

（1）简单桁架。

由基础或一个基本铰接三角形开始，依次增加二元体所构成的桁架［见图 3-26（a）、（b）、（d）］。

（2）联合桁架。

由几个简单桁架，按照几何不变体系的基本组成规则连成的桁架［见图 3-26（c）、图 3-27（a）］。

（3）复杂桁架。

凡不是按上述两种方式组成的其他桁架［见图 3-27（b）］。

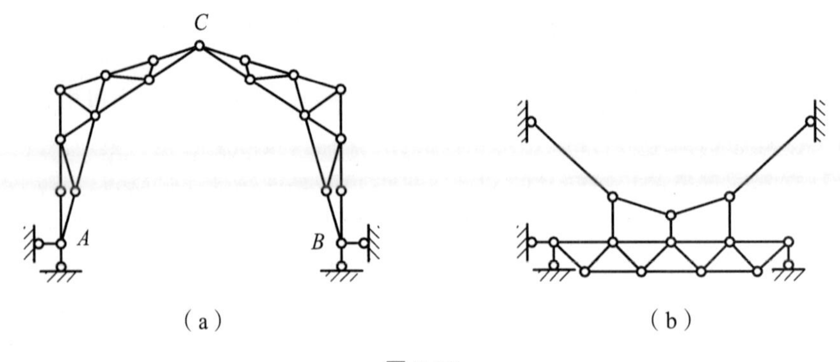

图 3-27

3.5.2 静定平面桁架的内力计算

桁架内力的计算方法，主要有结点法和截面法。除此之外，根据各种桁架的不同组成特点，灵活运用这两种基本方法，将结点法和截面法联合应用更为方便。

1．结点法

如果桁架完全符合前述的三点假定，则其每根杆件只承受轴力，而无弯矩和剪力。这样，桁架的每个结点都构成一个汇交力系。取桁架的结点作为隔离体，利用平面汇交力系的静力平衡条件，计算桁架内力的方法，就称为结点法。

作用于平面桁架任一结点的各力（包括荷载、支座反力和杆件轴力）组成一平面汇交力系，就每一个结点可以列出两个平衡方程，对于有 n 个结点的平面桁架可以列出 $2n$ 个平衡方程，其数量恰好等于静定平面桁架的链杆(包括支座链杆)约束数目。因此，从原则上讲，联立求解上述 $2n$ 个平衡方程，就可以求得桁架所有杆件的轴力和支座反力。

为了避免解联立方程，对于简单桁架，是由基础或由三杆组成的基本三角形出发，根据每增加两根杆件 (两个未知力）和新增添一个结点（两个平衡方程）的二元片组成规则，逐次扩展形成的。因此，应用结点法计算简单桁架的内力时，如能利用这一规律，从其最后形成的一个结点开始，循着各结点形成顺序的相反顺序，逐次应用结点法，则每次得到的平衡方程中，至多不会超过两个未知力，依次进行可求得桁架所有杆件的内力。

【例题 3-7】 用节点法计算图 3-28（a）所示桁架中各杆的轴力。

解:（1）先求支座反力。

由于桁架及荷载对称，则：$F_{1y}=120\ \text{kN}$，$F_{8y}=120\ \text{kN}$。

（2）求内力。由于对称性，只求出半边即可（如左半边），则另一半边位于对称位置的各杆与其内力相同。

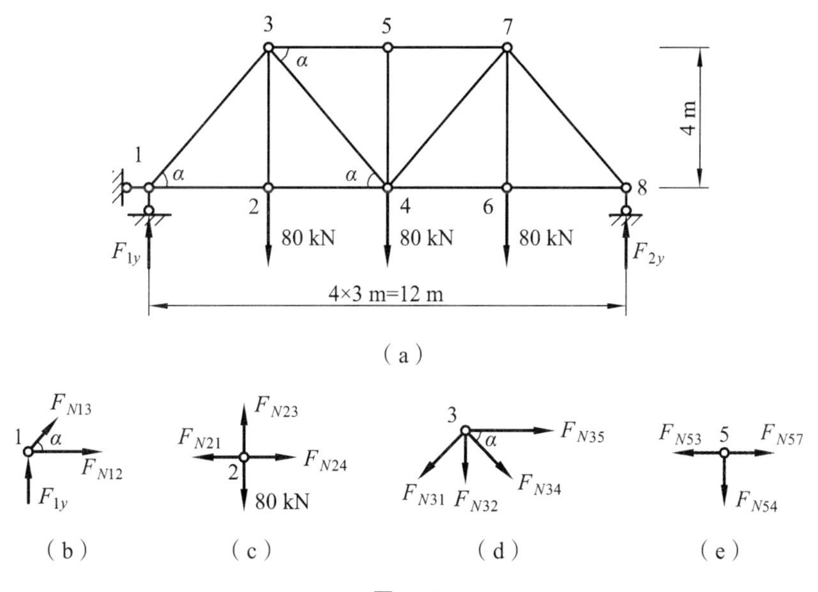

图 3-28

由几何关系可得：

$$\sin\alpha=\frac{4}{5}=0.8\text{，}\quad \cos\alpha=\frac{3}{5}=0.6$$

取 1 结点为隔离体［见图 3-28（b）]：

由 $\sum F_y=0$，$F_{N13}\sin\alpha+F_{1y}=0$，得：$F_{N13}=-150\text{ kN}$（压力）

再由 $\sum F_x=0$，则 $F_{N13}\cos\alpha+F_{N12}=0$，得：$F_{N12}=150\times\frac{3}{5}=90\text{ kN}$（拉力）

取 2 结点为隔离体［见图 3-28（c）]：

由 $\sum F_x=-F_{N21}+F_{N24}=0$，得：$F_{N24}=F_{N21}=90\text{ kN}$（拉力）

由 $\sum F_y=0$，$F_{N23}-80=0$，得：$F_{N23}=80\text{ kN}$（拉力）

取 3 结点为隔离体［见图 3-28（d）]：

由 $$\sum F_y=-F_{N32}-F_{N34}\sin\alpha-F_{N31}\sin\alpha=0$$

即 $$-80-(-150)\times\frac{4}{5}-F_{N34}\times\frac{4}{5}=0$$

得 $$F_{N34}=50\text{ kN}\text{（拉力）}$$

由 $$\sum F_x=-F_{N31}\cos\alpha+F_{N34}\cos\alpha+F_{N35}=0$$

得 $$F_{N35}=-150\times\frac{3}{5}-50\times\frac{3}{5}=-120\text{ kN}\text{（压力）}$$

由对称性可得另一半边各杆内力。

取 4 结点为隔离体［见图 3-28（e）]：

$$\sum F_x=120+50\times\frac{3}{5}-120-50\times\frac{3}{5}=0$$

$$\sum F_y=50\times\frac{4}{5}+50\times\frac{4}{5}-80=0$$

可见计算无误。最后可将各杆件轴力值及其正负标注在相应的杆件旁。

在上例中，杆 54 内力 $F_{N54}=0$，桁架中轴力为零的杆件称为零杆。

应用结点法计算桁架内力时，常会遇到一些特殊的结点，可以根据节点的平衡条件判定桁架中某些杆件的轴力为零，或者可以判定与某一结点相连的两杆内力数值相等，从而使计算得以简化。这几种特殊情况如下：

（1）不共线的两杆结点上无荷载作用时［见图 3-29（a）]，则两杆均为零杆。

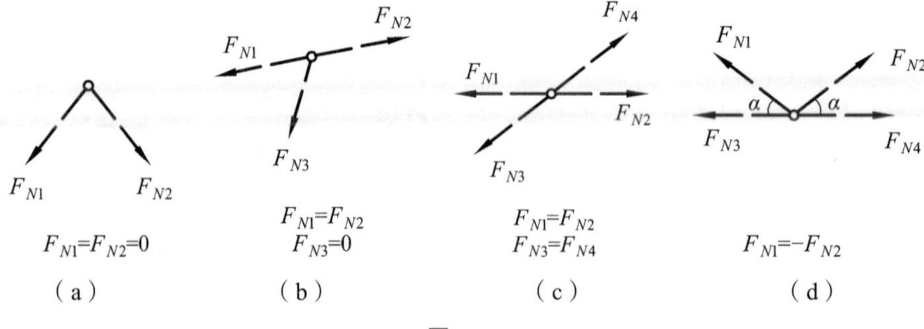

图 3-29

（2）两杆共线的三杆件结点上无外力作用时［见图 3-29（b）］，共线的两根杆轴力相等，另一根为零杆。

（3）两两共线的四杆结点（X 形结点）上无荷载作用时［见图 3-29（c）］，则处在同一直线上的两杆内力相等。

（4）两杆共线而另外两杆在直线同侧，且交角相等的四杆结点（K 形结点）上无荷载作用时［见图 3-29（d）］，处在直线同一侧边的两杆内力等值而反向。

上述结论，根据各结点的平衡条件均可证实，读者可自行证明。

对于图 3-30（a）所示的桁架，结点 F 符合上述情况（1），因而有 $F_{NFE}=F_{NFB}=0$；结点 D 符合情况（2），因而有 $F_{NDH}=0$；结点 G、I 的情况类似于情况（3），有 $F_{NGA}=F_{NGH}$、$F_{NGC}=F$、$F_{NIE}=F$。

应用上述结论，不难判断图 3-31（a）及图 3-32（a）所示桁架中的零杆，如图 3-31（b）及图 3-32（b）中虚线所示。这样可使余下的计算工作大为简化。

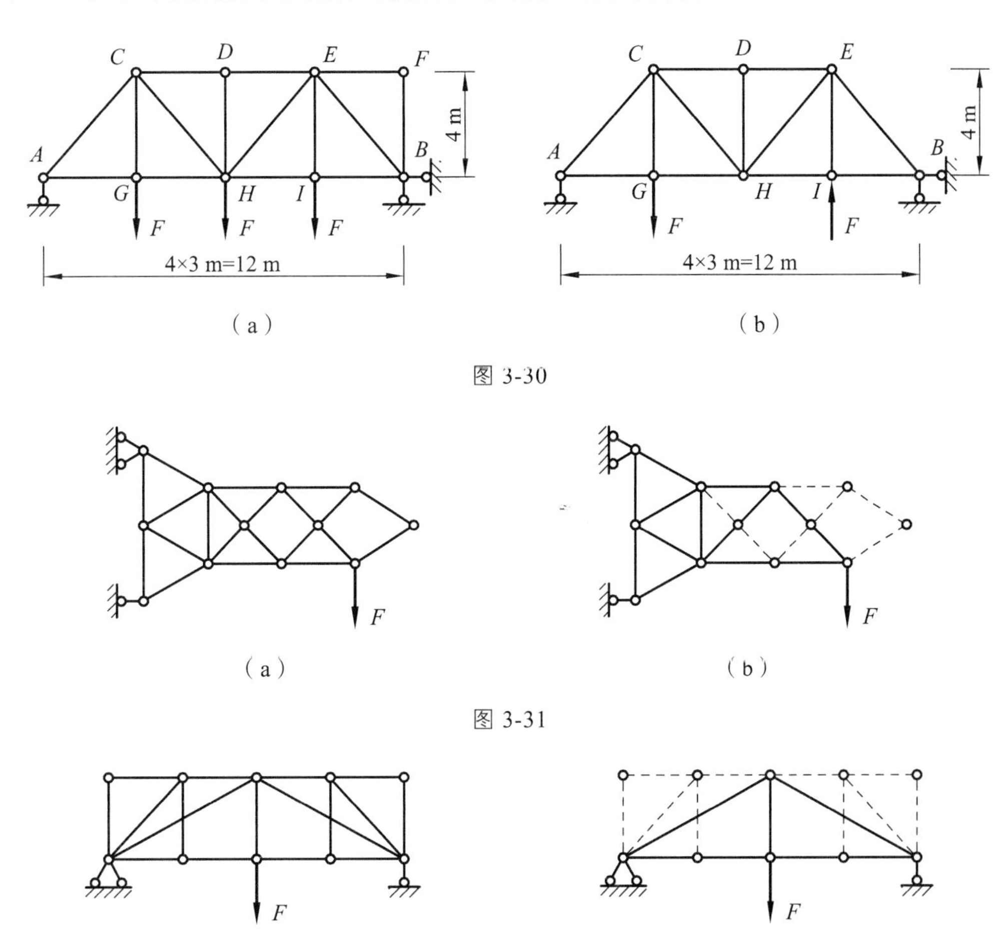

图 3-30

图 3-31

图 3-32

若桁架处于对称或反对称的受力状态，在分析时只需计算半边桁架杆件的内力，另外半边杆件的内力可以根据对称或反对称的性质得到。此外，利用受力状态对称或反对称的特点也常可使计算进一步简化。例如，图 3-30（a）所示的桁架在撤去零杆 EF 和 BF 之后即属于对称受力状态，根据对称性要求，杆 HC 和 HE 轴力大小相等，且性质相同。因杆 HD 是零杆，若结点 H 无荷载则结点 H 符合上述情况（4），它要求两斜杆的轴力性质相反。由于上述两种结论是矛盾的，因而可以判定 $F_{NHC}=F_{NHE}=0$。如果结点 H 上也作用有竖向荷载，则可以利用两斜杆内力相等的特点，由结点 H 的平衡条件 $\sum F_y=0$ 求出两杆的轴力 $F_{NHC}=F_{NHE}$；如果将作用于结点 I 上的荷载改为竖直向上，且大小不变［见图 3-30（b）］，则桁架处于反对称的受力状态，应有 $F_{NDC}=-F_{NDE}$，结合结点平衡的特殊情况（2），就可判定 $F_{NDC}=F_{NDE}=0$。

2．截面法

在桁架分析中，有时仅需或者是先需求出某一（或某些）指定杆件的内力，这时一般用截面法比较方便。截面法是用适当的截面，截取桁架中包含两个以上结点的部分为隔离体。此时，作用在隔离体上的各力通常构成平面一般力系，可以建立三个平衡方程。因此，若隔离体上的未知力不超过三个，则一般都可以利用这三个平衡方程解得。

在应用截面法时，为了避免联立求解，应注意选择合适的平衡方程，建立方程时，尽量把投影轴选在与未知力垂直的方向，矩心取在未知力的交点。

【例题 3-8】 试用截面法计算图 3-33（a）所示桁架中 a、b、c 三杆内力。

解：（1）求支座反力。

此为联合桁架，AB 为基本部分，BC 为附属部分，故可先从 BC 部分着手，取Ⅰ-Ⅰ截面右为隔离体［见图 3-33（c）］，由 $\sum F_y=0$，得

$$F_{Cy}=12\text{ kN}$$

然后取整体为研究对象，求 A、B 的反力：

$$\sum M_B=0,\quad F_{Ay}=12\text{ kN}$$

$$\sum F_x=0,\quad F_{Ax}=16\text{ kN}$$

$$\sum M_A=0,\quad F_{By}=12\text{ kN}$$

校核：$\sum F_y=F_{Ay}+F_{By}+F_{Cy}-24-12=0$。

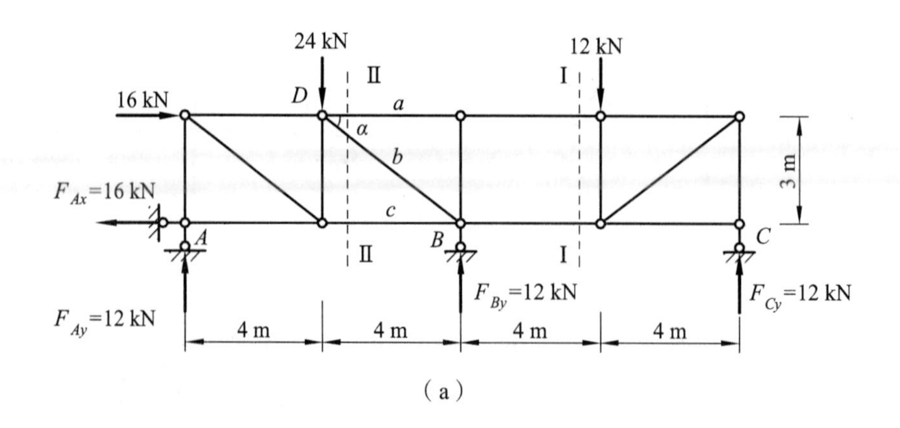

（a）

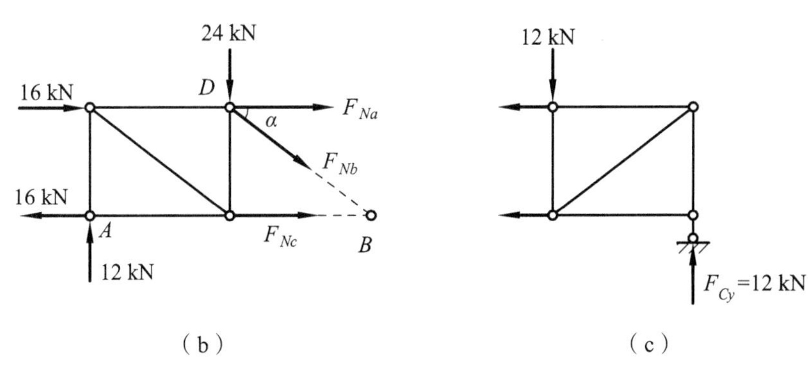

图 3-33

（2）求内力，用截面Ⅱ-Ⅱ截取桁架的左边部分为隔离体［见图 3-33（b）］。

$$\sum F_y = 12 - 24 - F_{Nb}\sin\alpha = 0$$

$$F_{Nb} = -\frac{12}{\sin\alpha} = -20\text{ kN}\text{（压力）}$$

$$\sum M_B = 24\times4 - 3F_{Na} - 16\times3 - 12\times8 = 0$$

$$F_{Na} = -16\text{ kN}\text{（压力）}$$

$$\sum M_D = 3F_{Nc} - 12\times4 - 16\times3 = 0$$

$$F_{Nc} = 32\text{ kN}\text{（拉力）}$$

（3）校核：$\sum F_x = F_{Na} + F_{Nc} + F_{Nb}\cos\alpha - 16 + 16 = 0$。

【例题 3-9】 试求图 3-34（a）所示桁架中各指定杆的内力。

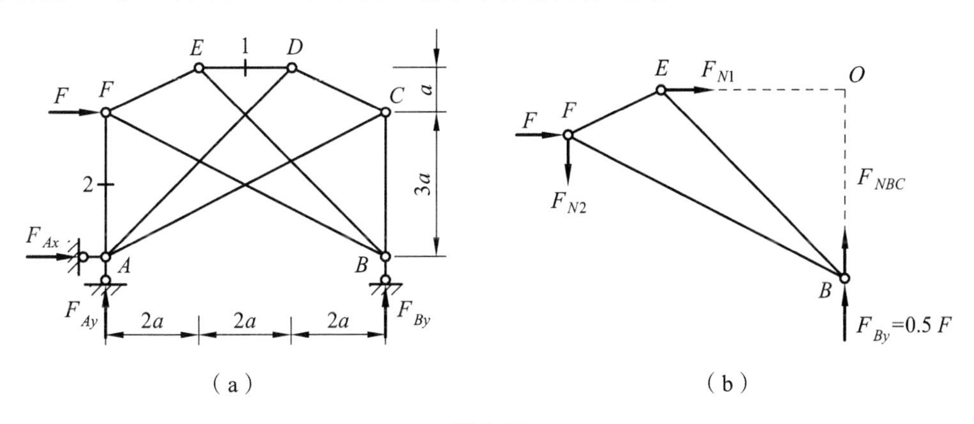

图 3-34

解： 这是一个联合桁架，它是由 ACD 和 BEF 两个简单桁架用 BC, DE 和 AF 三根链杆连接起来的。首先根据桁架整体的平衡条件，求得反力为

$$F_{Ax} = -F(\leftarrow)，\quad F_{Ay} = -\frac{F}{2}(\downarrow)，\quad F_{By} = \frac{F}{2}(\uparrow)$$

计算此类桁架的内力，通常需要将连接两个简单桁架的三根链杆切断，取其中一个简单桁架作为隔离体，如图 3-34（b）所示。被切断的三根链杆中，有两杆是竖直平行的，另一

杆 DE 则为水平。因此，由平衡条件

$$\sum F_x = 0,\ F_{N1} + F = 0$$

$$\sum M_O = 0,\ F \times a + F_{N2} \times 6a = 0$$

$$F_{N1} = -F(\text{压力}),\ F_{N2} = -\frac{1}{6}F(\text{压力})$$

3．结点法和截面法的联合应用

结点法和截面法是计算桁架内力的两个基本方法。由于桁架的形式多种多样，因而在具体应用时，必须根据结构形式的不同灵活运用，并且有时往往需要两种方法同时应用才能解决问题。例如，图 3-35 所示桁架的反力易于求得，根据结构的对称性，可先取 A 和 D 结点，但其余每一个结点上均有三根及以上的杆件轴力是未知的，所以无法单独从一个结点突破求解。分析其组成，桁架是由两个简单桁架根据两刚片规则组成的，现用截面法截断 HI、GI、EJ 三根链杆，取 I-I 截面左为研究对象，以 HI 和 GI 两杆的汇交点为矩心可求得 EJ 杆内力。同理，求出杆 IH、IG 的内力，然后依次选取结点 H、G、E、C、F 即可求出其余各杆件内力。

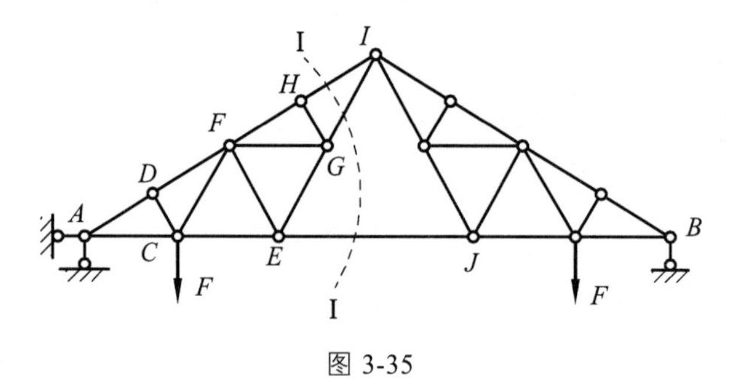

图 3-35

用截面法求内力时尽量使所截杆件不超过三根，则可根据平衡条件求内力。然而在某些特殊情况下，只要所截杆件中除一根外其余各杆都相互平行或交于一点，则利用投影方程或力矩方程即可求出该杆内力。例如，对于图 3-36（a）所示桁架，为求杆 a 的轴力，可取 I-I 截面所围的部分为隔离体，除杆 a 外其余 4 杆均交于 A 点[见图 3-36(b)]，由 $\sum M_A = 0$ 可求得 F_{Na}。

$$F_{Nax} = F_{Na}\sin\alpha = \frac{1}{\sqrt{5}}F_{Na}$$

$$F_{Nay} = F_{Na}\cos\alpha = \frac{2}{\sqrt{5}}F_{Na}$$

$$\sum M_A = -F \cdot 2d - F_{Nax} \cdot 2d - F_{Nay} \cdot 2d = 0$$

$$F + \frac{1}{\sqrt{5}}F_{Na} + \frac{2}{\sqrt{5}}F_{Na} = 0$$

$$F_{Na} = -\frac{\sqrt{5}}{3}F\ (\text{压力})$$

杆 a 的轴力求出后，再用结点法或截面法，其余各杆的内力也就不难求得。

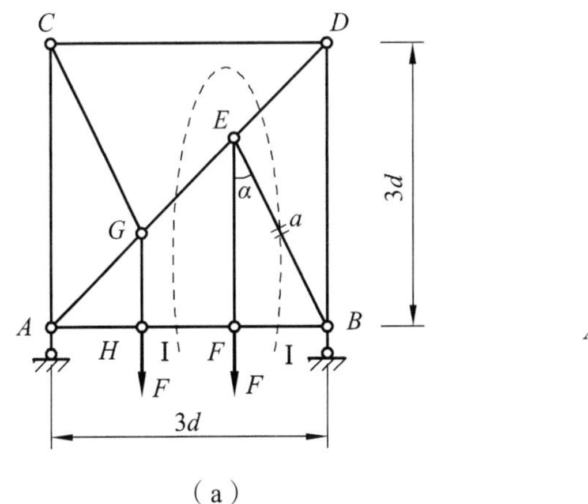

（a）

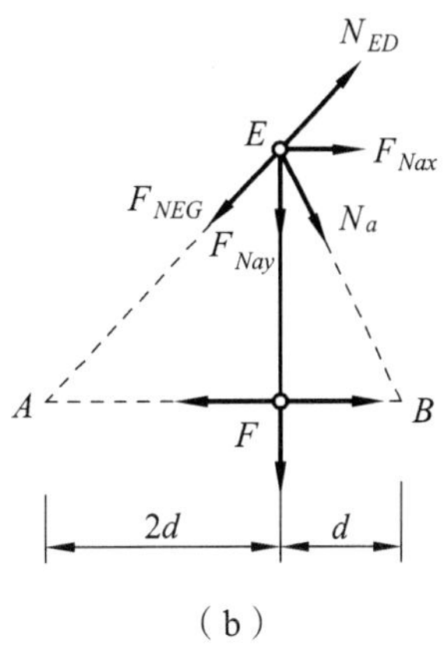

（b）

图 3-36

又如，在图 3-37（a）所示的桁架中，为了求下弦杆 FG 的轴力，可作截面 I-I，取隔离体如图 3-37（b）所示。这时，总共切断四根杆件，除下弦杆 FG 外，其余各杆都相互平行。因此，取与各平行杆相垂直的方向为投影轴 y,由力投影平衡方程得到

$$\sum F_y = 0,\ F_{Ay}\cos\alpha - F\cos\alpha - F_{NFG}\sin\alpha = 0$$

其中 $$F_{Ay} = 1.5F, \sin\alpha = \frac{1}{\sqrt{5}}, \cos\alpha = \frac{2}{\sqrt{5}}$$

解得 $$F_{NFG} = 0.5F(\text{拉力})$$

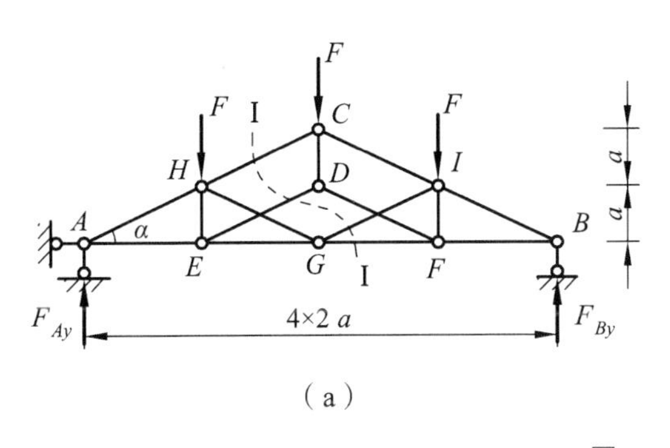

（a）

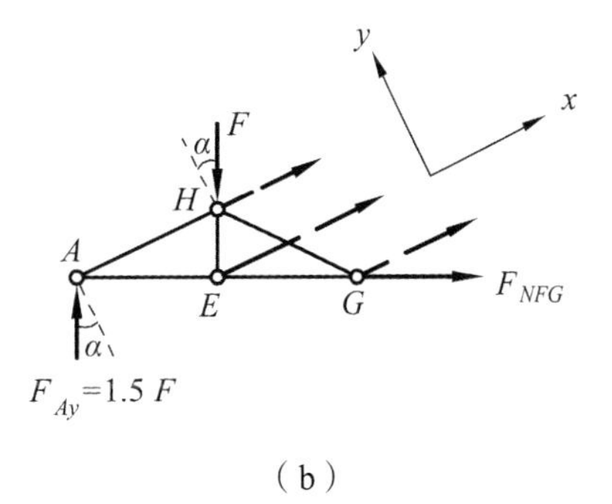

（b）

图 3-37

上述桁架是对称的，在竖向荷载作用下不产生水平反力。因此，在对称竖向荷载作用下，桁架的反力和内力都应当对称。据此，从整体上看，杆件 GH 和 GI 的内力应当相等(等值同号)，即

$$F_{NGH} = F_{NGL}$$

然而，从局部来看，结点 G 为 K 形结点，由结点 G 的平衡条件，两者却应该相反（等值异号），即

$$F_{NGH} = -F_{NGL}$$

显而易见，要使以上两式都能得到满足，唯一的解答是

$$F_{NGH}=F_{NGL}=0$$

这样，去掉零杆，在结点 H 或结点 I 上，就只有三根杆件，其中一杆与荷载 F 共线。因此，参照 X 形特殊结点的结论，可得

$$F_{NEH}=-F(\text{压力}),\ F_{NFI}=-F(\text{压力})$$

上述各杆的内力求出后，再用结点法或截面法，其余各杆的内力也就不难求得。

3.6 组合结构

组合结构是由承受弯矩、剪力和轴力的梁式杆和只承受轴力的链杆组成的结构。在组合结构中，利用链杆的受力特点，能较充分地利用材料，并从加劲的角度出发，改善了梁式杆的受力状态，因而组合结构广泛应用于建筑中的屋架、吊车梁以及桥梁中的承重结构等较大跨度的建筑物中。如图 3-38 所示为静定组合式拱桥的计算简图，它是由若干根链杆组成的链杆拱与加劲梁用竖向链杆连接而成的组合结构。

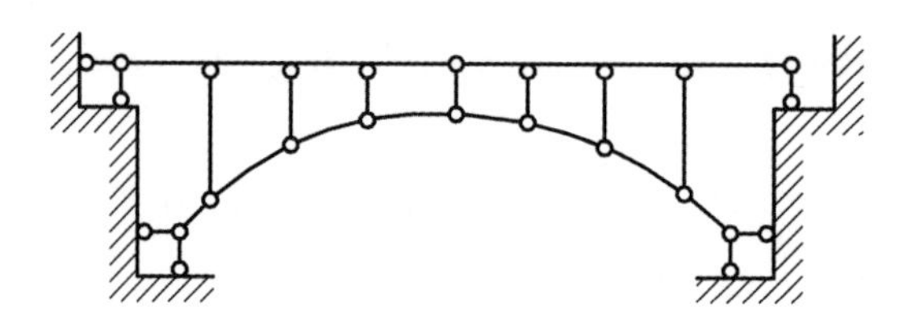

图 3-38

组合结构的内力计算，一般是在计算出支座反力后，先计算链杆的轴力，其计算方法与平面桁架内力计算相似，可用截面法和结点法；然后再计算梁式杆的内力，最后绘制结构的内力图。计算前一定要分清楚轴力杆和梁式杆。

【例题 3-10】 试计算图 3-39（a）所示组合结构中各杆的内力，并绘出其内力图。

解： 在此组合结构中，除 AB 为受弯杆件外，其余各杆均为链杆。体系的左、右部 ACD 和 BCE 分别组成一个局部刚片，两者之间再用铰 C 和链杆 DE 连接起来，根据两刚片规则组成一个几何不变体系。

（1）求支座反力，取结构整体为隔离体，由平衡条件得

$$\sum X=0,\quad F_{Ax}=0$$

由 $$\sum M_B=0,\quad -F_{Ay}\times 16+40\times 4+20\times 16\times 8=0$$

$$\sum M_A=0,\quad F_{By}\times 16-40\times 12-20\times 16\times 8=0$$

解得 $$\begin{cases}F_{Ay}=170\ \text{kN}(\uparrow)\\ F_{By}=190\ \text{kN}(\uparrow)\end{cases}$$

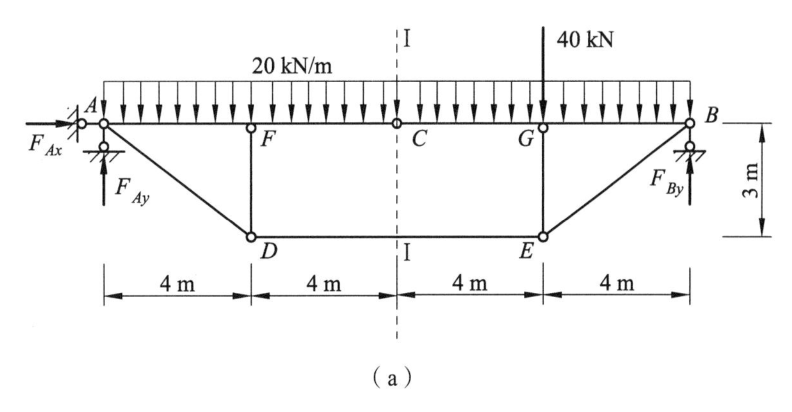

（a）

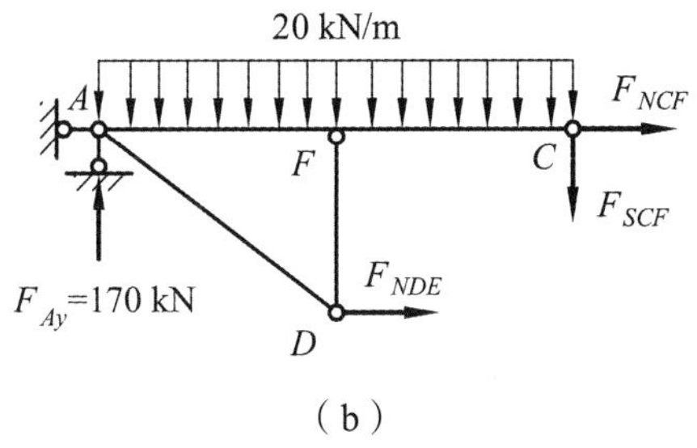

（b）

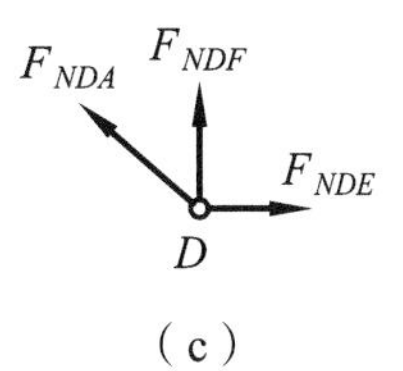

（c）

图 3-39

（2）求内力，取 I-I 截面，拆开铰 C、切断链杆 DE，取隔离体如图 3-39（b）所示，由平衡条件得

$$\sum M_C = 0\,,\quad 20\times8\times4-170\times8+F_{NDE}\times3=0$$

$$\sum X = 0\,,\quad F_{NCF}+F_{NDE}=0$$

$$\sum Y = 0\,,\quad 170-20\times8-F_{SCF}=0$$

解得
$$\begin{cases}F_{NDE}=240\text{ kN (拉力)}\\ F_{NCF}=-240\text{ kN (压力)}\\ F_{SCF}=10\text{ kN}\end{cases}$$

由此可得：

$$M_{FA}=M_{FC}=\frac{1}{2}\times20\times4^2+10\times4=200\text{ kN}\cdot\text{m (上边受拉)}$$

$$M_{GB}=M_{GC}=\frac{1}{2}\times20\times4^2-10\times4=120\text{ kN}\cdot\text{m (上边受拉)}$$

由结点 D［见图 3-39（c）］和 E 的平衡条件，可求得各链杆轴力

$$F_{NDA}=F_{NEB}=\frac{5}{4}\times F_{NDE}=300\text{ kN}\cdot\text{m (拉力)}$$

$$F_{NDF}=F_{NEG}=-\frac{3}{5}\times F_{NDB}=-180\text{ kN}\cdot\text{m (压力)}$$

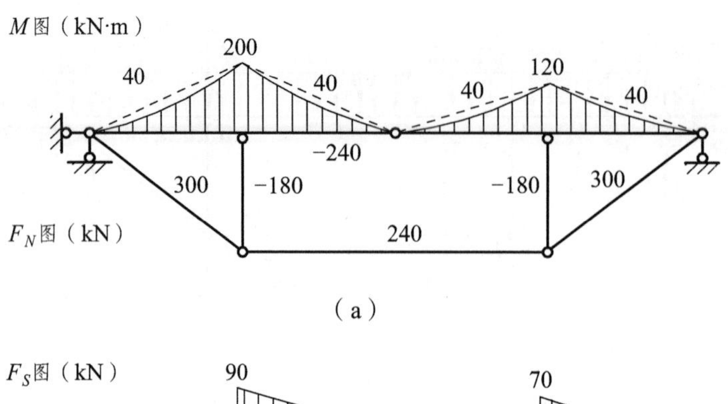

（a）

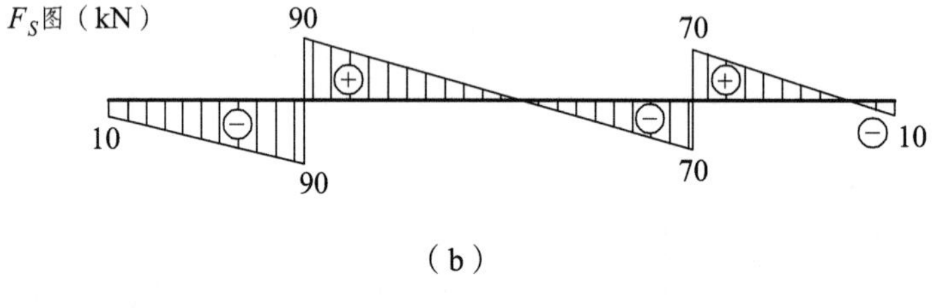

（b）

图 3-40

再求 AB 杆各段剪力：

$$F_{SFC}=20\times4+10=90\ \text{kN}$$

$$F_{SFA}=20\times4+10-180=-90\ \text{kN}$$

$$F_{SAF}=20\times8+10-180=-10\ \text{kN}$$

$$F_{SCG}=10\ \text{kN}$$

$$F_{SGC}=10-20\times4=-70\ \text{kN}$$

$$F_{SGB}=10-20\times4+180-40=70\ \text{kN}$$

$$F_{SBG}=10-20\times8+180-40=-10\ \text{kN}$$

（3）最后根据计算结果绘出内力图，如图 3-40（a）、（b）所示。

3.7 静定结构的特性

静定结构包括静定梁、静定刚架、静定桁架、静定组合结构和三铰拱等，虽然这些结构的形式各异，但都具有共同的特性。主要有以下几点：

1．静定结构解的唯一性

静定结构是无多余约束的几何不变体系。由于没有多余约束，其所有的支座反力和内力都可以由静力平衡方程完全确定，并且解答只与荷载及结构的几何形状、尺寸有关，而与构件所用的材料及构件截面的形状、尺寸无关。另外，当静定结构受到支座移动、温度改变和制造误差等非荷载因素作用时，只能使静定结构产生位移，不产生支座反力和内力。例如图

3-41（a）所示的简支梁 AB，在支座 B 发生下沉时，仅产生了绕 A 点的转动，而不产生反力和内力。又如图 3-41（b）所示简支梁 AB 在温度改变时，也仅产生了如图中虚线所示的形状改变，而不产生反力和内力。因此，当静定结构和荷载一定时，其反力和内力的解答是唯一的确定值。

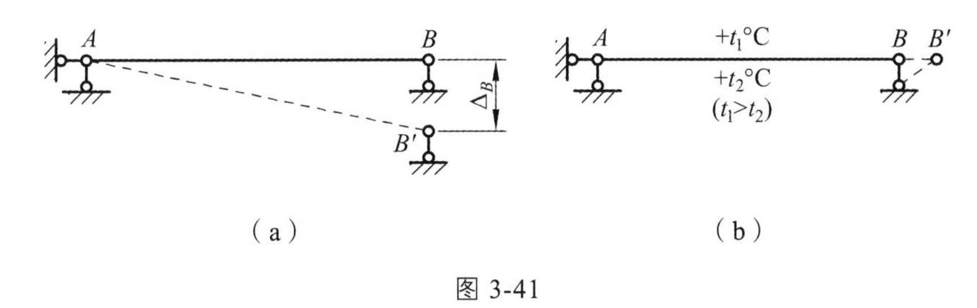

图 3-41

2．静定结构的局部平衡性

静定结构在平衡力系作用下，其影响的范围只限于受该力系作用的最小几何不变部分，而不致影响到此范围以外。即仅在该部分产生内力，在其余部分均不产生内力和反力。例如图 3-42 所示受平衡力系作用的桁架，仅在粗线表示的杆件中产生内力，而其他杆件的内力以及支座反力都为零。

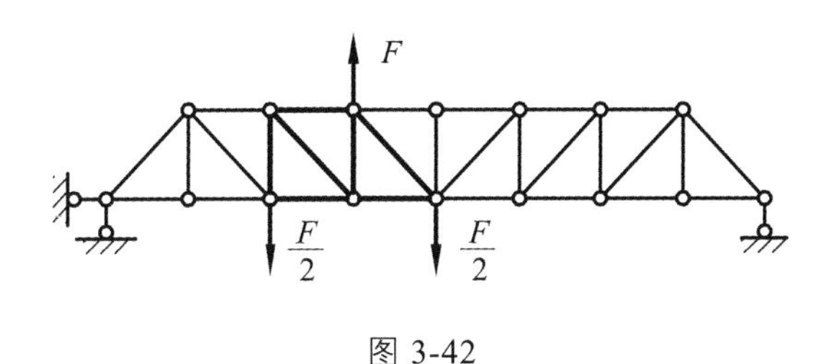

图 3-42

3．静定结构的荷载等效性

若两组荷载的合力相同，则称为等效荷载。把一组荷载变换成另一组与之等效的荷载，称为荷载的等效变换。

当对静定结构的一个内部几何不变部分上的荷载进行等效变换时，其余部分的内力和反力不变。例如图 3-43（a）、（b）所示的简支梁在两组等效荷载的作用下，除 CD 部分的内力有所变化外，其余部分的内力和支座反力均保持不变。

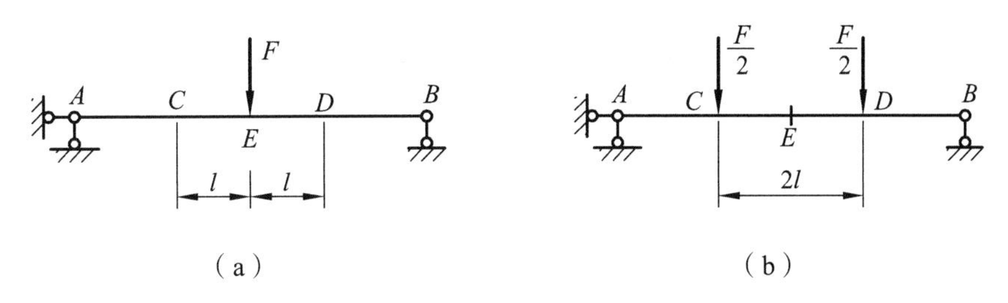

图 3-43

思考题

1. 何谓区段叠加法？其作弯矩图的步骤如何？在用区段叠加法绘制梁的弯矩图时，为什么必须是纵坐标的相加，而不是两个图形的简单拼合？区段叠加法可否用于作超静定结构的 M 图？

2. 静定结构的内力分布情况与杆件截面的几何性质和材料的物理性质是否有关？

3. 如何区分多跨静定梁的基本部分和附属部分？多跨静定梁的约束反力计算顺序为什么是先计算附属部分后计算基本部分？

4. 多跨静定梁和与之相应的系列多跨简支梁在受力性能上有什么差别？

5. 试改正图 3-44 所示静定平面刚架的弯矩图中的错误。

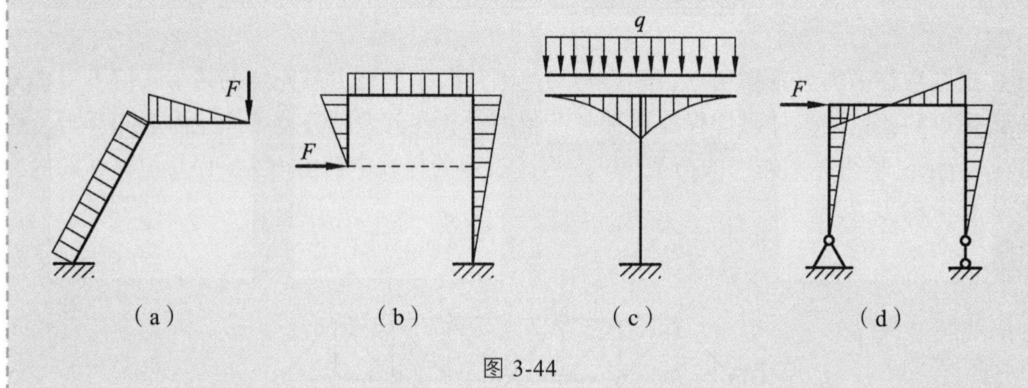

图 3-44

6. 在进行刚架的内力图绘制时，如何根据弯矩图来绘制剪力图？又如何根据剪力图来绘制轴力图？

7. 什么是桁架的主内力？什么是桁架的次内力？

8. 桁架中的零杆是否可以拆除不要？为什么？桁架内力计算时为何先判断零杆和某些易求杆内力？

9. 对以三刚片规则所组成的联合桁架应如何求解？静定复杂桁架应该如何求解？

10. 用截面法计算桁架的内力时，为什么截断的杆件一般不应超过三根？什么情况下可以例外？

11. 在组合结构的杆件中，有哪几种受力类型？

12. 在计算组合结构的内力时，为什么要先计算链杆的轴力？

13. 为什么三铰拱可以用砖、石、混凝土等抗拉性能差而抗压性能好的材料建造？而梁却很少用这类材料建造？

14. 什么是三铰拱的合理拱轴？如何确定合理拱轴？在什么情况下三铰拱的合理拱轴为二次抛物线？三铰拱的合理拱轴与哪些因素有关？

15. 简述静定的梁、刚架、桁架、组合结构和三铰拱的受力特点以及工程应用。

16. 静定结构有哪些特性？

✎ 习　题

1. 作图 3-45 所示单跨静定梁的弯矩图和剪力图。

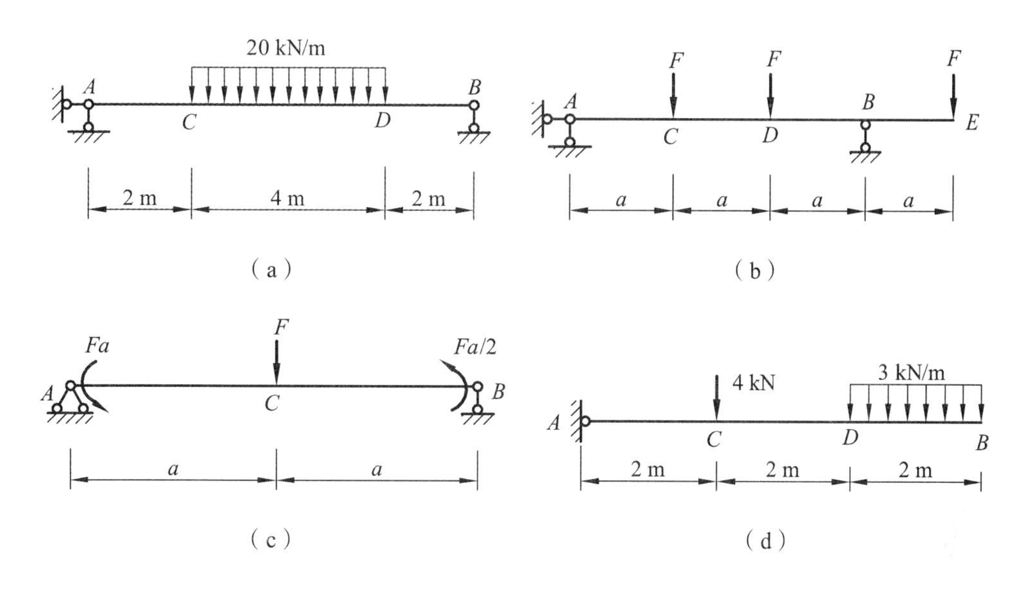

图 3-45

2. 如图 3-46 所示，试不经过计算反力绘制出多跨静定梁的 M 图。

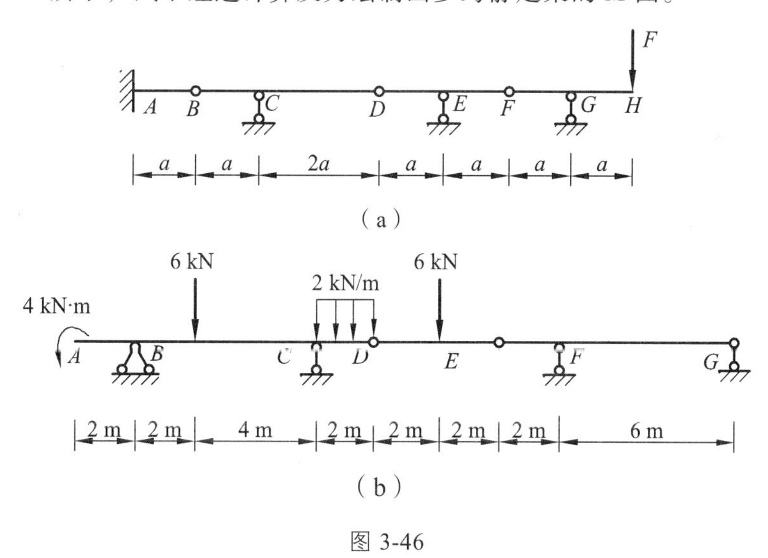

图 3-46

3. 作图 3-47 所示多跨静定梁的 M 图和 F_S 图。

4. 作图 3-48 所示刚架结点 C 上各杆端截面内力。

5. 作图 3-49 所示刚架的内力图。

6. 分析图 3-50 所示桁架的组成，并判别其类型。

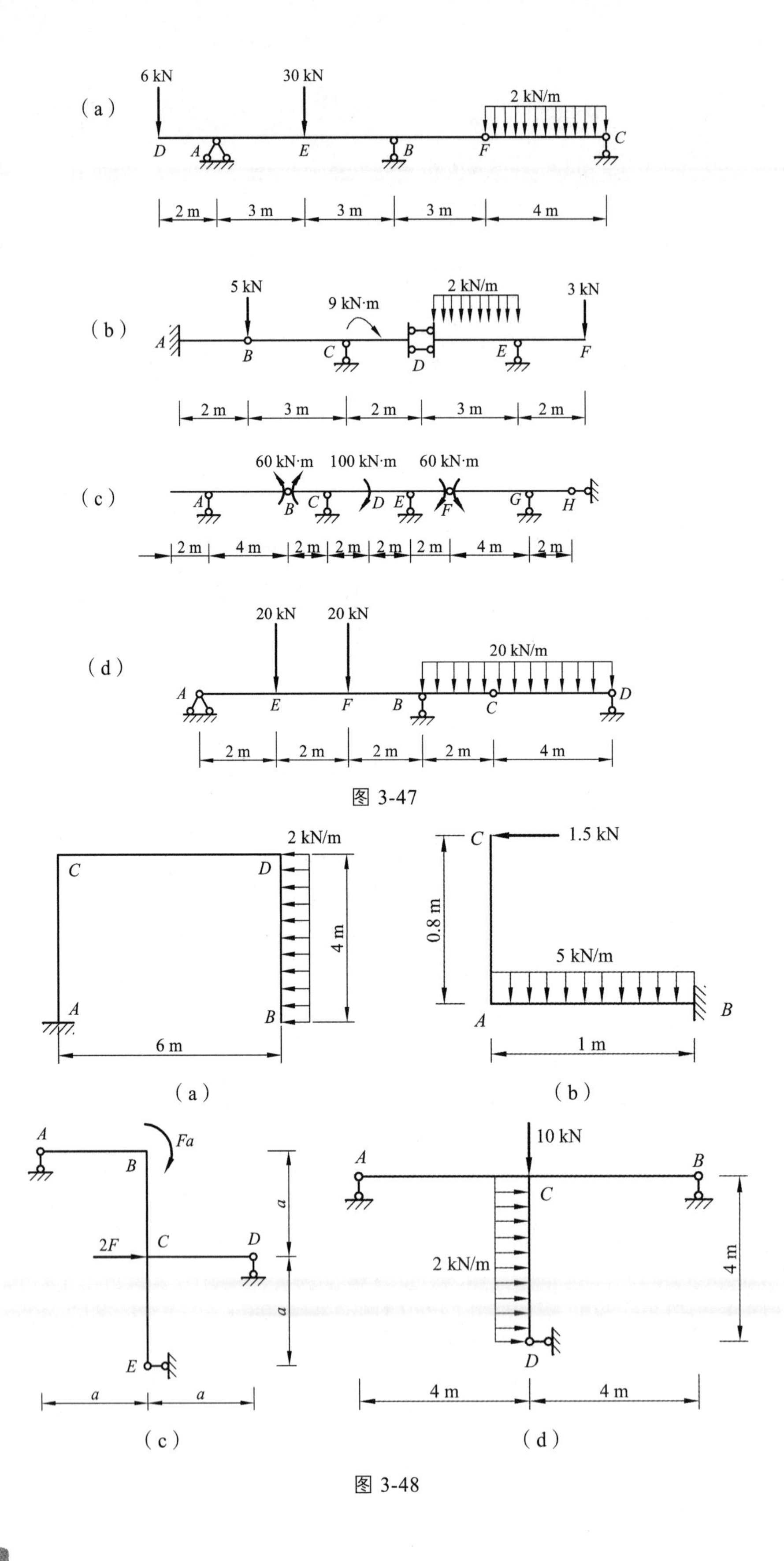

图 3-47

(a) (b)

(c) (d)

图 3-48

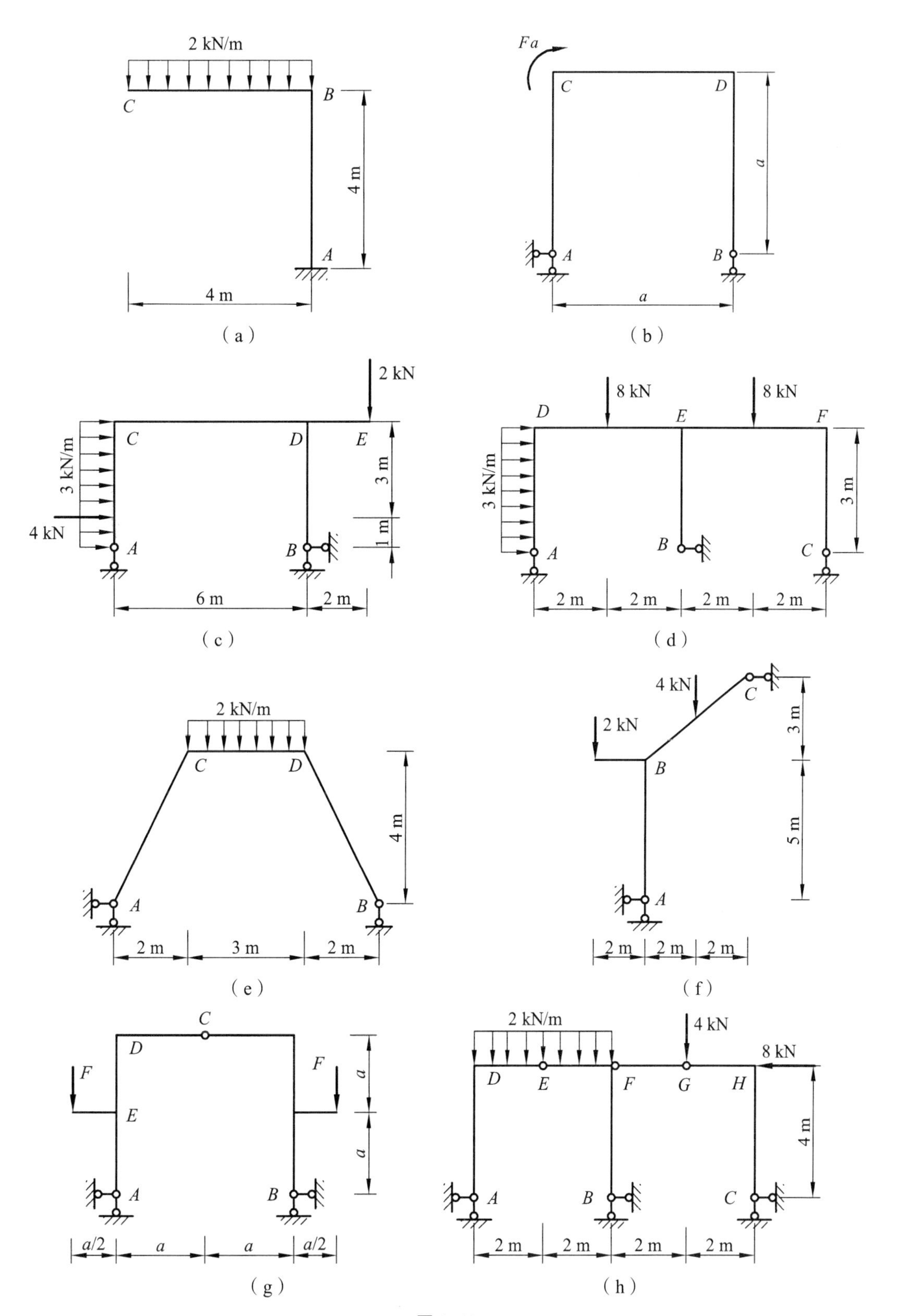
2 kN/m
C
B
4 m
A
4 m
(a)
Fa
C
D
a
A
B
a
(b)
2 kN
C
D
E
3 kN/m
3 m
4 kN
1 m
A
B
6 m
2 m
(c)
8 kN
8 kN
D
E
F
3 kN/m
3 m
A
B
C
2 m
2 m
2 m
2 m
(d)
2 kN/m
C
D
4 m
A
B
2 m
3 m
2 m
(e)
4 kN
C
3 m
2 kN
B
5 m
A
2 m
2 m
2 m
(f)
C
D
F
F
a
E
a
A
B
a/2
a
a
a/2
(g)
2 kN/m
4 kN
8 kN
D
E
F
G
H
4 m
A
B
C
2 m
2 m
2 m
2 m
(h)

图 3-49

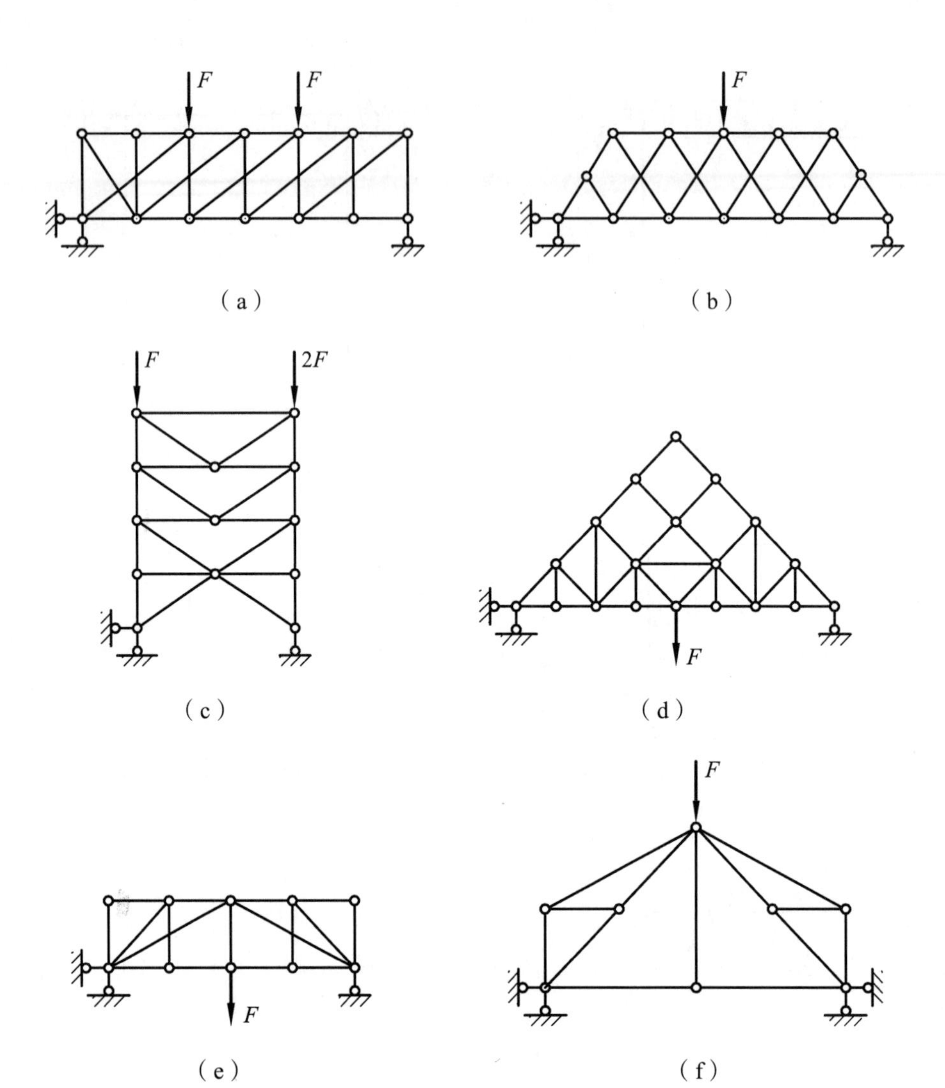

图 3-50

7. 判别图 3-50 所示各桁架中的零杆，并根据结点平衡，指出桁架内力不为零的杆件的轴力是拉力或压力，并画出力的传递路线。

8. 用结点法求图 3-51 所示桁架中各杆的轴力。

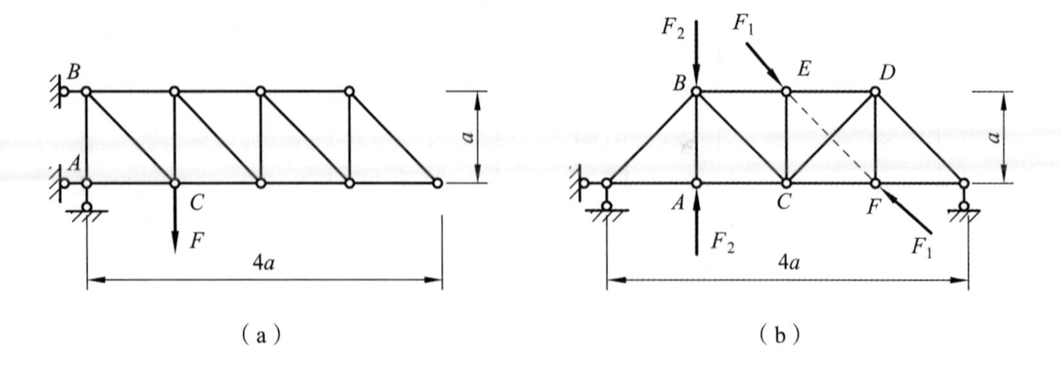

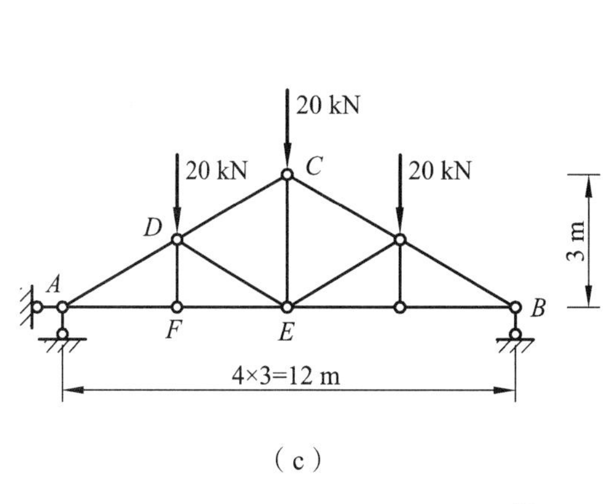

（c）

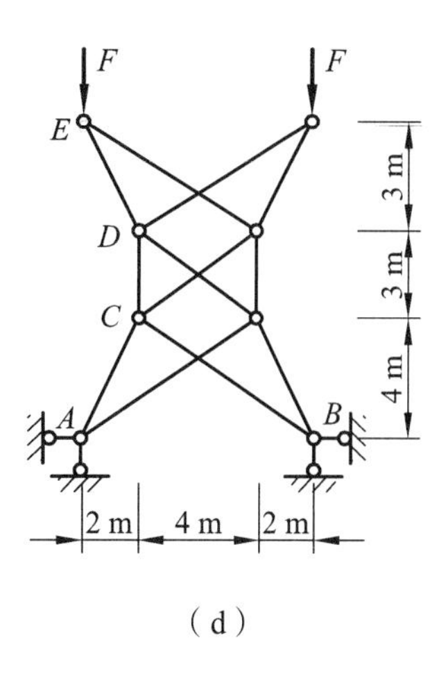

（d）

图 3-51

9. 用截面法求图 3-52 所示桁架指定杆的轴力。

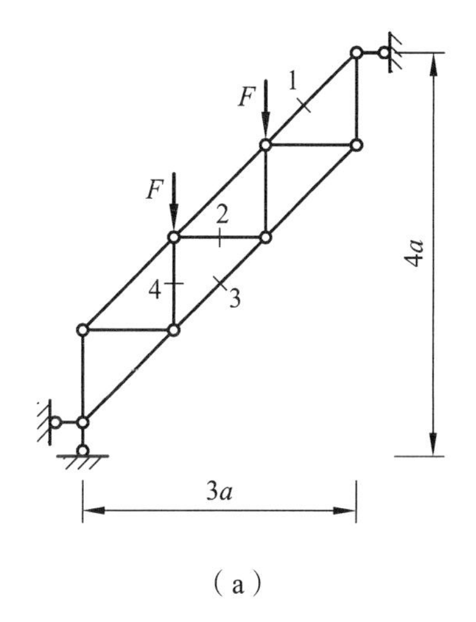

（a）

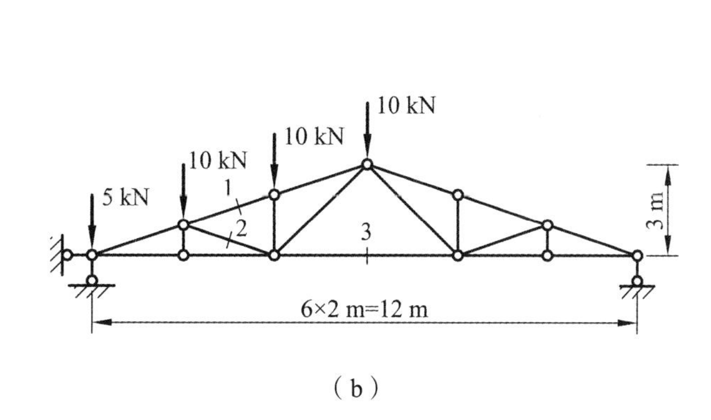

（b）

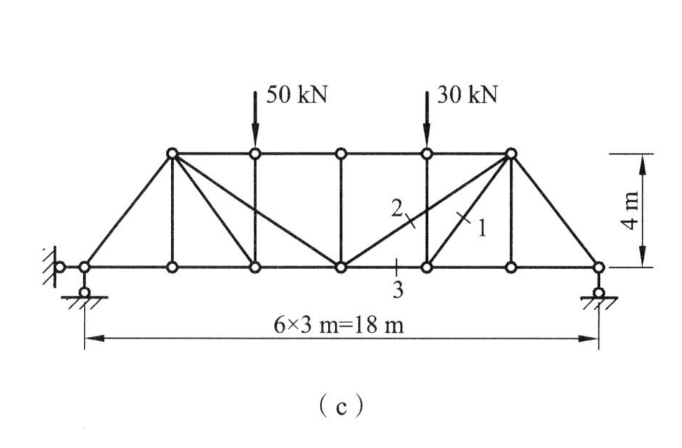

（c）

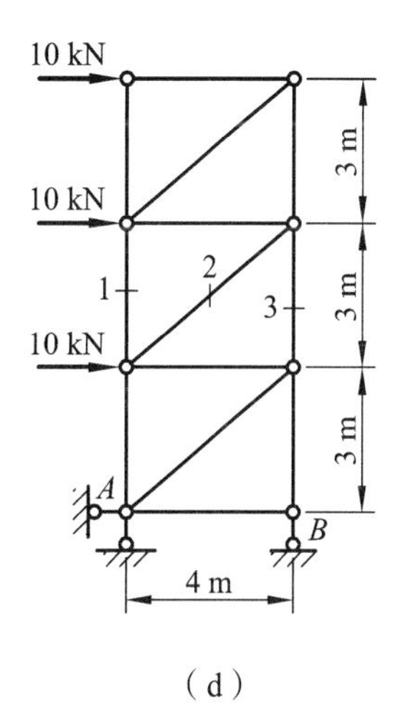

（d）

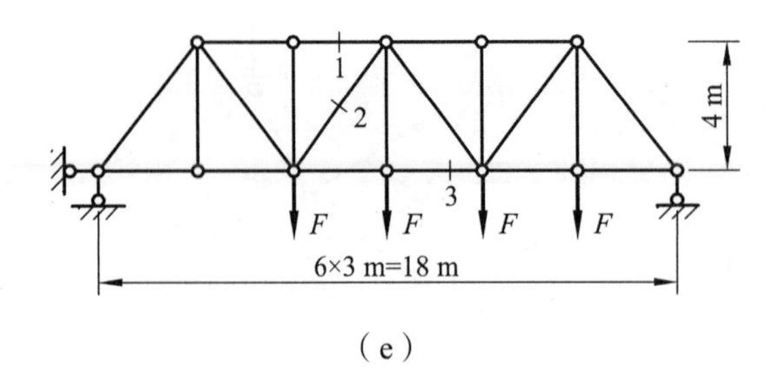

（e）

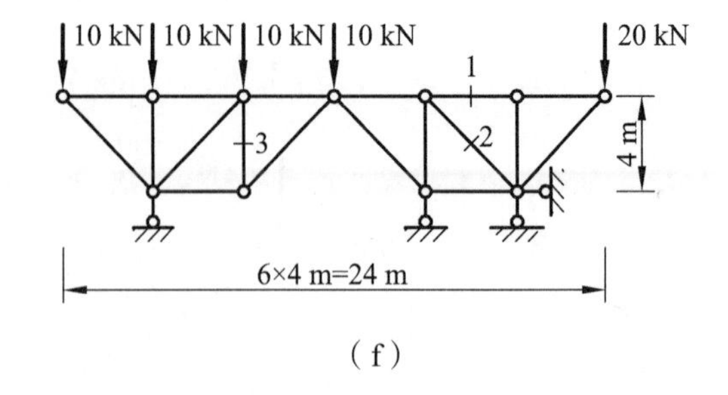

（f）

图 3-52

10. 计算图 3-53 所示桁架指定杆的轴力。

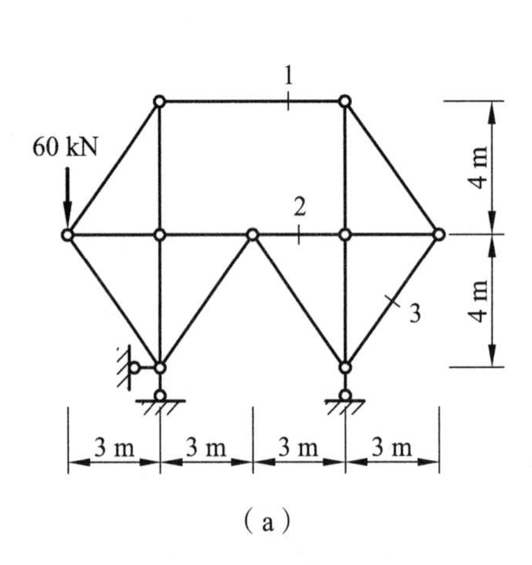

（a）

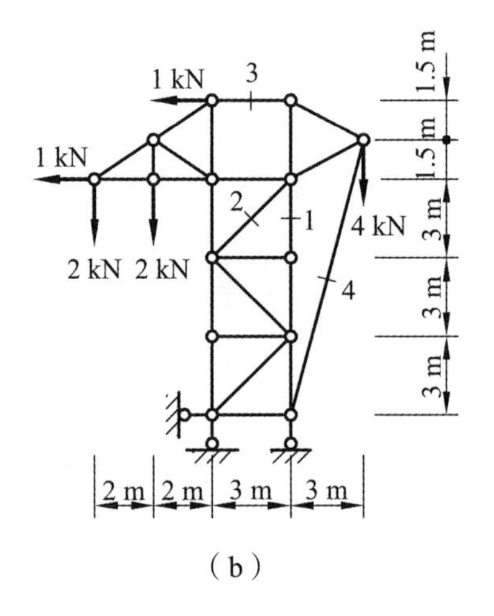

（b）

图 3-53

11. 试作图 3-54 所示组合结构中梁式杆件的弯矩图，并求桁架杆的轴力。

12. 图 3-55 所示三铰拱的轴线方程为：$y=\dfrac{4f}{l^2}x(l-x)$。

（1）试求支座反力。

（2）试求集中荷载作用处截面 D 的内力。

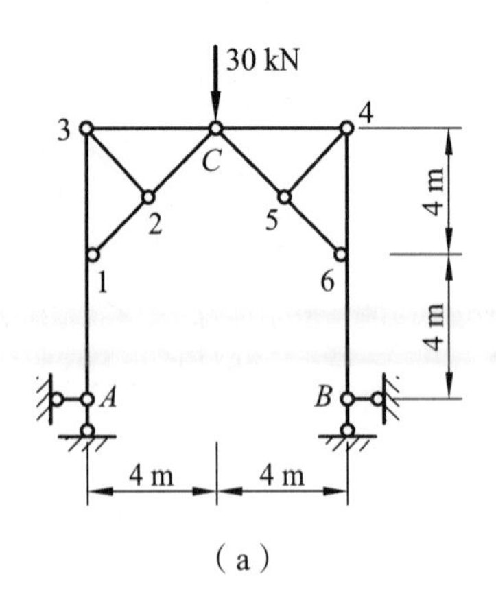

（a）

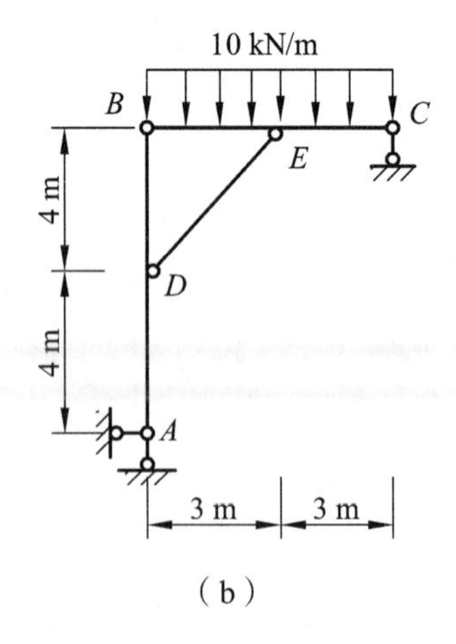

（b）

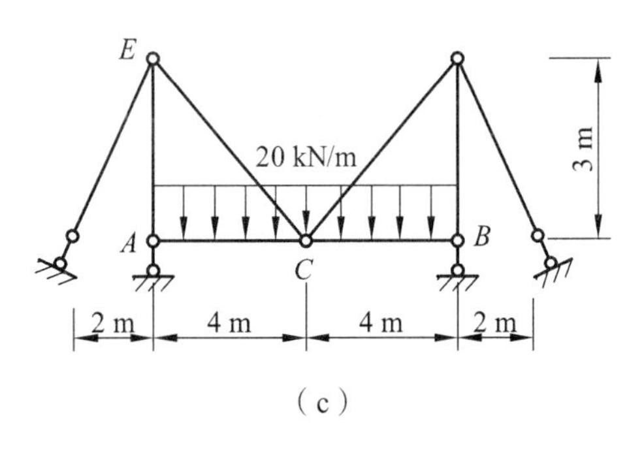

（c）

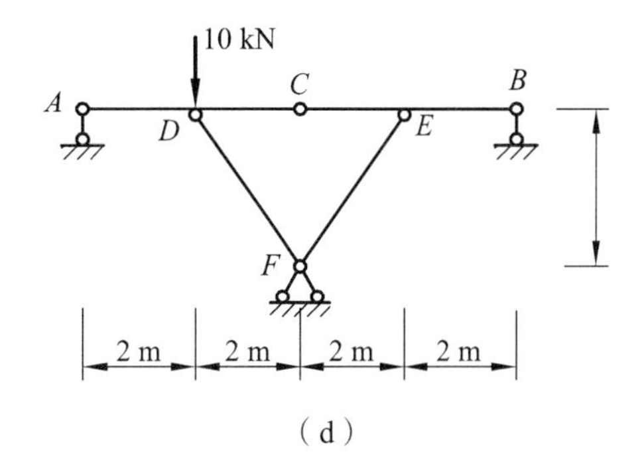

（d）

图 3-54

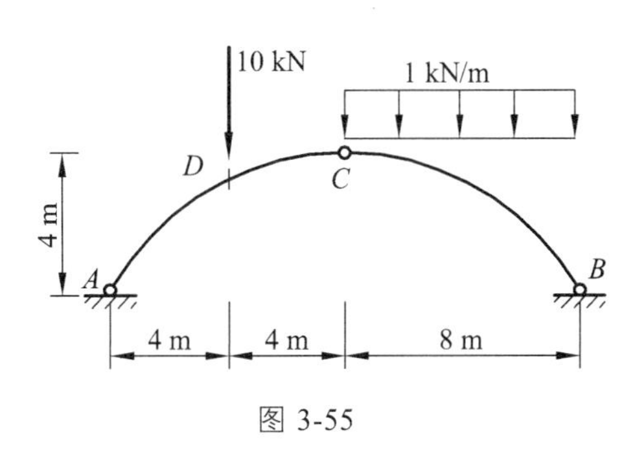

图 3-55

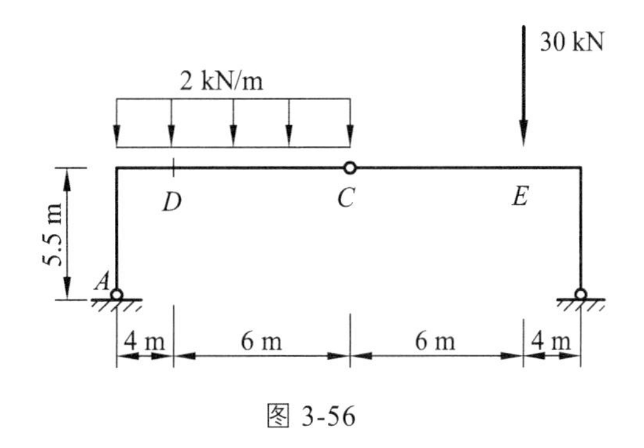

图 3-56

13. 利用三铰拱的内力和反力计算公式，试计算如图 3-56 所示三铰刚架的支座反力及截面 E 的内力。

14. 图 3-57 所示为圆弧三铰拱，试求支座反力及截面 D 的内力。已知三铰拱的拱轴线方程为：$y=\dfrac{4f}{l^2}x(l-x)$。

（1）求水平推力。

（2）求铰 C 处的剪力和轴力。

（3）求集中力作用处轴线切线与水平轴的夹角。

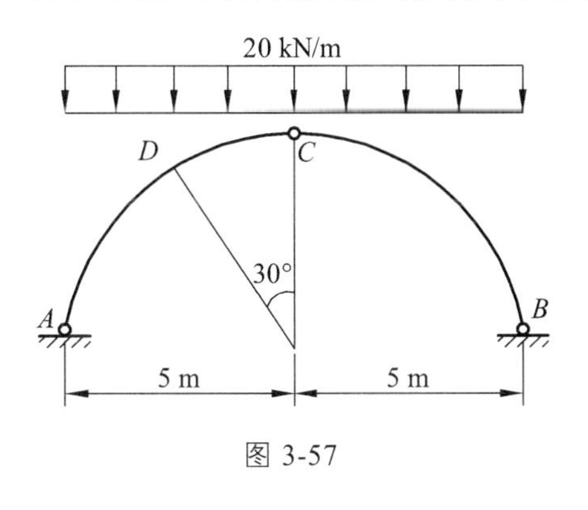

图 3-57

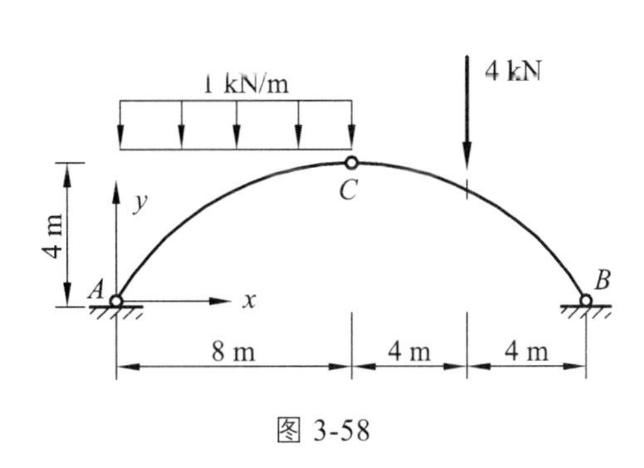

图 3-58

15. 已知图 3-58 所示三铰拱的拱轴线方程为：$y=\dfrac{4f}{l^2}x(l-x)$。

（1）求水平推力。

（2）求铰 C 处的剪力和轴力。

（3）求集中力作用处轴线切线与水平轴的夹角。

16. 求图 3-59 所示空间桁架各杆的轴力。

17. 求图 3-60 所示空间刚架的弯矩和扭矩，荷载竖直，各杆正交。

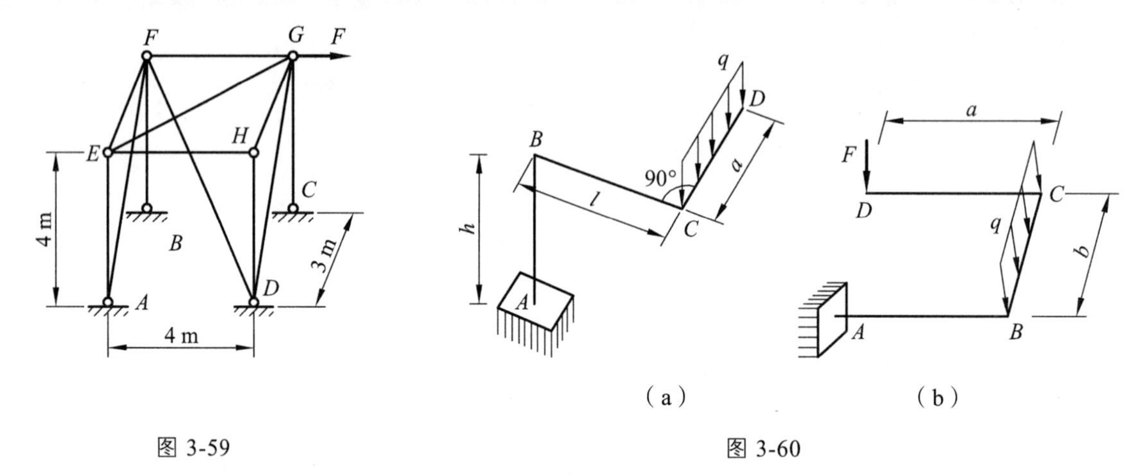

图 3-59　　图 3-60

✎ 答　案

1.（a）$M_C = 80$ kN·m（下边受拉），$F_{SC} = 40$ kN。

（b）$M_B = Fa$（上边受拉），$F_{SE} = F$。

（c）$M_A = Fa$（上边受拉），$F_{SA} = 1.25F$。

（d）$M_A = 38$ kN·m（上边受拉），$F_{SA} = 10$ kN。

2.（a）$M_c = 2Pa$。

（b）$M_c = 10$ kN·m。

3.（a）$M_B = 21$ kN·m（上边受拉），$F_{SC} = -4$ kN。

（b）$M_c = 6$ kN·m（上边受拉），$F_{SC} = -2$ kN。

（c）$M_{EF} = 90$ kN·m（下边受拉），$F_{SCD} = -70$ kN。

（d）$M_B = 80$ kN·m（上侧受拉），$F_{SBC} = 60$ kN，$F_{SBF} = -60$ kN。

4.（a）$M_A = 16$ kN·m（右边受拉），$F_{Ax} = 8$ kN（→）。

（b）$M_B = 3.7$ kN·m（上边受拉），$F_{Bx} = 1.5$ kN（→）。

（c）$F_{Dy} = 1.5F$（↑）。

（d）$F_{By} = 7$ kN（↑）。

5.（a）$M_A = 16$ kN·m（右边受拉），$F_{BA} = -8$ kN。

（b）$M_{CD} = Fa$（上边受拉）。

（c）$M_{DC} = 68$ kN·m（上边受拉）。

（d）$M_{EB} = 27$ kN·m（右边受拉）。

（e）$M_{CD} = 6$ kN·m（下边受拉）。

（f）$M_{BC} = 6.5$ kN·m（外边受拉）。

（g）$M_{ED} = 0.25\ Fa$（左边受拉）。

（h）$M_{DA} = 24$ kN·m（左边受拉）。

6.（a)、(b)、(c)、(d）简单桁架；（e）联合桁架；（f）联合桁架。

7.（a）13 根；（b）7 根；（c）15 根；（d）14 根；（e）7 根；（f）7 根。

8.（a）$F_{NBC}=\sqrt{2}F$ 。

（b）$F_{NCD}=F_1$。

（c）$F_{NCE}=20$ kN。

（d）$F_{NAC}=-1.96F$。

9.（a）$F_{N2}=0.25F$，$F_{N4}=-1.25F$。

（b）$F_{N1}=-33.54$ kN，$F_{N2}=-11.18$ kN。

（c）$F_{N1}=7.5$ kN，$F_{N2}=25$ kN。

（d）$F_{N1}=37.5$ kN，$F_{N2}=12.02$ kN。

（e）$F_{N1}=-2.5F$，$F_{N3}=3F$。

（f）$F_{N1}=20$ kN，$F_{N3}=0$。

10.（a）$F_{N1}=22.5$ kN，$F_{N3}=37.5$ kN。

（b）$F_{N1}=-2.84$ kN，$F_{N3}=5$ kN。

11.（a）$F_{N21}=-21.21$ kN，$F_{N2C}=-21.21$ kN，$F_{N23}=0$，$F_{N3C}=7.5$ kN。

由于结构和荷载的对称性，右半部分中桁架杆的轴力与左半部分一样。

（b）$F_{NDE}=0$，$M_{EB}=45$ kN·m。

（c）$F_{NFG}=F_{NED}=96$ kN，$F_{NFC}=F_{NEC}=66.66$ kN，$F_{NFB}=F_{NEA}=-120$ kN。

（d）$F_{NDF}=-5\sqrt{2}$ kN，$F_{NEF}=-5\sqrt{2}$ kN。

$M_D=5$ kN·m（下侧受拉），$M_E=5$ kN·m（上侧受拉）。

12. $F_{VA}=9.5$ kN；$F_{VB}=8.5$ kN。

$M_D=11$ kN·m。

$F_{QD左}=9.47$ kN；$F_{QD右}=4.47$ kN。

$F_{ND左}=12.29$ kN；$F_{ND右}=7.82$ kN。

13. $F_{VA}=21$ kN；$F_{VB}=29$ kN。

$M_D=6$ kN·m。

$F_{QD左}=1$ kN；$F_{QD右}=-0.88$ kN。

$F_{ND左}=-20$ kN；$F_{ND右}=-35.22$ kN。

14. $F_{Ay}=F_{VB}=100$ kN。

$M_D=-29$ kN·m。

$F_{SD}=18.3$ kN。

$F_{ND}=-68.3$ kN。

15.（1）$F_H=6$ kN。

（2）$F_{SC}=-1$ kN，$F_{NC}=-6$ kN。

（3）$-26.34°$。

16. $F_{NGF}=F$，$F_{NDF}=-\dfrac{\sqrt{41}}{4}F$ ，$F_{NAF}=\dfrac{5}{4}F$ 。

$F_{NGC}=F_{NEA}=F_{NEF}=F_{NEG}=F_{NGF}=F_{NAF}=0$。

17. 答案（略）。

4　静定结构的影响线

4.1　影响线的概念

在前一章所讨论的静定结构受力分析问题中，结构所受的荷载大小、方向及其作用位置都是确定的，这类荷载通常称为恒载。在恒载作用下结构的支座反力和内力都固定不变。但有些工程结构要承受的荷载，其作用位置是移动的，例如在桥梁上行驶的火车和汽车、在吊车梁上行驶的吊车等，这类荷载称为移动荷载。所谓移动荷载，是指大小、方向不变，而作用位置随时间变化的荷载。例如图 4-1（a）所示的简支梁，随着车辆的行驶，车辆的轮压力［见图 4-1（b）］F_1、F_2 的作用位置随之变化，支座反力 F_{Ay} 逐渐减小，而 F_{By} 却逐渐增大。可见结构在移动荷载作用下，其反力、内力及位移是随着移动荷载位置的改变而变化的。因此，必须研究静定结构在移动荷载作用下反力、内力（以下统称为某量值）的变化规律，确定其最大值，以及达到最大值时荷载的位置，从而为结构设计提供依据。

结构实际可能承受的移动荷载是多种多样的，如桥梁所受的移动荷载可能是行驶中的一辆汽车或一个车队，也可能是火车或履带式车辆等。所受荷载不同，反力、内力以及位移等随荷载作用位置变化的规律自然也不同。为解决结构在不同移动荷载作用下的计算，基于线性弹性结构的叠加原理，可先研究结构在一个最简单的移动荷载，即单位移动荷载（$F=1$）在结构上移动时，给定截面上某种量值 S（称为影响量）的变化规律，然后利用叠加方法计算其他较复杂移动荷载作用时，该量值的变化规律以及最不利的荷载位置等。

在单位移动荷载作用下，结构反力、内力或位移等随荷载位置变化的函数关系，分别称为反力、内力、位移的影响线方程，对应的函数图形分别称为反力、内力、位移的影响线。

现以图 4-1（c）所示简支梁为例，说明影响线的绘制过程。以 A 为坐标原点，以 x 表示单位移动荷载 $F=1$ 的作用位置，设支座反力 F_{Ay}、F_{By} 向上为正。由平衡条件 $\sum M_A=0$，可得：

$$F_{By}=\frac{x}{l} \tag{a}$$

由此可知，反力 F_{By} 是单位移动荷载位置坐标 x 的函数。当 x 变化时，就意味着单位移动荷载 $F=1$ 在梁上移动。所以式（a）就是反力 F_{By} 关于单位移动荷载 $F=1$ 的影响线方程，以水平基线为横坐标 x，表示单位移动荷载 $F=1$ 的作用位置，纵坐标 y 表示相应的 F_{By} 值，作出这个方程的图形，即为反力 F_{By} 的影响线，如图 4-1（d）所示。由（a）式可知反力 F_{By} 的量纲为 1。

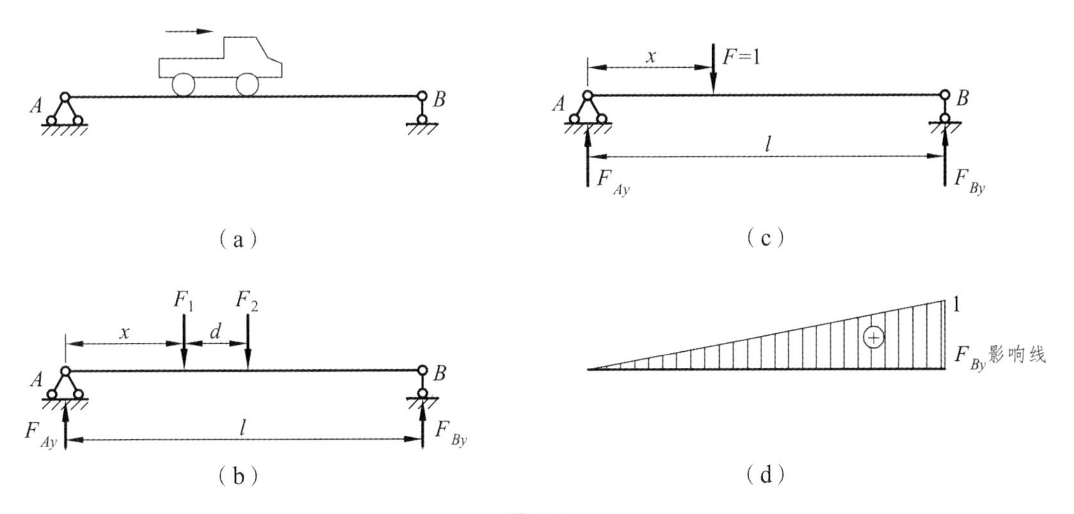

图 4-1

对于线性弹性结构，影响线是移动荷载作用下结构设计的重要工具。

作结构上某量值的影响线有两种基本方法：静力法和虚功法，虚功法也称为机动法。

4.2 用静力法作静定梁的影响线

利用结构在单位移动荷载 $F=1$ 作用下的静力平衡条件（对静定结构用平衡条件，对于超静定结构用力法、位移法等），建立所求某量值与荷载位置间的函数关系式，即影响线方程，然后由方程作出影响线。这一方法称为静力法。具体步骤为：

（1）确定坐标系，以坐标 x 表示荷载 $F=1$ 的位置。

（2）将 x 看成是不变的，$F=1$ 看成是固定荷载，确定所求量的值，即可得影响线方程。

（3）按影响线方程作出影响线并标明正负号和控制点的纵坐标值。

在用静力法作一些常见结构反力及内力的影响线时，需要注意的是：正确的影响线应该具有“正确的外形、必要的控制点纵坐标值和正负号”。内力正负号规定与第 3 章相同，但习惯上将纵标为正的影响线绘于基线上方且注明正负号。

下面就以图 4-2（a）所示双伸臂梁为例，来进一步说明用静力法作静定梁的反力和内力影响线的方法。

1．反力影响线

取梁的左边支座 A 为坐标原点，以 x 表示 $F=1$ 的作用位置，如图 4-2（a）所示，设反力向上为正。当荷载 $F=1$ 在梁上 AB 间任一位置时，根据平衡方程 $\sum M_B=0$，可得影响线方程

$$F_{Ay}=\frac{l-x}{l}$$

由影响线方程可作出反力 F_{Ay} 的影响线，如图 4-2（b）所示。

同理，根据平衡条件得：$F_{By}=\frac{x}{l}$，作出 F_{By} 的影响线，如图 4-2（c）所示。

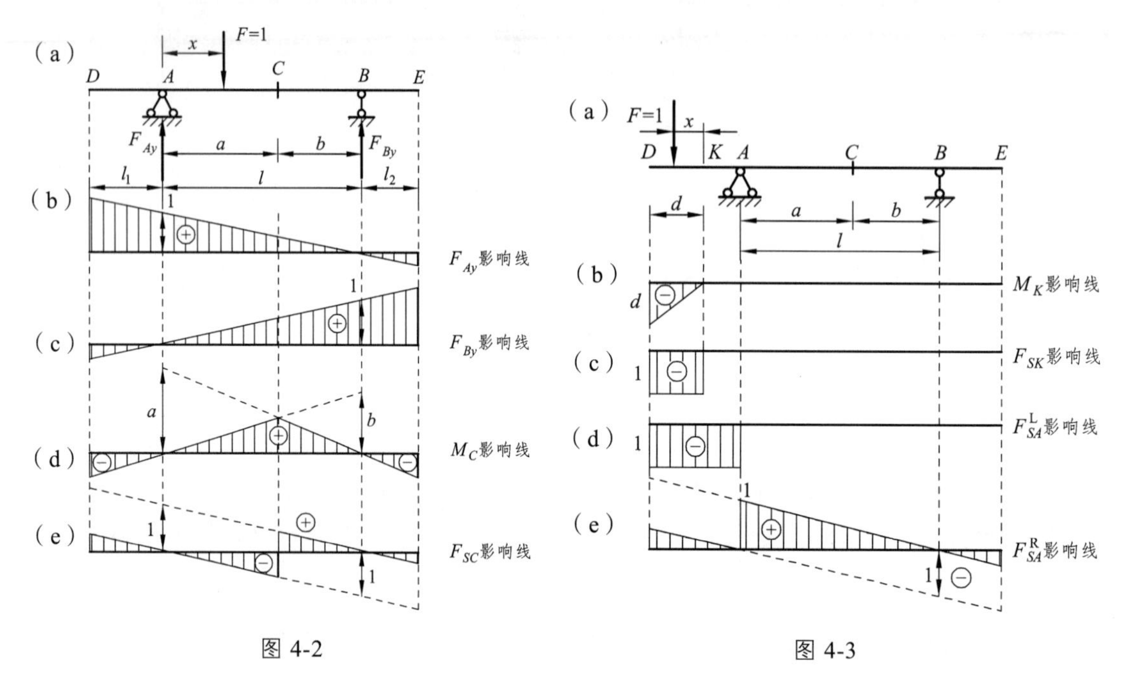

图 4-2　　　　图 4-3

2．跨内截面内力的影响线

现在绘制如图 4-2（a）所示梁截面 C 上内力的影响线。

取 C 点左侧部分或右侧部分为隔离体，由隔离体的平衡求 C 截面剪力 F_{SC} 和弯矩 M_C。由于单位荷载是移动的，既可在 C 点左侧，也可在 C 点右侧。故影响线方程应分别考虑。

当单位荷载在 C 点左侧时，即 $0\leqslant x<a$，取右侧为隔离体（取左侧也可以），由隔离体平衡，有：

由 $\sum Y=0$，得 $F_{SC}=-F_{By}=-\frac{x}{l}$

由 $\sum M_C=0$，得 $M_C=F_{By}b=\frac{x}{l}b$

当单位荷载在 C 点右侧时，即 $a<x\leqslant l$，取左侧为隔离体，有

由 $\sum Y=0$，得 $F_{SC}=F_{Ay}=\frac{l-x}{l}$

由 $\sum M_C=0$，得 $M_C=F_{Ay}a=\frac{l-x}{l}a$

当单位荷载在 C 点时，即 $x=a$，$M_C=\frac{ab}{l}$；F_{SC} 为不定值。

根据以上影响线方程即可作出剪力 F_{SC} 和弯矩 M_C 的影响线，如图 4-2（d）、（e）所示。

由弯矩的影响线方程可知弯矩影响线 M_C 的量纲为 L。

由上面计算过程可见：当 $0 \leqslant x < a$ 时，M_C 的影响线与 F_{By} 的影响线形状相同，竖标相差 b 倍，而 F_{SC} 与 F_{By} 只相差符号。当 $a < x \leqslant l$ 时，M_C 的影响线与 F_{Ay} 影响线的形状相同，竖标相差 a 倍，而 F_{SC} 与 F_{Ay} 相同。即 M_C 和 F_{SC} 的影响线可由 F_{Ay} 和 F_{By} 影响线导出。因此，反力影响线是基本影响线，而弯矩和剪力影响线是导出影响线。

3．伸臂部分截面内力的影响线

同样，根据静力平衡条件，可绘制出如图 4-3（a）所示伸臂部分截面的弯矩 M_K 的影响线和剪力 F_{SK} 的影响线，以及 A 支座左、右截面剪力 F_{SA}^{L}、F_{SA}^{R} 的影响线，分别如图 4-3 所示。

以上我们分别介绍了静定梁的反力、跨内及伸臂部分截面的弯矩和剪力等各种具有典型性的影响线，它们都有各自的特点。掌握这些特点，一般只需求出几个特殊点的纵坐标，就能把影响线作出来了，而无须列出方程。为了更好地理解影响线，请自行总结影响线和恒载下内力图的区别。

对于多跨静定梁，只需要分清它的基本部分和附属部分及这些部分之间的传力关系，再利用单跨静定梁的已知影响线，即可顺利绘出多跨静定梁的影响线。

【例题 4-1】 试用静力法作图 4-4（a）所示多跨静定梁中的反力及 F_{By} 和内力 M_K，F_{SBA}^{L}，F_{Sm}，M_n，M_D 等影响线。

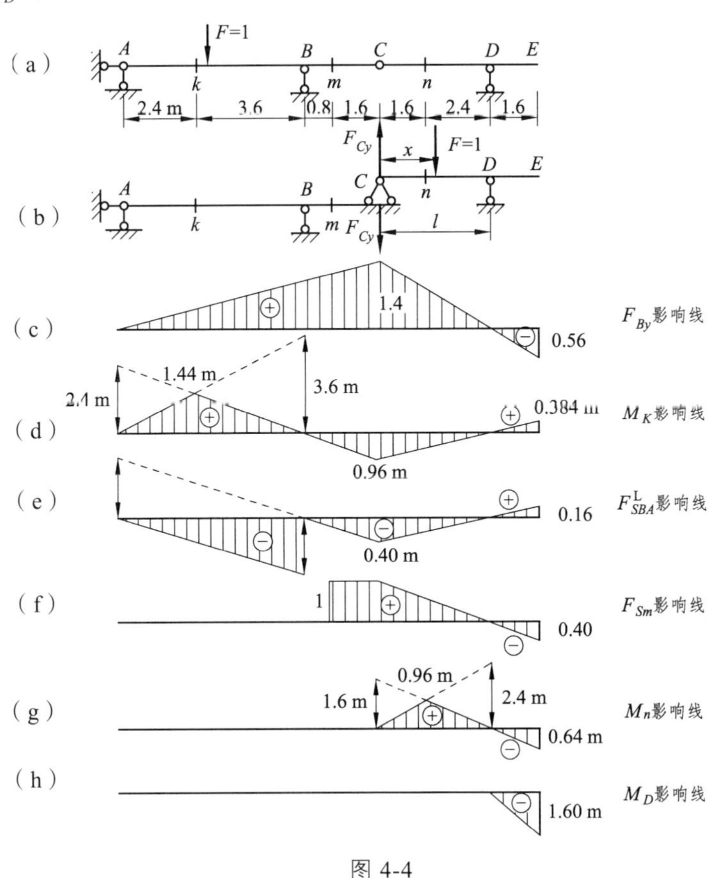

图 4-4

解： 这是一多跨静定梁，其中 AC 是基本部分（伸臂梁），CE 则为附属部分，其关系图如图 4-4（b）所示。若要作出基本部分中的影响线，那么当单位荷载在 AC 段移动时，需作出的就是伸臂梁的影响线；当单位荷载在 CE 段内移动时，由于影响线应该是直线，因此，只要取两点的值即可，一般取 C 点和 D 点的值。因为 C 点的值已知，而 D 点的值等于零（很容易判断出来）。F_{By}、M_K、F_{SBA}^{L}、F_{Sm} 等的影响线，如图 4-4（c）、（d）、（e）、（f）所示。

要作出图 4-4（a）中附属部分的 M_n、M_D 的影响线，当单位荷载在 AC 段移动时，M_n、M_D 的值为零，即该部分没有影响线；当单位荷载在 CE 段移动时，由于该部分也是伸臂梁，按伸臂梁画出的影响线即可。M_n、M_D 的影响线如图 4-4（g）、（h）所示。

4.3 间接荷载作用下的影响线

前面讨论的影响线都是荷载直接作用于梁上的情况。但在实际工程中，有时荷载并不直接作用于所研究的结构上。例如，对图 4-5（a）所示桥梁结构的主梁来说，荷载是通过纵梁和它下面的横梁传到主梁上面的。不论纵梁承受何种荷载，主梁只在 A、C、D、E、B 各点处有受到横梁传下来的集中荷载，因此，主梁承受的是结点荷载。这种结点荷载的大小是随荷载的移动而变化的。

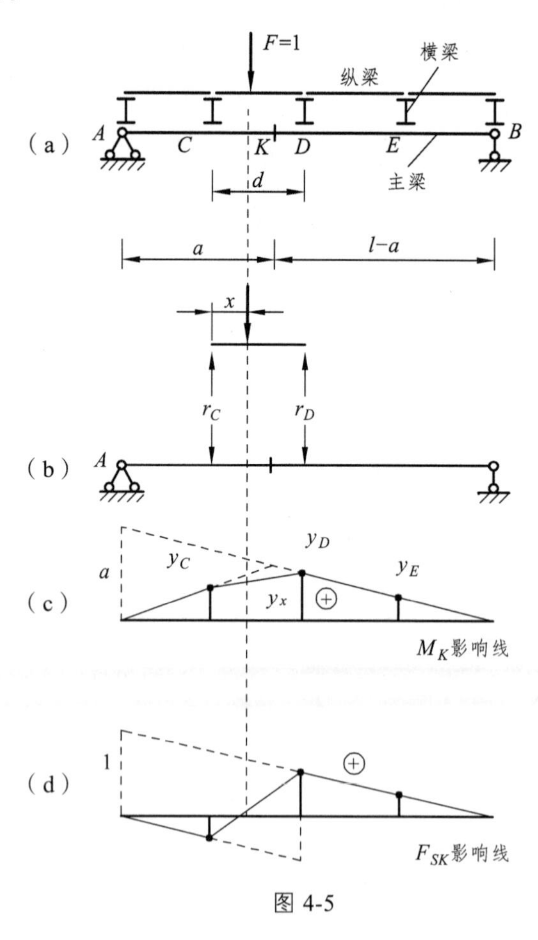

图 4-5

间接荷载作用下的各项影响线，可由直接荷载作用（$F=1$ 在主梁上移动）时的影响线加以修正而得。如欲绘制图 4-5（a）所示主梁截面 K 的弯矩 M_K 的影响线，首先，当单位荷载 $F=1$ 沿纵梁移动到各横梁位置时，就相当于荷载直接作用在主梁的结点上，即此时的间接荷载与直接荷载所得 M_K 影响线的纵坐标完全相同，如图 4-5（c）中的 y_C、y_D、y_E 及两端的零纵标均为有效。

其次，当荷载 $F=1$ 在任一节间移动时，如图 4-5（b）所示位于纵梁 CD 上，主梁承受从横梁传来的两个结点荷载 r_C 和 r_D，其位置固定而大小在变化：

$$r_C=\frac{d-x}{d},\qquad r_D=\frac{x}{d}$$

根据影响线的定义和叠加原理，可得截面 K 的弯矩：

$$M_K=r_C y_C+r_D y_D=\left(1-\frac{x}{d}\right)y_C+\frac{x}{d}y_D$$

这就是一个节间内的 M_K 影响线方程，为 x 的一次函数，代表一段直线。由此可知，只需找到直接荷载作用下的 M_K 影响线的各结点处的纵坐标，再将相邻纵坐标连以直线即可得到间接荷载下的 M_K（或某一量值 S_K）的影响线。由图 4-5（c）可见，两者在大部分节间的直线段是重合的，只是在截面 K 所在的节间 CD 内虚线所示的三角形顶点被修正掉了。

因此，间接荷载作用下的影响线的基本特点是：任意两相邻结点间都是按直线变化的。综上所述，间接荷载作用下的影响线的绘制方法可以归纳如下：

（1）先用虚线绘出直接荷载作用下该量值的影响线。

（2）将相邻两个结点在直接荷载作用下影响线的竖标的顶点分别用直线相连，即得该量值在间接荷载作用下的影响线。

修正的范围通常是需求量值的区段、支座两边的区段和有铰的区段，即两横梁间的影响线不是直线的均需修正。

依照上述绘制方法和步骤，绘出主梁截面 D 上的剪力 F_{SD} 的影响线，如图 4-5（d）中实线所示。并可知，不论截面 D 位于 C、E 两点之间任何一处，F_{SD} 的影响线都是一样的。此外，还不难理解，主梁的反力 F_{Ay} 和 F_{By} 的影响线和直接荷载作用时相同。

4.4 用机动法作静定梁的影响线

机动法是绘制影响线的另一种方法，其理论基础是刚体系统的虚功原理（虚位移原理）。刚体体系受外力作用下处于平衡的必要和充分条件是：作用于该体系上的所有外力，在任意微小虚位移上所做的总虚功等于零。

用机动法绘制静定梁的影响线，把绘制支座反力或内力影响线的静力问题转化为绘制位移图的几何问题。这比用静力法简便，而且比较形象和直观。

下面以简支梁的支座反力影响线为例,运用虚功原理说明机动法作影响线的方法和步骤。

用机动法作反力影响线，首先必须解除相应的反力约束，把反力当作外力。例如，图 4-6

（a）所示的简支梁，为了作反力 F_{By} 的影响线，将支座 B 的反力约束解除，代之以支座反力 F_{By}，如图 4-6（b）所示。此时，体系仍处于平衡状态，但原来的静定结构转化为具有一个自由度的机构。现使这个机构沿反力 F_{By} 的方向产生虚位移 δ_B，则单位荷载 $F=1$ 方向产生位移 δ_F，如图 4-6（b）所示。规定 δ_F、δ_B 与相应的力的方向一致为正。根据虚位移原理，列出虚功方程：

$$F_{By}\delta_B + F\times\delta_F = 0$$

因 $F=1$，由此得到：$F_{By} = -\dfrac{\delta_F}{\delta_B}$

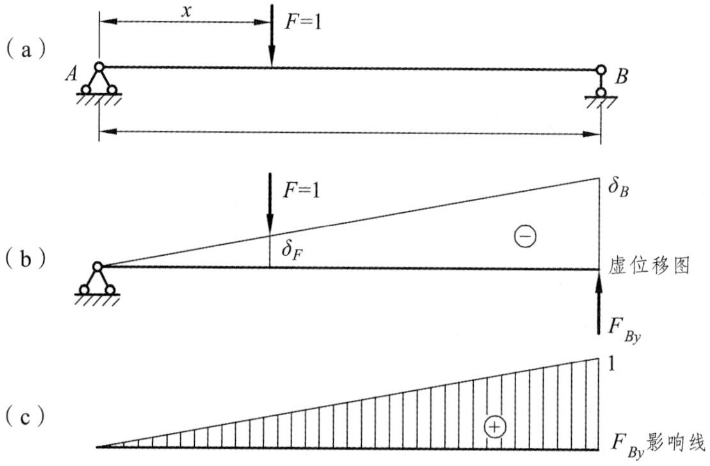

（a）

（b）

（c）

图 4-6

当荷载 $F=1$ 沿着梁上移动时，δ_F 将随着荷载位置的变更而变化，是荷载位置参数 x 的函数，其变化规律就是如图 4-6（b）所示的机构位移图，而 δ_B 则与 x 无关，是个常量，为方便起见，令 $\delta_B=1$，则由上式得：

$$F_{By} = -\delta_F$$

上式表明，反力 F_{By} 的变化规律与位移 δ_F 的变化规律是相同的，即原静定结构去掉 B 点竖向约束后的机构沿 F_{By} 方向发生单位位移的虚位移图就是 F_{By} 的影响线，但符号相反。因此，若要利用上述位移图来表示反力 F_{By} 的影响线，只需把上述位移图符号颠倒一下就可以了。故得反力 F_{By} 的影响线，如图 4-6（c）所示。

按照上述机动法，不但不经计算就能快速绘出影响线的轮廓，而且可绘出影响线的精确图形。对某些问题用机动法处理非常方便，例如在确定荷载最不利位置时，往往只需要知道影响线的轮廓，而无须求出其数值。此外，也可用机动法来校核用静力法所作的影响线。

总结用机动法作静定结构内力或支座反力影响线的步骤如下：

（1）撤去与所求量值相应的约束，并以该量值代替。

（2）让去掉约束后的机构沿所求量值 S 的正方向发生机构所容许的单位虚位移，并作出单位荷载移动范围内机构的虚位移图 [见图 4-6（b）]，此图即为所求量值 S 的影响线。

（3）标明正负号。在基线以上的图形取正号，在基线以下的图形取负号。

【例题 4-2】 用机动法绘制图 4-7（a）所示伸臂梁 C 截面上的弯矩 M_C 和剪力 F_{SC} 的影响线。

解：（1）绘弯矩 M_C 的影响线。

解除 C 截面与弯矩 M_C 相应的约束，即将截面 C 处的刚性连接改成铰接，如图 4-7（b）所示，代之以一对等值反向的力偶 M_C（以梁下侧受拉为正），这时铰 C 两侧的刚体可以发生相对转动。使这个机构沿力偶 M_C 的方向发生虚位移，如图 4-7（b）所示，设杆 AC 发生转角位移 α，杆 CB 发生转角位移 β，即 C 截面产生相对角位移为 $\alpha+\beta$，并令 $\alpha+\beta=1$，荷载方向产生线位移 δ_F，位移图如图 4-7（b）所示，图中的 $BB'=b$，再按几何关系求出 C 点竖直方向位移为 ab/l，M_C 的影响线如图 4-7（c）所示。

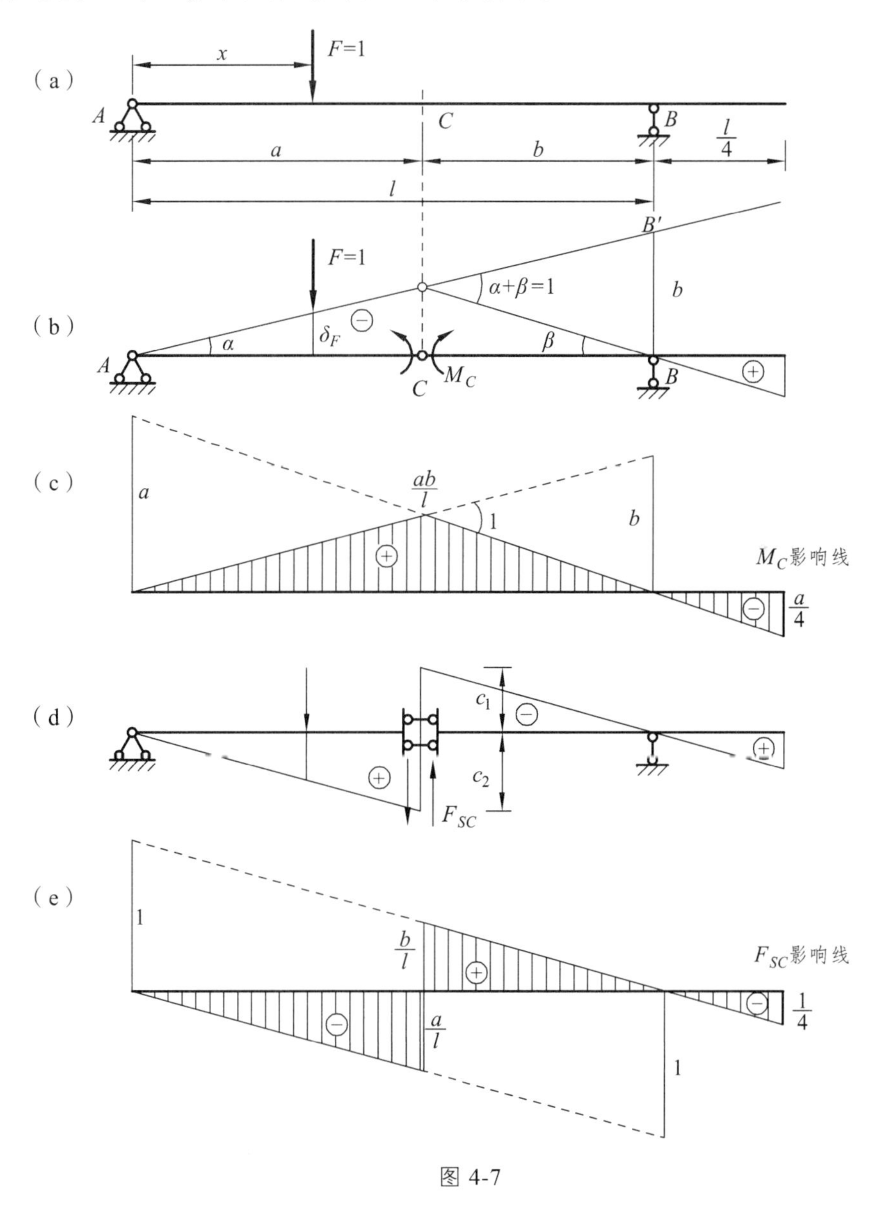

图 4-7

（2）绘剪力 F_{SC} 的影响线。

将 C 截面的剪力约束解除，即将截面改成滑动连接，代之以一对剪力 F_{SC}，得到图 4-7（d）所示机构，此时，杆 AC、CB 在截面 C 处可发生相对竖直方向位移，然后保持平行。使这个机构沿 F_{SC} 方向发生虚位移，如图 4-7（d）所示。设杆 AC 在 C 点的竖直方向位移为 c_2，杆 CB 在 C 点的竖直方向位移为 c_1，并令 $c_1+c_2=1$。该虚位移图即为 F_{SC} 的影响线，如图 4-7（e）所示。

【例题 4-3】 用机动法绘制图 4-8（a）所示多跨静定梁 M_B、F_{SF}、F_{SC}、F_{By}、M_G 的影响线。

解： 用机动法绘制多跨静定梁的支座反力和内力的影响线的原理及步骤与简支梁相同，只是应注意撤去约束后虚位移的变形特点，多跨静定梁通常由基本部分和附属部分组成，当撤去附属部分某量的约束后，体系只在附属部分发生虚位移，基本部分则不会运动。但当撤去基本部分某量的约束后，在基本部分和附属部分均能发生虚位移。

根据虚功法的步骤，首先解除与需作影响线量值相应的约束，然后沿约束力的正方向令其发生单位虚位移。由于本题是多跨静定梁，解除一个约束后成为单自由度体系，因此体系所产生的刚体虚位移图就是要作的影响线。由此，可作出 M_B、F_{SF}、F_{By}、F_{SC}、M_G 的影响线，如图 4-8（b）、（c）、（d）、（e）、（f）所示。

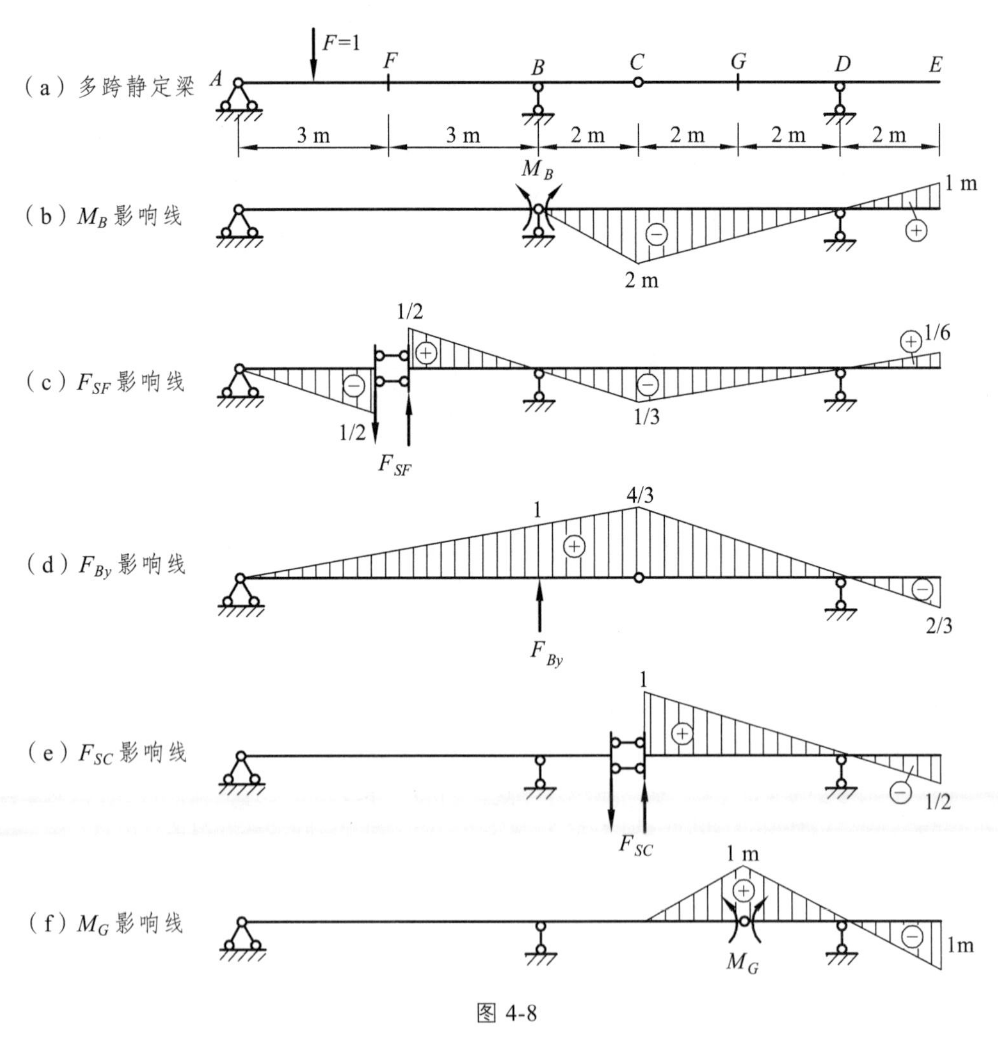

图 4-8

4.5 影响线的应用

影响线研究移动荷载作用时结构内力的变化，绘制影响线的主要目的是，应用影响线来确定移动荷载作用时对于某一量值的最不利影响，其用途主要有：① 在荷载位置已经确定的情况下，用来计算总的影响量值；② 在荷载位置未定的情况下，用来确定最不利的荷载位置。

1．应用影响线计算影响量

如果结构中某指定量值 S（可以是反力、内力等）的影响线已作出，可根据叠加原理利用影响线求出结构在各种固定荷载作用下的影响量值 S。

（1）集中荷载作用下的影响量计算。

如图 4-9（a）所示，有一组集中荷载 F_1、F_2、$F_3 \cdots F_n$ 作用于确定的位置，设某量值 S（内力或反力）的影响线已绘出，与各荷载相对应的影响线纵标分别为 y_1、y_2、$y_3 \cdots y_n$，如图 4-9（b）所示。此时，集中荷载组所产生的总的影响量 S 可由叠加原理求得：

$$S = F_1 y_1 + F_2 y_2 + \cdots + F_n y_n = \sum_{i=1}^{n} F_i y_i \tag{4-1}$$

上式中，F_i 向下为正，纵坐标 y_i 在基线上为正，在基线下为负。

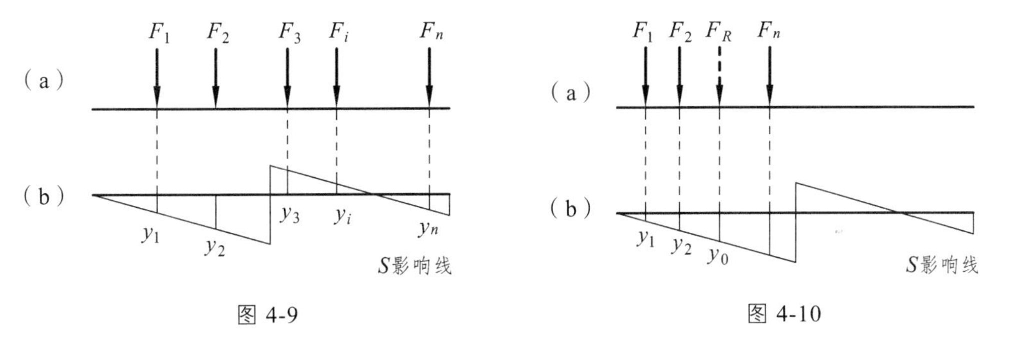

图 4-9　　　　图 4-10

当若干个集中荷载分布在影响线的同一条直线段时（见图 4-10），可根据合力矩定理来简化计算，用它们的合力来代替计算影响量。

$$S = F_R y_0 \tag{4-2}$$

式中，y_0 为合力 F_R 位置对应的影响线的纵坐标。读者可仿图乘法推导思路证明上述结论。

（2）分布荷载作用下的影响量计算。

设在结构的某一段 AB 上作用有分布荷载 q_x［见图 4-11（a）］，利用 S 影响线［见图 4-11（b）］来计算其影响量时，可将 $q_x \mathrm{d}x$ 看作一个集中荷载，在影响线的 AB 区段内积分可得

$$S = \int_A^B q_x y \mathrm{d}x \tag{4-3}$$

若是均布荷载［见图 4-12（a）］，则有

$$S = q\int_A^B y \mathrm{d}x = qA \tag{4-4}$$

式中 A 代表均布荷载分布范围 AB 段内的影响线面积，如图 4-12（b）中阴影部分所示，应取其代数和。

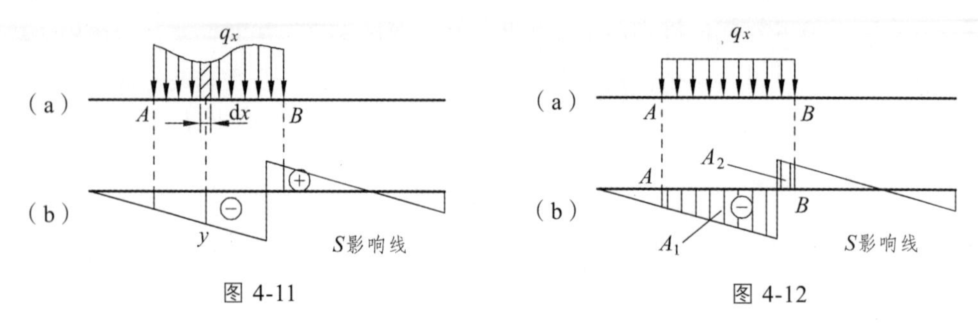

图 4-11　　图 4-12

因此，若要计算集中荷载组和分布荷载同时作用下的某一内力或反力，可叠加为

$$S=\sum F_i y_i+\sum\int_A^B q_x y\mathrm{d}x \tag{4-5}$$

或为

$$S=\sum F_R y_0+\sum qA \qquad [4\text{-}5(a)]$$

【例题 4-4】 利用影响线求图 4-13（a）所示伸臂梁在图示载荷作用下 C 截面弯矩 M_C 和剪力 F_{SC} 的值。

解：（1）求弯矩 M_C，作出 M_C 的影响线［见图 4-13（b）］，可求得集中荷载对应的影响线的纵坐标，由叠加原理，得

$$M_C=\sum F_i y_i+\sum qA=\left(-15\times\frac{6}{8}+15\times\frac{6}{8}+35\times\frac{15}{8}\right)+8\times\left(-\frac{1}{2}\times2\times\frac{6}{8}+\frac{1}{2}\times8\times\frac{15}{8}\right)$$

$$=60+54=114\ \mathrm{kN\cdot m}$$

（2）求 F_{SC}，作出 F_{SC} 的影响线，如图 4-13（c）所示，因截面 C 处恰有集中荷载 F_3，故应分别计算该截面（即荷载 F_3）右的 F_{SC}^{R} 和左的 F_{SC}^{L} 值；F_3 所对应的纵坐标却分别是左侧的 $-\frac{5}{8}$ 和右侧的 $\frac{3}{8}$，则有

$$F_{SC}^{\mathrm{R}}=\left[35\times\left(-\frac{5}{8}\right)+15\times\left(-\frac{1}{8}\right)+15\times\frac{2}{8}\right]+8\times\left(\frac{1}{2}\times2\times\frac{2}{8}-\frac{1}{2}\times5\times\frac{5}{8}+\frac{1}{2}\times3\times\frac{3}{8}\right)$$

$$=-20-6=-26\ \mathrm{kN}$$

$$F_{SC}^{\mathrm{L}}=\left[35\times\frac{3}{8}+15\times\left(-\frac{1}{8}\right)+15\times\frac{2}{8}\right]+(-6)=15-6=+9\ \mathrm{kN}$$

这相当于是分别根据 F_{SC}^{R} 影响线和 F_{SC}^{L} 影响线计算的结果。

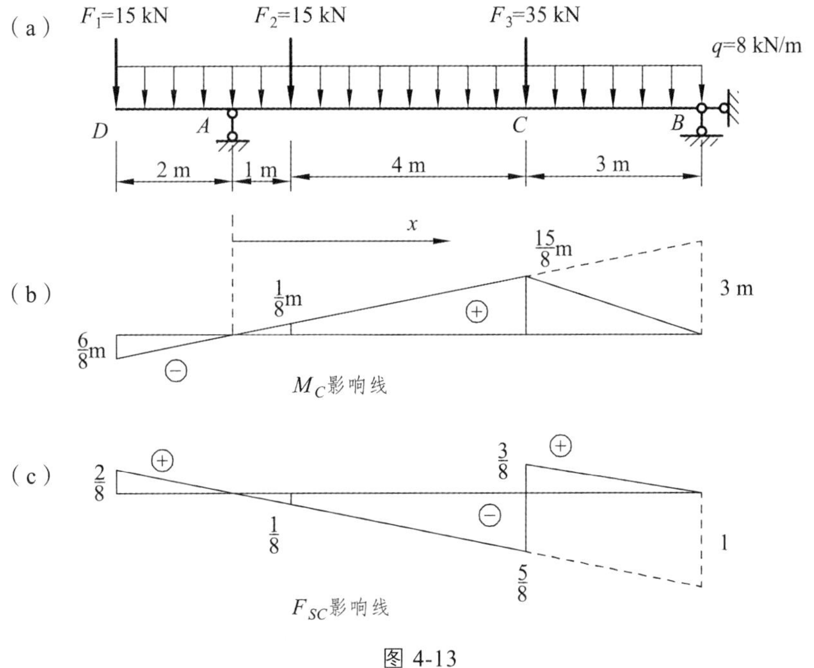

图 4-13

2．确定最不利的荷载位置

如果荷载移动到某一个位置，使某量值 S 达到最大值，则此荷载位置称为该量值的最不利荷载位置。以在实际应用中较为常见的三角形形式的影响线为例，来说明确定最不利荷载位置的方法。

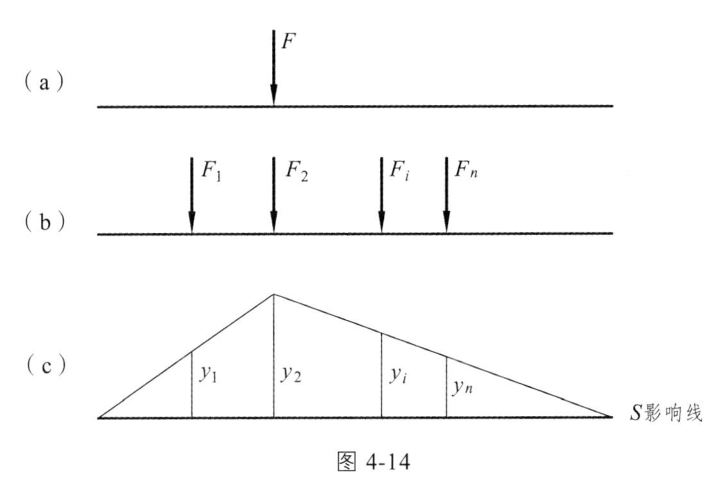

图 4-14

（1）移动荷载组。

当 S 的影响线为三角形时［见图 4-14（c）］，如图 4-14（a）所示，如果移动荷载只有一个集中荷载，则根据式（4-1），使 S 产生（正或负）最大值的最不利荷载位置，是这个集中荷载作用在影响线的纵坐标最大的三角形顶点位置处。然而，当有一组间距不变的集中荷载在梁上移动时［见图 4-14（b）］，则根据式（4-1），最不利荷载位置一般是数值较大且排列紧密的荷载位于影响线最大纵坐标处附近。要具体确定最不利荷载位置，首先要分析什么样的荷载作用位置可能使量值 S 取得极值，这个荷载位置称为荷载的临界位置，然后再从这些临界位置中确定最不利位置。

图 4-15（a）表示一组间距不变的移动集中荷载，图 4-15（b）表示某一量值 S 的影响线。影响线两直线段的倾角分别为 α、β，均以逆时针方向为正，当荷载组移动一微小距离 Δx 时，S 的变化量为

$$\Delta S = F_1\Delta y_1 + F_2\Delta y_2 + \cdots + F_i\Delta y_i + \cdots + F_n\Delta y_n \tag{a}$$

影响线的左直线和右直线的斜率分别为：$\tan\alpha = \dfrac{h}{a}$，$\tan\beta = -\dfrac{h}{b}$，均为常数，又因为左直线 $\Delta y_i = \Delta x\tan\alpha$，右直线 $\Delta y_{i+1} = \Delta x\tan\beta$，则（a）式改写为：

$$\Delta S = (F_1 + F_2 + \cdots + F_{i-1})\frac{h}{a}\Delta x - (F_{i+1} + \cdots + F_n)\frac{h}{b}\Delta x \tag{b}$$

式（b）中，括号内分别代表作用于左直线和右直线部位的移动荷载。

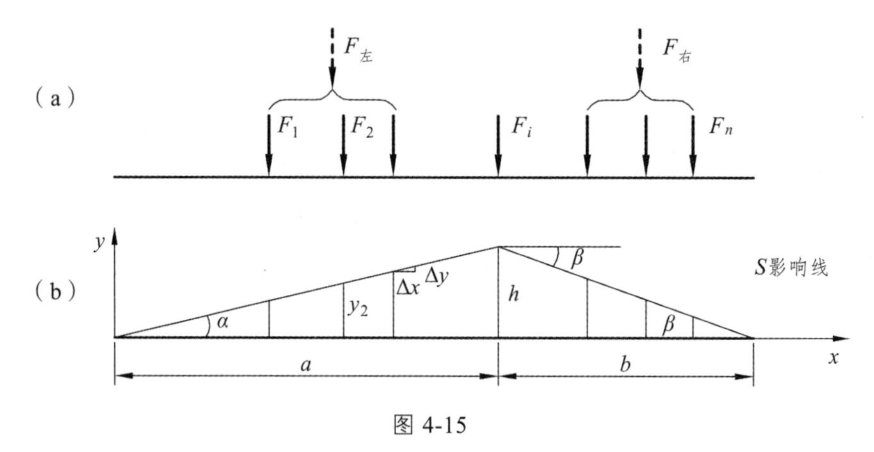

图 4-15

量值 S 取得极值的条件是当荷载组做微小移动时 ΔS 发生变号。由式（b）可以看出，倘若在荷载移动过程中作用于左直线和右直线部位的荷载数量保持不变，则式（b）括号内将为常数，这样就不可能发生 ΔS 变号的情况，或者说，要使 ΔS 变号，就必须有一个集中荷载越过影响线的顶点。于是，我们得到一条重要的结论：在荷载总数不变时，量值 S 取得极值的必要条件是有一个集中荷载恰好作用于影响线的顶点。

如果在荷载移动过程中 ΔS 由正值转为负值，则量值 S 取得一个极大值。假设 S 取得极大值发生在某集中荷载 F_i 作用于影响线顶点时，则该集中荷载便称为量值 S 的一个临界荷载，记为 F_{cr}，其对应的荷载位置就称为临界位置，若以 $\sum F_{左}$ 和 $\sum F_{右}$ 分别表示 F_{cr} 以左和以右的荷载之和，则由式（b）可得当为三角形影响线时，使量值 S 取得极大值的临界荷载判别式为：

$$\left.\begin{aligned} \frac{\sum F_{左} + F_{cr}}{a} \geqslant \frac{\sum F_{右}}{b} \\ \frac{\sum F_{左}}{a} \leqslant \frac{F_{cr} + \sum F_{右}}{b} \end{aligned}\right\} \tag{4-6}$$

上式表明：临界位置的特点是有一集中荷载 F_{cr} 作用于影响线的顶点，将 F_{cr} 计入哪一侧（左侧或右侧），则哪一侧荷载的平均集度就大些。

利用式（4-6）虽可确定临界荷载，但有时临界荷载可能不止一个，此时可将相应的极值分别算出，其中最大的极值就是量值 S 的最不利值，而相应的荷载位置即为移动荷载组的最不利位置。一般来说，S 的最不利值是在数值较大而又比较密集的集中荷载作用于影响线的顶点时发生的。因此，在按式(4-6)试算之前可先通过直观判断排除部分荷载，从而减轻计算工作。

综合以上内容，现将确定最不利荷载位置的步骤归纳如下：

① 最不利荷载位置一般是数值较大且排列紧密的荷载位于影响线最大纵标处的附近，由此判断可能的临界荷载。

② 将可能的临界荷载放置于影响线的顶点，判定此荷载是否满足式(4-6)，若满足，则此荷载为临界荷载 F_{cr}，荷载位置为临界位置；若不满足，则此荷载位置就不是临界位置。

③ 对每个临界位置求出一个极值，然后从各个极值中选出最大值。与此相对应的荷载位置即为最不利荷载位置。

应当注意，在荷载向右或向左移动时，可能会有某一荷载离开了梁，在利用临界荷载判别式(4-6)时，$\sum F_{左}$ 和 $\sum F_{右}$ 中应不包含已离开了梁的荷载。

（2）均布荷载。

如果移动荷载是长度不定、可以任意分布的均布荷载，则根据式（4-4），最不利荷载位置是在影响线［见图 4-16（a）］的正值部分布满荷载（求最大正值），如图 4-16（b）所示；或在负值部分布满荷载（求最大负值），如图 4-16（c）所示。

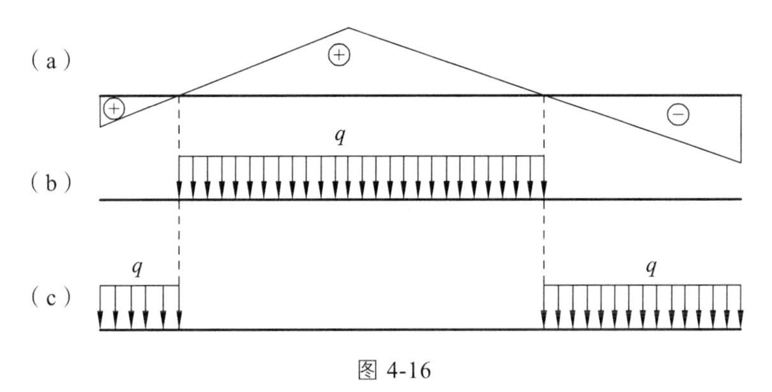

图 4-16

【例题 4-5】 试求图 4-17（a）所示吊车梁在图示吊车竖向荷载作用下 B 支座的最大反力。设其中一台吊车轮压为 $F_1 = F_2 = 478.5\ \text{kN}$，另一台吊车轮压为 $F_3 = F_4 = 324.5\ \text{kN}$，轮距及车挡限位的最小车距如图所示。

解： 先作出 B 支座反力 F_{By} 的影响线。由直观判断只有当 F_2 或 F_3 作用在影响线顶点时，F_{By} 可能达到最大值。

先考虑 F_2 作用于 B 点的情况［见图 4-17（b）］，此时 F_4 已超出梁右端，有

$$\frac{478.5+478.5}{6} > \frac{324.5}{6}$$

$$\frac{478.5}{6} < \frac{478.5+324.5}{6}$$

故 F_2 是临界载荷。此时，有

$$F_{By} = 478.5\times0.125+478.5\times1+324.5\times0.758 = 784.3\ \text{kN}$$

再考虑 F_3 作用于 B 点的情况［见图 4-20（c）]，此时 F_1 已超出梁左端，有

$$\frac{478.5+324.5}{6} > \frac{324.5}{6}$$

$$\frac{478.5}{6} < \frac{324.5+324.5}{6}$$

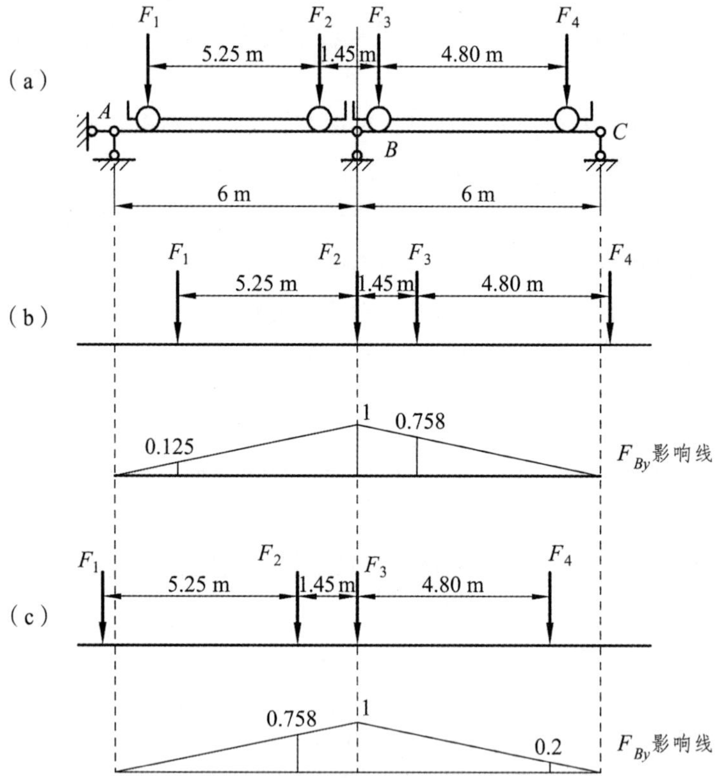

图 4-17

故 F_3 也是临界荷载。此时有

$$F_{By} = 478.5\times0.758+324.5\times1+324.5\times0.20 = 752.1\ \text{kN}$$

比较以上两者可知，当 F_2 作用于 B 点时为最不利荷载位置，相应 B 支座的最大反力 $F_{By\max}$ 为 784.3 kN。

4.6 简支梁的绝对最大弯矩和内力包络图

1．简支梁的绝对最大弯矩

在移动荷载作用下，利用影响线可求出简支梁任意截面的最大弯矩，所有截面最大弯矩中的最大者称为绝对最大弯矩。对于等截面梁，发生绝对最大弯矩的截面为最危险截面，因此，绝对最大弯矩是简支梁（如吊车梁等）设计的依据。

如图 4-18 所示的简支梁上作用有一组移动荷载，求此梁的绝对最大弯矩。

根据以往的计算经验，在集中荷载作用点处，弯矩图出现尖角。由此可知，绝对最大弯矩必定发生在某个集中荷载作用的截面上。而弯矩到达最大值的截面，其左、右截面剪力异号。据此可以判断，在荷载组中部的几个集中荷载作用的截面，发生绝对最大弯矩的可能性最大。

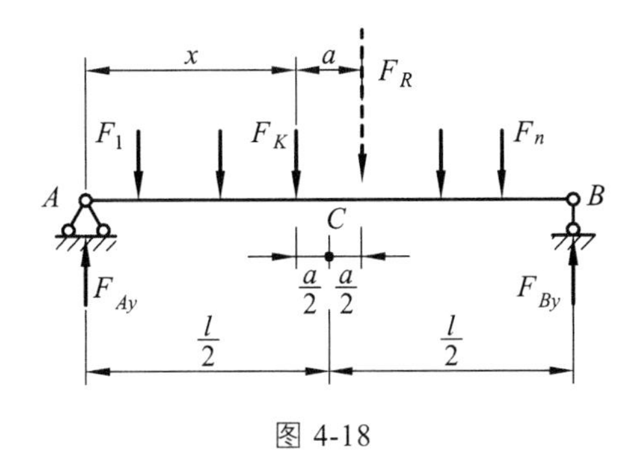

图 4-18

如图 4-18 所示，选定荷载组中部的某个集中荷载 F_K，设其作用点到支座 A 的距离为 x，梁上荷载组的合力 F_R 至 F_K 的距离为 a，由平衡条件 $\sum M_B=0$，得支座 A 的反力为：

$$F_{Ay}=F_R\frac{l-x-a}{l}$$

F_K 作用点的弯矩 M_x 为：

$$M_x=F_{Ay}x-\bar{M}_K=\frac{F_R}{l}(l-x-a)x-M_K \tag{4-7}$$

式中，$\bar{M}_K$ 为荷载 F_K 左侧梁上荷载对 F_K 作用点的力矩之和，它与 x 无关，由于荷载组中各荷载间距是不变的，所以是一个常量。当 M_x 为极大值时，根据极值的条件

$$\frac{\mathrm{d}M_x}{\mathrm{d}x}=\frac{F_R}{l}(l-2x-a)=0$$

得

$$x=\frac{l}{2}-\frac{a}{2} \tag{4-8}$$

这表明，当 F_K 与荷载组的合力 F_R 分别处在梁跨中点两侧对称位置时，集中荷载 F_K 作用点梁截面内的弯矩达到最大值。将式（4-8）代入式（4-7)，可得简支梁绝对最大弯矩的表达

式为

$$M_x=\frac{F_R}{l}\left(\frac{l}{2}-\frac{a}{2}\right)^2-\bar{M}_K \tag{4-8}$$

式（4-8）是根据 F_K 处于合力 F_R 的左侧得出的，如果 F_K 处于合力 F_R 的右侧，则上式中 a 应以负值代入，a 是 F_K 与合力 F_R 之间的距离。另外，还应注意，在试算布排荷载位置时，若有荷载越出到梁外或进入到梁内时，一切都得重新计算，因为这时荷载组荷载的个数、合力的大小及其位置等都改变了。

经验表明，在通常情况下产生简支梁绝对最大弯矩时的临界荷载 F_K 就是使跨中截面产生最大弯矩时的临界荷载。这样就使问题得以简化。

【例题 4-6】 某工厂吊车梁各跨均为简支梁，上面装有两台吨位相同的吊车，如图 4-19（a）所示。已知 $F_1=F_2=F_3=F_4=280$ kN。试求简支梁的绝对最大弯矩，并与跨中截面 C 的最大弯矩相比较。

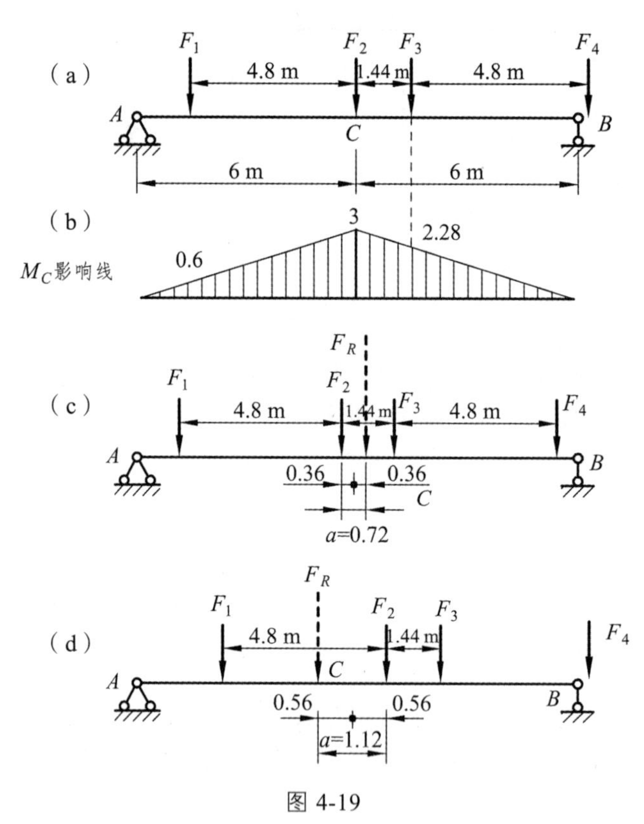

图 4-19

解： 根据已知条件，显然只有 F_2 和 F_3 可能是产生绝对最大弯矩的临界荷载。本例题中两吊车的轮距和压轮均相同，所以只需要选取其中一个集中荷载，如选取 F_2 进行分析计算。

（1）求跨中截面 C 的最大弯矩。

使跨中截面 C 产生最大弯矩的临界荷载。取 F_2 在截面 C 处时［见图 4-19（a）］计算，绘制出 M_C 的影响线，如图 4-19（b）所示，由此得

$$M_{C\max}=280\times(0.6+3+2.28)=1\ 646.4\ \text{kN}\cdot\text{m}$$

（2）确定最大弯矩。

① 梁上有 4 个荷载的情况。此时，F_R 位于 F_2 的右侧，将 F_2 和 F_R 对于梁中点 C 对称布置［见图 4-19（c）］，则有

$$F_R = 4\times 280 = 1\,120 \text{ kN}$$

$$a = \frac{1.44}{2} = 0.72 \text{ m} \qquad x = \frac{12-0.72}{2} = 5.64 \text{ m}$$

由此可求得 F_2 作用处的截面弯矩为

$$M_x = \frac{F_R}{l}\left(\frac{l}{2}-\frac{a}{2}\right)^2 - M_k = \frac{1\,120}{12}\times\left(\frac{12}{2}-\frac{0.72}{2}\right)^2 - 280\times 4.8 = 1\,624.90 \text{ kN}\cdot\text{m}$$

② 梁上只有 3 个荷载[见图 4-19（d）]。此时，F_R 位于 F_2 的左侧，对称于跨中截面 C 点布置，有

$$F = 3\times 280 = 840 \text{ kN}$$

$$a = \frac{280\times 4.8 - 280\times 1.44}{840} = 1.12 \text{ m}$$

此时，由于 F_R 位于 F_2 的左侧，a 应为负值，取 $a = -1.22$，由此可求得 F_2 作用处的截面弯矩为：

$$M_x = \frac{F_R}{l}\left(\frac{l}{2}-\frac{a}{2}\right)^2 - M_k = \frac{840}{12}\times\left[\frac{12}{2}-\frac{(-1.22)}{2}\right]^2 - 280\times 4.8 = 1\,668.35 \text{ kN}\cdot\text{m}$$

比较以上两种情况可知，该梁在图示吊车移动荷载作用下的绝对最大弯矩 $M_{x(\max)}$ 为 1 668.35 kN·m，它发生在图 4-19 所示梁上只有 3 个荷载的情况下。

与跨中截面最大弯矩相比，绝对最大弯矩仅比跨中最大弯矩大 1.3%。在实际工作中，有时也用跨中截面的最大弯矩来近似代替绝对最大弯矩。

2．简支梁的内力包络图

由在恒载和活荷载共同作用下各截面内力的最大值连接而成的曲线，称为内力包络图。包络图由两条曲线构成，一条由各截面内力最大值构成，另一条由最小值构成，它是钢筋混凝土梁设计计算的依据。包络图分为弯矩包络图和剪力包络图。

作梁的弯矩（剪力）包络图时，可将梁沿跨度分成若干等份，利用影响线求出各等分点的最大弯矩（剪力）和最小弯矩（剪力），以截面位置作为横坐标，求得的内力值作为纵坐标，用光滑曲线连接各点即可得到包络图。

如图 4-20（a）所示为一跨度为 12 m 的吊车梁，承受两台同吨位吊车荷载，吊车传来的最大轮压为 82 kN，轮距为 3.5 m，两台吊车并行的最小间距为 1.5 m。

将吊车梁分为十等份，分别计算在吊车荷载作用下各截面的最大、最小弯矩和剪力，即可绘出弯矩包络图，如图 4-20（b）所示；以及剪力包络图，如图 4-20（c）所示。

由以上可以看出，内力包络图是针对某种移动荷载而言的，对不同的移动荷载，内力包络图也不相同。

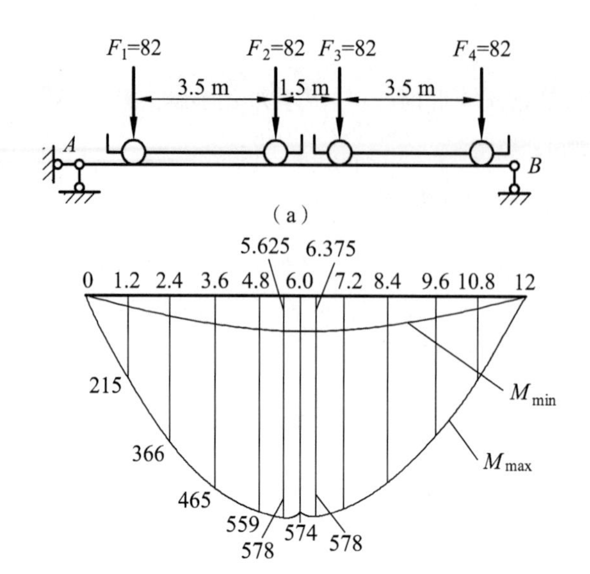

（b）弯矩包络图（单位：kN·m）

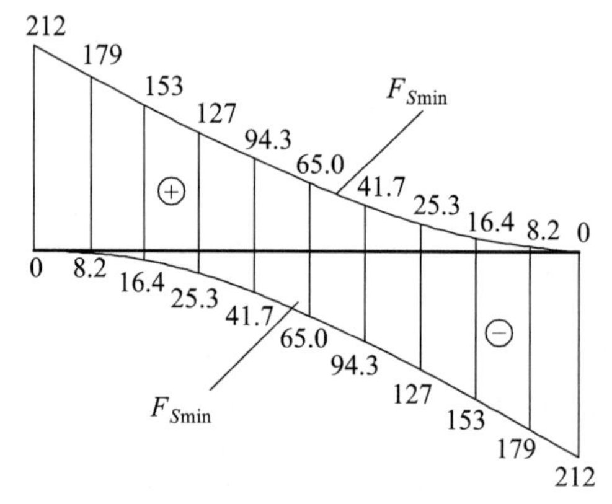

（c）剪力包络图（单位：kN·m）

图 4-20

思考题

1. 什么是影响线？影响线有什么用途？影响线横坐标和纵坐标各表示什么？

2. 内力影响线与内力图有什么区别？弯矩、剪力影响线的量纲分别是什么？

3. 在什么情况下，影响线的方程必须分段列出？

4. 为什么简支梁任一截面 C 上的剪力影响线的左、右两直线是平行的？在 C 点处有突变，它代表的含义是什么？

5. 怎样绘制间接荷载作用下的影响线？

6. 用机动法绘制静定梁的影响线时，如何确定影响线的竖标及其符号？

7. 比较静力法和机动法绘制影响线的特点与长处。

8. 如何用机动法绘制移动单位力偶作用下静定梁的内力、反力影响线？

9. 如何用机动法作静定桁架的内力影响线？

10. 什么是临界荷载和临界位置？

11. 简支梁的绝对最大弯矩如何确定？它与简支梁跨中截面上的最大弯矩是否相等？

12. 什么是内力包络图？内力包络图与内力图有何区别？

13. 在什么样的移动荷载作用下，简支梁的绝对最大弯矩与跨中截面的最大弯矩相同？

习　题

1. 判断题。

（1）简支梁跨中任意截面 K 的弯矩影响线的物理意义是：单位力 $P=1$ 作用在截面 K 时整个梁的弯矩图形。（　　）

（2）支座反力和剪力影响线的纵标单位都是力的单位。（　　）

（3）静定结构的影响线均由直线段组成。（　　）

（4）图 4-21（a）所示结构的 QD 影响线如图 4-21（b）所示。（　　）

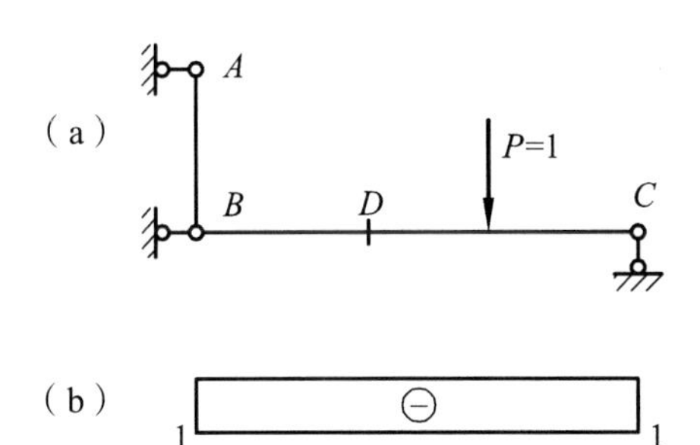

图 4-21

（5）图 4-22 所示伸臂梁截面 B 左、右两侧的剪力影响线相同。（　　）

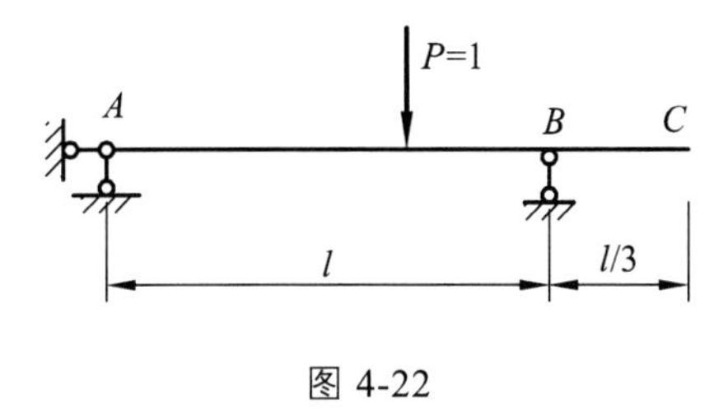

图 4-22

（6）图 4-23（a）所示结构的 R_B 和 M_C 影响线如图 4-23（b）所示。（　　）

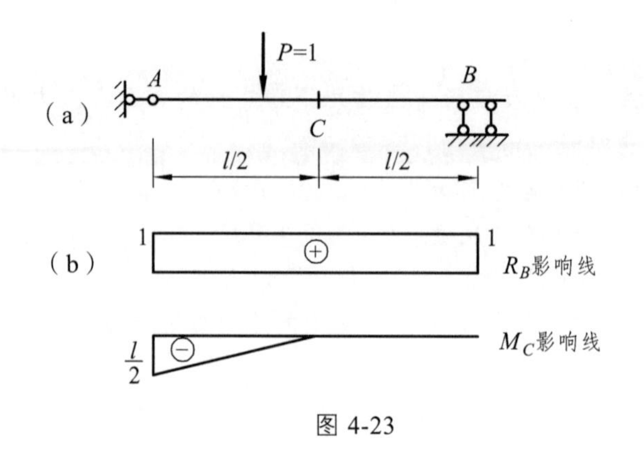

图 4-23

（7）图 4-24 所示结构的 R_A 影响线的纵标全为零。 （ ）

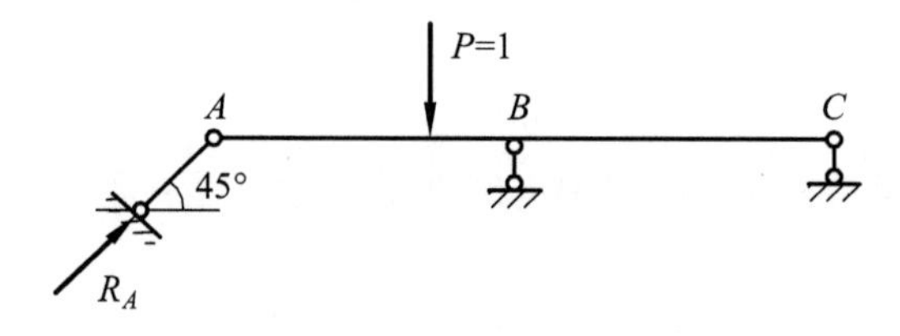

图 4-24

2. 作图 4-25 所示悬臂梁截面 C 的 M_C、Q_C 影响线。

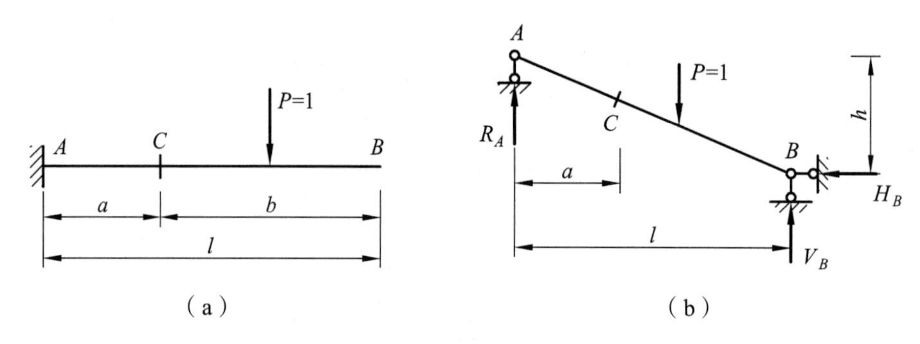

图 4-25

3. 用静力法求 R_A、Q_B、M_E、Q_E、R_C、R_D、M_F 和 Q_F 的影响线。

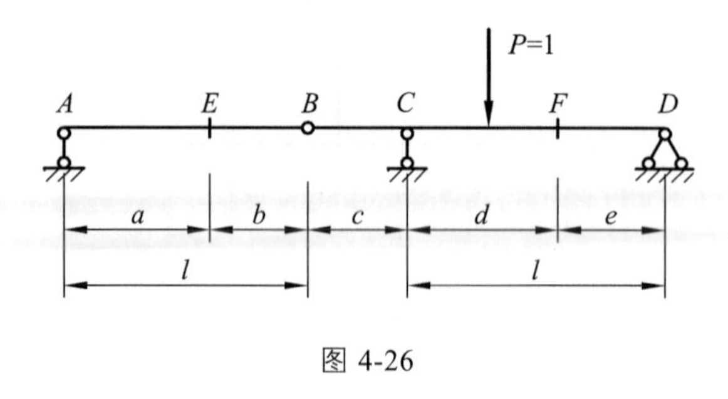

图 4-26

4. 作图 4-27 所示结构 M_B 的影响线。

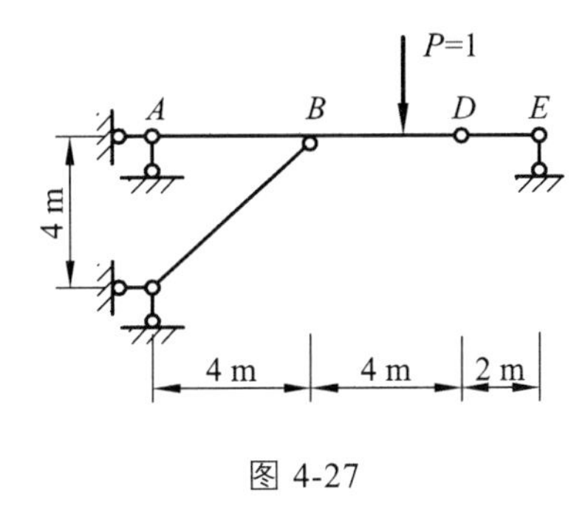

图 4-27

5. 用机动法绘图 4-28 所示连续梁 M_G、$Q_{C左}$、R_A 影响线的轮廓。

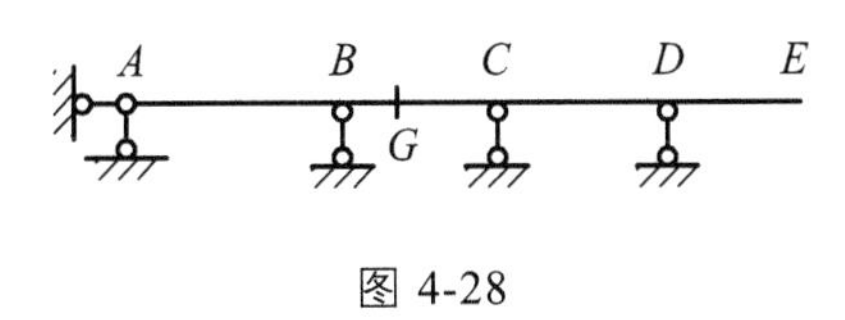

图 4-28

6. 用静力法作图 4-29 所示斜梁的 R_A、V_B、H_B、M_C、Q_C 和 N_C 影响线，并用机动法校核。

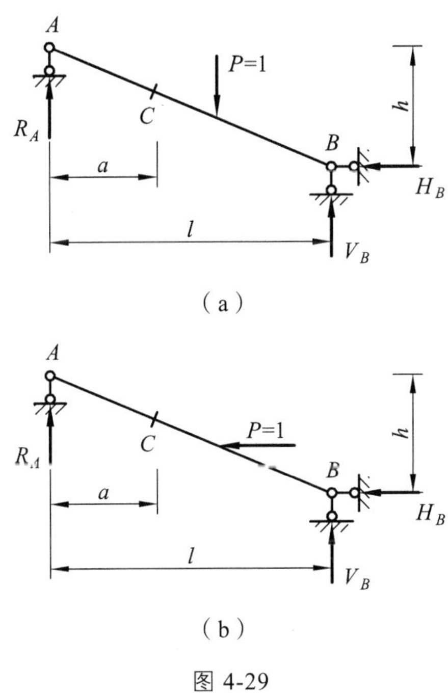

图 4-29

答 案

1. (1)(×)；(2)(×)；(3)(√)；(4)(×)；(5)(×)；(6)(√)；(7)(√)。
2. 答案（略）。
3. $R_A = 1$（A 点处），$R_A = 0$（B 点以右）

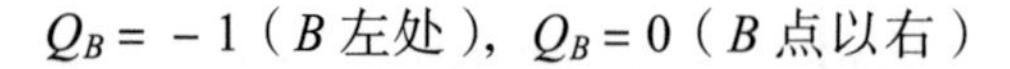
$Q_B = -1$（B 左处），$Q_B = 0$（B 点以右）

4. 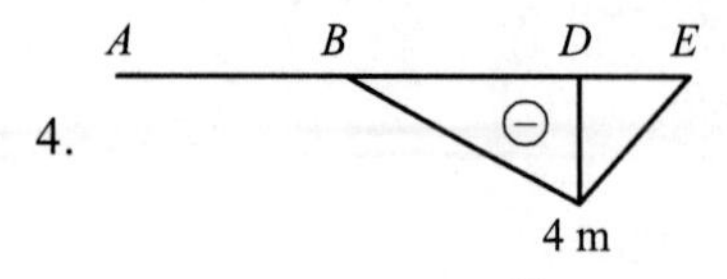

5. 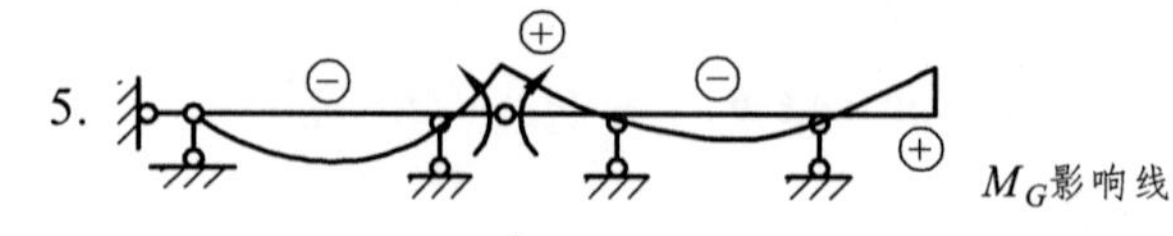

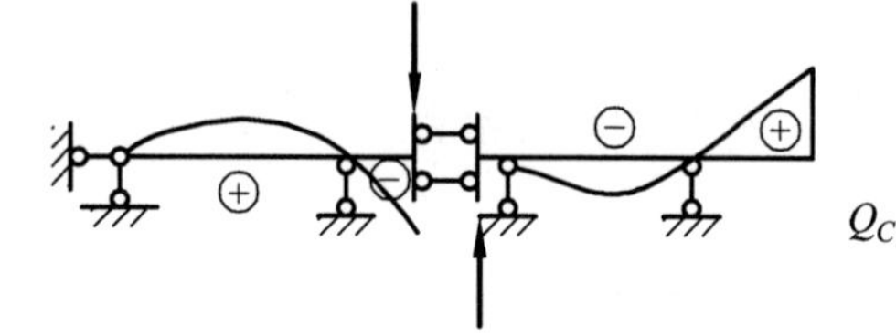

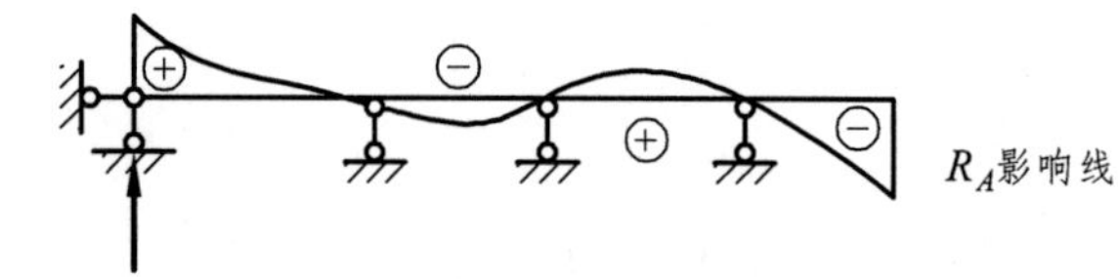

6.（a）$Q_C = -\dfrac{a}{\sqrt{l^2+h^2}}$（$C$ 左处），$Q_C = \dfrac{l-a}{\sqrt{l^2+h^2}}$（$C$ 右处）

$N_C = -\dfrac{ah}{l\sqrt{l^2+h^2}}$（$C$ 左处），$N_C = \dfrac{h(l-a)}{l\sqrt{l^2+h^2}}$（$C$ 右处）

（b）$P=1$ 在 C 的右侧移动时，$Q_C = \dfrac{l}{\sqrt{l^2+h^2}}R_A$，$N_C = \dfrac{h}{\sqrt{l^2+h^2}}R_A$

$P=1$ 在 C 的左侧移动时，$Q_C = -\dfrac{h}{\sqrt{l^2+h^2}} - \dfrac{l}{\sqrt{l^2+h^2}}V_B$，$N_C = \dfrac{l}{\sqrt{l^2+h^2}} - \dfrac{h}{\sqrt{l^2+h^2}}V_B$，

N 以拉力为正

5　静定结构的位移计算

5.1　概　述

1．杆系结构的位移

实际工程结构所用的材料都是可变形的固体，因此，结构在荷载作用下会发生变形，而这种变形会引起结构各处的位置发生变化，即结构的位移。位移是变形积累的结果，又是变形的宏观描述。

结构变形通常用结点位移表述，结点位移包括线位移和角位移。可以是绝对位移也可以是相对位移，结点位移确定以后，杆件变形也就可以确定了。

线位移是指结构上各点形心位置的移动距离。角位移则是指杆件横截面所转动的角度。

如图 5-1 所示刚架，在荷载作用下可能发生如图中虚线所示的变形，图中 CC' 表示点的线位移 $\varDelta_C$，为计算方便，亦可用 $\varDelta_{Cx}$、$\varDelta_{Cy}$ 来表示其水平位移分量和竖向位移分量。θ_C 表示 C 截面的转角位移，这种位移通常称为绝对位移。

除上述绝对位移外，结构计算中有时还要用到相对位移的概念。所谓相对位移，是指两点或两截面相互之间位置的改变量。如图 5-2 所示，$\varDelta_{Cx}$ 和 $\varDelta_{Dx}$ 分别是 C、D 点的水平位移，两者指向相反，$\varDelta_{CD}=\varDelta_{Cx}+\varDelta_{Dx}$，即称为 C、D 两点的相对水平位移。同理，$\theta_{AB}=\theta_A+\theta_B$ 为 A、B 两截面的相对角位移。以上这些位移统称之为广义位移。

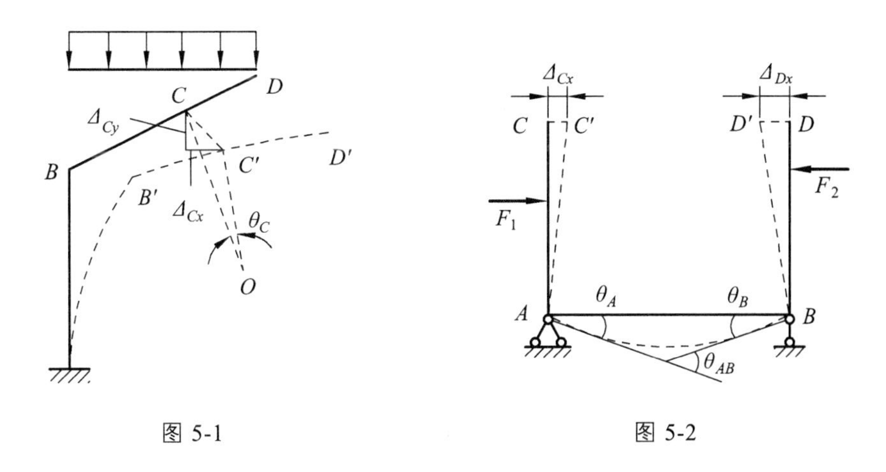

图 5-1　　　　图 5-2

结构产生位移的原因主要有三种：① 荷载作用；② 温度变化与材料缩胀；③ 支座位移

和制作误差。结构发生位移不一定会有内力，但有内力一定会产生位移。

2．计算位移的目的

计算结构位移的目的首先是为了校核结构的刚度，保证它在使用过程中不至于发生过大的变形。其次，在计算超静定结构时，除利用静力平衡条件外，还必须考虑结构的位移条件，也就是说静定结构的位移计算是超静定结构计算的基础。除此之外，在结构制作、施工、架设和养护等过程中采取技术措施时，也需要知道结构的位移。

5.2 单位力法

变形体的虚功原理是适用于任意变形体的普遍原理，其应用很广，本章仅介绍用它导出位移计算方法和计算公式，以及线性弹性体系的一些互等定理等。

5.2.1 外力功

1．常力的功

在位移发生过程中，若外力大小和方向保持不变，则此常力在位移上所做的功为：

$$W = F\Delta \tag{5-1}$$

可用如图 5-3（a）所示矩形的面积来表示。

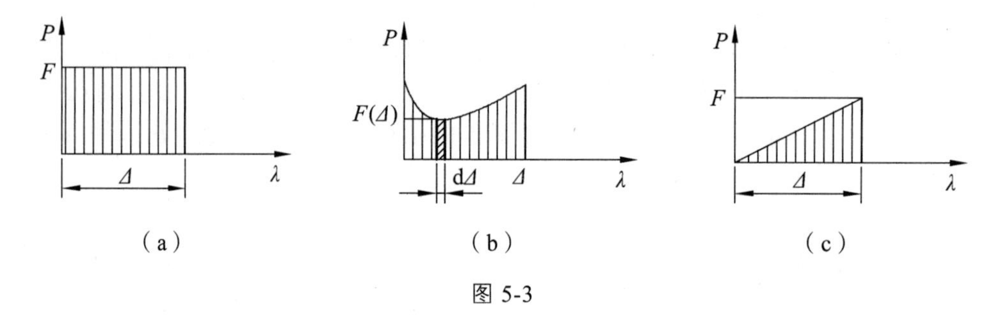

图 5-3

2．变力的功

在位移发生过程中，若外力大小或方向发生变化，则此变力在位移上所做的功为：

$$W = \int_{\Delta} F(\Delta)\mathrm{d}\Delta \tag{5-2}$$

可用如图 5-3（b）所示的斜影线的面积来表示。

3．弹性力的功

力和位移是线性关系，即 $F = k\Delta$，此时力 F 称为弹性力，其在位移上所做的功为：

$$W = \frac{1}{2}F\Delta \tag{5-3}$$

同理，弹性力的功可用图 5-3（c）所示的三角形面积来计算，即弹性力的功等于弹性力的最终值与其相应位移乘积的一半。

5.2.2 克拉贝隆公式

弹性结构在小变形条件下，外力在结构上所做的功可以用克拉贝隆公式计算。

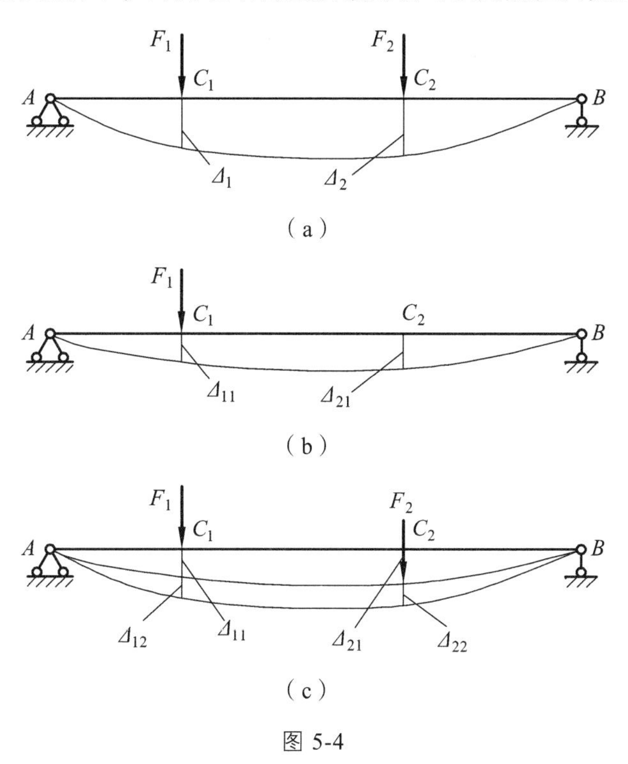

图 5-4

以图 5-4（a）所示的简支梁 AB 受外力 F_1、F_2 作用为例。设 F_1、F_2 作用点为 C_1、C_2，两点所发生的位移为 Δ_1、Δ_2。首先考虑先加 F_1 后加 F_2 的情况。F_1 单独作用时，C_1 点的位移为 Δ_{11}，C_2 点的位移为 Δ_{21}，如图 5-4（b）所示。当 F_1 达到最终值后，再加 F_2。C_1 点进一步发生的位移为 Δ_{12}，C_2 点进一步发生的位移为 Δ_{22}，如图 5-4（c）所示。以上过程力 F_1 和 F_2 所做的功分别为：

F_1 在 Δ_{11} 上做弹性力的功为：$\frac{1}{2}F_1\Delta_{11}$；

F_1 在 Δ_{12} 上做常力功为：$F_1\Delta_{12}$；

F_2 在 Δ_{22} 上做弹性力的功为：$\frac{1}{2}F_2\Delta_{22}$

F_1 和 F_2 所做的总功为：

$$W_{1\text{-}2}=\frac{1}{2}F_1\Delta_{11}+F_1\Delta_{12}+\frac{1}{2}F_2\Delta_{22} \qquad (a)$$

其次，考虑先加 F_2 再加 F_1 的情况，与上述类似。可得 F_1、F_2 所做的总功为：

$$W_{2\text{-}1}=\frac{1}{2}F_2\Delta_{22}+F_2\Delta_{21}+\frac{1}{2}F_1\Delta_{11} \quad \text{(b)}$$

对于线性体系（小变形、弹性材料），结构变形与所受外力之间是线性关系，与加载顺序无关，只与初始状态和最终状态有关。因此，外力 F_1 、F_2 在简支梁 AB 上所做的功必有：

$$W=W_{1\text{-}2}=W_{2\text{-}1} \quad \text{(5-4)}$$

将（a)、(b）两式代入上式（5-4)，则

$$\frac{1}{2}F_1\Delta_{11}+F_1\Delta_{12}+\frac{1}{2}F_2\Delta_{22}=\frac{1}{2}F_2\Delta_{22}+F_2\Delta_{21}+\frac{1}{2}F_1\Delta_{11}$$

于是有：

$$F_1\Delta_{12}=F_2\Delta_{21} \quad \text{[5-5(a)]}$$

式［5-5（a）］称为功的互等定理，一般可以写成：

$$F_i\Delta_{ij}=F_j\Delta_{ji} \quad \text{[5-5(b)]}$$

式［5-5（b）］表明，第 i 个力在由第 j 个力引起的位移上所做的功，等于第 j 个力在由第 i 个力引起的位移上所做的功。

记单位力 F=1引起的位移为 δ，称为柔度系数，令 F_1=1，F_2=1，其相应的位移分别为 δ_{12} 和 δ_{21}，则有

$$\delta_{12}=\delta_{21} \quad \text{(5-6)}$$

式（5-6）称为柔度互等定理，或称为位移互等定理。

记引起单位位移 $\Delta=1$ 所需外力为 k，称为刚度系数。令 $\Delta_{12}=1$，$\Delta_{21}=1$ 所需外力分别为 k_{12} 和 k_{21}，则有

$$k_{12}=k_{21} \quad \text{(5-7)}$$

式（5-7）称为刚度互等定理或反力互等定理。

如图 5-4 所示，外力 F_1 、F_2 方向的位移分别为：

$$\Delta_1=\Delta_{11}+\Delta_{12}$$

$$\Delta_2=\Delta_{22}+\Delta_{21}$$

又 $W=W_{1\text{-}2}=W_{2\text{-}1}$，即

$$\frac{1}{2}F_1\Delta_{11}+F_1\Delta_{12}+\frac{1}{2}F_2\Delta_{22}=\frac{1}{2}F_2\Delta_{22}+F_2\Delta_{21}+\frac{1}{2}F_1\Delta_{11}$$

再由式［5-5（a）］，即 $F_1\Delta_{12}=F_2\Delta_{21}$

于是有：

$$W=\frac{1}{2}F_1\Delta_{11}+\frac{1}{2}F_1\Delta_{12}+\frac{1}{2}F_2\Delta_{21}+\frac{1}{2}F_2\Delta_{22}=\frac{1}{2}F_1\Delta_1+\frac{1}{2}F_2\Delta_2 \quad \text{(5-8)}$$

克拉贝隆将上式推广到多个外力情况，即

$$W=\frac{1}{2}F_1\Delta_1+\frac{1}{2}F_2\Delta_2+\cdots+\frac{1}{2}F_n\Delta_n \tag{5-9（a）}$$

简写为：

$$W=\frac{1}{2}\sum_{i=1}^{n}F_i\Delta_i \tag{5-9（b）}$$

式［5-9（b）］叫作克拉贝隆公式。可用于计算线性结构在多个外力作用情况下外力的功。

5.2.3 应变能

不计加载过程中能量的损耗，外力对结构所做的功 W 将全部转化成为储存于结构内的应变能 U，即

$$W=U \tag{5-10}$$

下面来考虑结构的应变能，单个杆件的应变能可以通过内力在变形上所做的功来计算。内力和变形是线性关系，因此内力的功亦为弹性力的功。如图 5-5（a）所示的结构在外力作用下将产生轴力 F_N 、剪力 F_S 和弯矩 M（若为空间结构还有扭矩 T），结构发生相应的变形，如图中虚线所示。取某根杆的任意微段 ds，如图 5-5（b）所示，轴力 F_N 在其微段变形 du［见图 5-5（c）］上所做的功为：

$$\mathrm{d}W_{F_N}=\mathrm{d}U_{F_N}=\frac{1}{2}F_N\mathrm{d}u$$

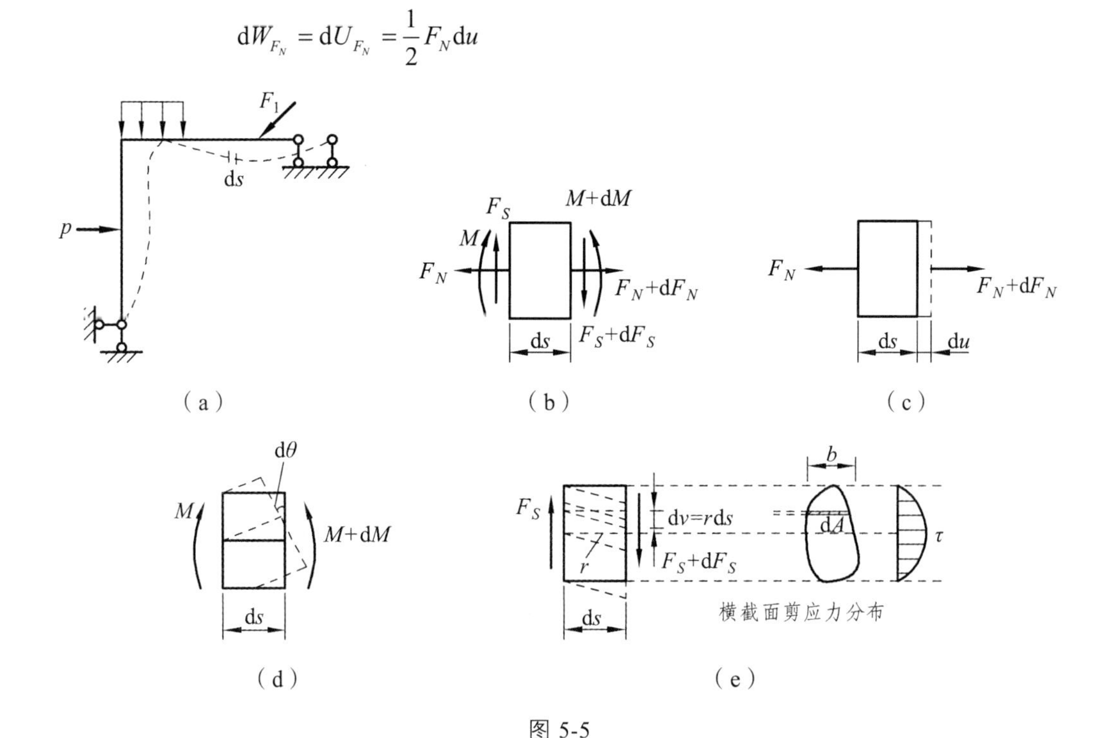

图 5-5

弯矩 M 在其微段变形 $\mathrm{d}\theta$［见图 5-5（d）］上所做的功为：

$$\mathrm{d}W_M = \mathrm{d}U_M = \frac{1}{2}M\mathrm{d}\theta$$

若为空间结构，则扭矩 T 的功为：

$$\mathrm{d}W_T = \mathrm{d}U_T = \frac{1}{2}T\mathrm{d}\varphi$$

剪力 F_S 在剪切变形 $\mathrm{d}v$［见图 5-5（e）］上所做的功为：

$$\mathrm{d}W_{F_S} = \mathrm{d}U_{F_S} = \frac{1}{2}F_S\mathrm{d}v$$

考虑最复杂情况微段杆截面上有 6 个内力 F_N、F_{Sy}、F_{Sz}、M_z、M_y 和 T，因此，微段杆截面上的内力在其相应的变形上所做的功，即微段的应变能为：

$$\begin{aligned}\mathrm{d}U &= \mathrm{d}U_{F_N} + \mathrm{d}U_M + \mathrm{d}U_{F_S} + \mathrm{d}U_T \\ &= \frac{1}{2}F_N\mathrm{d}u + \frac{1}{2}M\mathrm{d}\theta + \frac{1}{2}F_S\mathrm{d}v + \frac{1}{2}T\mathrm{d}\varphi\end{aligned} \tag{5-11}$$

式（5-11）中 $\mathrm{d}U_M$ 为 M_y、M_z 所做的功，$\mathrm{d}U_{F_S}$ 为 F_{Sy}、F_{Sz} 所做的功。

对于平面结构中的单个杆件的应变能为：

$$U_i = \frac{1}{2}\int F_N\mathrm{d}u + \frac{1}{2}\int M\mathrm{d}\theta + \frac{1}{2}\int F_S\mathrm{d}v \tag{5-12}$$

平面结构的总应变能是每个杆件应变能的总和，因此有：

$$U = \frac{1}{2}\sum\int F_N\mathrm{d}u + \frac{1}{2}\sum\int M\mathrm{d}\theta + \frac{1}{2}\sum\int F_S\mathrm{d}v \tag{5-13}$$

5.2.4 虚功原理·单位力法

设结构受外力 F 作用时，其相应的位移为 Δ，而结构在外力 $\overline{F}$ 作用下其相应位移为 $\overline{\Delta}$，（F, Δ）与（$\overline{F}, \overline{\Delta}$）之间毫无关系。我们说两组受力变形系统互为虚。力 F 在位移 $\overline{\Delta}$ 上做的功或者力 $\overline{F}$ 在位移 Δ 上做的功叫作虚功。应用功的互等定理，则有：

$$F\overline{\Delta} = \overline{F}\Delta \tag{5-14}$$

设虚功亦对应有虚应变能，也叫内力虚功，根据能量守恒定律，外力的虚功等于内力的虚功，即

$$F\overline{\Delta} = \sum\int F_N\mathrm{d}\overline{u} + \sum\int M\mathrm{d}\overline{\theta} + \sum\int F_S\mathrm{d}\overline{v} \tag{5-15(a)}$$

或

$$\overline{F}\Delta = \sum\int \overline{F}_N\mathrm{d}u + \sum\int \overline{M}\mathrm{d}\theta + \sum\int \overline{F}_S\mathrm{d}v \tag{5-15(b)}$$

式（5-15）即为外力虚功与虚应变能的关系，称为虚功原理，亦称之为虚功方程。变形体系的虚功原理可表述为：变形体系处于平衡的必要和充分条件是，对于符合变形体系约束条件的任意微小的连续虚位移，变形体系上所有外力所做的虚功总和$W_{外}$，等于变形体系各微段截面上的内力在其虚变形上所做的虚功(即虚应变能)总和$U_{变}$。虚功原理更一般地表示为：

$$W_{外}=U_{变} \tag{5-16}$$

由以上可见，虚功原理需要涉及两个状态，取一个状态的外力和内力，取另一个状态的位移和变形。因此要应用这个原理，则必须有两个状态。而在实际应用时，往往只有一个状态，即实际状态，另一个状态则是根据所研究问题的需要而假设的，称为虚拟状态。如果位移是虚设的，则称为虚位移原理；如果外力是虚设的，则称为虚力原理。

现欲求位移$\varDelta$，可在欲求位移处沿位移$\varDelta$的方向虚设单位力$\bar{F}=1$，沿其作用方向相应的实位移为$\varDelta$，则由式［5-15（b）］，有

$$1\times\varDelta=\sum\int\bar{F}_N\mathrm{d}u+\sum\int\bar{M}\mathrm{d}\theta+\sum\int\bar{F}_S\mathrm{d}v$$

则得：

$$\varDelta=\sum\int\bar{F}_N\mathrm{d}u+\sum\int\bar{M}\mathrm{d}\theta+\sum\int\bar{F}_S\mathrm{d}v \tag{5-17}$$

式（5-17）就是结构力学中计算结构位移的一般公式。不仅适用于静定结构，也适用于超静定结构。式中杆微段的变形 du、dv、dθ可以是荷载引起的，也可以是由其他产生结构位移的因素引起的。

在应用上式计算位移时，需沿所求位移的方向虚设单位力，因此也称为单位力法。为方便起见，采用广义力和广义位移的概念，把做功的力统称为广义力，相应的位移称为广义位移，如广义力是集中力，则相应的广义位移为线位移；如广义力为力矩，则相应的广义位移为角位移。广义力与广义位移的乘积，其量纲为功的量纲。总之，在虚设单位力时必须注意广义力与广义位移相对应的原则。

对线弹性体系，在荷载作用下，杆件微段的变形可由材料力学给出的公式计算：

$$\mathrm{d}u=\frac{F_{NF}\mathrm{d}s}{EA}；\quad \mathrm{d}\theta=\frac{M_F\mathrm{d}s}{EI}；\quad \mathrm{d}v=\frac{kF_{SF}\mathrm{d}s}{GA}$$

其中，剪力F_S在剪切变形 dv 上所做的功与截面形式有关，用系数k反映截面形式的影响。

由此可得结构在荷载作用下位移计算的公式：

$$\varDelta=\sum\int\frac{\bar{F}_N F_{NF}\mathrm{d}s}{EA}+\sum\int\frac{\bar{M}M_F\mathrm{d}s}{EI}+\sum\int\frac{k\bar{F}_S F_{SF}\mathrm{d}s}{GA} \tag{5-18}$$

式（5-18）中$\bar{F}_N$、$\bar{F}_S$、$\bar{M}$表示由虚设单位力产生的内力，式中F_{NF}、F_{SF}、M_F表示由实际荷载产生的内力。

5.3 静定桁架的位移计算

桁架结构中的各杆没有弯矩和剪力，而只有轴力，并且沿杆长轴力和横截面一般是不变的。因此，（5-18）式可简化为：

$$\varDelta=\sum\frac{\overline{F}_N F_{NF} l}{EA} \tag{5-19}$$

【例题 5-1】 如图 5-6(a)所示刚桁架，结点荷载 $F=80\text{kN}$，各杆横截面积均为 $A=16\text{cm}^2$，弹性模量 $E=2.0\times10^4\ \text{kN/cm}^2$，求 C 点的竖向位移 $\varDelta_{Cy}$。

解： 为计算节点 C 的竖向位移，建立虚拟状态，如图 5-6（b）所示，先分别计算出两个状态的杆件内力 F_{NF} 和 $\overline{F}_N$，为清楚起见，可将计算过程列成表格的形式，如表 5-1 所示。根据该表的计算结果，得到结点 C 的竖向位移：

$$\varDelta_{Cy}=\sum\frac{\overline{F}_N F_{NF} l}{EA}=0.003\ 641\ \text{m}=3.641\ \text{mm}(\downarrow)$$

最后求得的位移为正，表明该节点位移的实际方向与虚单位力 $\overline{F}=1$ 的假设方向一致，即位移向下。

表 5-1

杆件	l /m	E /（kN/cm⁴）	A /cm²	F_{NF} /kN	$\overline{F}_N$（无量纲）	$(\overline{F}_N F_{NF} l/EA)$ /m
AC	6	20 000	16	60	$+\frac{3}{8}$	0.000 422
BC	6	20 000	16	60	$+\frac{3}{8}$	0.000 422
DE	6	20 000	16	−60	$-\frac{3}{4}$	0.000 844
AD	5	20 000	16	−100	$-\frac{5}{8}$	0.000 977
CD	5	20 000	16	0	$+\frac{5}{8}$	0
CE	5	20 000	16	0	$+\frac{5}{8}$	0
BE	5	20 000	16	−100	$-\frac{5}{8}$	0.000 977

$$\sum\frac{\overline{F}_N F_{NF} l}{EA}=0.003\ 641\ (\text{m})$$

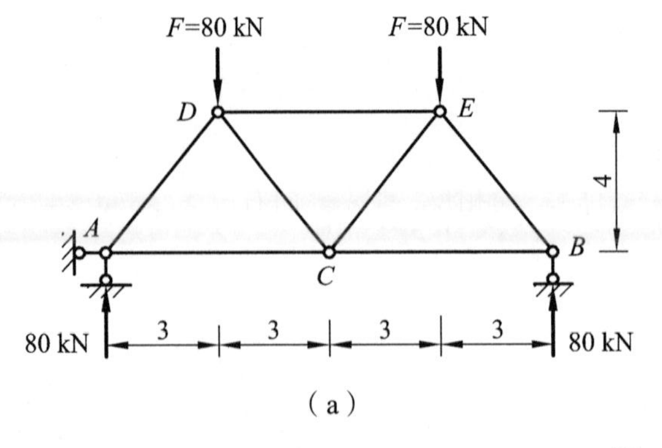

（a）

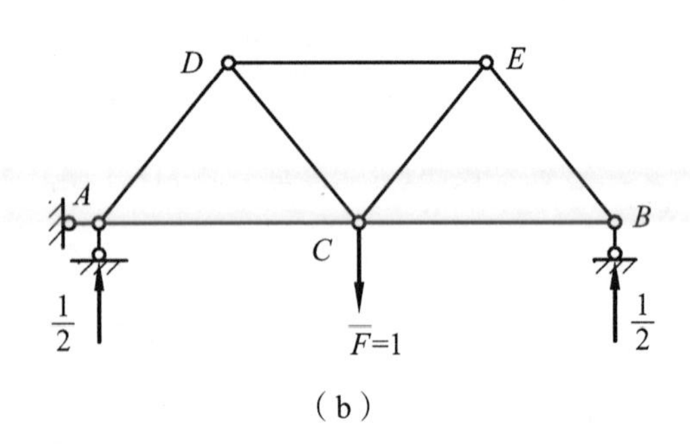

（b）

图 5-6

5.4 静定梁和刚架的位移计算

5.4.1 梁和刚架的位移计算

对于梁和刚架，位移主要是由杆件的弯曲变形引起的。轴向变形和剪切变形的影响很小，可忽略不计。这样，式（5-18）可简化为：

$$\Delta=\sum\int\frac{\bar{M}M_F\mathrm{d}x}{EI} \tag{5-20}$$

【例题 5-2】 求图 5-7（a）所示刚架上 C 点的水平位移 Δ_{Cx}。已知各杆的弯曲刚度 EI 为常数。

解：（1）建立虚拟状态。

为求 C 点的水平位移 Δ_{Cx}，在 C 点沿水平方向虚设单位力 $\bar{F}=1$，如图 5-7（b）所示。

（2）建立实际状态和虚拟状态的弯矩方程。

竖柱 AB：　$\bar{M}=x$，　$M_F=-\frac{1}{2}ql^2$

横梁 BC：　$\bar{M}=0$，　$M_F=-\frac{1}{2}qx^2$

建立实际状态和虚拟状态的弯矩方程时，应注意各杆应采用相同的坐标系，且内力的符号规定要一致。

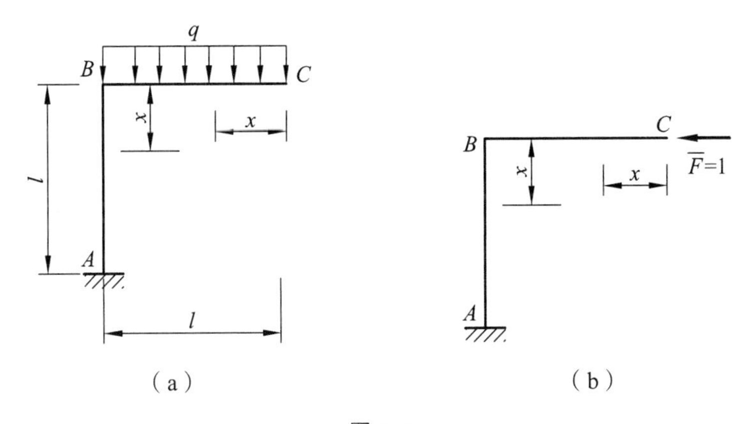

图 5-7

（3）将各杆弯矩方程带入位移计算公式，积分求位移。

$$\Delta_{Cx}=\sum\int_l\frac{\bar{M}M_F}{EI}\mathrm{d}x=\frac{1}{EI}\int_0^l x\left(-\frac{1}{2}ql^2\right)\mathrm{d}x=-\frac{ql^4}{4EI}\ (\rightarrow)$$

计算结果为负，表明 Δ_{Cx} 的方向与所设单位力的方向相反，即 Δ_{Cx} 向右。

5.4.2 图形相乘法

由例题 5-2 可知，应用公式（5-20）计算梁和刚架的位移时，须逐杆或逐段地进行积分运算。

$$\Delta=\sum\int\frac{\bar{M}M_F}{EI}\mathrm{d}x \tag{5-20}$$

当结构中杆件的数量较多或荷载情况比较复杂时，计算工作相当繁琐。但是，当结构中的各杆段满足以下三个条件：① 杆段的 EI 为常数；② 杆段的轴线为直线；③ 各杆段的 $\bar{M}$ 图和 M_F 图中至少有一个为直线图。那么，就可用下述的图形相乘法代替积分运算，以简化计算。

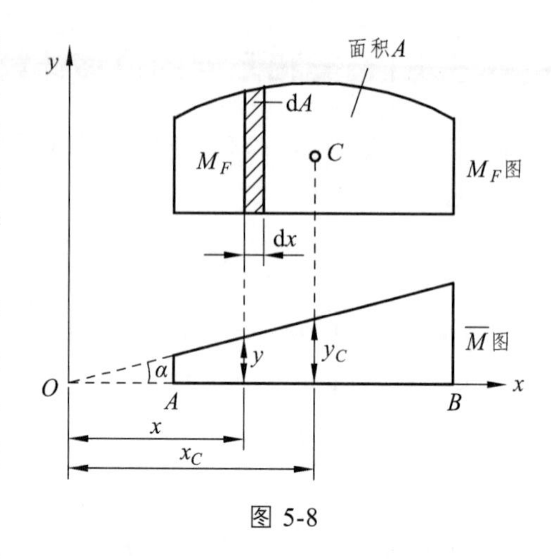

图 5-8

对于等截面直杆，前两个条件自然满足。至于第三个条件，虽然在均布荷载的作用下 M_F 图的形状是曲线形状，但 $\bar{M}$ 图却总是由直线段组成，只要分段考虑也可满足。于是，对于由等截面直杆段所构成的梁和刚架，在计算位移时均可应用图乘法。

若等截面直杆 AB 段的弯矩 $\bar{M}$ 、M_F图已经作出，如图 5-8 所示，其中 M_F 图为任意形状，$\bar{M}$ 图为一直线，$\bar{M}$ 图直线倾角为 α。若该杆的弯曲刚度 EI 为一常数。

由图可知，$\bar{M}$ 图中某一点的纵坐标为：$\bar{M}=y=x\tan\alpha$，代入式（5-20）中的积分式，则有

$$\int\frac{\bar{M}M_F}{EI}\mathrm{d}x=\frac{1}{EI}\int_A^B\bar{M}M_F\mathrm{d}x=\frac{\tan\alpha}{EI}\int_A^B xM_F\mathrm{d}x=\frac{\tan\alpha}{EI}\int_A^B x\mathrm{d}A \tag{a}$$

式中：$\mathrm{d}A=M_F\mathrm{d}x$，表示 M_F 图的微面积（图 5-8 中阴影部分的面积）；$\int_A^B x\mathrm{d}A$ 表示 M_F 图的面积 A 对于 y 轴的静矩，它可写成

$$\int_A^B x\mathrm{d}A=A\cdot x_C \tag{b}$$

式中，x_C——M_F 图的形心 C 到 y 轴的距离。则有

$$\int_A^B\frac{\bar{M}M_F}{EI}\mathrm{d}x=\frac{\tan\alpha}{EI}A\cdot x_C=\frac{Ay_C}{EI} \tag{c}$$

式（c）中的 y_C 表示 M_F 图形心 C 处对应于 $\bar{M}$ 图中的纵坐标（见图 5-8）。式（c）表明，在满足前述三个条件的情况下，可用 Ay_C/EI 来代替 $\int_A^B\frac{\bar{M}M_F}{EI}\mathrm{d}x$ 的积分运算，这种方法称为图形相乘法或简称为图乘法。如果结构上所有各杆段均满足图乘法的三个条件，则位移计算公式（5-20）可写为

$$\Delta=\sum\int\frac{\bar{M}M_F}{EI}\mathrm{d}x=\sum\frac{Ay_C}{EI} \tag{5-21}$$

式（5-21）就是图形相乘法的计算公式，应用该式进行计算时，除应满足前述三个条件外，还应注意以下两点：① 当 M_F 图和 $\bar{M}$ 图在杆的同侧时，乘积 Ay_C 为正号；在异侧时，Ay_C 为负号。② 纵坐标 y_C 只能取自于沿着 AB 的整个长度是一直线变化的图形。例如图 5-9（a）、（b）

所示的直线变化图形中，沿杆长度不是一根直线，而是由两根直线所组成，图乘时必须分两段进行计算，然后相加。图 5-9（a）图乘结果为$(A_1y_1+A_2y_2)/EI$，图 5-9（b）图乘结果为A_1y_1/EI。

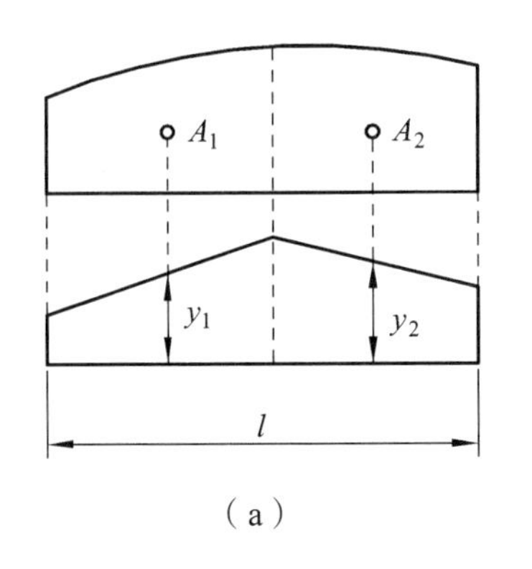

（a）

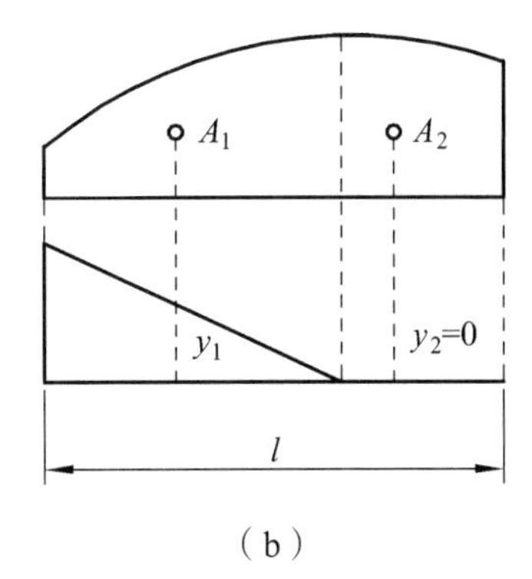

（b）

图 5-9

图 5-10 中给出了几种常见简单图形的面积及其形心的位置。图中抛物线图形顶点处的切线均平行于基线，称为标准抛物线图形。

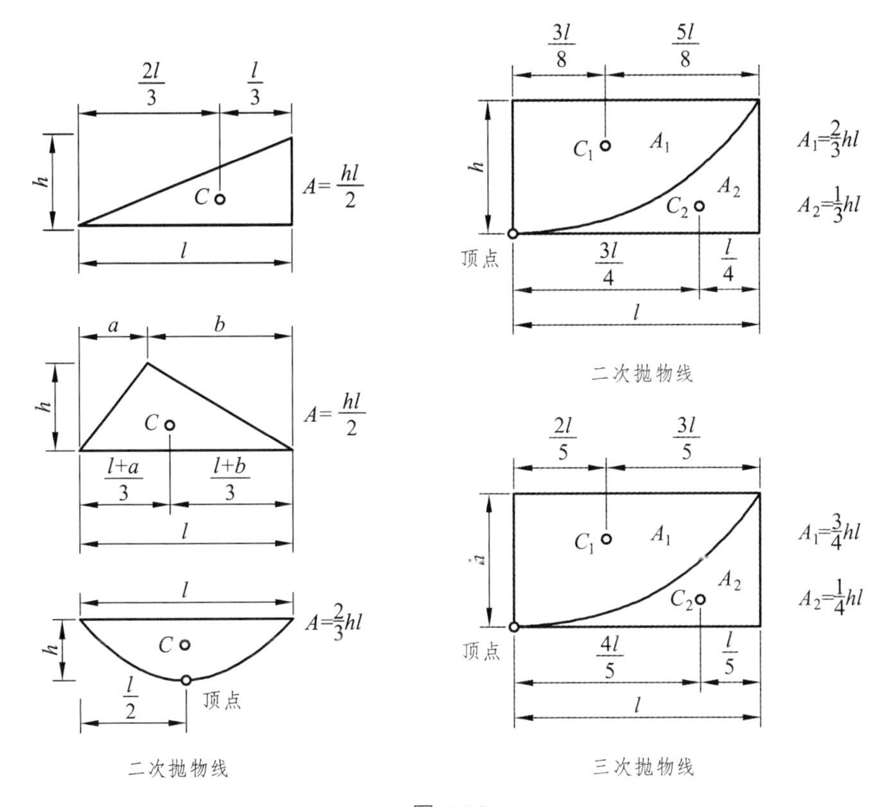

图 5-10

当图形的面积和形心不便确定时，可将复杂的图形分解成几个简单的图形，然后分别将简单的图形相乘后再叠加。例如图 5-11（a）所示两个梯形相乘时，为了避免确定梯形面积形心位置的麻烦，可将梯形分解成两个三角形（或分解为一个矩形和一个三角形），然后相乘后叠加图乘结果为：

$$\int \frac{\bar{M}M_F}{EI}\mathrm{d}x = \frac{1}{EI}\int \bar{M}(M_{F1}+M_{F2})\mathrm{d}x$$

$$= \frac{1}{EI}(A_1 y_1 + A_2 y_2) \tag{5-22}$$

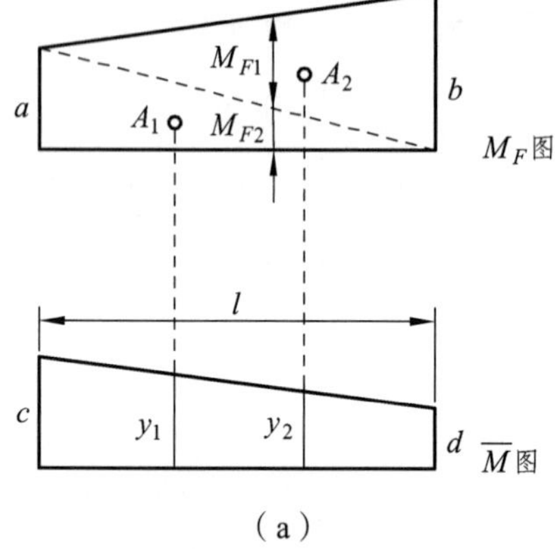

（a）

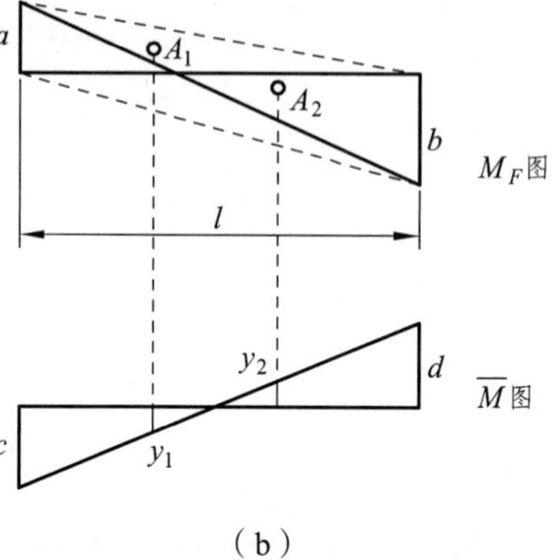

（b）

图 5-11

式中：

$$\left.\begin{aligned} A_1 &= \frac{al}{2}, & A_2 &= \frac{bl}{2} \\ y_1 &= \frac{2}{3}c + \frac{1}{3}d, & y_2 &= \frac{1}{3}c + \frac{2}{3}d \end{aligned}\right\} \tag{e}$$

对图 5-11（b）所示的图形，式（5-22）仍然适用，但式中各项正、负号必须根据同侧纵标相乘为正，异侧纵标相乘为负的原则确定。

下面举例来说明图乘法的实际应用。

【例题 5-3】 求图 5-12（a）所示简支梁的中点 C 的竖向位移 Δ_{Cy} 和 B 端截面的转角 θ_B。已知梁的 EI 为常数。

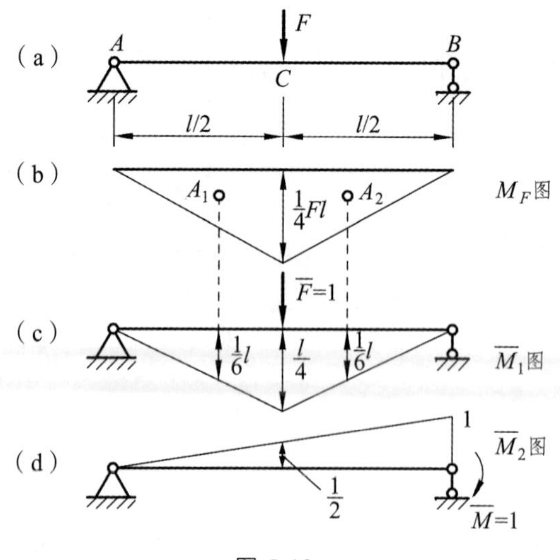

图 5-12

解：（1）作实际状态的 M_F 图，如图 5-12（b）所示。

（2）建立虚拟状态，并作 $\bar{M}$ 图。

计算梁中点 C 的竖向位移 Δ_{Cy} 和 B 端截面的转角 θ_B 的虚拟状态及相应的 $\bar{M}_1$ 图、$\bar{M}_2$ 图，分别如图 5-12（c）、（d）所示。

（3）图乘求位移。

C 点的竖向位移 Δ_{Cy}：

$$\Delta_{Cy}=\frac{1}{EI}\left[\left(\frac{1}{2}\times\frac{l}{2}\times\frac{Fl}{4}\right)\times\frac{l}{6}\right]\times 2=\frac{Fl^3}{48EI}\ (\downarrow)$$

计算结果为正，表示 Δ_{Cy} 的方向与所设单位力的方向相同，即 Δ_{Cy} 方向向下。

B 截面的转角：

$$\theta_B=-\frac{1}{EI}\left(\frac{1}{2}\times l\times\frac{Fl}{4}\right)\times\frac{1}{2}=-\frac{Fl^2}{16EI}\ (\curvearrowleft)$$

计算结果为负，表明 θ_B 的转向与所设单位力偶的转向相反，即 θ_B 为逆时针转向。

【例题 5-4】 求图 5-13（a）所示外伸梁上点 C 的竖向位移 Δ_{Cy}。已知梁的 EI 为常数。

解：（1）作实际状态的 M_F 图，如图 5-13（b）所示。

（2）建立虚拟状态，并作 $\bar{M}$ 图，如图 5-13（c）所示。

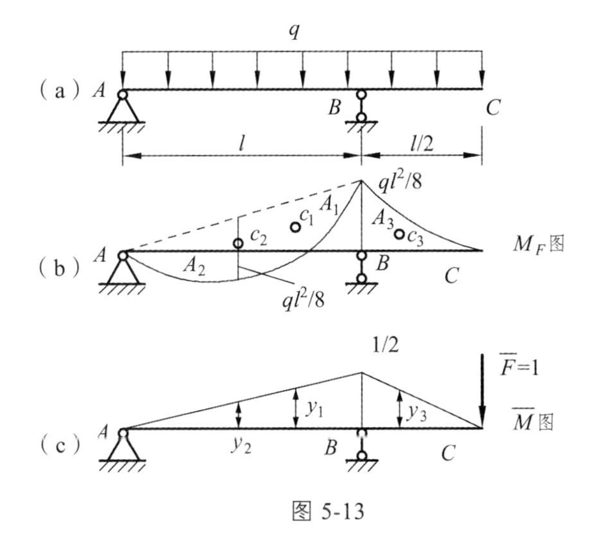

图 5-13

（3）进行图形相乘求位移 Δ_{Cy}。AB 段的 M_F 图可以分解为一个三角形和一个标准抛物线形；BC 段的 M_F 图则为一个标准抛物线形。M_F 图中各分面积与相应的 $\bar{M}$ 图中的竖标分别为

$$A_1=\frac{1}{2}\times l\times\frac{ql^2}{8}=\frac{ql^3}{16},\qquad y_1=\frac{2}{3}\times\frac{l}{2}=\frac{l}{3}$$

$$A_2=\frac{2}{3}\times l\times\frac{ql^2}{8}=\frac{ql^3}{12},\qquad y_2=-\frac{1}{2}\times\frac{l}{2}=-\frac{l}{4}$$

$$A_3=\frac{1}{3}\times\frac{l}{2}\times\frac{ql^2}{8}=\frac{ql^3}{48},\qquad y_3=\frac{3}{4}\times\frac{l}{2}=\frac{3l}{8}$$

代入式（5-22）图乘，得 C 点的竖向位移为

$$\Delta_{Cy}=\frac{1}{EI}\left[\frac{ql^3}{16}\times\frac{l}{3}+\frac{ql^3}{12}\times\left(-\frac{l}{4}\right)+\frac{ql^3}{48}\times\frac{3l}{8}\right]=\frac{ql^4}{128EI}\text{ （↓）}$$

计算结果为正，表示Δ_{Cy}的方向与所设单位力的方向相同，即Δ_{Cy}向下。

【例题 5-5】 求图 5-14（a）所示刚架 C、D 两点之间沿 CD 方向的相对位移Δ_{CD}及 C 截面的角位移 θ_C，已知各杆的 EI 为常数。

解：（1）作实际状态的 M_F 图，如图 5-14（b）所示。

（2）建立虚拟状态，并作 $\bar{M}$ 图。

求相对线位移 Δ_{CD} 、C 截面的角位移 θ_C 的虚拟状态及相应的 $\bar{M}_1$、$\bar{M}_2$ 图，分别如图 5-14（c）、（d）所示。

（3）进行图形相乘，求 Δ_{CD} 和θ_C。

图乘时，可将 AC 段和 CB 段的弯矩图分解成两部分。将图 5-14（b）、（c）进行图乘，得相对线位移 Δ_{CD} 为

$$\Delta_{CD}=\sum\frac{Ay_C}{EI}\left[\frac{6}{6}\left(-2\times12\times\frac{6}{\sqrt{5}}+9\times\frac{6}{\sqrt{5}}\right)+\left(\frac{2}{3}\times6\times9\right)\left(\frac{1}{2}\times\frac{6}{\sqrt{5}}\right)\right]+$$

$$\frac{1}{EI}\left(\frac{3\times12}{2}\right)\left(\frac{2}{3}\times\frac{6}{\sqrt{5}}\right)=\frac{18\sqrt{5}}{EI}$$

所得结果为正，表示 C、D 两点之间的相对线位移与假设的一对单位力 $\bar{F}_1=1$的方向相同，即 C、D 两点相互接近。

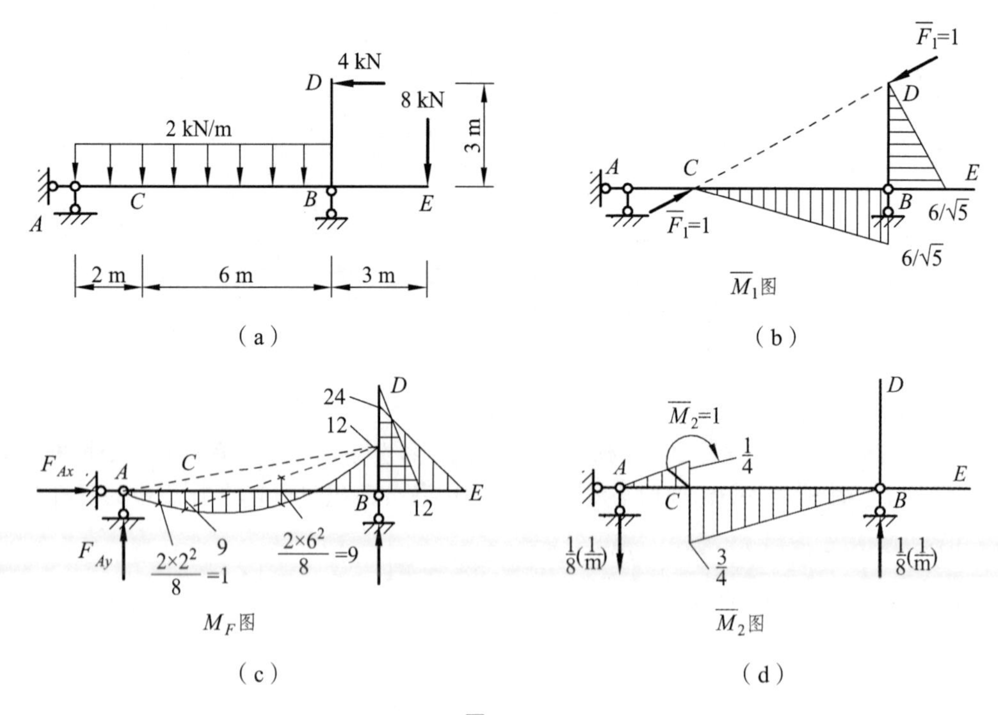

图 5-14

将图 5-14（b）、（d）进行图乘，得 C 截面的角位移 θ_C 为

$$\theta_C=\sum\frac{Ay_C}{EI}=\frac{1}{EI}\left[-\left(\frac{1}{2}\times2\times9\right)\left(\frac{2}{3}\times\frac{1}{4}\right)-\left(\frac{2}{3}\times2\times1\right)\left(\frac{1}{2}\times\frac{1}{4}\right)\right]+$$

$$\frac{1}{EI}\left[\frac{6}{6}\left(2\times9\times\frac{3}{4}-12\times\frac{3}{4}\right)+\frac{2}{3}\times6\times9\times\frac{1}{2}\times\frac{3}{4}\right]=\frac{49}{3EI}\ (\curvearrowright)$$

所得结果为正，表示 C 点角位移与假设的一对单位力偶 $\bar{M}_2=1$ 的方向相同。

5.5 组合结构、拱的位移计算

1. 组合结构

组合结构中有受弯为主的梁式杆和只承受轴力的链杆，因此，式（5-18）简化为

$$\Delta=\sum\int\frac{\bar{F}_N F_{NF}\mathrm{d}x}{EA}+\sum\int\frac{\bar{M}M_F\mathrm{d}x}{EI} \tag{5-23}$$

【例题 5-6】 如图 5-15（a）所示组合结构在荷载作用下，已知链杆 BE 的抗拉压刚度 $EA=EI/4$，其余受弯杆件抗弯刚度为 EI，求 C 点的水平位移 Δ_{Cx}。

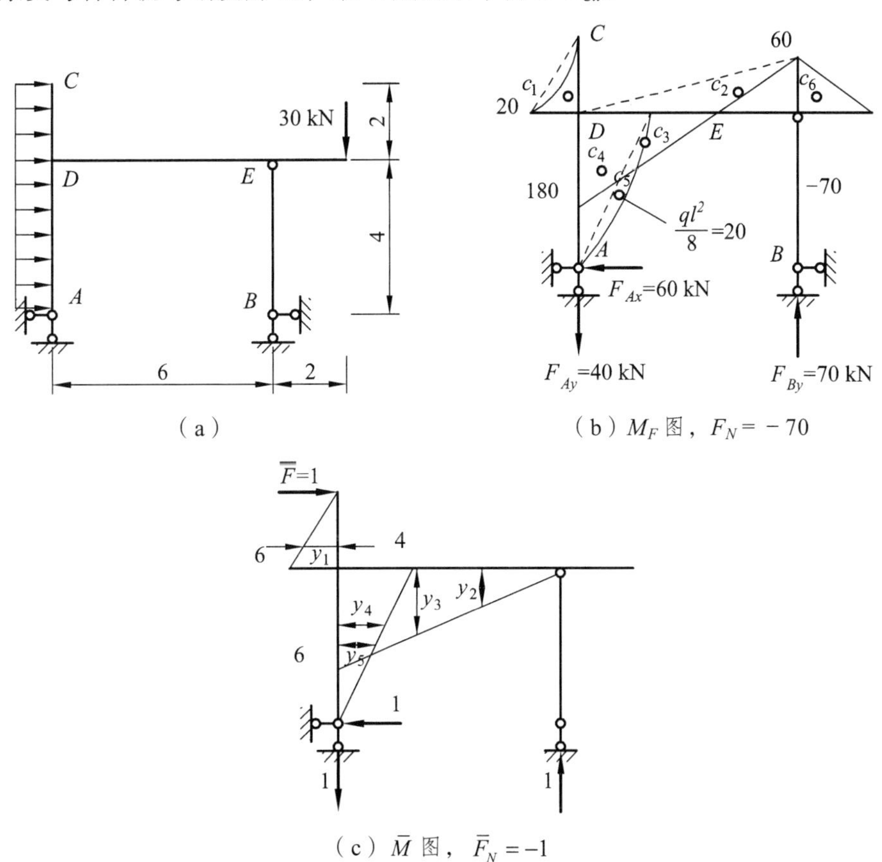

图 5-15

解：（1）作实际状态的 M_F 图，如图 5-15（b）所示。

（2）建立虚拟状态，并作 $\bar{M}$ 图，如图 5-15（c）所示。

（3）进行图形相乘求位移 $\varDelta_{Cx}$。

$$\varDelta_{Cx}=\sum\frac{\bar{F}_N F_{NF} l}{EA}+\sum\frac{Ay_C}{EI}$$

$$=\frac{-1\times(-70)\times4}{EI/4}+\frac{1}{EI}\left[\frac{1}{3}\times20\times2\times\frac{3}{4}\times2+\left(\frac{1}{2}\times180\times6\times\frac{2}{3}\times6-\frac{1}{2}\times60\times6\times\frac{1}{3}\times6\right)+\right.$$

$$\left.\left(\frac{1}{2}\times160\times4\times\frac{2}{3}\times4\right)+\frac{2}{3}\times20\times4\times\frac{1}{2}\times4\right]$$

$$=\frac{1\,120}{EI}+\frac{2\,780}{EI}=\frac{3\,900}{EI}(\rightarrow)$$

计算结果为正，表示 $\varDelta_{Cx}$ 的方向与所设单位力的方向相同，即 $\varDelta_{Cx}$ 方向向右。

2．曲杆和拱

对于曲杆和拱，如轴线的曲率较小，一般可采取像梁或刚架那样的处理方法。只有对较扁平的拱，由于轴力较大，轴向变形显著，才同时考虑轴向变形和弯曲变形两项影响。

$$\varDelta=\sum\int\frac{\bar{F}_N F_{NF}}{EA}\mathrm{d}x+\sum\int\frac{\bar{M}M_F}{EI}\mathrm{d}x \tag{5-23}$$

【例题 5-7】 图 5-16（a）所示是一半径为 R 的等截面圆弧形悬臂曲梁，承受竖向均布荷载 q，横截面的弯曲惯性矩为 I，弹性模量为 E，试求 B 点的水平位移 $\varDelta_{Bx}$。

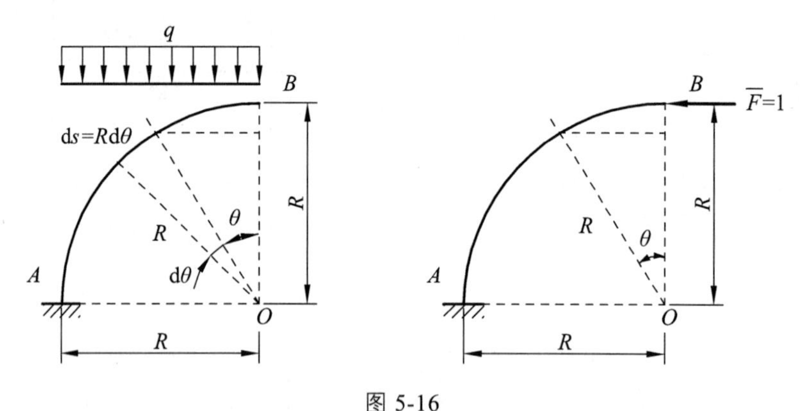

图 5-16

解：计算该曲梁的位移，可采取像梁一样的处理方法，即仅考虑杆件由弯曲产生的弯曲变形影响，按公式（5-20）计算。在 B 点加一单位水平力 $\bar{F}=1$，建立虚拟状态，如图 5-16（b）所示。由图可知，梁上对应于角度 θ 处的截面内，其弯矩可表示为

$$M_F=-\frac{q}{2}(R\sin\theta)^2=-\frac{qR^2}{2}\sin^2\theta$$

$$\bar{M}=1\cdot R(1-\cos\theta)=R(1-\cos\theta)$$

将以上两式代入（5-20）得

$$\Delta_{Bx}=\sum\int\frac{\bar{M}M_F}{EI}=\int_0^{\frac{\pi}{2}}R(1-\cos\theta)\cdot\left(-\frac{qR^2}{2}\sin\theta\right)\cdot\frac{R\mathrm{d}\theta}{EI}$$

$$=\frac{qR^4}{2EI}\int_0^{\frac{\pi}{2}}\left[\sin^2\theta\cdot\cos\theta-\sin^2\theta\right]\mathrm{d}\theta$$

$$=\frac{qR^4}{2EI}\int_0^{\frac{\pi}{2}}\left[\sin^2\theta\cdot\cos\theta-\frac{1}{2}(1-\cos2\theta)\right]\mathrm{d}\theta$$

$$=\frac{qR^4}{2EI}\left[\frac{1}{3}\sin^3\theta-\frac{1}{2}\theta+\frac{1}{4}\sin2\theta\right]_0^{\frac{\pi}{2}}$$

$$=\frac{qR^4}{EI}\left(\frac{1}{6}-\frac{\pi}{8}\right)=-0.226\frac{qR^4}{EI}(\rightarrow)$$

最后求得的位移是负的，表明该点位移的实际方向与虚单位力 $\bar{F}=1$ 的假设方向相反，即位移向右。

【例题 5-8】 求图 5-17（a）所示半圆弧三铰拱顶铰 C 两旁截面的相对转角。圆弧半径为 R，EI 为常数。只考虑弯矩对变形的影响。

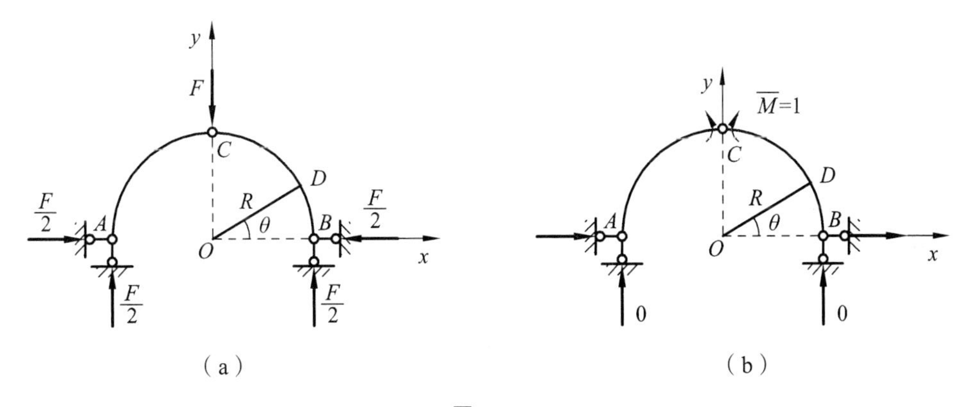

图 5-17

解：计算拱的位移，仅考虑弯矩对弯曲变形的影响，按公式（5-20）计算。在 C 点加一对单位力偶 $\bar{M}=1$，建立虚拟状态，如图 5-17（b）所示。计算三铰拱受荷载及单位力偶作用时［见图 5-17（a）、（b）］的弯矩方程，应先求出支座反力，然后列出弯矩方程。此题由于三铰拱为对称结构，可只对拱的一半（BC）列出方程。

由图可知，拱上对应于角度 θ 处的截面内，其弯矩可表示为：

$$M_F=\frac{F}{2}(R-x)-\frac{F}{2}y=\frac{FR}{2}(1-\cos\theta)-\frac{FR}{2}\sin\theta$$

$$=\frac{FR}{2}(1-\cos\theta-\sin\theta)$$

$$\bar{M}=\frac{1}{R}\cdot y=\frac{1}{R}\cdot R\sin\theta=\sin\theta$$

所以

$$\begin{aligned}\theta_{CC}&=2\int_0^{\frac{\pi}{2}}\frac{M_F\overline{M}\mathrm{d}s}{EI}=\frac{2}{EI}\int_0^{\frac{\pi}{2}}\frac{FR}{2}(1-\cos\theta-\sin\theta)\sin\theta(R\mathrm{d}\theta)\\&=\frac{FR^2}{EI}\int_0^{\frac{\pi}{2}}(\sin\theta-\sin\theta\cos\theta-\sin^2\theta)\mathrm{d}\theta\\&=\frac{FR}{EI}\left[(-\cos\theta)-\left(\frac{\sin^2\theta}{2}\right)-\left(\frac{1}{2}\theta-\frac{1}{4}\sin2\theta\right)\right]_0^{\frac{\pi}{2}}\\&=\frac{FR^2}{EI}\left(\frac{1}{2}-\frac{\pi}{4}\right)=-0.285\frac{FR^2}{EI}\ (\curvearrowleft\ \curvearrowright)\end{aligned}$$

5.6 静定结构在非荷载因素作用下的位移计算

5.6.1 支座移动引起的位移计算

静定结构在支座移动时，只发生刚体位移，不产生内力和变形。这种位移可通过几何关系求得，也可应用单位力法进行计算。

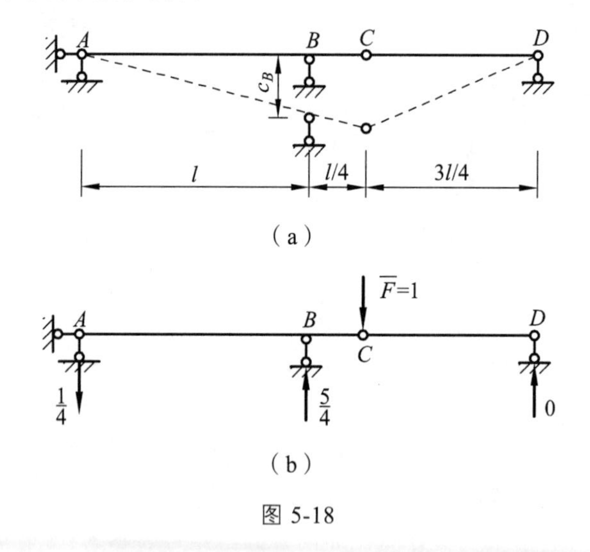

图 5-18

如图 5-18（a）所示静定多跨梁，当支座 B 向下移动 c_B，如欲求 C 点的竖向位移，则在 C 点虚设一竖向单位力 $\overline{F}=1$。

根据虚功方程 $W_{外}=U_{变}$，由于支座位移作用下静定结构不会发生变形，只有刚体位移，则总虚应变能 $U_{变}=0$，而虚设状态的单位力所引起的对应支座反力 $\overline{F}_{RB}$ 要在支座位移 c_B 上做功，故虚功方程为：

$$W_{外}=1\times\Delta_C+\overline{F}_{RB}c_B=0\text{，}\quad \Delta_C=-\overline{F}_{RB}c_B$$

一般地，当结构发生若干支座位移 c_i 时，位移计算公式为：

$$\Delta=-\sum\overline{F}_{Ri}c_i \tag{5-24}$$

式中 $\overline{F}_{Ri}$——虚拟状态的支座反力；

c_i——实际状态的支座位移；

$\sum\overline{F}_{Ri}c_i$——虚拟状态的支座反力在实际状态的支座位移上所做虚功之和。

在式（5-24）中，乘积 $\overline{F}_{Ri}c_i$ 的正负号规定为：当虚拟状态的支座反力与实际支座位移的方向一致时取正号，相反时取负号。

【例题 5-9】 刚架的支座位移如图 5-19（a）所示，试求 A 点的水平位移 Δ_{Ax} 和 C 点左右截面的相对转角位移 θ_{CC}。

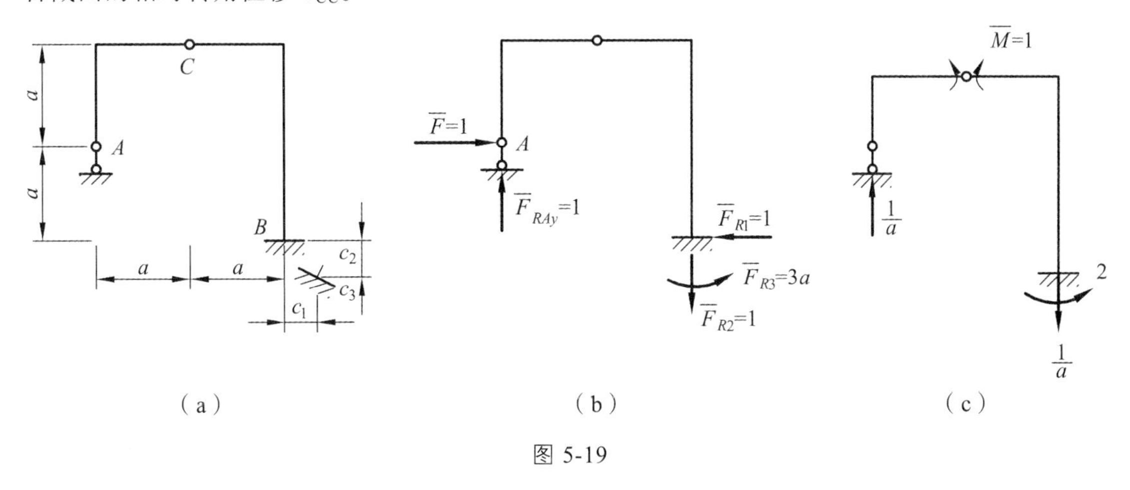

图 5-19

解：（1）求点 A 的水平位移 Δ_{Ax}。

建立虚拟状态，并根据平衡条件求出各支座反力，如图 5-19（b）所示，由式（5-24）得：

$$\Delta_{Ax}=-\sum\overline{F}_Rc=-(-1\times c_1+1\times c_3-3ac_2)=1\times c_1-1\times c_3+3ac_2\ (\rightarrow)$$

（2）求点 C 左右截面的相对转角位移 θ_{CC}。

建立虚拟状态，并根据平衡条件求出各支座反力，如图 5-19（c）所示，由式（5-24）得：

$$\Delta_{Ax}=-\sum\overline{F}_Rc=-\left(\frac{1}{a}\times c_2-2\times c_3\right)=-\frac{c_2}{a}+2c_3\ (\curvearrowleft\ \curvearrowright)$$

以上所得结果为正，表明位移实际方向与题中相同，为负则相反。

5.6.2 温度作用时的位移计算

工程结构都是在某一温度范围内建造的。在使用时，这些结构所处的环境温度相对于建造时的温度一般要发生变化，这种温度的改变将会引起构件的变形，从而使结构产生位移。

对于静定结构，温度改变只会引起材料的自由膨胀、收缩，在结构中不会引起内力，但将产生变形和位移。

静定结构由于温度改变引起的位移计算公式，仍可由位移计算的一般公式（5-17）导出。但应注意，式（5-17）中微段的变形是由材料的自由膨胀、收缩引起的。

如图 5-20（a）所示刚架，设外侧温度升高 t_1，内侧温度升高 t_2，且 $t_2 > t_1$，并假定温度沿截面的高度 h 为线性分布，则在发生变形后，截面还将保持为平面。从杆件中取出一微段 ds［见图 5-20（b）］，杆件轴线处的温度为

$$t_0 = \frac{(h_1 t_2 + h_2 t_1)}{h} \tag{a}$$

如果杆件截面对称于形心轴（$h_1 = h_2 = h/2$），则有

$$t_0 = (t_1 + t_2)/2 \tag{b}$$

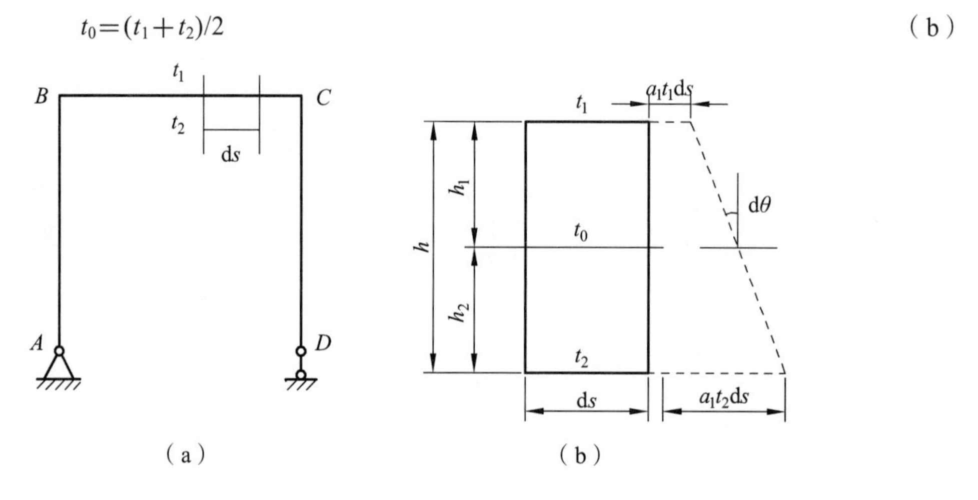

图 5-20

设材料的线膨胀系数为 α，在温度改变时，该微段中性轴上纵向纤维的伸长量，即微段的轴向变形为

$$\mathrm{d}u_t = \alpha t_0 \mathrm{d}s \tag{c}$$

该微段上侧纵向纤维的伸长量为 $\alpha t_1 \mathrm{d}s$，下侧纵向纤维的伸长量为 $\alpha t_2 \mathrm{d}s$，由于杆内温度假定为沿截面高度按直线变化，故杆件变形时截面仍保持平面。因此，该微段两端截面的相对转角，即微段的弯曲变形为

$$\mathrm{d}\theta_t = \frac{\alpha(t_2 - t_1)\mathrm{d}s}{h} = \frac{\alpha \Delta t \mathrm{d}s}{h} \tag{d}$$

静定结构在温度变化时，由于杆件可以自由地发生变形，故微段两端的截面不发生相对剪切位移，即

$$\mathrm{d}v_t = 0 \tag{e}$$

将式（c）、式（d）和式（e）代入结构位移的一般计算公式（5-17），得

$$\Delta_t = \sum \int \bar{F}_N \alpha t_0 \mathrm{d}s \pm \sum \int \bar{M} \frac{\alpha \Delta t}{h} \mathrm{d}s \tag{5-25}$$

在通常情况下，材料的线膨胀系数 α 及杆件上、下侧的温度沿杆件长度是不变的，可将

其从积分号内移出，即

$$\Delta_{Kt}=\sum \alpha t_0\int \bar{F}_N\mathrm{d}s\pm\sum \alpha\Delta t\int \frac{\bar{M}}{h}\mathrm{d}s \tag{f}$$

对于等截面杆件来说，截面高度 h 沿杆长也不变，故亦可将其从积分号内移出，因而式（f）可写为

$$\Delta_{Kt}=\sum \alpha t_0 A_{\bar{F}_N}\pm\sum \frac{\alpha\Delta t}{h}A_{\bar{M}} \tag{5-26}$$

式中　$A_{\bar{F}_N}=\int \bar{F}_N\mathrm{d}s$ —— $\bar{F}_N$ 图的面积，轴力拉为正、压为负；

$A_{\bar{M}}=\int \bar{M}\mathrm{d}s$ —— $\bar{M}$ 图的面积。

在应用以上两式时，正负号可按如下方法确定：比较虚拟状态的变形与实际状态由于温度改变引起的变形，若二者的变形方向相同，则取正号；反之取负号。式中的 t_0 和 Δt 均取绝对值进行计算。

【例题 5-10】 求图 5-21（a）所示刚架上点 C 的竖向位移 Δ_{Cy}。已知刚架内侧的温度升高 10 °C，各杆截面相同且截面关于形心轴对称，材料的线膨胀系数为 α。

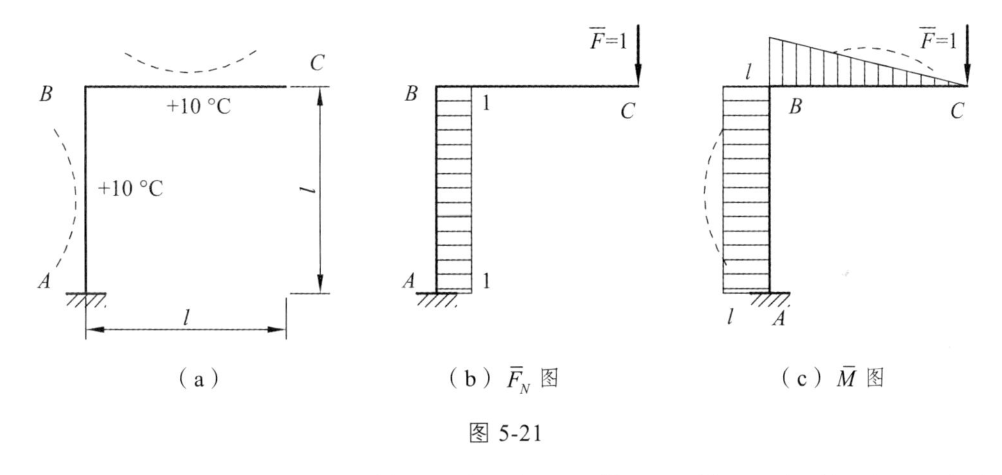

（a）　　（b）$\bar{F}_N$ 图　　（c）$\bar{M}$ 图

图 5-21

解： 在点 C 虚加一竖向单位力 $\bar{F}=1$，绘出各杆的 $\bar{F}_N$ 图和 $\bar{M}$ 图，分别如图 5-21（b）、（c）所示。图中的虚线表示杆件的弯曲方向。可以看出，各杆的实际弯曲方向都与虚拟的相反，故在利用式（5-25）计算时，最后一项应取负值。至于轴向变形的影响一项，因杆 AB 的虚拟轴力是压力，而温度变形使其伸长，故也应取负值。因此，点 C 的竖向位移为

$$\begin{aligned}\Delta_{Cy}&=-\alpha\times\frac{10+0}{2}\times l\times 1-\alpha\times\frac{10-0}{h}\times\left(\frac{1}{2}\times l\times l+l\times l\right)\\&=-5\alpha l-15\alpha\frac{l^2}{h}\\&=-5\alpha l\left(1+\frac{3l}{h}\right)\ (\uparrow)\end{aligned}$$

计算结果为负，表示 Δ_{Cy} 的方向与所设单位力的方向相反，即 Δ_{Cy} 向上。

综合训练项目一：结构的简化、几何组成分析及内力和位移计算

内容：首先在给定项目中选取（或自主选取）一种工程结构，熟悉工程背景，根据结构简化的基本原则和方法，对结构进行合理简化，建立结构计算模型；最后对建立的结构计算模型进行几何组成分析、内力和位移计算。

目的：锻炼学生建立模型的能力、力学分析与计算能力、编写报告能力、演讲表达能力；培养学生的责任感和团结协作精神。

时间安排：课外 1 周。

要求：分组完成任务，每组 3 ~ 5 人，小组成员分别收集、选取工程结构资料并进行小组讨论，建立结构计算简图、几何组成分析，确定最终方案。要求既要有分工，更要注重协作。分工以明确职责，协作增强团队意识、合作精神。小组之间进行点评，进一步总结所建立的计算模型是否合理，经指导老师确定正确合理后进行内力和位移计算并形成报告（计算书），制作 PPT。

知识、能力与素质目标：培养学生结构的简化、平面杆件体系的几何组成分析、静定平面结构的内力和位移计算能力。培养学生建模能力、力学分析及计算能力，编写报告、演讲表达能力。培养学生的责任感和团结协作精神。

成果要求及考核方法：要求编写报告并进行答辩。考核报告质量、答辩及回答问题情况。

思考题

1. 变形体虚功原理与刚体虚功原理有何区别和联系？
2. 简述虚功原理的两种应用及其计算步骤。
3. 单位广义力状态中的“单位广义力”的量纲是什么？
4. 应用虚功原理计算位移有什么优越性？
5. 试说明荷载下位移计算公式（5-18）的适用条件以及各项的物理意义。
6. 图乘法的适用条件是什么？对连续变截面梁或拱能否用图乘法？
7. 图乘法公式中正负号如何确定？
8. 用式（5-20）计算梁和刚架的位移，需先写出 M 和 $\overline{M}$ 的表达式。

习题

1. 试求图 5-22 所示结构 B 点和 C 点的竖向位移。

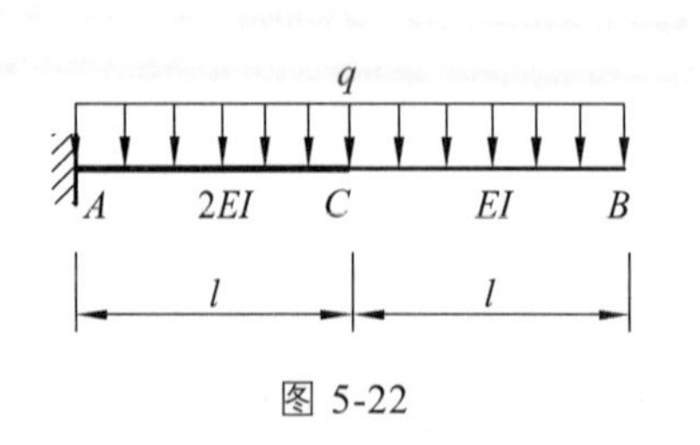

图 5-22

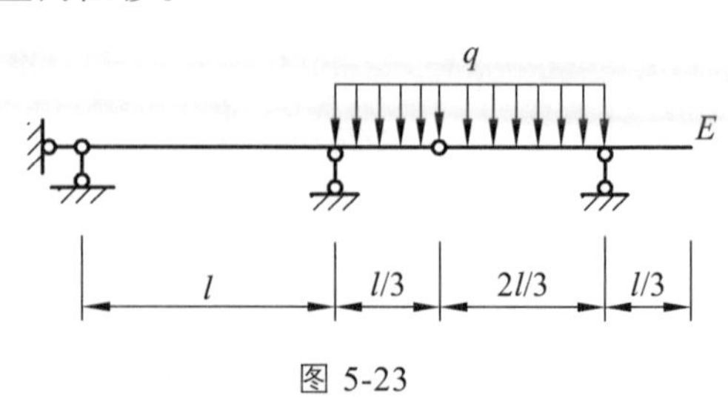

图 5-23

2. 求图 5-23 所示结构 E 点的竖向位移，EI 为常数。

3. 求图 5-24 所示刚架 B 端的竖向位移，EI 为常数。

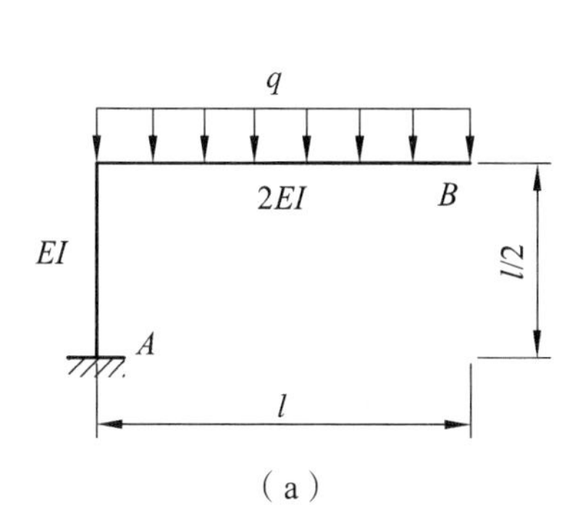

（a）

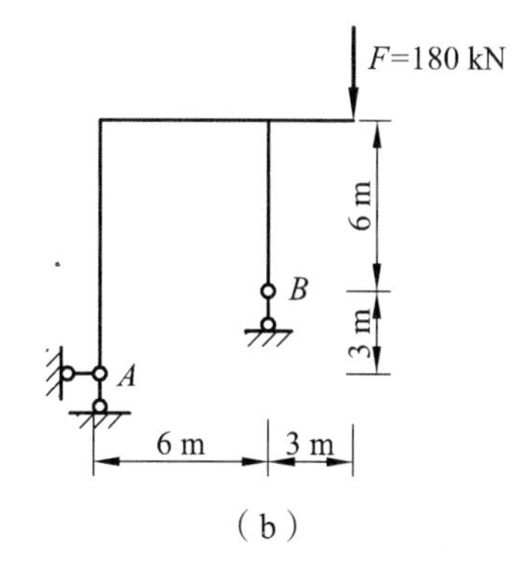

（b）

图 5-24

4. 求图 5-25 所示刚架横梁中 D 点的竖向位移，EI 为常数。

5. 求图 5-26 所示刚架结点 C 的转角和水平位移，EI 为常数。

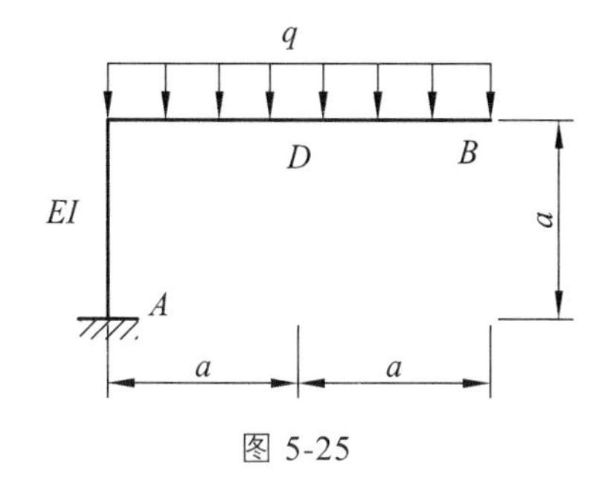

图 5-25

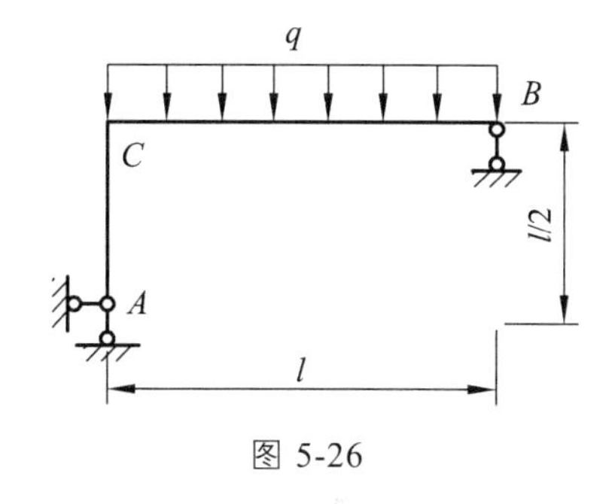

图 5-26

6. 求图 5-27 所示结构铰 A 两侧截面的相对转角 θ_A，EI 为常数。

7. 求图 5-28 所示 C 点的竖向位移 Δ_{Cy}，已知 EI = 常数。

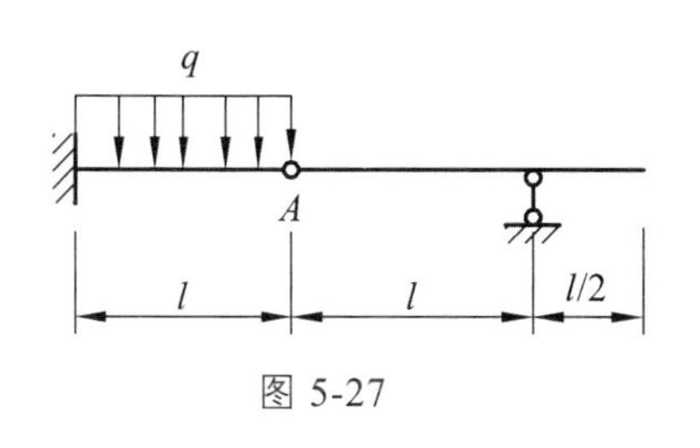

图 5-27

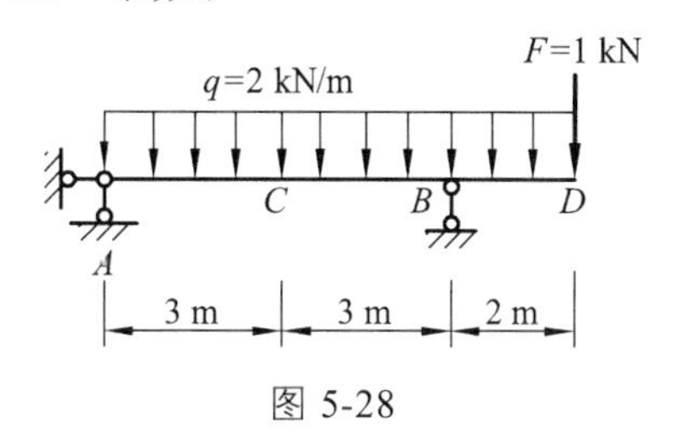

图 5-28

8. 求图 5-29 所示 D 点的竖向位移 Δ_{Dy}，各杆 EI = 常数。

9. 求图 5-30 所示 C 点的水平位移 Δ_{CB}，各杆 EI = 常数。

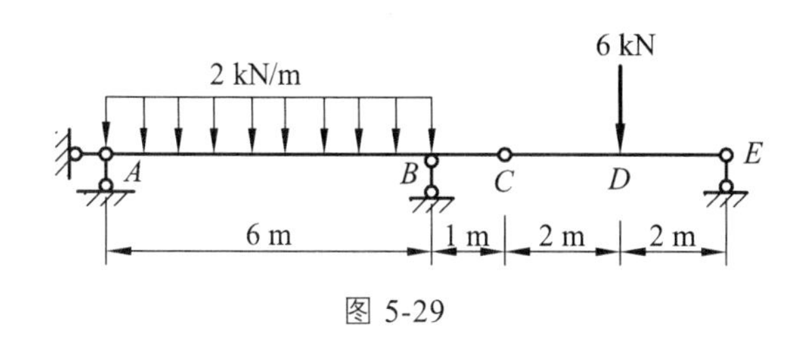

图 5-29

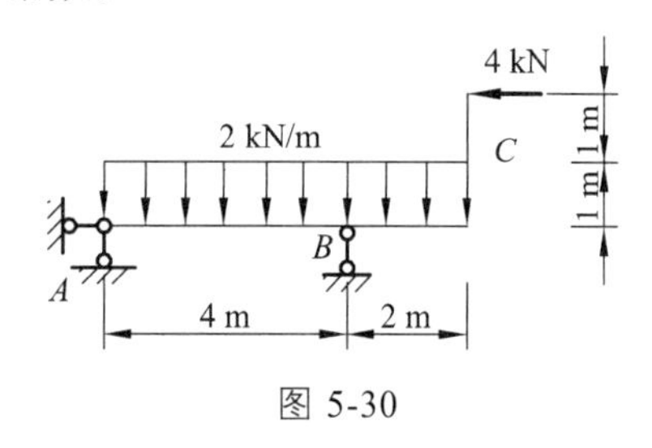

图 5-30

10. 求图 5-31 所示 C 点的竖向位移 Δ_{Cy}，已知各杆 EA 相同。

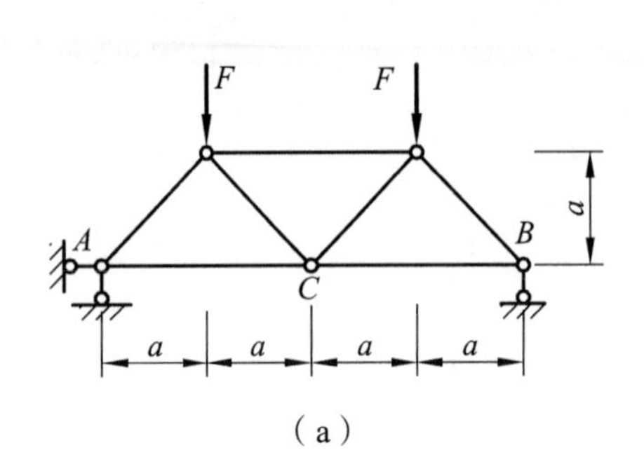

（a）

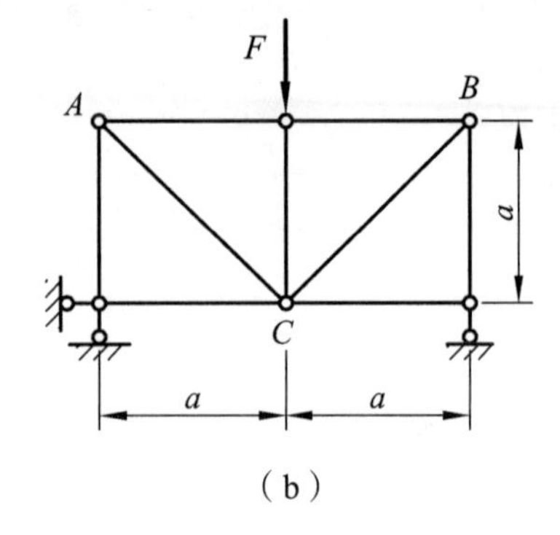

（b）

图 5-31

11. 试求图 5-32 所示刚架 A 端的转角 θ_A，各杆 EI = 常数。

12. 试求图 5-33 所示结构 A 点的转角位移，各杆 EI = 常数。

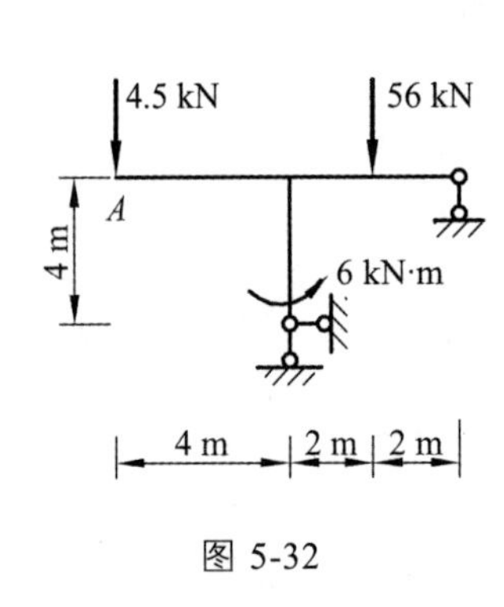

图 5-32

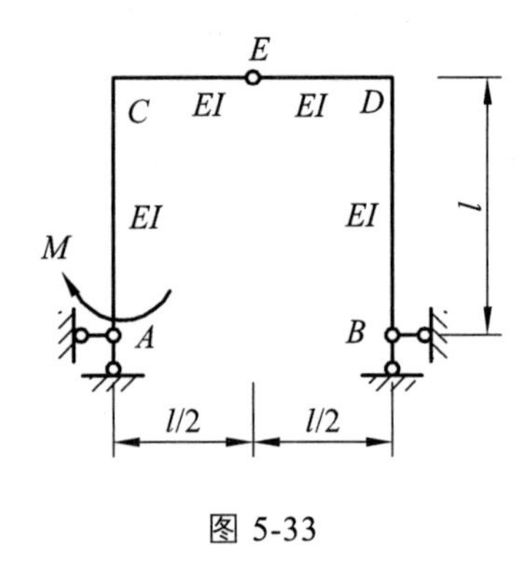

图 5-33

13. 试求图 5-34 所示结构 I 点的竖向位移，各杆 EI = 常数。

14. 求图 5-35 所示 AB 杆 A 端截面的转角 θ_A。

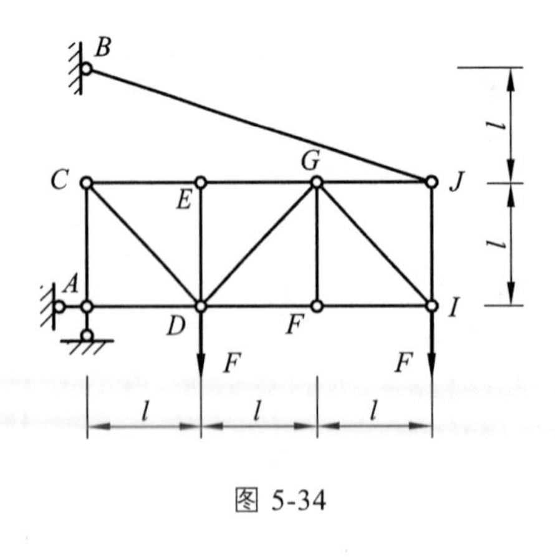

图 5-34

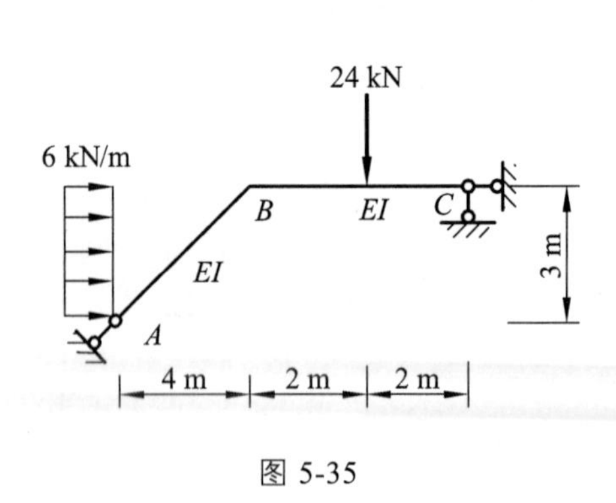

图 5-35

15. 已知 EI、EA 均为常数，求图 5-36 所示 BC 杆的转角 θ_{BC}。

16. 已知 EI、EA 均为常数，求图 5-37 所示铰 C 左、右截面的相对转角 θ_{CC}。

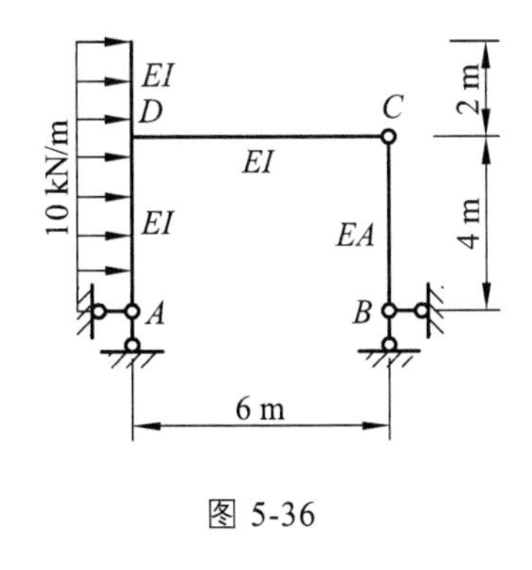

图 5-36

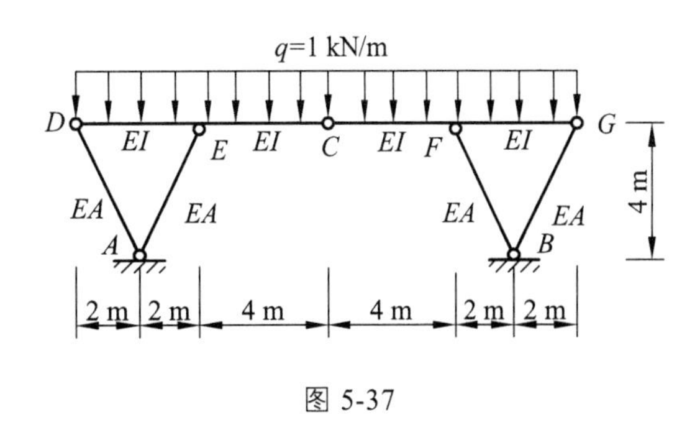

图 5-37

17. 如图 5-38 所示，已知各杆的 EA 为常数，求 AB、BC 两杆之间的相对转角 $\Delta_{\angle ABC}$。

18. 试求图 5-39 所示圆弧形曲梁 B 点的水平位移（用直杆公式）。EI 为常数。

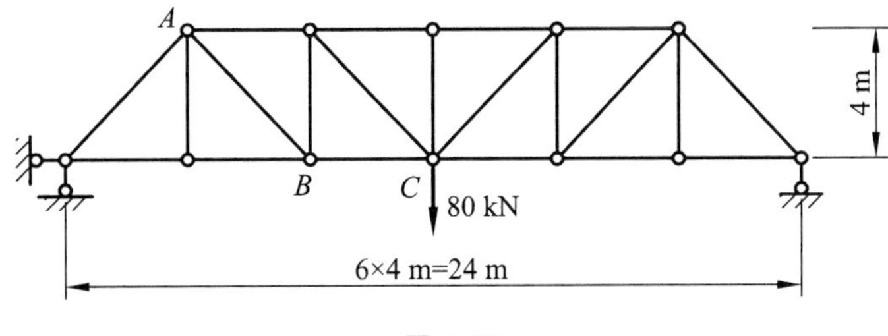

图 5-38

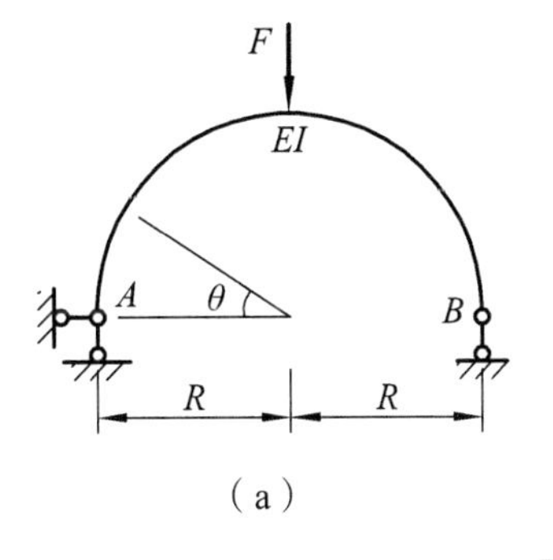

（a）

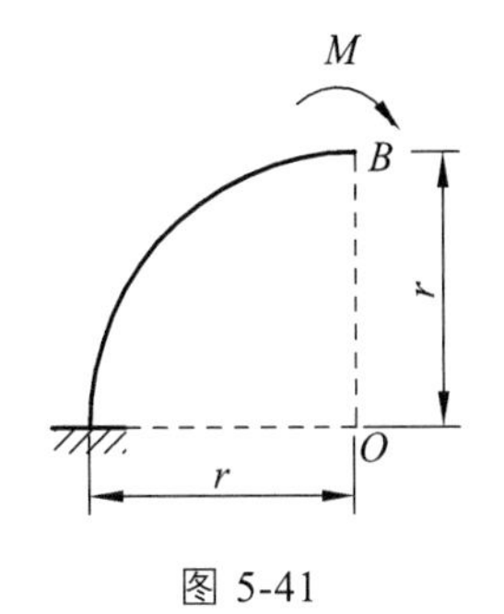

（b）

图 5-39

19. 试求图 5-40 所示线弹性等截面圆弧形曲梁 B 的截面转角 θ_B。

20. 试求图 5-41 所示线弹性等截面圆弧形曲梁 B 截面的竖向位移 Δ_{By}。

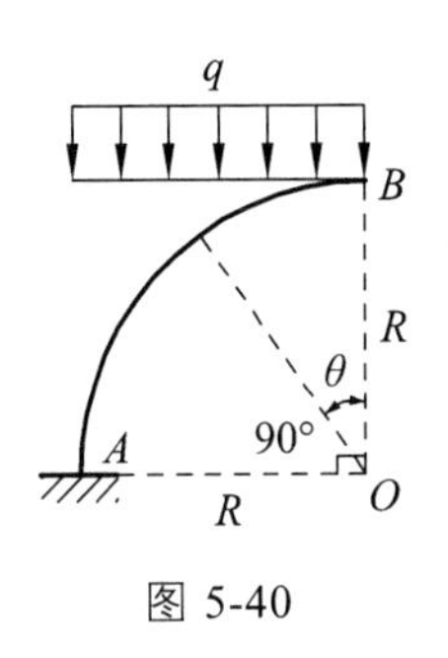

图 5-40

图 5-41

21. 图 5-42 所示桁架各杆温度上升 t，已知线膨胀系数为 α。试求由此引起的 K 点竖向位移。

22. 如图 5-43 所示，已知材料的线膨胀系数为 α，各杆的横截面为矩形，截面高度 $h=0.1l$，试求铰 C 处左、右截面的相对转角 θ_{CC}。

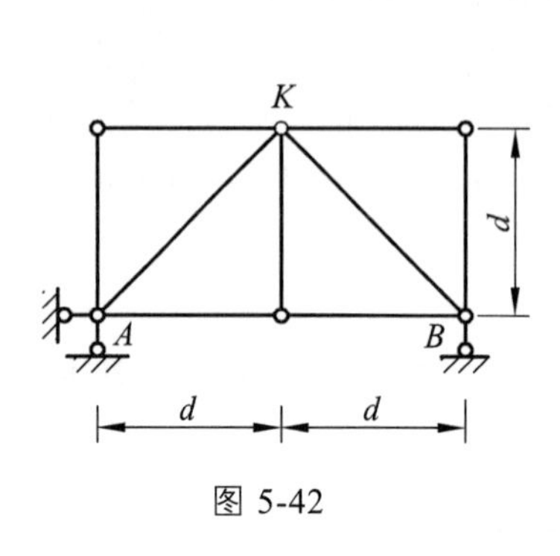

图 5-42

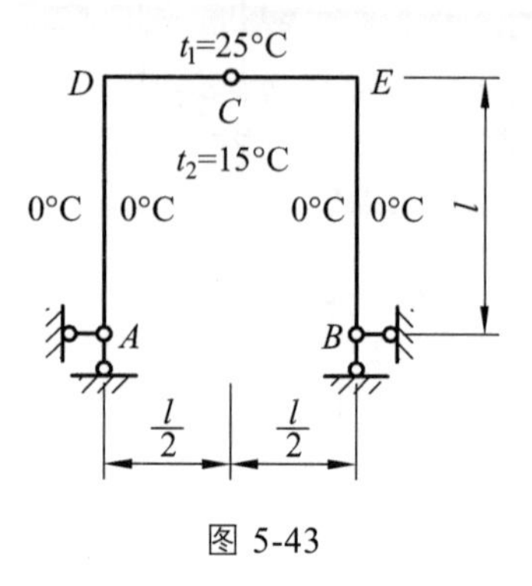

图 5-43

23. 图 5-44 所示结构支座发生竖向沉陷 Δ，试求图示所指定的位移。

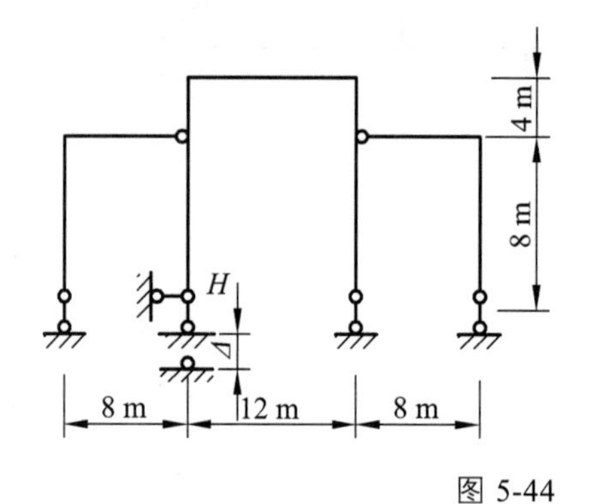

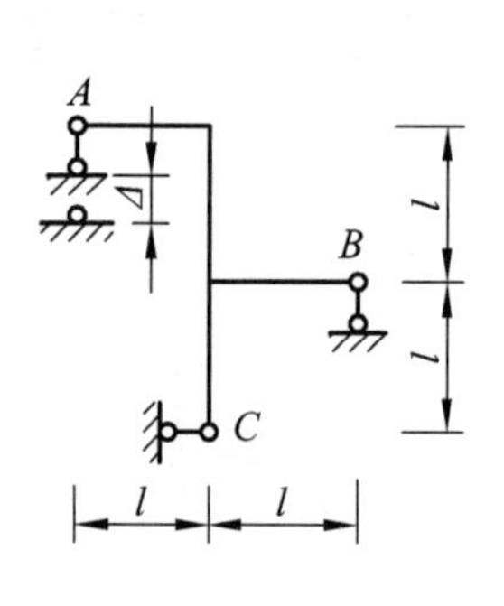

图 5-44

24. 图 5-45 所示梁 A 支座发生转角 θ，试求 D 点的竖向位移。

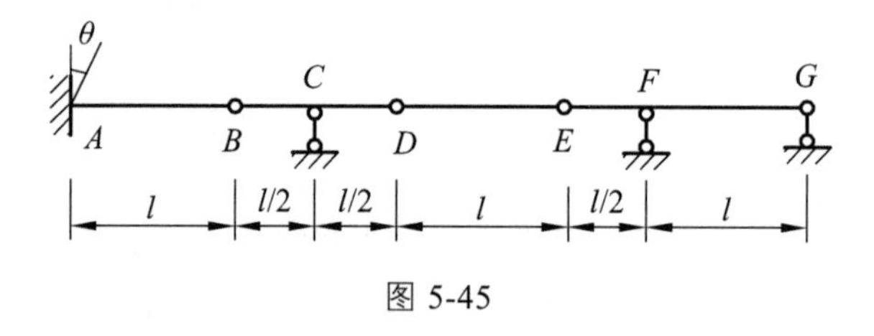

图 5-45

答　案

1. $\Delta_{By}=\dfrac{3ql^4}{2EI}$（↓）

$\Delta_{Cy}=\dfrac{17ql^4}{48EI}$（↓）

2. $\Delta_{Ey}=-\dfrac{7ql^4}{432EI}$（↑）

3.（a）$\Delta_{By}=\dfrac{5ql^4}{16EI}$（↓）；（b）$\Delta_{By}=-\dfrac{1\,134}{EI}$（←）

4. $\Delta_{Dy}=\dfrac{65ql^4}{24EI}$（↓）

5. $\theta_C=\dfrac{ql^3}{24EI}$（↗）

6. $\theta_A=\dfrac{7ql^3}{24EI}$（↙↘）

7. $\Delta_{Cy}=\dfrac{81}{4EI}$（↓）

8. $\Delta_{Dy}=\dfrac{5}{2EI}$（↓）

9. $\Delta_{CB}=\dfrac{82}{3EI}$（←）

10.（a）$\Delta_{Cy}=\dfrac{6.83Fa}{EA}$（↓）；（b）$\Delta_{Cy}=2.414\dfrac{Fa}{EA}$（↓）

11. $\theta_A=\dfrac{12}{EI}$（逆时针）

12. $\theta_A=\dfrac{3Ml}{4}$（顺时针）

13. $\Delta_{ly}=\dfrac{14.26Fl}{EA}$（↓）

14. $\theta_A=\dfrac{57}{EI}$（↶）

15. $\theta_{BC}=\dfrac{20}{EA}+\dfrac{600}{EI}$（↷）

16. $\theta_{CC}=\dfrac{22.36}{EA}+\dfrac{37.33}{EI}$（)(）

17. $\Delta_{\angle ABC}=\dfrac{12-4\sqrt{2}}{EA}$

18.（a）$\Delta_{Bx}=\dfrac{FR^3}{2EI}$（→）；（b）$\Delta_{Bx}=\left(\dfrac{3\pi}{4}-2\right)\dfrac{qR^4}{2EI}$（→）

19. $\theta_B=\dfrac{\pi qR^3}{8EI}$（顺时针）

20. $\Delta_{By}=\dfrac{1.233\,7Mr^3}{EI}$（↓）

21. $\Delta_{Ky}=\alpha td$（↑）

22. $\theta_{CC}=80\alpha$（)(）

23.（a）$\Delta_H=\dfrac{2\Delta}{3}$（←）；（b）$\varphi_B=\dfrac{0.5\Delta}{l}$（逆时针）

24. $\Delta_{Dy}=l\theta$（↑）

6 力　法

6.1　超静定结构的概念和超静定次数的确定

6.1.1　超静定结构的概念

在前面各章中，已经详细地讨论了静定结构的计算问题，静定结构的全部反力和内力可由静力平衡条件确定。但在工程实际中应用更为广泛的是超静定结构，同静定结构相比，超静定结构的主要特点是有多余约束，其反力和内力不能完全按静力平衡条件确定，除考虑平衡条件外，还必须考虑结构的变形协调条件，才能确定其全部反力和内力。

超静定结构的应用范围很广，图 6-1 所示为一些工程中常见的超静定结构类型。

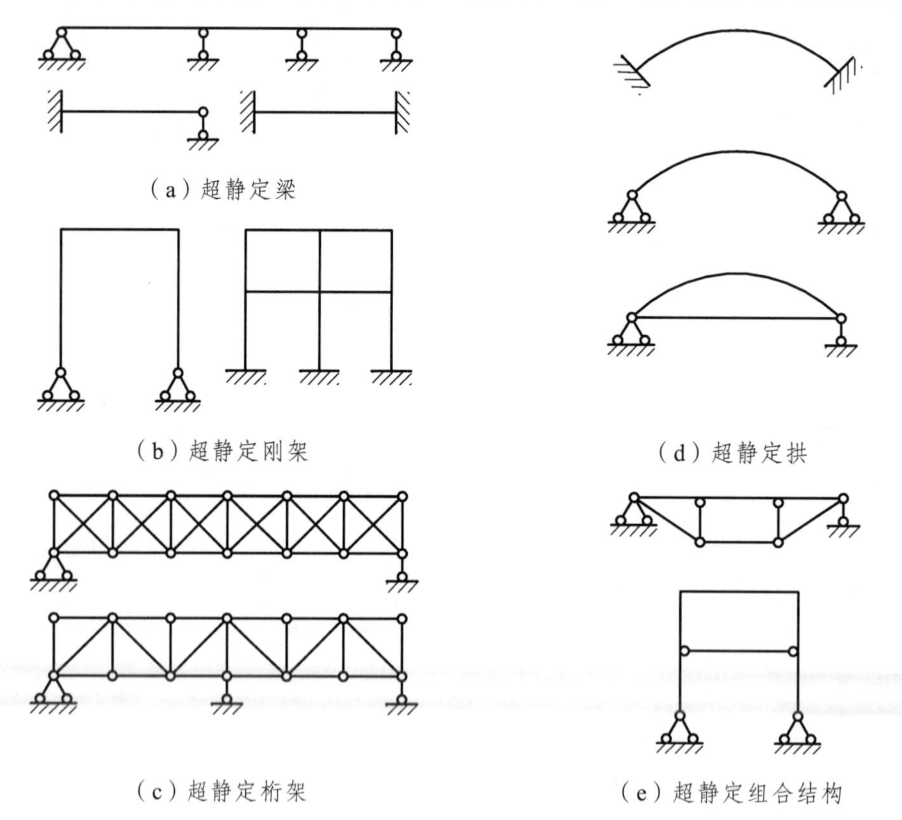

图 6-1　常见的超静定结构

从本章开始，我们将讨论超静定结构的计算问题。力法是分析超静定结构最基本的方法。

按照线弹性的计算理论，超静定结构的计算方法主要有以下两种：

（1）力法。

力法的特点是：取静定结构作为基本结构，把超静定结构中的多余约束力作为基本未知量，并根据原结构的实际变形条件来建立力法方程，从中解出基本未知量，进而可求出超静定结构的反力和内力。

（2）位移法。

位移法的特点是：取单根杆件作为基本单元，把超静定结构中的结点角位移和线位移作为基本未知量，并根据原结构结点的实际平衡条件来建立位移法方程，从中解出基本未知量，进而可求出超静定结构的反力和内力。

无论是力法还是位移法，都必须满足下列条件：

① 力的平衡；② 位移的协调；③ 力与位移的物理关系。

力法和位移法是超静定结构计算的基本方法。根据这两种基本方法，还可派生出其他的一些计算方法，如力矩分配法、剪力分配法、混合法及叠代法等。

6.1.2 超静定次数的确定

超静定结构中的多余约束数目称为超静定次数。

用力法计算超静定结构时，通常是取静定结构作为基本结构，这就需要把超静定结构中的多余约束解除，使其变为静定结构。将原结构变成静定结构所需去除的多余约束数目即为超静定次数，也就是力法基本未知量的数目。

超静定结构去除多余约束的方法很多，归纳起来主要有以下几种：

（1）去除支座处的一根支杆或切断一根链杆，各相当于解除一个约束，如图 6-2（a）、（b）所示。

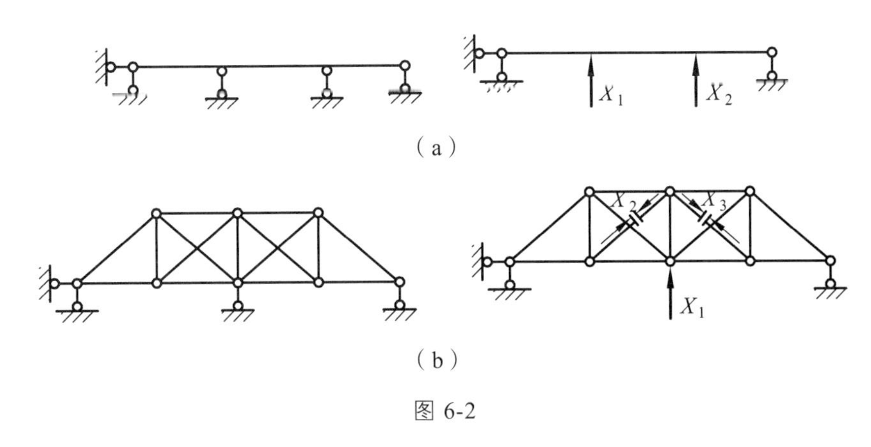

图 6-2

（2）去除一个固定铰支座或拆开一个单铰，相当于去掉两个约束，如图 6-3（a）、（b）所示。

（3）去除一个固定端支座或切断一根梁式杆，相当于去掉三个约束，如图 6-4 所示。

（4）将一个固定端支座改为固定铰支座或将一刚性连接改为单铰连接，相当于去掉一个约束，如图 6-5 所示。

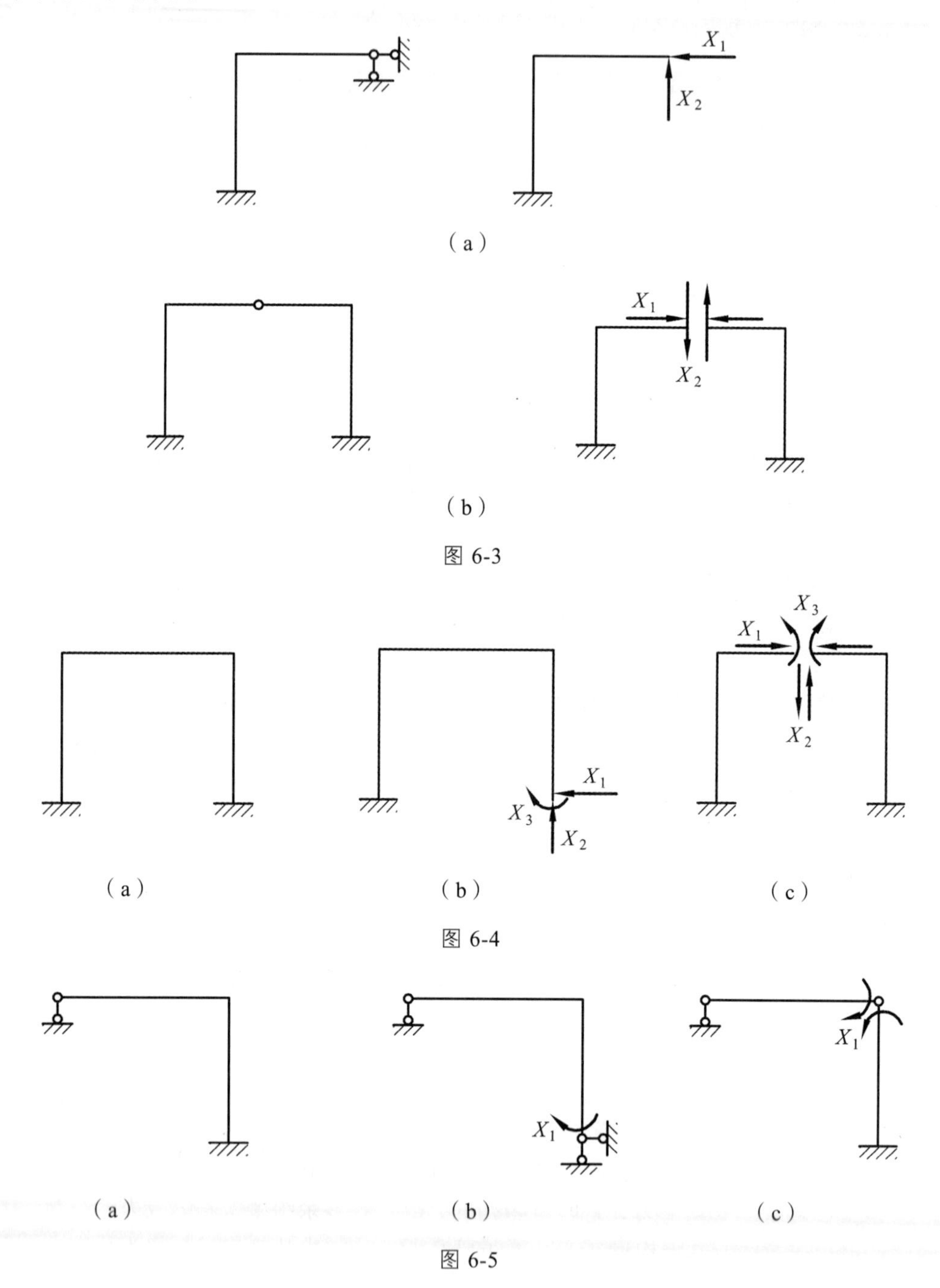

图 6-3

图 6-4

图 6-5

对于某一个超静定结构，去除掉多余约束的方式有很多种，但必须注意以下两点：

（1）去掉的约束必须是多余约束。即去掉约束后，结构仍然是几何不变体系，结构中的必要约束是绝对不能去掉的。如图 6-6（a）所示的刚架，如果去掉一个根支座处的竖向支杆，即变成了如图 6-6（b）所示瞬变体系，显然这是不允许的。因此，此刚架支座处的竖向支杆不能作为多余约束。

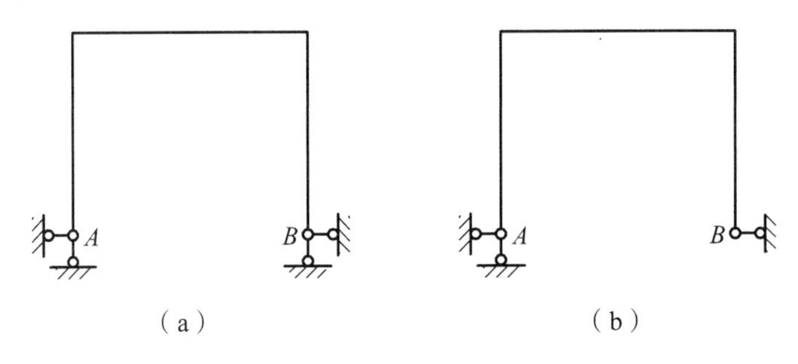

图 6-6

（2）必须去掉全部多余约束。即去掉约束后，体系必须是无多余约束的，如图 6-7（a）所示的结构，如果只去掉一根竖向支杆，即变成如图 6-7（b）所示的体系，但其闭合框架仍然有三个多余约束。必须把闭合框架切开，如图 6-7（c）所示，此时，才成为静定结构。因此，原结构共有四个多余约束，是四次超静定结构。

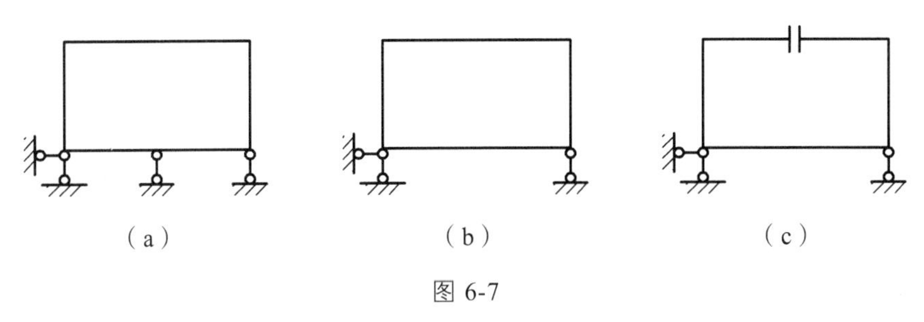

图 6-7

6.2 力法的基本原理与典型方程

6.2.1 力法的基本原理

超静定结构与静定结构的根本区别在于有多余约束，从而有多余未知力，如果能设法求出多余未知力，则超静定结构的计算就可转化为在多余未知力及荷载共同作用下的静定结构的计算问题了，所以用力法计算的关键在于求解多余未知力。

如图 6-8（a）所示为一次超静定梁，为了使它变为静定的基本结构，可将支座 B 的支杆作为多余约束去掉，并代之以多余未知力 X_1，作为外荷载作用在结构上。如图 6-8（b）所示，X_1 表示被去掉的多余约束的反力，暂时是未知的，故称为多余约束未知力或力法的基本未知量。经过这样处理之后，从结构形式上看，虽已有所变化，由超静定结构变为静定结构，但从实质上看，结构的实际受力情况却完全没有改变，因而结构的内力及其变形，也同原来的超静定结构完全一样。因此，如果能把后者的内力求出来，那么，也就等于获得了前者的内力。

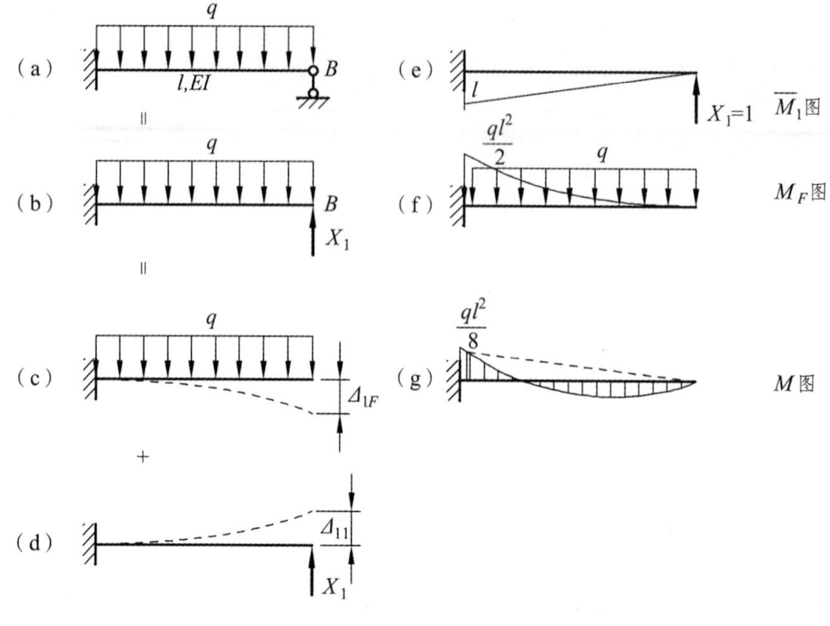

图 6-8

图 6-8（b）所示的体系既然是一个静定结构，那就可以应用前面所学到的知识计算其内力和位移。为了计算方便，根据线性变形体系其内力和位移可叠加的特性，将基本结构上的荷载分为两个部分：第一部分为结构上原有的已知荷载，第二部分为基本未知力 X_1，并将它们分别作用在基本结构上，如图 6-8（c）、（d）所示。其中，每个图中的虚线分别表示由该部分的外力所产生的变形或位移。

在图 6-8（c）中，Δ_{1F} 为在 X_1 的方向由已知外荷载所产生的位移。在图 6-8（d）中，Δ_{11} 为 X_1 的方向由其本身所产生的位移，其中 $\Delta_{11}=\delta_{11}X_1$，$\delta_{11}$ 为 $X_1=1$ 时产生的位移，如图 6-8（e）所示。

因此，若将图 6-8（c）、（d）所示的两种情况相叠加，则可得 X_1 方向的总位移为：

$$\Delta_1=\delta_{11}X_1+\Delta_{1F}$$

显然，上述两种情况相叠加，实际上就是图 6-8（b）所示的情况，而图 6-8（b）所示的情况，应与原结构图 6-8（a）所示的情况是相同的，因为原结构 B 点是一个活动铰支座，沿 X_1 方向都没有发生位移，故可知 $\Delta_1=0$，所以由上式可得：

$$\Delta_1=\delta_{11}X_1+\Delta_{1F}=0$$

上式是根据超静定结构的实际变形条件建立的，故称为变形协调方程或力法方程。

由于 δ_{11} 和 Δ_{1F} 是静定结构在已知力作用下的位移，均可按前章所述计算位移的方法求得，因此，解上述方程，可求得多余未知力 X_1。

为了计算 δ_{11} 和 Δ_{1F}，可分别绘出基本结构在单位力 $X_1=1$ 单独作用下的单位弯矩图 $\overline{M}_1$ 图［见图 6-8（e）］和荷载单独作用下的弯矩图 M_F［见图 6-8（f）］，然后，应用图乘法，可得

$$\delta_{11}=\int_l \frac{\overline{M}_1\overline{M}_1}{EI}\mathrm{d}x=\frac{1}{EI}\left(\frac{1}{2}l\times l\times\frac{2}{3}l\right)=\frac{l^3}{3EI}$$

$$\Delta_{1F}=\int_l \frac{\overline{M}_1 M_F}{EI}\mathrm{d}x=-\frac{1}{EI}\left(\frac{1}{3}l\times\frac{1}{2}ql^2\right)\times\frac{3}{4}l=-\frac{ql^4}{8EI}$$

代入上述力法方程式，则有

$$\frac{l^3}{3EI}X_1-\frac{ql^4}{8EI}=0$$

解得

$$X_1=\frac{3}{8}ql$$

所得未知力 X_1 为正号，表示反力 X_1 实际方向与所设的方向相同。

多余未知力 X_1 求出后，其余所有反力和内力都可用静力平衡条件确定，在绘制最后弯矩 M 图时，可利用已经绘出的 $\bar{M}_1$ 和 M_F 图，根据叠加原理绘制，即 $M=\bar{M}_1X_1+M_F$，如图 6-8（g）所示为最后的弯矩图。

6.2.2 力法典型方程

上面我们根据一次超静定结构的计算说明了力法的基本原理，力法计算超静定结构的关键在于根据位移条件建立力法的基本方程，以求解多余未知力。对于多次超静定结构，其计算原理与一次超静定结构完全相同。下面结合三次超静定的刚架来进一步说明用力法解多次超静定结构的一般原理和力法典型方程的建立。

图 6-9（a）所示的刚架为三次超静定结构，用力法求解时，去掉 B 处的三个多余约束，代之以相应的多余未知力 X_1、X_2、X_3，则得到图 6-9（b）所示的基本结构。在原结构中，由于 B 端为固定端，所以没有水平位移、竖向位移和转角位移。因此，基本结构在荷载和多余未知力 X_1、X_2 和 X_3 共同作用下，在 B 端产生的 X_1、X_2 和 X_3 方向上的位移 Δ_1、Δ_2、Δ_3 都应等于零。即：

$$\Delta_1=0,\quad \Delta_2=0,\quad \Delta_3=0$$

由叠加原理，在基本结构上可分别求出位移 Δ_1、Δ_2、Δ_3。设基本结构在单位力 $X_1=1$ 单独作用下，B 点沿 X_1、X_2 和 X_3 方向所产生的位移分别为 δ_{11}、δ_{21} 和 δ_{31}［见图 6-9（c）］，事实上，X_1 并不等于 1，因此将图 6-9（c）各方向的位移分别乘以 X_1，即得 X_1 作用时 B 点的水平位移 $\delta_{11}X_1$、竖向位移 $\delta_{21}X_1$ 和转角位移 $\delta_{31}X_1$。同理，由图 6-9（d）得 X_2 单独作用于基本结构时 B 点的水平位移 $\delta_{12}X_2$、竖向位移 $\delta_{22}X_2$ 和转角位移 $\delta_{32}X_2$。由图 6-9（e）得 X_3 单独作用于基本结构时 B 点的水平位移 $\delta_{13}X_3$、竖向位移 $\delta_{23}X_3$ 和转角位移 $\delta_{33}X_3$。在图 6-9（f）中，Δ_{1F}、Δ_{2F}、Δ_{3F} 分别表示当荷载单独作用于基本结构上 B 点的水平位移、竖向位移和转角位移。

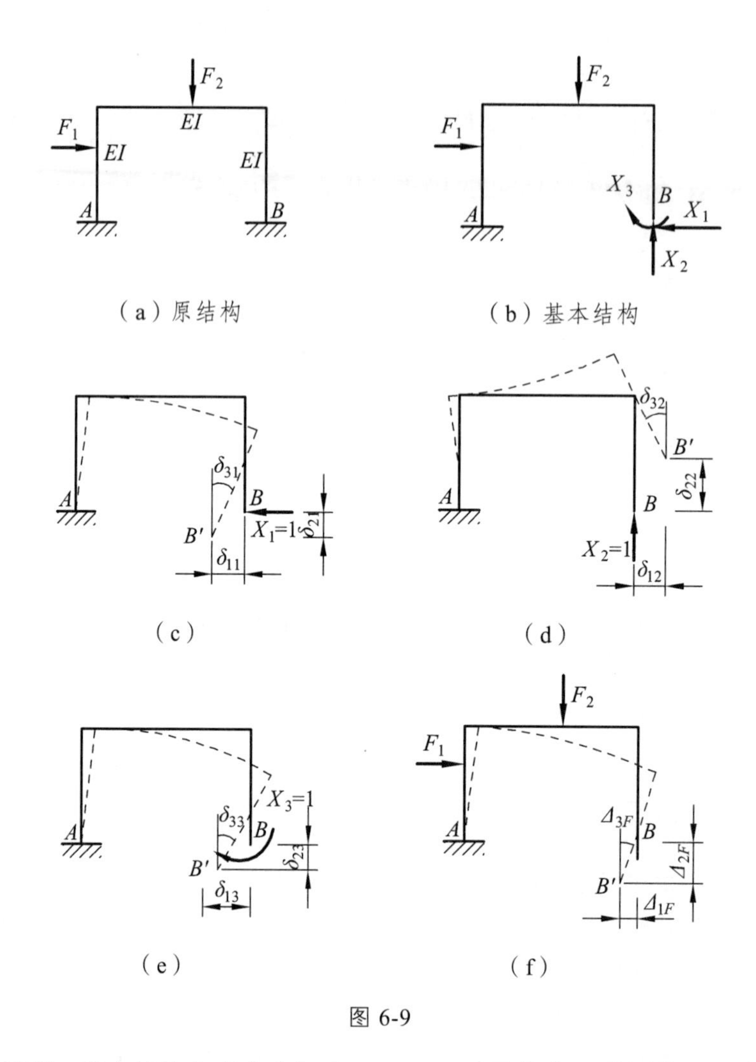

图 6-9

根据叠加原理，基本结构在多余未知力 X_1、X_2、X_3 及荷载 F 共同作用下产生的位移，等于它们分别作用时所产生的位移总和。即基本结构应满足的位移条件表示为：

$$\left.\begin{aligned} \Delta_1 &= \delta_{11}X_1 + \delta_{12}X_2 + \delta_{13}X_3 + \Delta_{1F} = 0 \\ \Delta_2 &= \delta_{21}X_1 + \delta_{22}X_2 + \delta_{23}X_3 + \Delta_{2F} = 0 \\ \Delta_3 &= \delta_{31}X_1 + \delta_{32}X_2 + \delta_{33}X_3 + \Delta_{3F} = 0 \end{aligned}\right\} \tag{6-1}$$

式（6-1）通常称为力法典型方程，方程中每一式的物理意义是：基本结构中在各多余未知力和已知荷载共同作用下，每一个多余未知力方向上的位移应与原结构中相应的位移相等。

对于图 6-9 所示的刚架，力法基本结构的选取方案并不是唯一的，在图 6-10 中给出了其他形式的基本结构，这时力法方程在形式上与式（6-1）完全相同。但由于 X_1、X_2 和 X_3 的实际含义不同，因而变形协调条件的含义也不同。此外，还须注意，基本结构必须是几何不变的，瞬变体系不能用作基本结构。

对于 n 次超静定结构，用力法分析时，可去掉 n 个多余约束得到静定的基本结构，具有 n 个多余未知力 X_1，X_2，…，X_n，相应地具有 n 个位移条件，可建立 n 个方程，若 n 个多余约束方向的位移均已知为零（仅有荷载作用的情况），则力法典型方程可表达为：

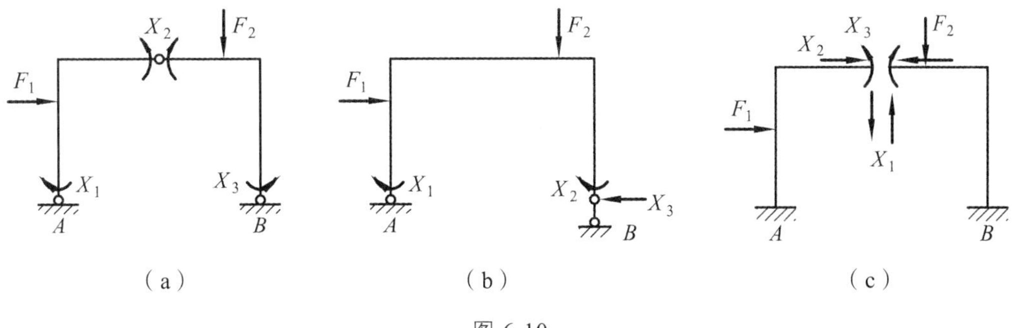

图 6-10

$$\left.\begin{aligned}\Delta_1 &= \delta_{11}X_1+\delta_{12}X_2+\cdots+\delta_{1n}X_n+\Delta_{1F}=0\\ \Delta_2 &= \delta_{21}X_1+\delta_{22}X_2+\cdots+\delta_{2n}X_n+\Delta_{2F}=0\\ &\vdots\\ \Delta_n &= \delta_{n1}X_1+\delta_{n2}X_2+\cdots+\delta_{nn}X_n+\Delta_{nF}=0\end{aligned}\right\} \qquad [6\text{-}2(a)]$$

或简记为：

$$\sum_{i=1}^{n}\delta_{ij}X_j+\Delta_{iF}=0 \quad (j=1,\ 2,\cdots,\ n) \qquad [6\text{-}2(b)]$$

也可用矩阵表示为：

$$\begin{bmatrix}\delta_{11} & \delta_{12} & \cdots & \delta_{1n}\\ \delta_{21} & \delta_{22} & \cdots & \delta_{2n}\\ \vdots & \vdots & & \vdots\\ \delta_{n1} & \delta_{n2} & \cdots & \delta_{nn}\end{bmatrix}\begin{Bmatrix}X_1\\ X_2\\ \vdots\\ X_n\end{Bmatrix}+\begin{Bmatrix}\Delta_{1F}\\ \Delta_{2F}\\ \vdots\\ \Delta_{nF}\end{Bmatrix}=\begin{Bmatrix}0\\ 0\\ \vdots\\ 0\end{Bmatrix} \qquad [6\text{-}2(c)]$$

上式中由δ_{ij}柔度系数组成的矩阵称为柔度矩阵，它是一个对称矩阵，因此，力法方程也称为柔度方程，力法也称为柔度法。

上述方程组在组成上具有一定的规律性，不论超静定结构的类型、超静定次数以及所选的基本结构如何，所得的方程都具有式（6-2）的形式，故称之为力法的典型方程。

在此方程组中，主斜线上未知力的系数 δ_{ii} 称为主系数，也称为主位移，其方向总是与单位未知力 $X_i=1$ 所设方向一致，所以总是正的，且不等于零。在主斜线两侧的未知力前的系数 δ_{ij} 称为副系数，由位移互等定理可知$\delta_{ij}=\delta_{ji}$。力法方程最后一项位移 Δ_{iF} 称为自由项。副系数及自由项的具体数值可能为正号，或负号，或为零。

上述所有系数和自由项均可用位移计算公式求得。若超静定结构含有受弯杆件及仅受轴力的链杆，而忽略受弯杆件的剪切变形和轴向变形，则有

$$\left.\begin{aligned}\delta_{ii} &= \sum\int\frac{\overline{M}_i^2}{EI}\mathrm{d}s+\sum\int\frac{\overline{F}_{Ni}^2}{EA}\mathrm{d}s\\ \delta_{ij} &= \sum\int\frac{\overline{M}_i\overline{M}_j}{EI}\mathrm{d}s+\sum\int\frac{\overline{F}_{Ni}\overline{F}_{Nj}}{EA}\mathrm{d}s\\ \Delta_{iF} &= \sum\int\frac{\overline{M}_iM_F}{EI}\mathrm{d}s+\sum\int\frac{\overline{F}_{Ni}F_{NF}}{EA}\mathrm{d}s\end{aligned}\right\} \qquad (6\text{-}3)$$

式中，$\bar{M}_i$、$\bar{M}_j$、M_F 和 $\bar{F}_{Ni}$、$\bar{F}_{Nj}$、F_{NF} 分别代表 $X_i=1$、$X_j=1$ 及荷载单独作用于基本结构时产生的弯矩和轴力。

将求得的各系数和自由项代入力法方程（6-2），求解联立线性方程组，即可求得多余约束力 X_1，X_2，…，X_n。基本结构在相应的多余约束力及荷载共同作用下，运用平衡条件可求出所有截面的内力，它就是原超静定结构的全部解答。另外，也可利用叠加原理，利用计算过程中已得的基本结构受各力单独作用下的内力分布（$\bar{M}_i$、M_F 等），求出原超静定结构任一截面的内力，例如任一截面的最终弯矩值为：

$$M=\sum_{i=1}^{n}\bar{M}_i X_i+M_F \tag{6-4}$$

再根据平衡条件可求得剪力和轴力。

$$\left.\begin{aligned}F_S&=\sum_{i=1}^{n}\bar{F}_{Si}X_i+F_{SF}\\F_N&=\sum_{i=1}^{n}\bar{F}_{Ni}X_i+F_{NF}\end{aligned}\right\}$$

6.3 力法的计算步骤及算例

根据力法的基本原理，力法计算超静定结构的方法和步骤可归纳如下：

（1）确定超静定次数，并选取适当的基本结构。

（2）根据原结构中各个被解除约束方向的已知位移条件，建立力法典型方程式。

（3）分别作出基本结构的各单位内力图及已知外荷载所产生的内力图，并应用公式（6-3）求出所有的系数和自由项。

（4）将求得的系数和自由项代入力法典型方程式，并解出各基本未知力。

（5）按分析静定结构的方法，利用静力平衡条件或叠加原理（按公式 6-4）作出结构的最后内力图。梁、刚架：$M=\sum X_i\bar{M}_i+M_F$，再由平衡条件求得其轴力和剪力；桁架：$F_N=\sum X_i\bar{F}_I+\bar{N}_F$。

（6）校核（后面详述）。

应当注意的是，在选取基本结构时，若解除多余约束的方案不同，则将会得到不同形式的基本结构，虽然其力法典型方程的基本形式相同，超静定结构的求解步骤和最终结果亦相同，但计算工作量可能会有很大的差异。因此，基本结构的合理选取在力法中常具有重要意义。合理选取基本结构总的原则是使计算简单。例如，对于梁和刚架结构来说，应该使单位荷载弯矩图和荷载弯矩图的图形比较简单，甚至仅发生于局部，以便于图乘法的运用，或是使方程的某些副系数或自由项等于零：若是对称结构，一般宜取对称的基本结构；对于有弹性支座的情况，去除多余约束时通常可将弹性支座切断，运算较为简单。

以下分别举例说明用力法计算各类超静定结构的具体计算方法。

【例题 6-1】 试计算图 6-11 所示连续梁，并绘制其最终弯矩图，各跨 EI 为常数。

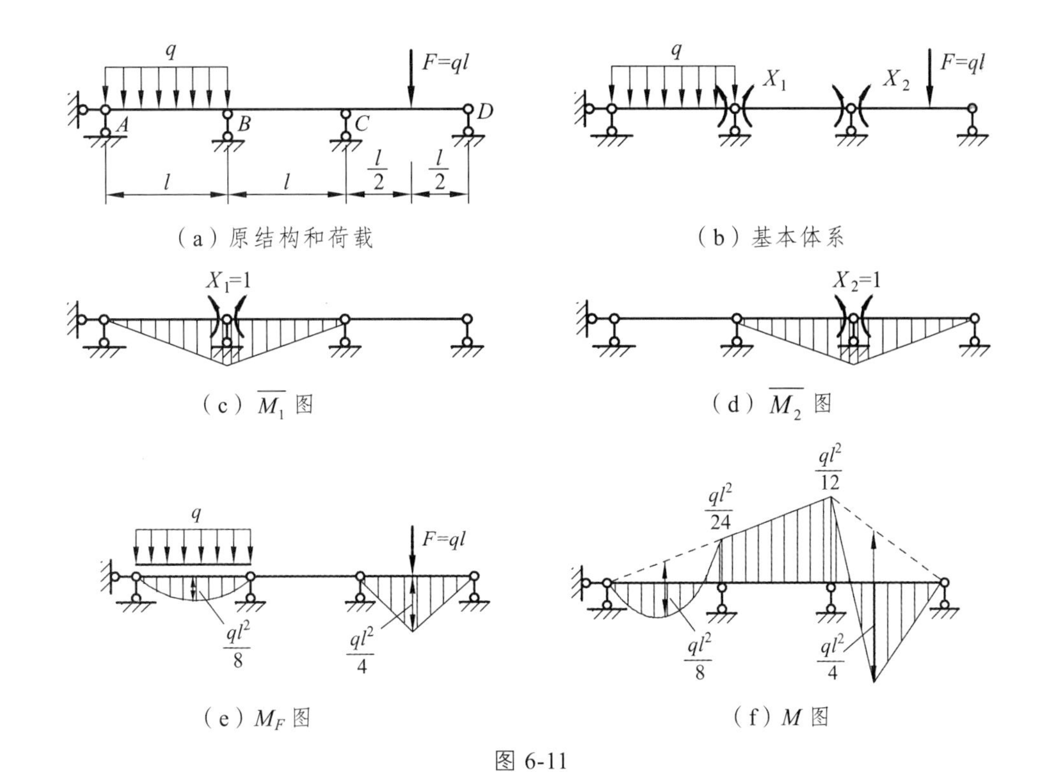

图 6-11

解：（1）确定超静定次数，选取基本体系。

此梁是两次超静定结构，在基本体系的诸多方案中，以图 6-11（b）所示简支梁式基本体系最便于计算，即去除支点 B、C 两截面的相对转动约束而成铰结点，X_1 和 X_2 分别表示截面 B 和 C 的未知弯矩。

（2）根据原结构已知变形条件建立力法典型方程。

原连续梁受力变形后是连续的，结点 B 和 C 的左、右截面不会产生相对转角，故力法典型方程为：

$$\left.\begin{aligned}\delta_{11}X_1+\delta_{12}X_2+\Delta_{1F}=0\\ \delta_{21}X_1+\delta_{22}X_2+\Delta_{2F}=0\end{aligned}\right\}$$

（3）求系数和自由项。

绘出基本结构在单位力 $X_1=1$、$X_2=1$ 作用下的弯矩图 $\bar{M}_1$、$\bar{M}_2$ 及荷载作用下的弯矩图 M_F，如图 6-11（c）、（d）、（e）所示。运用图乘法求得

$$\delta_{11}=\delta_{22}=\frac{2}{EI}\times\frac{1}{2}\times l\times1\times\frac{2}{3}\times1=\frac{2l}{3EI}$$

$$\delta_{12}=\delta_{21}=\frac{1}{EI}\times\frac{1}{2}\times l\times1\times\frac{1}{3}\times1=\frac{l}{6EI}$$

$$\Delta_{1F}=\frac{1}{EI}\times\frac{2}{3}\times\frac{ql^2}{8}\times l\times\frac{1}{2}\times1=\frac{ql^3}{24EI}$$

$$\Delta_{2F}=\frac{1}{EI}\times\frac{1}{2}\times\frac{ql^2}{4}\times l\times\frac{1}{2}\times1=\frac{ql^3}{16EI}$$

由以上计算可见，取简支梁为基本结构可使 $\bar{M}_1$、$\bar{M}_2$ 图及 M_F 的分布范围仅限于局部，

位移计算就会比较简单，如果连续梁跨数更多时，这一优点更为明显，并将使不相邻的未知力之间的副系都等于零。

（4）代入方程求出基本未知量。

将以上所得各位移值代入力法典型方程，即有

$$\begin{cases} \dfrac{2l}{3EI}X_1+\dfrac{l}{6EI}X_2+\dfrac{ql^3}{24EI}=0 \\ \dfrac{l}{6EI}X_1+\dfrac{2l}{3EI}X_2+\dfrac{ql^3}{16EI}=0 \end{cases}$$

解得：

$$\begin{cases} X_1=-\dfrac{ql^2}{24} \\ X_2=-\dfrac{ql^2}{12} \end{cases}$$

负号表示 X_1、X_2 的方向与所设方向相反，截面 B、C 均为上边缘受拉。

（5）绘制最终弯矩图。

根据叠加原理，按 $M=\bar{M}_1X_1+\bar{M}_2X_2+M_F$ 计算各杆端弯矩。

$$M_B=1\times\left(-\frac{ql^2}{24}\right)=-\frac{ql^2}{24}\text{（上侧受拉）}$$

$$M_C=1\times\left(-\frac{ql^2}{12}\right)=-\frac{ql^2}{12}\text{（上侧受拉）}$$

用叠加法绘出弯矩图，如图 6-11（f）所示。根据梁上的荷载和已求得的杆端弯矩，用平衡条件可作出梁段的剪力图并求出各支座反力。

【例题 6-2】 试计算图 6-12（a）所示的超静定刚架，并绘制内力图。

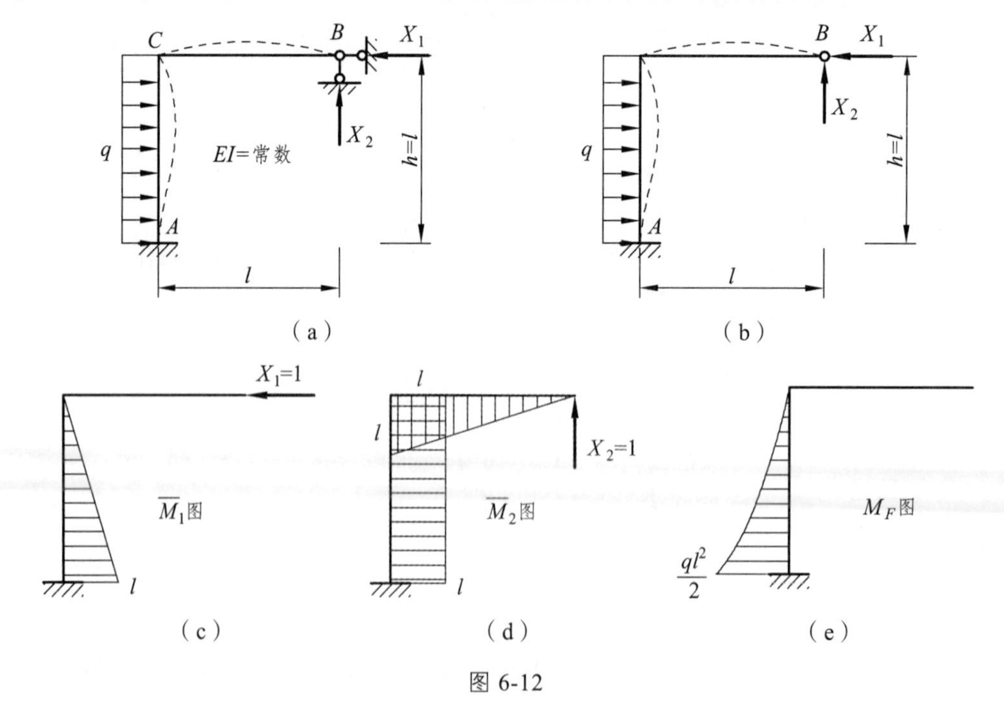

图 6-12

解：（1）确定超静定次数，选取基本结构。

这是一个二次超静定结构，去掉 B 端铰支座的两个约束，得到基本结构，如图 6-12（b）所示。

（2）建立力法方程。基本结构在荷载和多余未知力作用下，应满足 B 点的水平和竖向位移为零的变形条件，建立力法方程：

$$\left.\begin{aligned}\delta_{11}X_1+\delta_{12}X_2+\Delta_{1F}=0\\ \delta_{21}X_1+\delta_{22}X_2+\Delta_{2F}=0\end{aligned}\right\}$$

（3）计算系数和自由项。先分别绘制基本结构在荷载作用下的 M_F 图［见图 6-12（e）］及单位力 $X_1=1$，$X_2=1$ 作用下的 $\bar{M}_1$图和 $\bar{M}_2$ 图［见图 6-12（c）、（d）］，利用图乘法计算各系数和自由项如下，有

$$\delta_{11}=\sum\int\frac{\overline{M}_1^2\mathrm{d}s}{EI}=\sum\frac{\omega y_c}{EI}=\frac{1}{EI}\cdot\frac{1}{2}\cdot l\cdot l\cdot\frac{2}{3}\cdot l=\frac{l^3}{3EI}$$

$$\delta_{22}=\sum\int\frac{\overline{M}_2^2\mathrm{d}s}{EI}=\sum\frac{\omega y_c}{EI}=\frac{1}{EI}(\frac{1}{2}\cdot l\cdot l\cdot\frac{2}{3}\cdot l+l\cdot l\cdot l)=\frac{4l^3}{3EI}$$

$$\delta_{12}=\delta_{21}=\sum\int\frac{\overline{M}_1\overline{M}_2\mathrm{d}s}{EI}=\sum\frac{\omega y_c}{EI}=\frac{1}{EI}\cdot\frac{1}{2}\cdot l\cdot l\cdot l=\frac{l^3}{2EI}$$

$$\Delta_{1F}=\sum\int\frac{\overline{M}_1\overline{M}_P\mathrm{d}s}{EI}=\sum\frac{\omega y_c}{EI}=-\frac{1}{EI}\cdot\frac{1}{3}\cdot l\cdot\frac{ql^2}{2}\cdot\frac{3}{4}\cdot l=-\frac{ql^4}{8EI}$$

$$\Delta_{2F}=\sum\int\frac{\overline{M}_2\overline{M}_P\mathrm{d}s}{EI}=\sum\frac{\omega y_c}{EI}=-\frac{1}{EI}\cdot\frac{1}{3}\cdot l\cdot\frac{ql^2}{2}\cdot l=-\frac{ql^4}{6EI}$$

（4）求多余未知力。将上述各系数和自由项代入力法方程，并求解得

$$X_1=\frac{3ql}{7}\ (\leftarrow),\qquad X_2=-\frac{ql}{28}\ (\downarrow)$$

负号表示 X_2 的方向与所设方向相反。

（5）绘制内力图。利用叠加公式 $M=\bar{M}_1X_1+\bar{M}_2X_2+M_F$，计算各杆端的弯矩值如下：

$$M_{CB}=l\times\left(-\frac{ql}{28}\right)=-\frac{ql^2}{28}\ （上侧受拉）$$

$$M_{AC}=l\times\frac{3ql}{7}+l\times\frac{ql}{28}-\frac{ql^2}{2}=-\frac{3ql^2}{28}\ （外侧受拉）$$

绘制弯矩图，如图 6-13（a）所示。

剪力和轴力可按分析静定结构的方法，利用平衡条件计算，并绘制剪力图和轴力图，分别如图 6-13（b）、（c）所示。

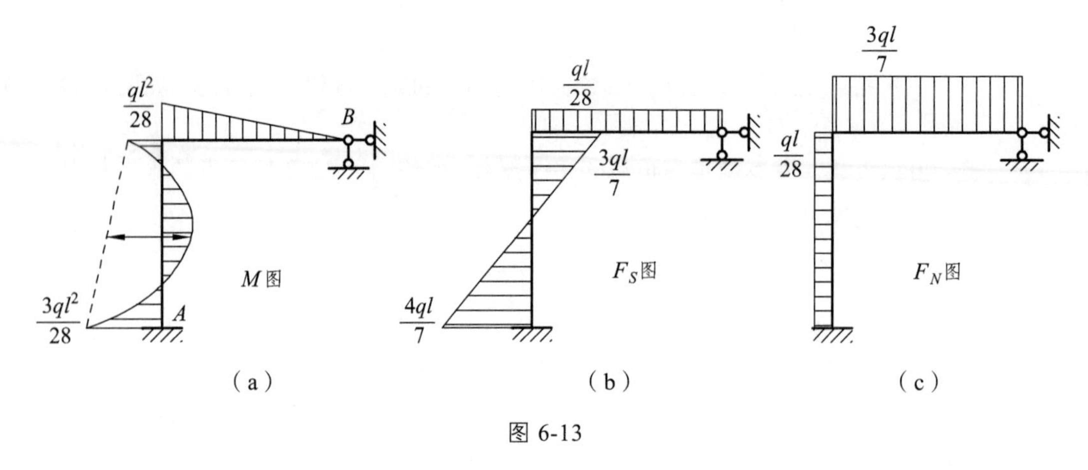

（a）　　（b）　　（c）

图 6-13

【例题 6-3】 作图 6-14（a）所示超静定梁的弯矩图。

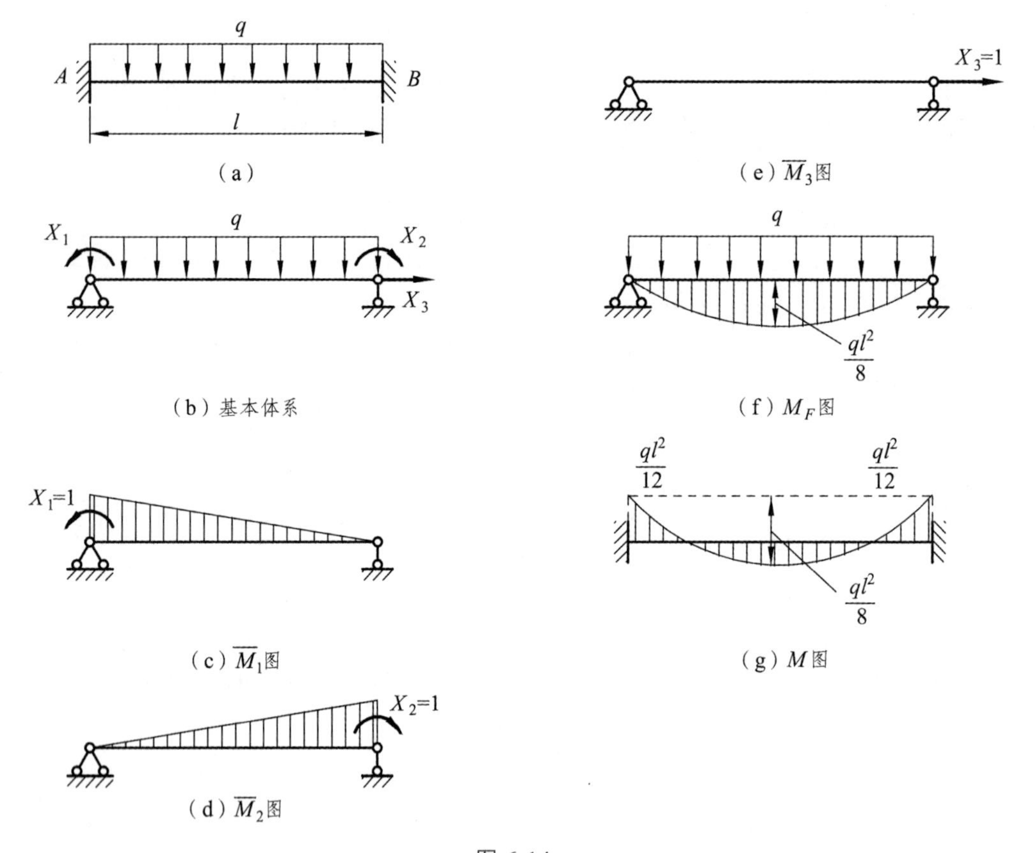

图 6-14

解：（1）取基本体系，如图 6-14（b）所示。其中 X_1、X_2 分别为 A、B 端的弯矩；X_3 为 B 端的轴向力。

（2）建立力法典型方程。

根据原结构的已知位移条件，力法典型方程为

$$\left.\begin{aligned}\Delta_1 = \delta_{11}X_1 + \delta_{12}X_2 + \delta_{13}X_3 + \Delta_{1F} = 0 \\ \Delta_2 = \delta_{21}X_1 + \delta_{22}X_2 + \delta_{23}X_3 + \Delta_{2F} = 0 \\ \Delta_3 = \delta_{31}X_1 + \delta_{32}X_2 + \delta_{33}X_3 + \Delta_{3F} = 0\end{aligned}\right\}$$

基本结构的 $\bar{M}_1$、$\bar{M}_2$、$\bar{M}_3$、M_F 图分别如图 6-14（c）、（d）、（e）、（f）所示。由于 $\bar{M}_3 = 0$，$\bar{F}_{S3} = 0$，$\bar{F}_{N1} = \bar{F}_{N2} = F_{NF} = 0$，所以可知 $\delta_{13} = \delta_{31} = 0$，$\delta_{23} = \delta_{32} = 0$，$\Delta_{3F} = 0$，于是力法典型方程中的第三式 $\delta_{33}X_3 = 0$。如果计算 δ_{33} 时考虑轴向变形的影响，$F_{N3} = 1$，则

$$\delta_{33} = \sum\int\frac{\bar{F}_{N3}\bar{F}_{N3}\mathrm{d}s}{EA} = \frac{l}{EA}$$

据此可得 $X_3 = 0$，即小挠度情况下的超静定梁在垂直于梁轴的横向荷载作用下，其轴向力等于零，因此力法典型方程简化为：

$$\left.\begin{aligned}\delta_{11}X_1 + \delta_{12}X_2 + \Delta_{1F} = 0 \\ \delta_{21}X_1 + \delta_{22}X_2 + \Delta_{2F} = 0\end{aligned}\right\}$$

（3）求系数和自由项。

应用图乘法，可得

$$\delta_{11} = \delta_{22} = \frac{l}{3EI}\text{；}\quad \delta_{12} = \delta_{21} = \frac{l}{6EI}\text{；}\quad \Delta_{1F} = \Delta_{2F} = -\frac{ql^3}{24EI}$$

（4）求多余未知力并作 M 图。

将系数和自由项代入力法典型方程，可得

$$X_1 = X_2 = \frac{ql^2}{12}$$

由此作出最后的弯矩如图 6-14（g）所示。此种两端固定的直梁可按二次超静定处理。

【例题 6-4】 试计算图 6-15（a）所示超静定桁架各杆件的内力。已知各杆的 EA 相同。

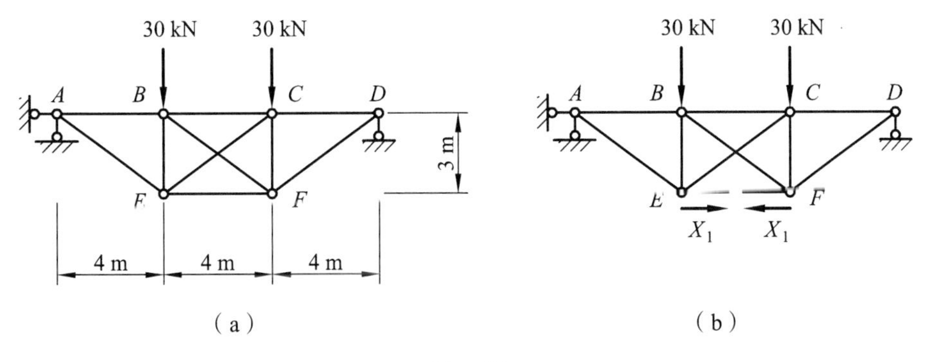

图 6-15

解：（1）选取基本结构。此结构为一次超静定桁架，切断下弦杆 EF 代之以相应的多余未知力 X_1，得到图 6-15（b）所示静定桁架作为基本结构。

（2）建立力法方程。按照原结构变形连续的条件，基本结构上与 X_1 相应的位移，即切口两侧截面沿杆轴方向的相对位移应为零，故力法方程为

$$\delta_{11}X_1 + \Delta_{1F} = 0$$

（3）计算系数和自由项。基本结构分别受单位力 $X_1=1$ 和荷载作用引起的各杆内力列入表 6-1 中，δ_{11}、Δ_{1F} 的计算也已在该表中列出。由表可得

$$\delta_{11}=\frac{1}{EA}\sum\bar{F}_{N1}l=\frac{27}{EA}$$

$$\Delta_{1F}=\frac{1}{EA}\sum F_{NF}\bar{F}_{N1}l=\frac{-1\ 215}{EA}$$

表 6-1　δ_{11}、Δ_{1F} 及 F_N 的计算

杆件	l	$\bar{F}_{N1}$	F_{NF}	$\bar{F}_{N1}F_{NF}l$	$\bar{F}_{N1}^2l$	F_N
AE	5	0	50	0	0	50
AB	4	0	−40	0	0	−40
BE	3	0.75	−60	−135	1.687 5	−26.25
BC	4	1	−80	−320	4	−35
BF	5	−1.25	50	−312.5	7.812 5	−6.25
EF	4	1	0	0	4	45
CF	3	0.75	−60	−135	1.687 5	−26.25
CD	4	0	−40	0	0	−40
DF	5	0	50	0	0	50
CE	5	−1.25	50	−312.5	7.812 5	−6.25
$\sum$				−1 215	27	

（4）求多余未知力：将以上系数和自由项代入力法方程，得

$$\frac{27}{EA}X_1-\frac{1\ 215}{EA}=0$$

$$X_1=45\ \text{kN}$$

（5）计算各杆内力：根据叠加原理，各杆内力为

$$F_N=\bar{F}_{N1}X_1+F_{NF}$$

由此式计算得到各杆轴力，结果列入表的最后一栏。

【例题 6-5】 计算图 6-16（a）所示两跨排架，作出弯矩图。其中：$EI_2=5EI_1$，$h_1=3$ m，$h_2=10$ m，$M_E=20$ kN · m，$M_H=60$ kN · m，杆 *CD*、杆 *HG* 的 $EA=\infty$。

解：排架的计算方法与前面讲的刚架基本相同，特别之处是：理论上它的基本体系也有多种取法，但是根据经验切断 $EA=\infty$的横杆，代之以多余力而得到基本体系是最方便的，如图 6-16（b）所示。这是因为这种基本体系中的柱子全是悬臂结构，后面计算系数和自由项时比较方便。

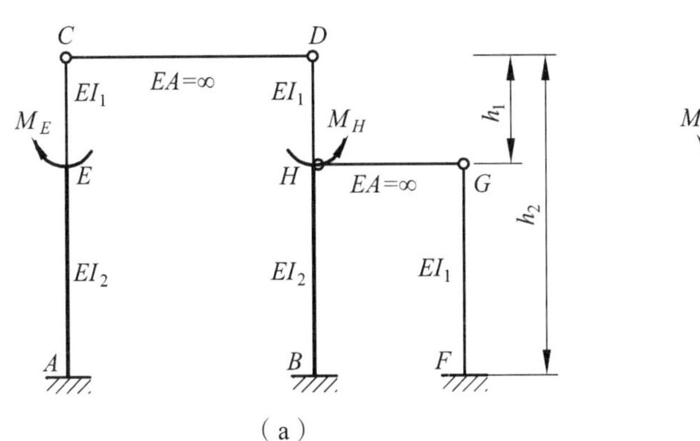

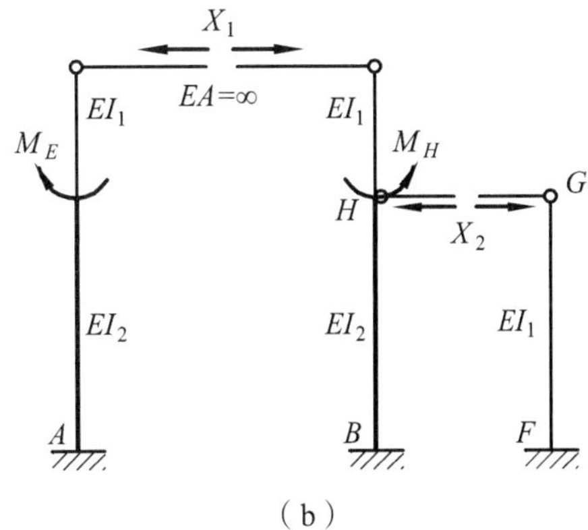

图 6-16

由于基本体系是把轴力杆切断而得到的，因此建立力法方程的位移条件是：基本体系在荷载及多余力共同作用下，在切断点处产生的沿多余力方向的相对水平位移应该等于零，因为结构上的任意一点在荷载作用下可能会产生变形和位移，但不可能有相对位移，所谓的相对位移是多点之间的。下面来说明它的计算方法及步骤。

（1）此排架为二次超静定结构，选取基本体系，如图 6-16（b）所示。

（2）建立力法方程。

$$\delta_{11}X_1+\delta_{12}X_2+\Delta_{1F}=0$$
$$\delta_{21}X_1+\delta_{22}X_2+\Delta_{2F}=0$$

（3）作 $\bar{M}_1$、$\bar{M}_2$、M_F 图，如图 6-17（a）、（b）、（c）所示，求系数及自由项。

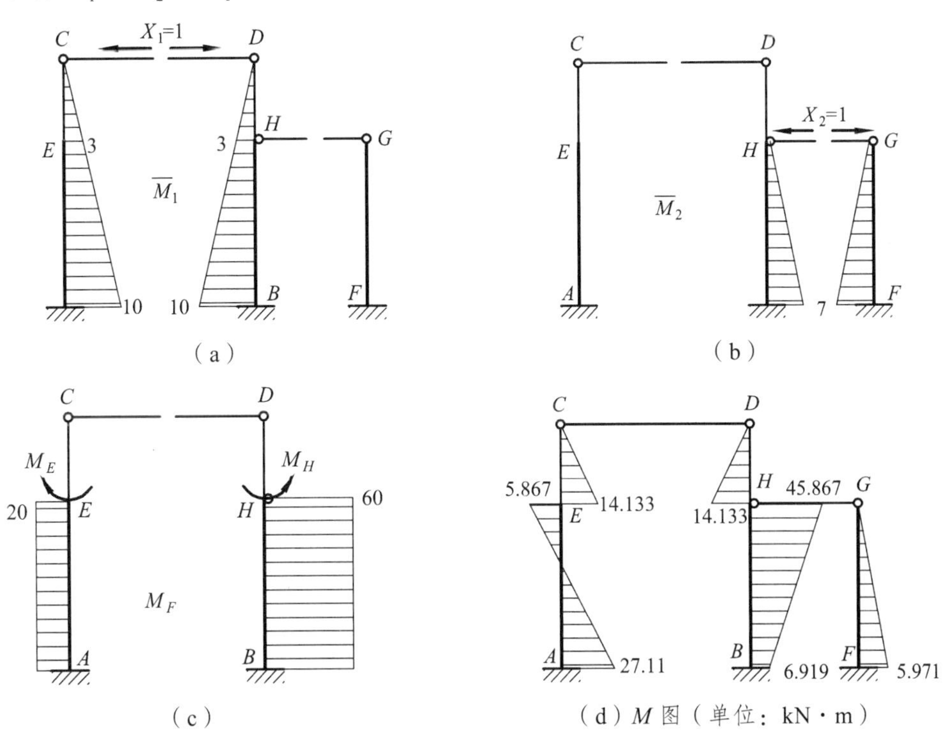

图 6-17

注意：作 $\bar{M}_1$ 图时，一对多余力 $X_1=1$ 是作用在切断杆上的，因此该杆受轴力为 -1，但计算 δ_{11} 时，由于该杆的 $EA=\infty$，因此没有影响。由图乘法得系数及自由项如下：

$$\delta_{11}=\frac{7}{6EI_2}(2\times3\times3+2\times10\times10+10\times3+3\times10)\times2+\frac{1}{EI_1}\times\frac{1}{2}\times3\times3\times\frac{2}{3}\times3\times2$$

$$=\frac{738.7}{EI_2}$$

$$\delta_{22}=\frac{1}{EI_2}\times\frac{1}{2}\times7\times7\times\frac{2}{3}\times7+\frac{1}{EI_1}\times\frac{1}{2}\times7\times7\times\frac{2}{3}\times7=\frac{686}{EI_2}$$

$$\delta_{12}=\delta_{21}=-\frac{1}{EI_2}\times\frac{1}{2}\times7\times7\times(\frac{2}{3}\times7+3)=-\frac{187.8}{EI_2}$$

$$\Delta_{1F}=-\frac{1}{EI_2}\left[20\times7\left(\frac{7}{2}+3\right)+60\times7\times\left(\frac{7}{2}+3\right)\right]=-\frac{3\ 640}{EI_2}$$

$$\Delta_{2F}=\frac{1}{EI_2}\times\frac{1}{2}\times7^2\times60=\frac{1\ 470}{EI_2}$$

（4）解力法方程，求多余未知力。

将求得的系数和自由项代入力法方程中。

$$\left.\begin{aligned}738.7X_1-187.8X_2-3\ 640=0\\-187.8X_1+686X_2+1\ 470=0\end{aligned}\right\}$$

解得：
$$\begin{cases}X_1=4.711\ \text{kN}\\X_2=-0.853\ \text{kN}\end{cases}$$

（5）作最后弯矩图。

根据叠加法 $M=\bar{M}_1X_1+\bar{M}_2X_2+M_F$，求得杆端弯矩，绘制出弯矩图，如图 6-17（d）所示。

【例题 6-6】 试计算图 6-18 所示加劲梁，已知梁的抗弯刚度为 E_1I，各链杆的抗拉压刚度为 E_2A。

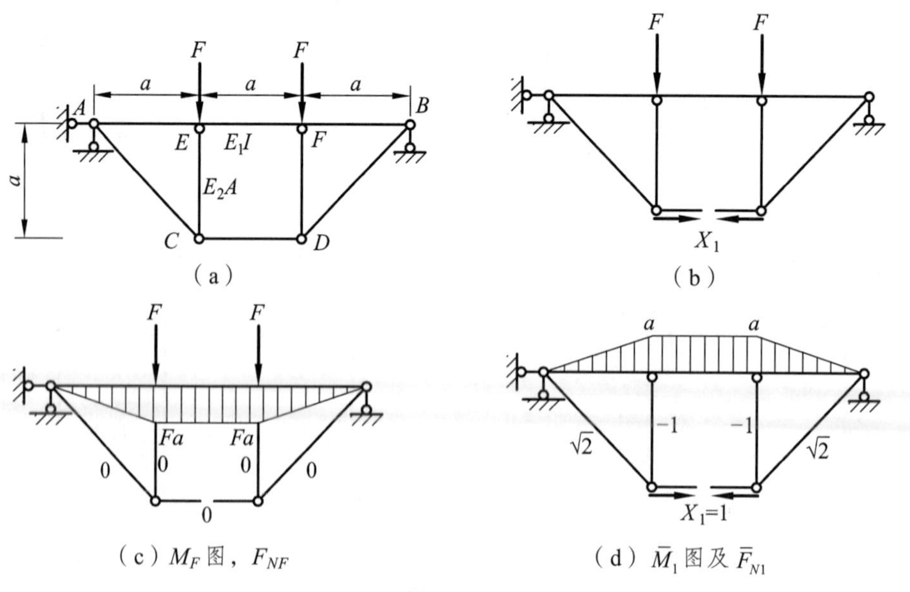

图 6-18

解：这是一次超静定的组合结构。切断链杆 *CD* 便得基本结构，如图 6-18（b）所示，根据切口两侧截面沿 X_1 方向的相对位移为零的条件，可列出典型方程：

$$\Delta_1=\delta_{11}X_1+\Delta_{1F}=0$$

在组合结构中，计算系数和自由项时，对于梁仍只考虑弯矩的影响；对于链杆则只需考虑轴力。作基本结构在荷载单独作用下的弯矩图 M_F 和各链杆的轴力 F_N 图（标注在杆旁），如图 6-18（c）所示。作基本结构在 $X_1=1$ 单独作用下的弯矩 $\overline{M}_1$ 图和各链杆的轴力 $\bar{F}_{N1}$ 图，如图 6-18（d）所示。据此，可算得系数和自由项如下：

$$\delta_{11}=\sum\int\overline{M}_1^2\frac{\mathrm{d}s}{E_1I}+\sum\frac{\overline{F}_{N1}^2l}{E_2A}$$

$$=\frac{1}{E_1I}\left(\frac{a^2}{2}\times\frac{2}{3}\times a\times 2+a^2\times a\right)+\left[2\frac{(-1)^2\times a}{E_2A}+\frac{1^2\times a}{E_2A}+2\frac{\left(\sqrt{2}\right)^2\times\sqrt{2}a}{E_2A}\right]$$

$$=\frac{5a^3}{3E_1I}+\frac{3+4\sqrt{2}a}{E_2A}$$

$$\Delta_{1F}=\sum\int\overline{M}_1M_F\frac{\mathrm{d}s}{E_1I}+\sum\frac{\bar{F}_{N1}F_{NF}l}{E_2A}$$

$$=-\frac{1}{E_1I}\left(\frac{Fa^2}{2}\times\frac{2}{3}\times a\times 2+Pa^2\times a\right)+0$$

$$=-\frac{5Fa^3}{3E_1I}$$

带入力法典型方程并求解：

$$X_1=\frac{F}{1+\frac{3(3+4\sqrt{2})}{5}\times\frac{E_1I}{E_2Aa^2}}(\text{拉力})$$

梁的最后弯矩图和各链杆的轴力，可按下面二式叠加而得：

$$M=M_F+X_1\overline{M}_1$$
$$F_N=F_{NF}+X_1\bar{F}_{N1}$$

由图 6-18（c）、（d）可知，$X_1\overline{M}_1$ 与 M_F 的符号是相反的，故按上式叠加的结果，梁中的弯矩 $M<M_F$，又由图 6-18（c）可知，M_F 图实质上是没有链杆的简支梁的弯矩图，这就表明原结构（加劲梁）由于有链杆的支撑，梁中的弯矩（*M*）比相应的简支梁明显地减小了。或者说，链杆的存在，使梁的强度和刚度得到了增加。这就是“加劲梁”名称的由来，起重运输机械中的天车梁就常采用这种结构。

通过以上几个例题的计算表明，超静定结构在荷载作用下的内力与各杆刚度的绝对值无关，但与各杆刚度的相对比值有关。相对刚度愈大，承受的内力也愈大。这是超静定结构受力的重要特征之一。

6.4 对称性的利用

工程中很多结构是对称的，利用对称性常可以使结构的受力分析得以简化。

所谓对称的超静定结构，不仅在几何形状、尺寸方面，而且在各个位置的杆件的刚度性质（EI、EA）以及约束情况方面，都应是对称的。例如图 6-19（a）、（c）所示的刚架是一个对称刚架；图 6-19（b）所示的矩形涵管具有两根对称轴。下面以刚架为例来讨论在对称结构的几种简化计算的途径，其原则同样适用于其他各种结构。

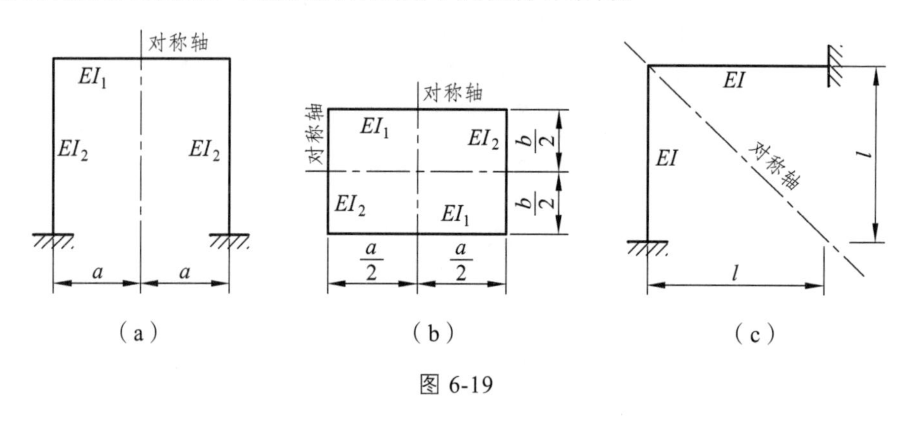

图 6-19

6.4.1 选取对称的基本结构

用力法计算对称结构时，若选取对称的基本结构，可使计算大为简化。如图 6-20（a）所示为一单跨超静定对称刚架，它有一根竖向对称轴，若在横梁上沿对称轴的截面切开，便得到一个对称的基本结构，如图 6-20（b）所示，具有三个多余未知力，基本结构在荷载及 X_1、X_2、X_3 作用下，切口两侧截面的相对转角、相对水平线位移和相对竖向线位移等于零，据此变形条件建立力法方程：

$$\left.\begin{aligned}\delta_{11}X_1+\delta_{12}X_2+\delta_{13}X_3+\Delta_{1F}=0\\ \delta_{21}X_1+\delta_{22}X_2+\delta_{23}X_3+\Delta_{2F}=0\\ \delta_{31}X_1+\delta_{32}X_2+\delta_{33}X_3+\Delta_{3F}=0\end{aligned}\right\}$$

显然 X_1（弯矩）和 X_2（水平的轴力）是正对称的，X_3（竖向的剪力）是反对称的，因此，相应于正对称未知力的单位弯矩图 $\bar{M}_1$ 和 $\bar{M}_2$ 是正对称的，如图 6-20（c）、（d）所示。而相应于反对称未知力的 $\bar{M}_3$ 图是反对称的，如图 6-20（e）所示。在计算力法方程中的副系数时，由对称弯矩图与反对称弯矩图相乘得结果：

$$\delta_{13}=\delta_{31}=\sum\int_l \frac{\overline{M}_1\overline{M}_3}{EI}\mathrm{d}s=0$$

$$\delta_{23}=\delta_{32}=\sum\int_l \frac{\overline{M}_2\overline{M}_3}{EI}\mathrm{d}s=0$$

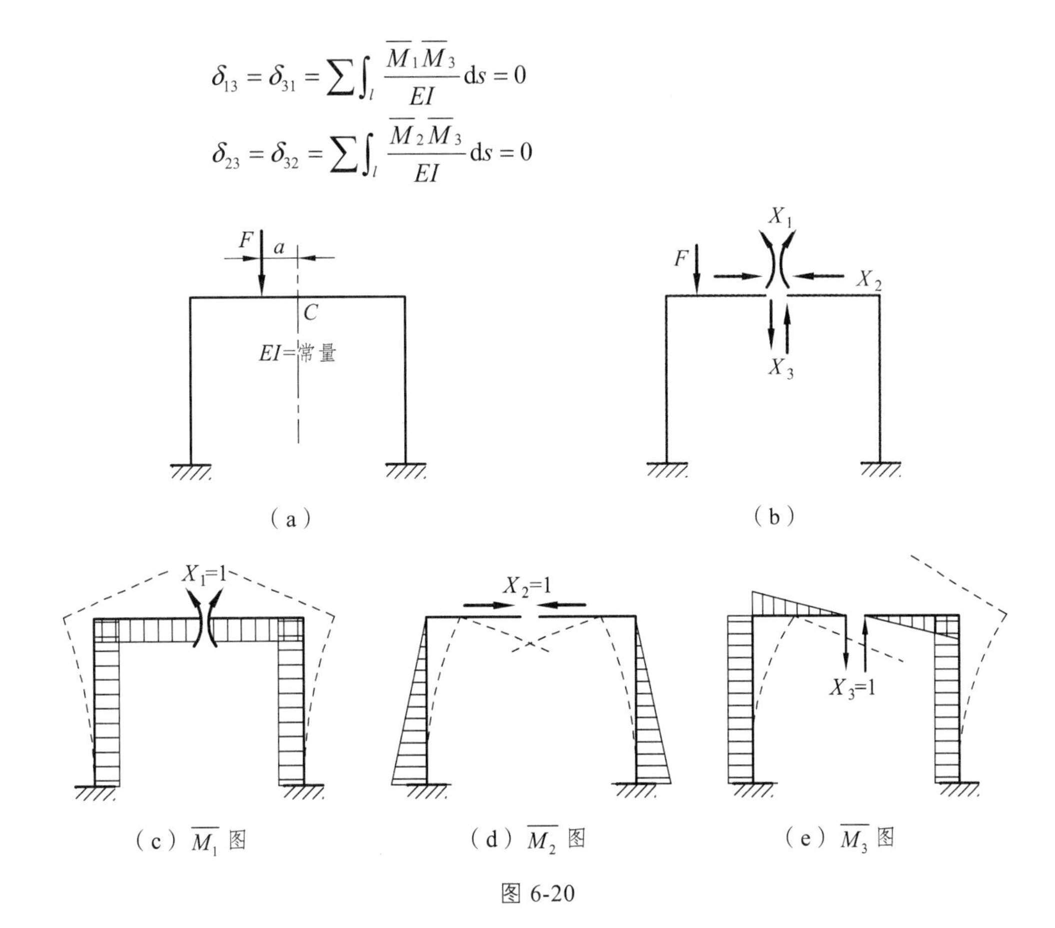

图 6-20

于是，力法典型方程就简化为：

$$\left.\begin{aligned}\delta_{11}X_1+\delta_{12}X_2+\Delta_{1F}=0\\ \delta_{21}X_1+\delta_{22}X_2+\Delta_{2F}=0\\ \delta_{33}X_3+\Delta_{3F}=0\end{aligned}\right\}\tag{a}$$

由此可见，选取对称的基本结构可将力法方程分解为两组：一组只包含正对称未知力（X_1、X_2），另一组只包含反对称未知力（X_3），方程组降阶从而使计算大为简化。

与此同时，还可将原结构上的外荷载分组。当对称结构上作用有任意荷载时［见图 6-21（a）］，可将它分解成正对称荷载［见图 6-21（b）］和反对称荷载［见图 6-21（c）］两种情况。

（1）对称荷载作用于对称结构。

在对称荷载作用下，基本结构的荷载弯矩图 M_F 图是对称的，如图 6-22（a）所示。而 $\overline{M}_3$ 图是反对称的，如图 6-20（e）所示，因此

$$\Delta_{3F}=\sum\int_l \frac{\overline{M}_3 M_F}{EI}\mathrm{d}s=0$$

将上式代入力法方程式（a），可得反对称未知力 $X_3=0$，此时力法方程简化为

$$
\left.\begin{array}{l}\delta_{11}X_1+\delta_{12}X_2+\Delta_{1F}=0\\ \delta_{21}X_1+\delta_{22}X_2+\Delta_{2F}=0\end{array}\right\} \tag{b}
$$

这时只需按式（b）计算对称未知力 X_1 和 X_2，如图 6-22（c）所示。

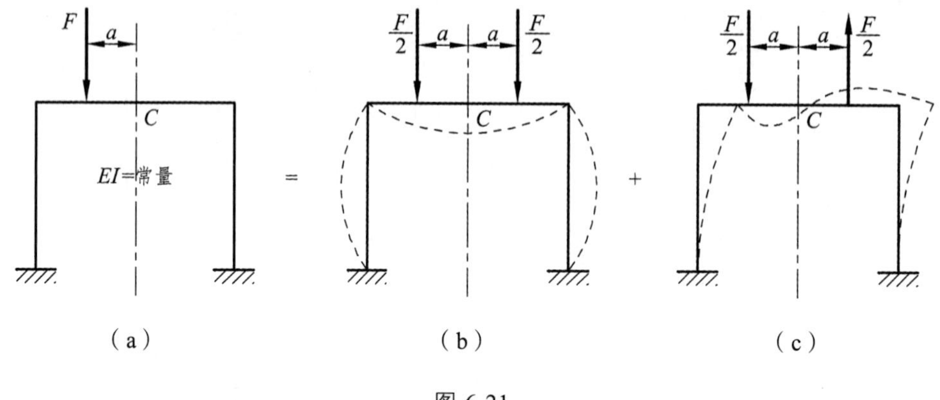

图 6-21

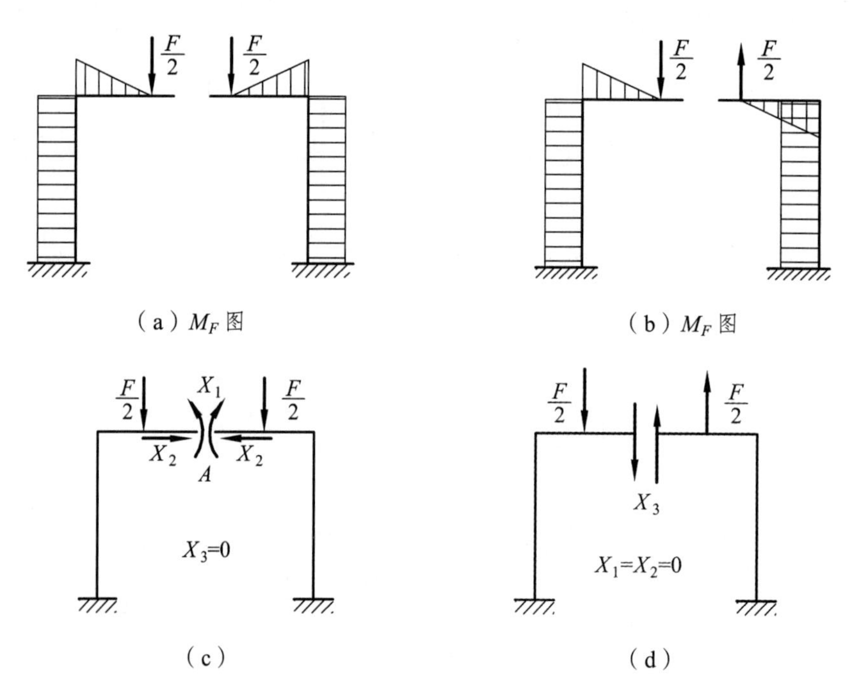

图 6-22

（2）反对称荷载作用于对称结构。

在反对称荷载作用下，基本结构的荷载弯矩图 M_F 图是反对称的，如图 6-22（b）所示，而 $\overline{M}_1$ 图和 $\overline{M}_2$ 图是对称的，分别如图 6-20（c）、（d）所示，因此

$$
\Delta_{1F}=\sum\int_l \frac{\overline{M}_1 M_F}{EI}\mathrm{d}s=0
$$

$$\Delta_{2F}=\sum\int_l \frac{\bar{M}_2 M_F}{EI}\mathrm{d}s=0$$

将上式代入力法方程中（a）式，可得对称未知力 $X_1=0$，$X_2=0$。此时力法方程简化为

$$\delta_{33}X_3+\Delta_{3F}=0 \tag{c}$$

这时只需按（c）式计算反对称未知力 X_3，如图 6-22（d）所示。

由此可得出如下结论：对称结构在对称荷载作用下，结构的内力（以及变形）是对称的，反对称的多余未知力为零；对称结构在反对称荷载作用下，结构的内力（以及变形）是反对称的，对称的多余未知力为零。利用这一性质可以简化计算，并可以用来检查内力图是否正确。

对称结构在非对称荷载作用下，可以分解成正对称荷载和反对称荷载两部分，对两部分分别进行计算，然后将两者所得内力叠加，即得原结构的最终内力。

【例题 6-7】 绘制图 6-23（a）所示刚架在对称荷载作用下的 M 图，EI 为常数。

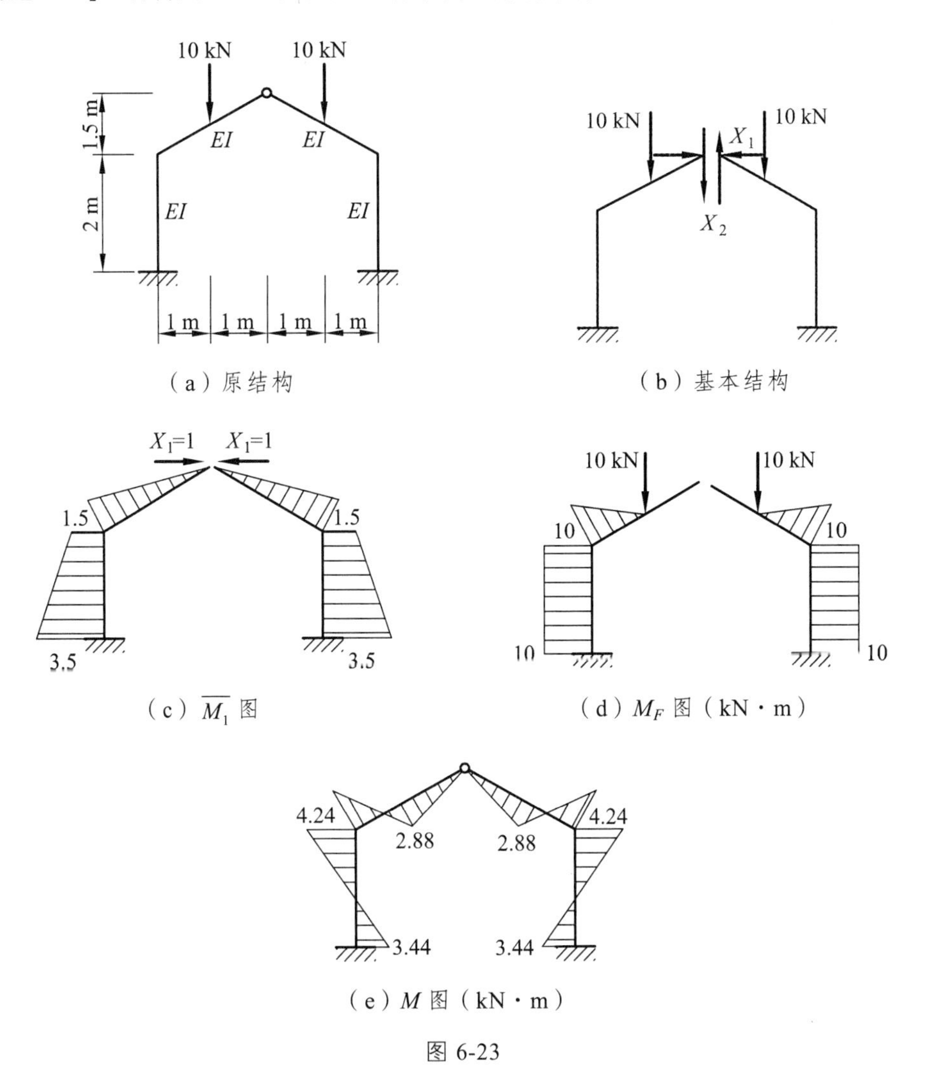

图 6-23

解：此刚架是对称结构，且荷载也是对称的。我们将中间铰去掉，代之以两对多余未知力 X_1 和 X_2，得到对称的基本结构，如图 6-23（b）所示。其中多余未知力 X_1 是对称的，X_2 是一对反对称未知力，由于对称结构在对称荷载作用下，反对称的未知力为零。因此，$X_2=0$，只需计算对称的未知力 X_1，建立力法方程

$$\delta_{11}X_1+\Delta_{1F}=0$$

绘制单位弯矩图 $\bar{M}_1$ 图和荷载弯矩图 M_F 图，分别如图 6-23（c）、（d）所示，求得系数和自由项为

$$\delta_{11}=\frac{88}{3EI},\quad \Delta_{1F}=\frac{337.5}{3EI}$$

代入力法方程，解得

$$X_1=-3.835\ \text{kN}$$

最后弯矩按式 $M=\bar{M}_1X_1+M_F$ 计算，据此绘出弯矩图，如图 6-23（e）所示。

【例题 6-8】 利用结构的对称性绘制图 6-24（a）所示刚架的弯矩图。

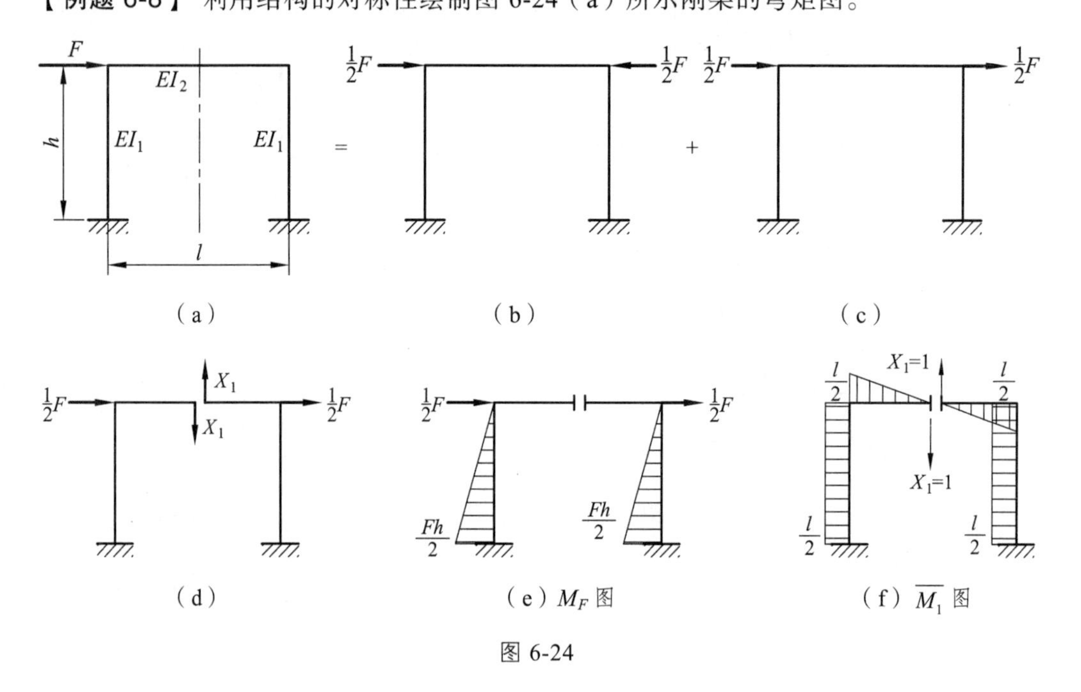

图 6-24

解：这是一个三次超静定对称刚架，荷载是非对称的。将荷载分解成对称荷载和反对称荷载，如图 6-24（b）、（c）所示。在对称荷载作用下，如果忽略横梁的轴向变形，则只有横梁承受压力 $F/2$，其他杆件无内力。因此，为了求图 6-24（a）所示刚架的弯矩图，只需求图 6-24（c）在反对称荷载作用下的弯矩图即可。

选取对称的基本结构，切开横梁对称轴处截面，由对称性质可知，截面上对称的多余未知力（轴力和弯矩）为零，只需计算反对称的未知力 X_1，如图 6-24（d）所示。据切口两侧截面相对位移为零的条件，建立力法方程

$$\delta_{11}X_1+\Delta_{1F}=0$$

绘制荷载弯矩图 M_F 图和单位弯矩图 $\bar{M}_1$ 图，如图 6-24（e)、(f）所示，计算系数和自由项如下：

$$\delta_{11}=2\left[\frac{1}{EI_1}\left(\frac{l}{2}\times h\times\frac{l}{2}\right)+\frac{1}{EI_2}\left(\frac{1}{2}\times\frac{l}{2}\times\frac{l}{2}\times\frac{2}{3}\times\frac{l}{2}\right)\right]=\frac{l^2h}{2EI_1}+\frac{l^3}{12EI_2}$$

$$\varDelta_{1F}=\frac{2}{EI_1}\left(\frac{1}{2}\times\frac{Fh}{2}\times h\times\frac{l}{2}\right)=\frac{Fh^2l}{4EI_1}$$

代入力法方程，令

$$k=\frac{I_2/l}{I_1/h}$$

得

$$X_1=-\frac{6k}{6k+1}\cdot\frac{Fh}{2l}$$

由公式 $M=\bar{M}_1X_1+M_F$ 计算可得刚架的弯矩图，如图 6-25（a）所示。

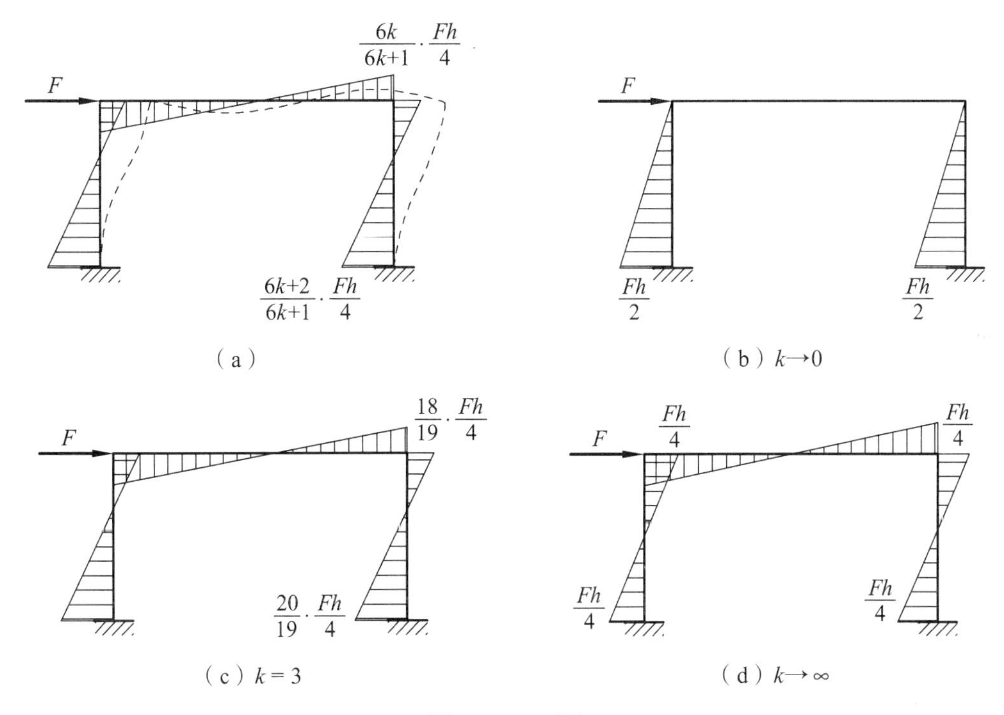

图 6-25　M 图

现在进一步讨论刚架弯矩图随横梁与立柱相对刚度比值 k 的变化规律，当横梁的 I_2 远小于立柱的 I_1 时，即 $k\to 0$ 时，弯矩图如图 6-25（b）所示，柱中弯矩的零点在柱顶；当横梁的 I_2 远大于立柱的 I_1 时，即 $k\to\infty$，弯矩图如图 6-25（d）所示，此时，柱的弯矩零点趋于柱中点；在一般情况下，柱的弯矩图有零点，且零点在柱的中点以上的半柱范围内变动，当 $k=3$ 时，柱弯矩的零点位置与柱中点很接近，如图 6-25（c）所示。

6.4.2 取半边结构计算

通过以上分析可知，对称结构在对称荷载作用下，内力和变形是对称的；在反对称荷载作用下，其内力和变形是反对称的。利用对称结构的这一特性，可以按照变形和内力与原结构等价的原则，先截取半边结构分析计算，然后再根据对称性得到整个结构的内力。一般来说，半边结构的超静定次数低于原结构，这样就可以使计算得到简化。以下分别以奇数跨和偶数跨的对称刚架为例，说明取半边结构的分析方法。

如图 6-26（a）所示为一单跨对称刚架，受对称荷载作用。刚架的变形和内力应是对称的，故位于对称轴上的 K 截面处无水平位移和转角发生，仅可发生竖向位移；同理，K 截面处只能有弯矩和轴力而无剪力发生。因此，在取半边结构计算时，在该截面处应采用滑动支座代替原有的约束，得到如图 6-26（b）所示的计算简图，其变形和内力与原结构中的情况是相同的。

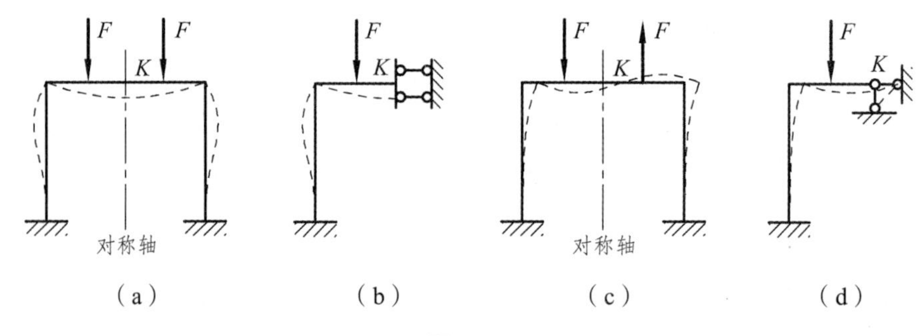

图 6-26

若上述刚架受如图 6-26（c）所示的反对称荷载作用，则变形和内力应是反对称的，此时位于对称轴上的 K 截面处无竖向位移发生，但可以有水平位移和转角；同理，K 截面处只能有剪力而无弯矩和轴力。因此，在取半边结构计算时，在该截面处应采用竖向链杆代替原有的约束，得到的计算简图如图 6-26（d）所示。

对于奇数跨刚架，均可以按照上述原则取半边结构分析，以简化计算。以下再讨论偶数跨的刚架。

图 6-27（a）所示为两跨对称刚架，受对称荷载作用。位于对称轴上的 C 结点应无水平位移和转角发生，在忽略杆件的轴向变形后也没有竖向位移，但在 C 结点两侧有弯矩、剪力和轴力存在；在取半边结构计算时，可将该处用固定支座代替，得到如图 6-27（b）所示的计算简图。此时，刚架的中柱仅受轴力作用，其数值应等于 K 处固定支座竖向反力的 2 倍。

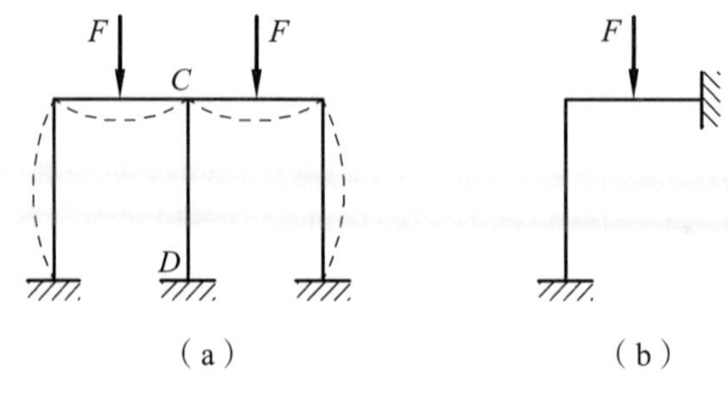

图 6-27

若上述刚架受反对称荷载作用，如图 6-28（a）所示，内力和变形都是反对称的，取半刚架时，可将其中间立柱设想为由两根各具有 $I/2$ 的立柱组成，它们分别在对称轴的两侧与横梁刚接，如图 6-28（b）所示。将其沿对称轴切开，由于荷载是反对称的，故 C 截面上只有反对称的一对剪力 F_{SC}，如图 6-28（c）所示。当忽略杆件的轴向变形时，这一对剪力 F_{SC} 对其他杆件均不产生内力，而仅在对称轴两侧的两根立柱中产生大小相等而性质相反的轴力，由于原有中间柱的内力是这两根立柱的内力之和，故剪力 F_{SC} 对原结构的内力和变形都无影响，于是可将其略去而取一半刚架的计算简图，如图 6-28（d）所示。在取半边结构计算时，全结构即刚架的中柱所承受的弯矩和剪力应为按半边结构计算时所得结果的 2 倍，而中柱的轴力因属于对称内力，两半结构叠加的结果是中柱轴力必定为零。

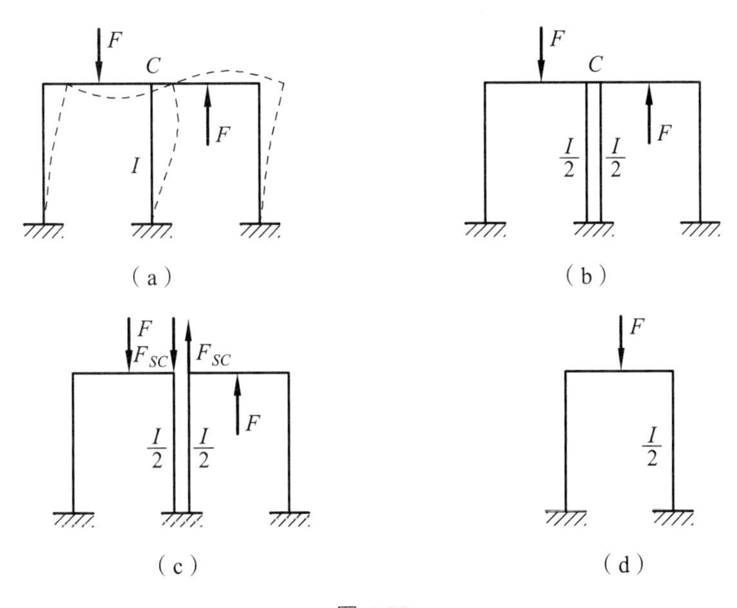

图 6-28

现将对称结构的简化计算小结如下：

（1）采用对称的基本体系，将基本未知量分为对称未知力和反对称未知力两组，则在力法方程中将有 $\delta_{ij}=0$（这里，i 为对称未知力方向，j 为反对称未知力方向）。这样，多元方程组将分解为两组低元方程。对于不同类型的荷载，又可分为二种情形：

① 对称荷载作用。则只需计算对称未知力（反对称未知力为零）。

② 反对称荷载作用。则只需计算反对称未知力（对称未知力为零）。

③ 任意荷载作用。可将其分解为对称和反对称两种情形分别计算，然后进行叠加得最后结果。也可不分解，直接用非对称荷载计算，但要采用对称的基本体系和基本未知力，力法方程自然分为两组。

（2）采用半边结构计算。对称结构可分为奇数跨和偶数跨两种情形，它们在对称荷载和反对称荷载作用时在对称轴上的变形和内力是不同的。此外，采用半边结构简化计算时，荷载必须是对称荷载或反对称荷载。如果是非对称荷载，则须分解为对称荷载和反对称荷载两种情形，分别采用半边结构计算简图进行计算，然后叠加得最后结果。

下面举例说明半刚架法的应用。

【**例题 6-9**】 作图 6-29（a）所示刚架的弯矩图。

解：这是一个四次超静定的两跨对称刚架，在对称荷载作用下，其半结构的计算简图如图 6-29（b）所示，此为二次超静定刚架，将刚结点 D 变为铰结点，并将固定支座 E 改为铰支座，得到基本结构，如图 6-29（c）所示。其中 X_1 为一对大小相等的力偶，X_2 为支座处的反力偶。

根据基本结构在多余未知力和荷载共同作用下，铰结点 D 的两侧相对转角和铰支座 E 的转角应为零的变形条件，建立力法方程。

$$\left.\begin{aligned}\delta_{11}X_1+\Delta_{12}X_2+\Delta_{1F}=0\\ \delta_{21}X_1+\delta_{22}X_2+\Delta_{2F}=0\end{aligned}\right\}$$

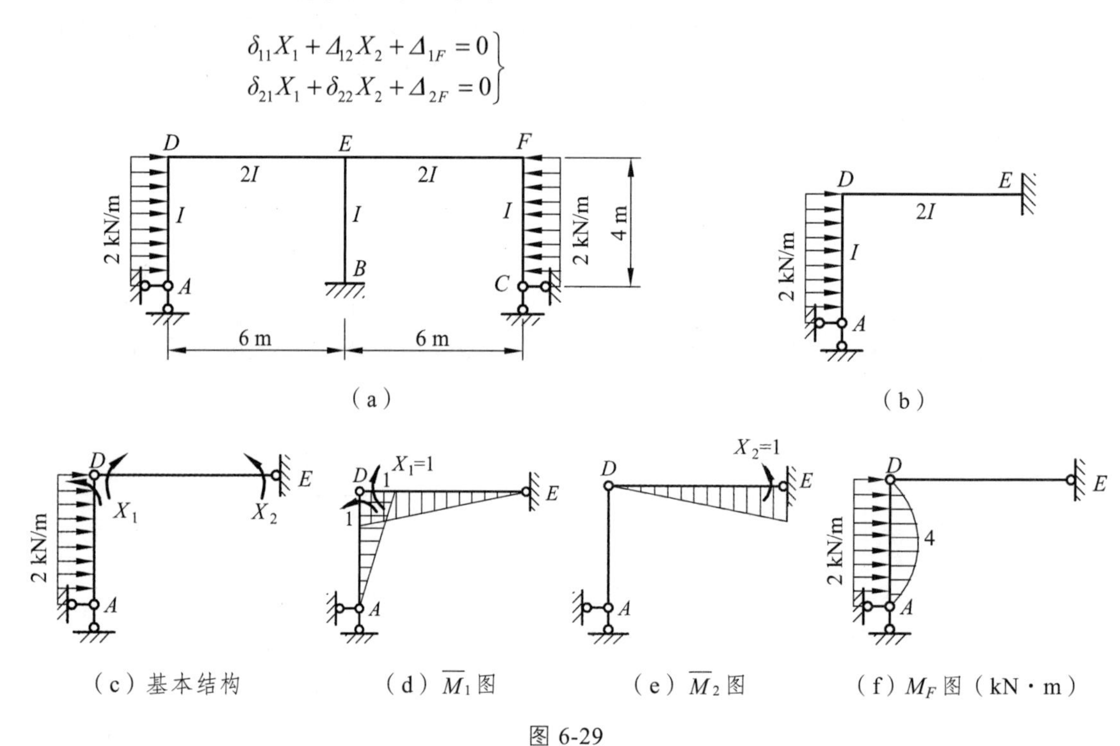

图 6-29

绘制单位荷载弯矩图 $\bar{M}_1$、$\bar{M}_2$ 和荷载弯矩图 M_F 图，如图 6-29（d）、（e）、（f）所示，应用图乘法计算各系数和自由项如下：

$$\delta_{11}=\frac{7}{3EI}\qquad \delta_{22}=\frac{1}{EI}\qquad \delta_{12}=\delta_{21}=\frac{1}{2EI}$$

$$\Delta_{1F}=\frac{16}{3EI}\qquad \Delta_{2F}=0$$

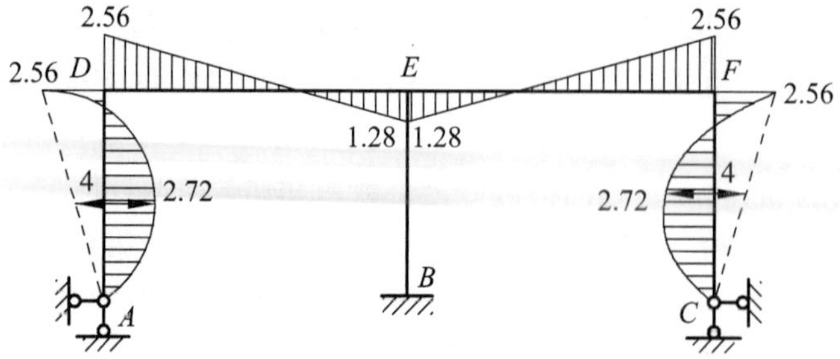

图 6-30

代入力法方程解得

$$X_1 = -2.56\ \text{kN}\cdot\text{m}$$

$$X_2 = 1.28\ \text{kN}\cdot\text{m}$$

利用叠加公式 $M=\overline{M}_1X_1+\overline{M}_2X_2+M_F$ 及 M 图的对称性质，绘制最后 M 图，如图 6-30 所示。

【例题 6-10】 利用对称性作图 6-31（a）所示刚架的弯矩图。所有杆件的 EI 均为常数。

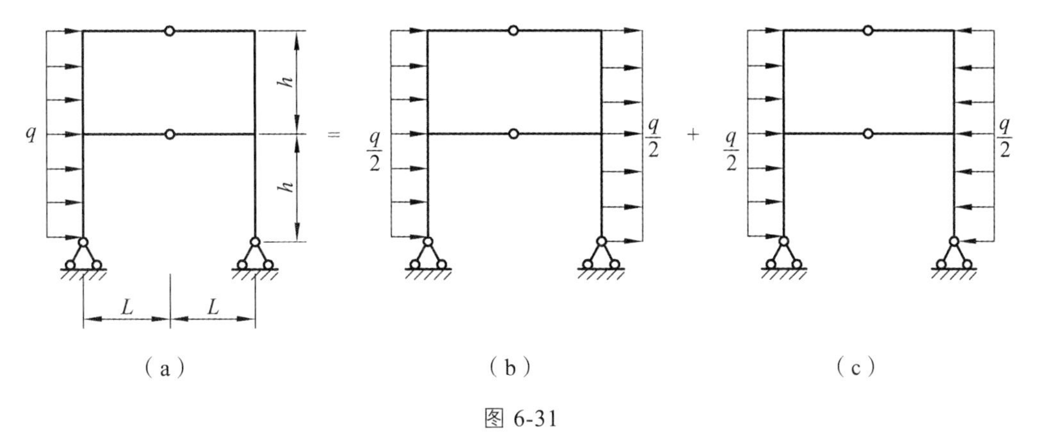

图 6-31

解： 该结构为对称结构，所受荷载可分解为反对称荷载与正对称荷载，如图 6-31（b）、（c）所示。

（1）反对称荷载作用下取半刚架［见图 6-32（a）］进行计算。

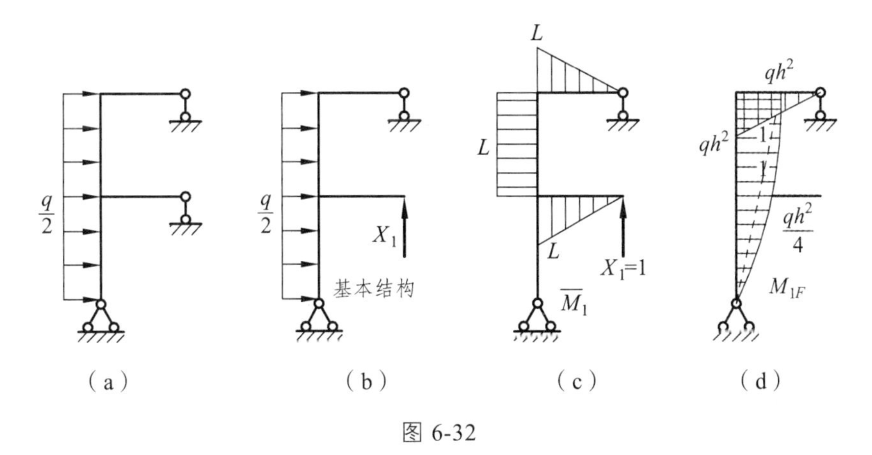

图 6-32

① 选取基本体系。

图 6-32（a）中的半刚架为一次超静定结构，去掉一层的竖直方向支撑链杆，作用以未知反力 X_1，得到图 6-32（b）所示的基本体系。

② 列出力法方程。

基本体系在多余未知力和荷载共同作用下，应满足未知力 X_1 处竖直方向位移为零（即与原结构相同）的变形协调条件，则力法方程为：

$$\delta_{11}X_1+\Delta_{1F}=0$$

③ 求解系数和自由项。

分别绘出基本结构在单位力 $X_1=1$ 单独作用下的单位弯矩图 $\overline{M}_1$ 图和荷载单独作用下的弯矩图 M_{1F} 图，如图 6-32（c）、（d）所示。

利用图乘法求力法方程的系数和自由项如下：

$$\delta_{11}=\frac{1}{EI}\left(\frac{1}{2}\times L\times L\times\frac{2}{3}L\times 2+h\times L\times L\right)=\frac{L^2}{EI}\left(\frac{3}{3}L+h\right)$$

$$\begin{aligned}\varDelta_{1F}&=-\frac{1}{EI}\left(\frac{1}{2}\times L\times L\times\frac{2}{3}qh^2\right)-\frac{h}{6EI}\left(2\times L\times qh^2+2\times L\times\frac{1}{2}qh^2+L\times\frac{1}{2}qh^2\times L\times qh^2\right)-\\&\quad\frac{1}{EI}\left(\frac{2}{3}\times h\times\frac{qh^2}{4}L\right)\\&=-\frac{qLh}{12EI}(4Lh+11h^2)\end{aligned}$$

④ 求解未知力。

将上述求得的系数和自由项代入力法方程中，解得

$$X_1=\frac{qh}{(8L+12h)L}(4Lh+11h^2)$$

假设 $L=0.8h$，并代入上式化简得

$$X_1=0.96qh$$

⑤ 作弯矩图。

根据叠加原理：$M=\bar{M}_1X_1+M_F$，作出反对称荷载作用下结构的弯矩图 M'，如图 6-34（a）所示。

（2）正对称荷载作用下，取半刚架进行计算，如图 6-33（a）所示。

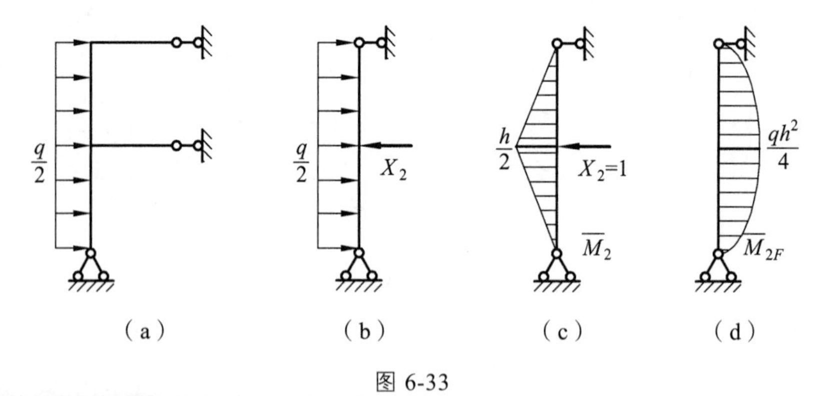

图 6-33

① 选取基本体系。

图 6-33（a）中的半结构为一次超静定结构，显然两根梁的弯矩为零，去掉后得到图 6-33（b）所示的基本体系。

② 列出力法方程。

基本体系在多余未知力和荷载共同作用下，应满足未知力 X_2 处水平方向位移为零（即与

原结构相同）的变形协调条件。则力法方程为

$$\delta_{22}X_2+\Delta_{2F}=0$$

③ 求解系数和自由项。

分别绘出基本结构在单位力 $X_2=1$ 单独作用下的单位弯矩图 $\bar{M}_2$ 图和荷载单独作用下的弯矩图 M_{2F} 图，如图 6-33（c）、（d）所示。

利用图乘法求力法方程的系数和自由项如下：

$$\delta_{22}=\frac{1}{EI}\left(\frac{1}{2}\times h\times\frac{h}{2}\times\frac{2}{3}\times\frac{h}{2}\times2\right)=\frac{h^3}{6EI}$$

$$\Delta_{2F}=-\frac{1}{EI}\left(\frac{2}{3}\times h\times\frac{qh^2}{4}\times\frac{5}{8}\times\frac{h}{2}\times2\right)=-\frac{5h^4}{48EI}$$

④ 求解未知力。

将上述求得的系数和自由项代入力法方程中，解得

$$X_1=\frac{5qh}{8}$$

⑤ 作弯矩图。

根据叠加原理：$M=\bar{M}_2X_2+M_{2F}$，作出正对称荷载作用下结构的弯矩图 M''，如图 6-34（b）所示。

最后将两种情况下得到的弯矩图，即 M' 图和 M'' 图叠加，得到结构的弯矩图即 M，如图 6-34（c）所示。

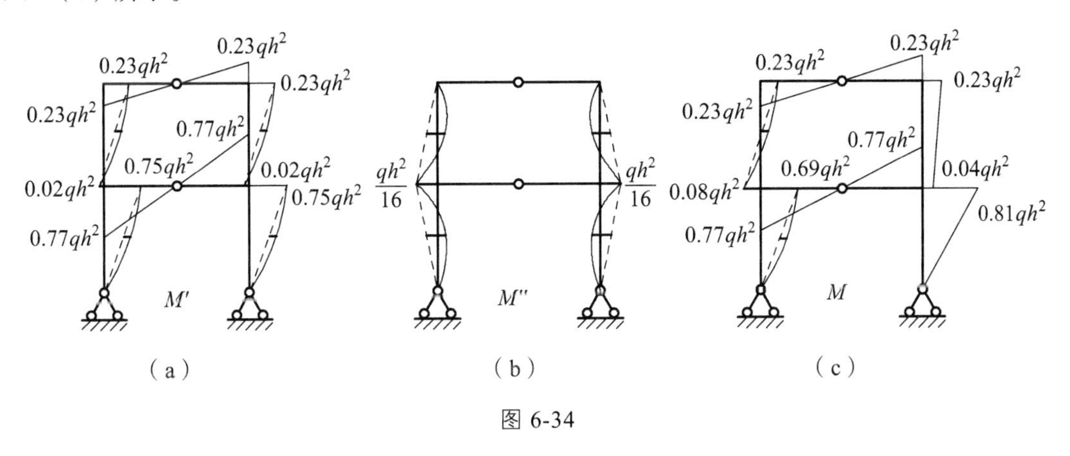

图 6-34

6.5 温度变化、支座移动等因素作用下的计算

静定结构只有在荷载作用下才产生内力，非荷载因素作用下静定结构不会产生内力。而超静定结构由于存在多余约束，当发生温度变化、支座位移或者是装配式结构构件制作误差等非荷载因素作用时，都会使超静定结构产生变形和内力，这是超静定结构不同于静定结构

的特征之一。

用力法分析这些非荷载因素作用下的超静定结构，其基本原理及步骤与在荷载作用下相同，差别只是力法典型方程中的自由项不再是由荷载所产生，而是由上述因素产生的、基本结构在多余未知力方向的位移。

下面分别讨论温度变化与支座移动时超静定结构的内力计算。

6.5.1　温度变化

如图 6-35（a）所示超静定结构，设各杆件外侧温度升高为 t_1 °C，内侧温度升高 t_2 °C，且 $t_2 > t_1$，去除支座 B 的两根链杆，多余约束力为 X_1 和 X_2，基本结构如图 6-35（b）所示。显然，在温度改变和多余约束力共同作用下，基本结构上支座 B 处沿 X_1 和 X_2 方向所产生的位移分别为 Δ_1 和 Δ_2，应与原结构的已知位移条件一致，即

$$\Delta_1 = 0, \qquad \Delta_2 = 0$$

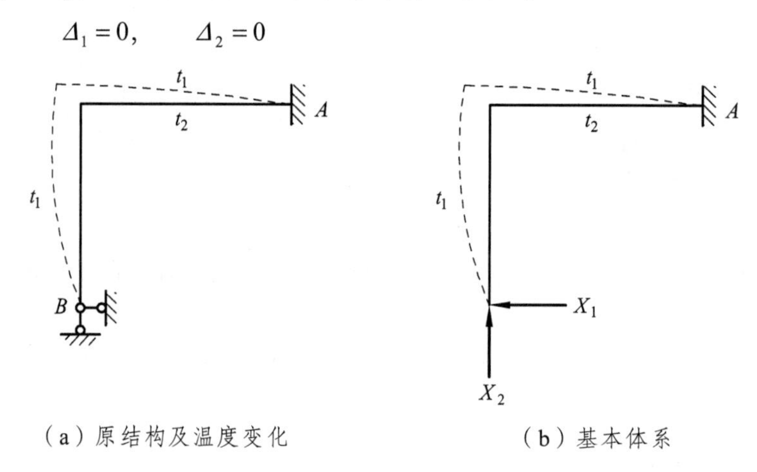

（a）原结构及温度变化　　（b）基本体系

图 6-35

根据叠加原理可得：

$$\left.\begin{aligned}\delta_{11}X_1 + \delta_{12}X_2 + \Delta_{1t} = 0\\ \delta_{21}X_1 + \delta_{22}X_2 + \Delta_{2t} = 0\end{aligned}\right\} \tag{6-5}$$

其中所有系数的计算完全和前面所述一样（对于同一基本结构而言，这些系数并不随外界作用因素而变），对于受弯杆件不计轴向变形；自由项 Δ_{1t} 和 Δ_{2t} 分别表示基本结构由于温度改变引起在 X_1 和 X_2 方向所产生的位移，它可按前面提供的公式计算，即

$$\Delta_{it} = \sum \alpha t_0 \int \bar{F}_{N_i} \mathrm{d}s \pm \sum \frac{\alpha \Delta t}{h} \int \bar{M}_i \mathrm{d}s = \sum \alpha t_0 A_{\bar{F}_{N_i}} \pm \sum \frac{\alpha \Delta t}{h} A_{\bar{M}_i}$$

将求出的系数和自由项代入力法典型方程（6-5），即可解出多余未知力 X_1 和 X_2。由于基本结构是静定的，在温度改变作用下并不引起内力，所以超静定结构的最终内力只与多余未知力有关。最终弯矩可由叠加原理求得

$$M = \bar{M}_1 X_1 + \bar{M}_2 X_2$$

对于 n 次超静定结构，可表示为

$$M = \sum_{i=1}^{n} \bar{M}_i X_i$$

【例题 6-11】如图 6-36（a）所示两铰刚架，其内侧温度升高 20 °C，外侧温度升高 10 °C，材料的线膨胀系数为 α，各杆均为矩形等截面，高为 $h=0.1l$，试用力法求解刚架并绘制最终弯矩图。

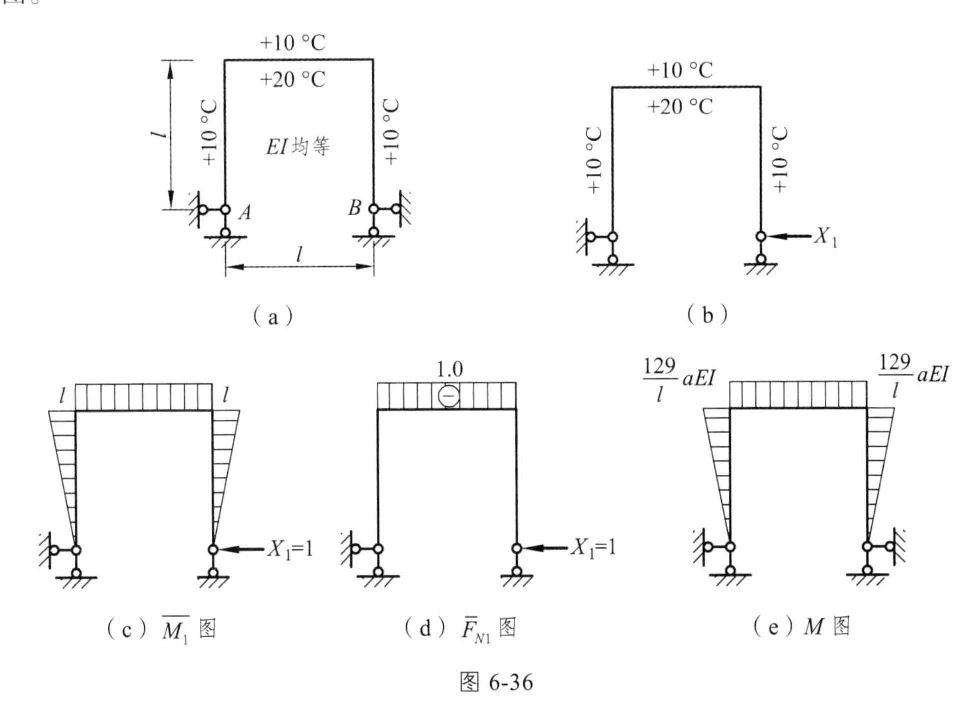

图 6-36

解：此刚架仅有一个多余约束，取图 6-36（b）为基本结构，力法方程为

$$\delta_{11}X_1+\Delta_{1t}=0$$

为求系数和自由项，分别作出单位弯矩图和轴力图，如图 6-36（c）、（d）所示，计算如下：

$$\delta_{11}=\sum\int\bar{M}_1^2\frac{\mathrm{d}x}{EI}=\frac{5l^3}{3EI}$$

$$\begin{aligned}\Delta_{1t}&=\sum\alpha t_0A_{\bar{F}_{N1}}\pm\sum\frac{\alpha\Delta t}{h}A_{\bar{M}1}\\&=\left(\frac{20+10}{2}\right)\alpha(-1\times l)+(20-10)\frac{\alpha}{0.1l}\left(-\frac{l^2}{2}\times2-l^2\right)\\&=-215\alpha l\end{aligned}$$

带入力法方程，解得：

$$X_1=215\alpha l\times\frac{3EI}{5l^3}=129\alpha EI/l^2$$

根据叠加原理绘制最终弯矩图：$M=\bar{M}_1X_1$，如图 6-36（e）所示。

计算结果表明，超静定结构由于温度改变所引起的内力（及反力）与各杆的弯曲刚度 EI 的绝对值成正比。在给定温度下截面尺寸越大，内力也越大。所以，为了改善结构在温度作用下的强度，加大截面尺寸并不是一个有效办法，这与荷载作用下的情况是不同的。另外，超静定结构的杆件在温度低的一侧受拉。

6.5.2 支座位移

如图 6-37（a）所示刚架，设其支座 A 由于某种原因（如地基土质不良，基础有沉陷、滑移及转动等），发生了水平位移 a、竖向位移 b 和转角位移 φ。

选取如图 6-37（b）所示的基本结构进行分析，根据原结构的已知位移条件，支座 A 处沿 X_1 和 X_2 方向所产生的位移分别为

$$\Delta_1 = 0\,,\quad \Delta_2 = \varphi$$

与原结构的已知位移条件一致，由此建立力法典型方程：

$$\left.\begin{aligned} \Delta_1 &= \delta_{11}X_1 + \delta_{12}X_2 + \Delta_{1C} = 0 \\ \Delta_2 &= \delta_{21}X_1 + \delta_{22}X_2 + \Delta_{2C} = \varphi \end{aligned}\right\} \tag{6-6}$$

上面第二个方程式的右端的正、负号应根据已知位移 φ 的方向与所设该未知力 X_2 方向的同异而定。所有系数的计算与前述相同，自由项 Δ_{1C} 和 Δ_{2C} 分别表示支座移动因素在基本结构上引起的 X_1 和 X_2 方向所产生的位移，可按上一章提供的公式计算：

$$\Delta_{ic} = -\sum \bar{F}_R c$$

如图 6-37（c）、（d）中表示了单位未知力在基本结构中产生的支座反力 $\bar{F}_R$，因此可求得：

$$\Delta_{1C} = -\sum \bar{F}_R c = -[1\times a] - 1\times b = -a + b$$

$$\Delta_{2C} = -\sum \bar{F}_R c = -\left[\frac{1}{l}\times b\right] = -\frac{b}{l}$$

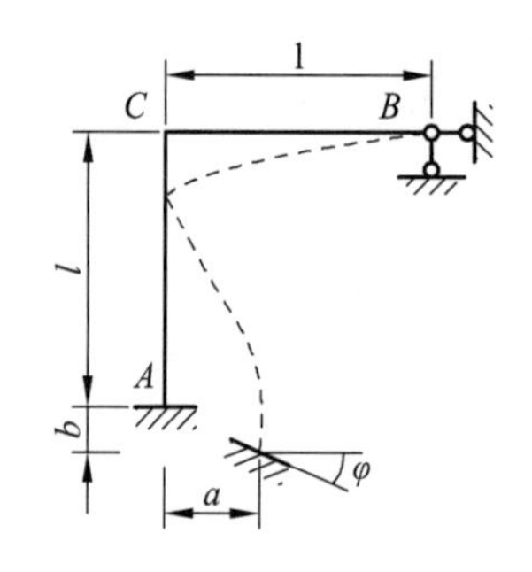

（a）原结构及支座位移

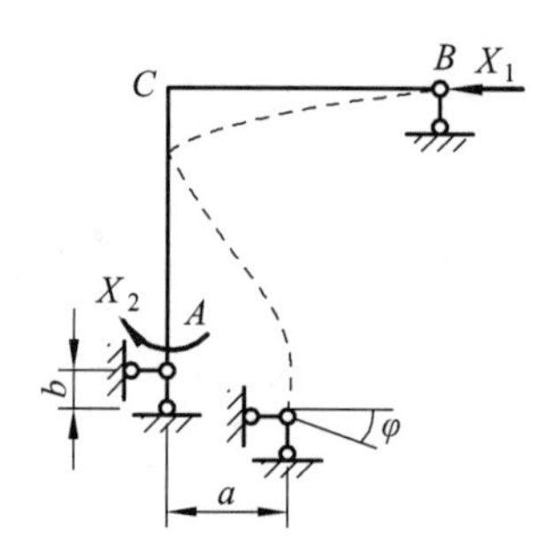

（b）基本结构

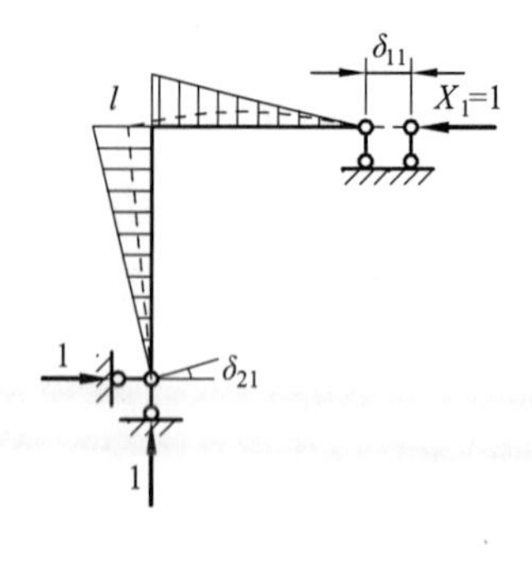

（c）

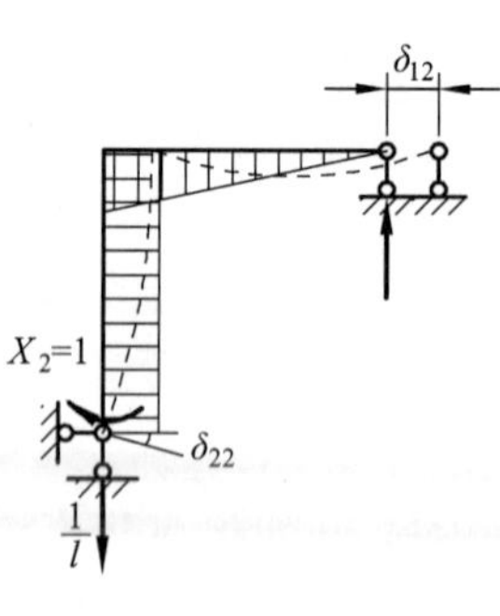

（d）

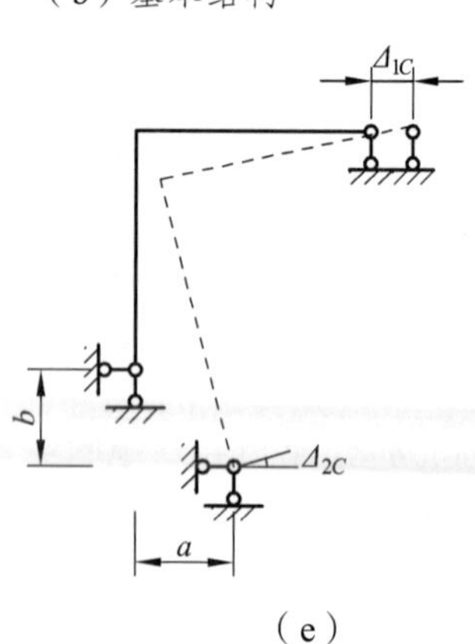

（e）

图 6-37

多余未知力 X_1 和 X_2 由力法方程（6-6）解出。由图 6-37（e）容易看出，因基本结构是静定的，在支座移动因素作用下并不引起内力，故超静定结构的最终内力只与多余未知力有关。最终弯矩为：

$$M = \bar{M}_1 X_1 + \bar{M}_2 X_2$$

对于 n 次超静定结构，可表示为：

$$M = \sum_{i=1}^{n} \bar{M}_i X_i$$

【例题 6-12】 试绘制图 6-38（a）所示梁在已知支座位移作用下的弯矩图。

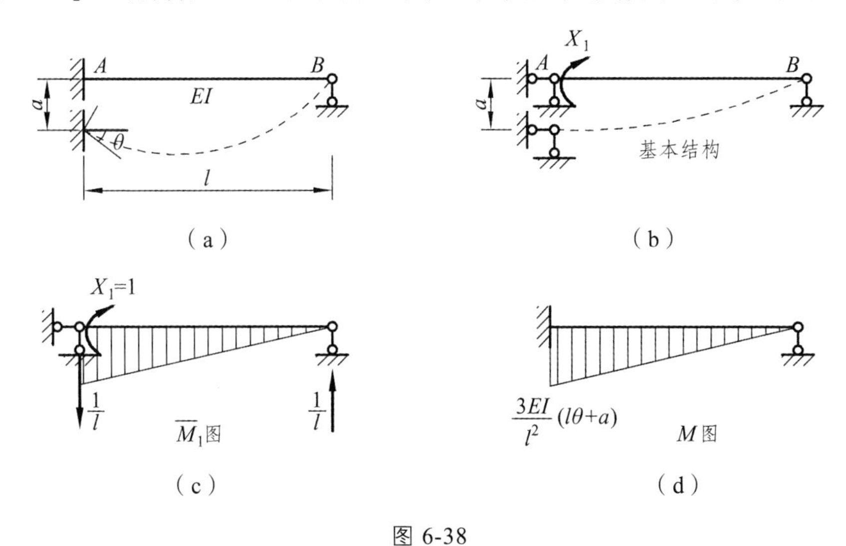

图 6-38

解：此梁是一次超静定的结构，取图 6-38（b）所示的基本结构，沿多余未知力 $X_1(M_A)$ 方向的已知位移为 $+\theta$，则力法方程为：

$$\delta_{11} X_1 + +\Delta_{1c} = \theta$$

由单位未知力的作用情况［见图 6-36（c）］求得系数和自由项：

$$\delta_{11} = \frac{1}{EI} \times \frac{1}{2} \times 1 \times l \times \frac{2}{3} \times 1 = \frac{l}{3EI}$$

$$\varDelta_{1c} = -\sum \bar{F}_R c = -\left[\frac{1}{l} \times a\right] = -\frac{a}{l}$$

将上述系数和自由项代入力法方程可解得：

$$X_1 = M_A = \frac{3EI}{l^2}(l\theta + a)$$

由此可求得梁的弯矩图，如图 6-38（d）所示。

由上例可以看出，超静定结构在支座位移作用下的内力和反力项中包含了截面的刚度，说明它们与杆件刚度的绝对值成正比。这与荷载作用下，超静定结构的内力和反力仅与杆件刚度的相对比值有关，而与刚度的绝对值无关的情况是不同的。

在超静定结构中，杆件的制造误差也将引起约束反力和内力。用力法来分析时，同样地根据原结构的已知位移条件，在基本结构上建立起力法方程，杆件的制造误差的影响就将反映在自由项中，该自由项的计算依照上一章的位移计算公式。其他计算步骤与本节所述相同。

6.6 超静定结构的位移计算及最后内力图的校核

6.6.1 超静定结构的位移计算

变形体的虚功原理及其相应的单位力法并不仅限于求解静定结构的位移，同样也适用于求解超静定结构的位移，问题是如何使计算得到简化。

图 6-39（a）所示为一等截面超静定梁，现欲求梁跨中点的竖向位移 Δ_{Cy}，则对此实际位移状态，求解出荷载作用下的最终弯矩图 M，如图 6-39（b）所示，另设虚拟力状态并作 $\bar{M}$ 图，如图 6-39（c）所示。这两个弯矩图都是经超静定结构的力法计算所得。运用图乘法即可求得梁跨中点的竖向位移 Δ_{Cy}。

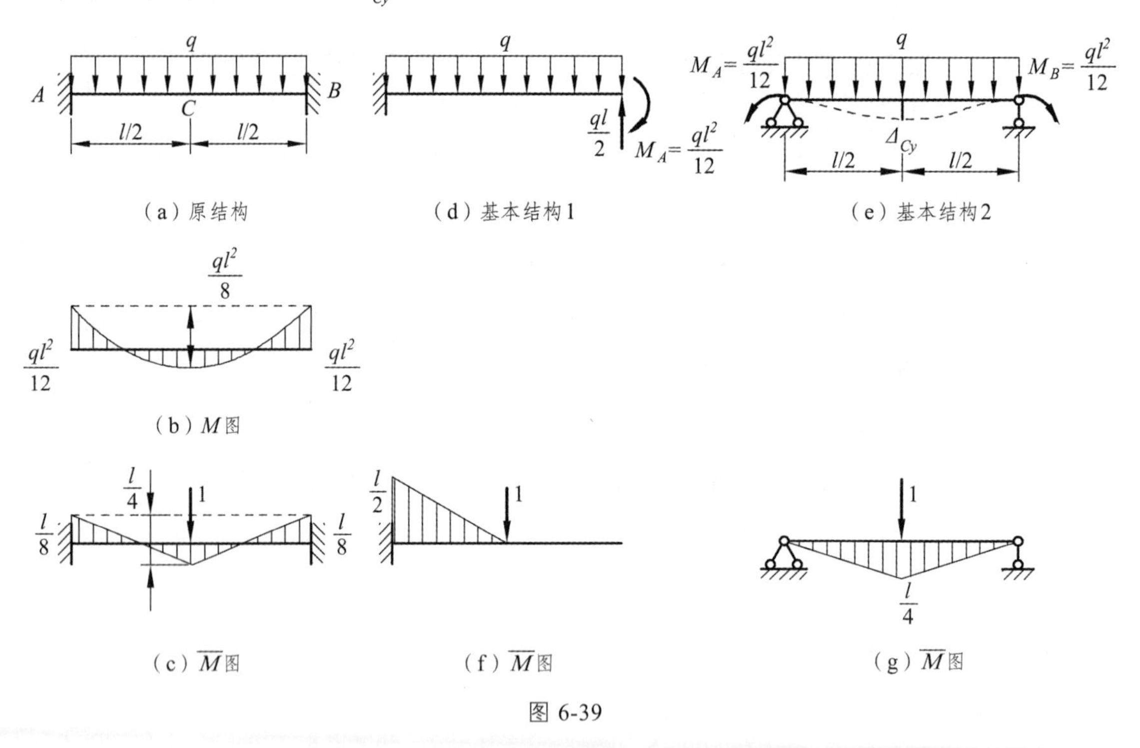

图 6-39

$$\Delta_{Cy}=\sum\frac{\omega y_c}{EI}=\frac{2}{EI}\times\frac{2}{3}\times\frac{ql^2}{8}\times\frac{l}{2}\times\left(\frac{5}{8}\times\frac{l}{8}-\frac{3}{8}\times\frac{l}{8}\right)=\frac{ql^4}{384EI}$$

如果将实际状态中由力法求得的多余约束力看作已知荷载，并作用在去除了多余约束的静定结构上，这是一个等效替换，例如以图 6-39（d）或图 6-39（e）代替图 6-39（a），现在计算图 6-39(d)或图 6-39(e)中静定结构在原外荷载 q 及多余约束力共同作用下的位移 $\varDelta_{Cy}$，应该就是原结构中的位移，而所用的虚拟力状态就可建立在相应的静定结构上，如图 6-39(f)或图 6-39（g）所示。若按图 6-39（b）和图 6-39（g）进行图乘计算，得

$$\varDelta_{Cy}=\sum\frac{\omega y_c}{EI}=\frac{2}{EI}\left[\frac{2}{3}\times\frac{ql^2}{8}\times\frac{l}{2}\times\frac{5}{8}\times\frac{l}{4}-\frac{ql^2}{12}\times\frac{l}{2}\times\frac{1}{2}\times\frac{l}{4}\right]=\frac{ql^4}{384EI}$$

结果与前相同，说明方法正确，即计算超静定结构的位移可采用去除多余约束后的静定结构建立虚拟力状态，把问题转化为静定结构的位移计算，这将使计算工作大为简化。

可见，一般的超静定杆系结构（包括刚架、拱、梁和桁架等）在荷载作用下的位移计算，通常略去剪切变形的影响后，均可用下列公式计算：

$$\varDelta=\sum\int_l\frac{\bar{F}_N F_N}{EA}\mathrm{d}s+\sum\int_l\frac{\bar{M}M}{EI}\mathrm{d}s \tag{6-7}$$

这与静定结构的位移计算公式在形式和使用方法上是相同的，但式中的 M、F_N 是超静定结构在荷载作用下实际状态的内力，需用超静定结构的分析方法求得，式中的 $\bar{M}$ 、$\bar{F}_N$ 可以用在原结构上去除多余约束后的任一静定结构由单位荷载产生的内力。

6.6.2 超静定结构最后内力图的校核

在超静定结构的计算中，往往计算步骤多、运算量大，比较容易发生错误，因此，对计算结果进行校核十分重要。超静定结构的最后内力图，除需满足平衡条件外，还应满足变形条件。特别在力法中，典型方程是根据变形条件建立的，因此，校核变形条件的满足应该是重点。

（1）变形条件的校核。

要校核变形条件，可任意选取基本结构，任意选取一个多余未知力 X_i，然后根据最后的内力图算出沿 X_i 方向的位移 $\varDelta_i$，检查 $\varDelta_i$ 是否与原结构中的相应位移（给定值）相等，如果原结构只承受荷载作用，则 $\varDelta_i$ 可根据式（6-7）计算。

（2）平衡条件的校核。

超静定结构的最后内力图应当完全满足静力平衡条件，即结构的整体或任意取出结构的一部分（如从结构中截取的任一刚结点、任一根杆件，或一部分杆件体系），都应满足平衡条件。

【例题 6-13】 如图 6-40（a）所示为一刚架的最后 M 图，试校核其是否满足变形条件。

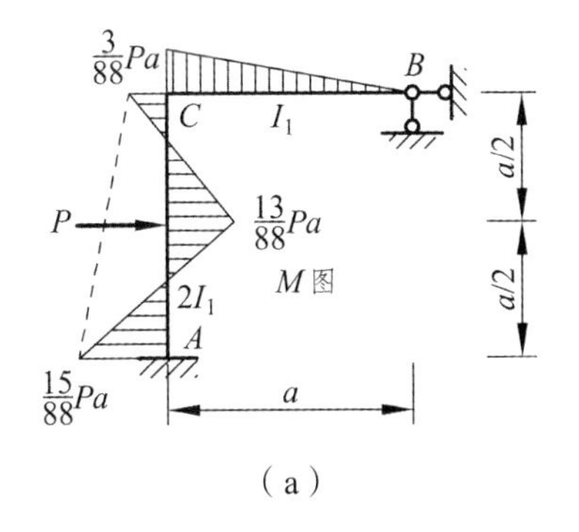

（a）

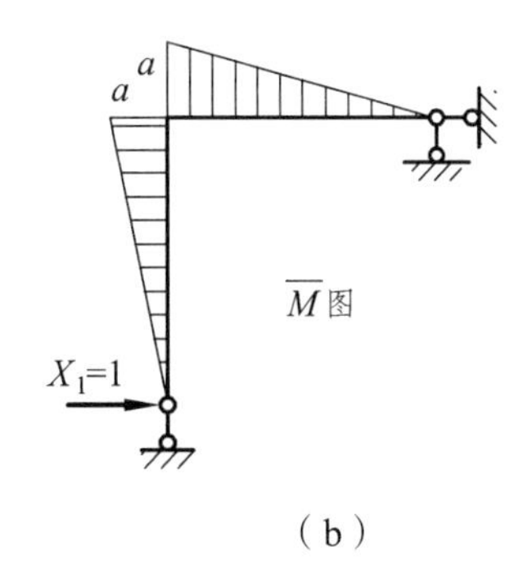

（b）

图 6-40

解：为校核 M 图是否满足变形条件，可检查支座 A 处的水平位移 Δ_{Ax} 是否等于零。取图 6-40（b）所示基本结构并作其 $\bar{M}$ 图，利用图乘法可得：

$$\Delta_{Ax}=\sum\int_l \frac{\bar{M}M}{EI}\mathrm{d}s=\frac{1}{EI}\left(\frac{a^2}{2}\right)\times\frac{2}{3}\times\frac{3Pa}{88}+$$
$$\frac{1}{2EI}\left[\left(\frac{1}{2}\times\frac{3Pa}{88}\times a\right)\frac{2a}{3}+\left(\frac{1}{2}\times\frac{15Pa}{88}\times a\right)\times\frac{a}{3}-\left(\frac{1}{2}\times\frac{Pa}{4}\times a\right)\frac{a}{2}\right]$$
$$=0$$

可见弯矩图满足变形条件。读者可自行校核平衡条件。

6.7 超静定结构的特性

超静定结构与静定结构对比，具有以下一些重要特性。了解这些特性，有助于加深对超静定结构的认识，并更好地应用。

（1）对于静定结构，除荷载外，其他任何因素如温度变化、支座位移等均不引起内力。但对于超静定结构，由于存在着多余约束，当结构受到这些因素影响而发生位移时，一般将要受到多余约束的限制，因而相应地要产生内力。

超静定结构的这一特性，在一定条件下会带来不利影响，例如连续梁可能由于地基不均匀沉陷而产生过大的附加内力。但是，在另外的情况下又可能成为有利的方面，例如同样对于连续梁，可以通过改变支座的高度来调整梁的内力，以得到更合理的内力分布。

（2）静定结构的内力只按平衡条件即可确定，其值与结构的材料性质和截面尺寸无关。但超静定结构的内力单由平衡条件则无法全部确定，还必须考虑变形条件才能确定其解答，因此其内力数值与材料性质和截面尺寸有关。由于这一特性，在计算超静定结构前，必须事先确定各杆截面大小或其相对值。但是，由于内力尚未算出，故通常只能根据经验拟定或用较简单的方法近似估算各杆截面尺寸，以此为基础进行计算。然后，按算出的内力再选择所需的截面，这与事先拟定的截面当然不一定相符，这就需要重新调整截面再进行计算。如此反复进行，直至得出满意的结果为止。因此，设计超静定结构的过程比设计静定结构更复杂。但是，同样也可以利用这一特性，通过改变各杆的刚度大小来调整超静定结构的内力分布，以达到预期的目的。

（3）超静定结构在多余约束被破坏后，仍能维持几何不变；而静定结构在任何一个约束或支座被破坏后，便立即成为几何可变体系而丧失了承载能力。因此，从军事及抗震方面来看，超静定结构具有较强的防御能力。

（4）超静定结构由于具有多余约束，一般来说，要比相应的静定结构刚度大些，内力分布也均匀些。例如图 6-41（a）所示的三跨连续梁和图 6-41（b）所示的三跨简支梁，在荷载、跨度及截面相同的情况下，显然前者的最大挠度及最大弯矩值都较后者为小，连续梁内力分布更趋于均匀且具有较平滑的变形曲线，这对于桥梁来说可以减小行车时的冲击作用。

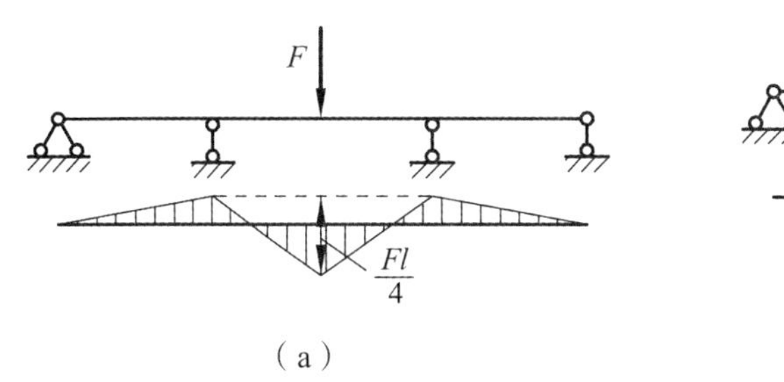

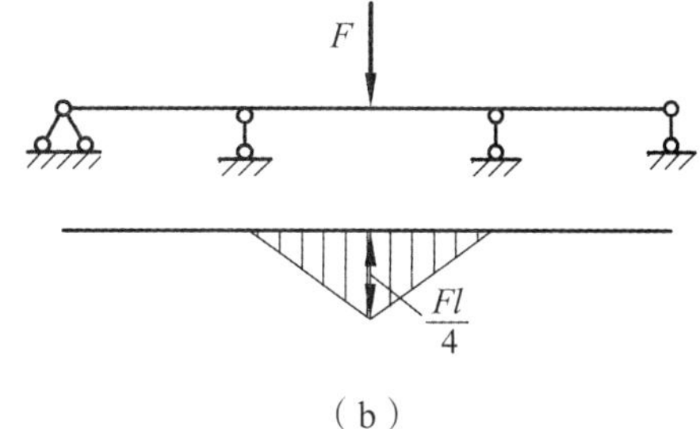

图 6-41

思考题

1. 说明静定结构与超静定结构的区别。

2. 如何确定超静定次数?

3. 力法解超静定结构的思路是什么?

4. 什么是力法的基本结构? 力法的基本结构在计算中起什么作用? 基本结构与原结构有何异同?

5. 力法典型方程的物理意义是什么? 各系数和自由项的物理意义是什么? 典型方程的右端是否一定为零? 在什么情况下不为零?

6. 试从物理意义上说明,为什么主系数必为大于零的正值? 副系数有何特性?

7. 超静定结构的内力在什么情况下只与各杆刚度的相对大小有关? 什么情况下与各杆刚度的绝对大小有关?

8. 用力法计算超静定桁架和组合结构时,力法方程中的系数和自由项的计算主要考虑哪些变形因素?

9. 试比较用力法计算超静定梁和刚架、桁架、组合结构及排架的异同。

10. 何谓对称结构? 何谓正对称和反对称的力和位移? 怎样利用对称性简化力法计算?

11. 计算超静定结构的位移与计算静定结构的位移,两者有何异同?

12. 为何超静定结构最后内力图的校核包括平衡条件和位移条件两方面的校核?

13. 用力法计算超静定结构在温度变化和支座位移影响下的内力与荷载作用下有何异同?

14. 比较超静定结构与静定结构的不同特性。

习 题

1. 如图 6-42 所示,试确定下列结构的超静定次数。

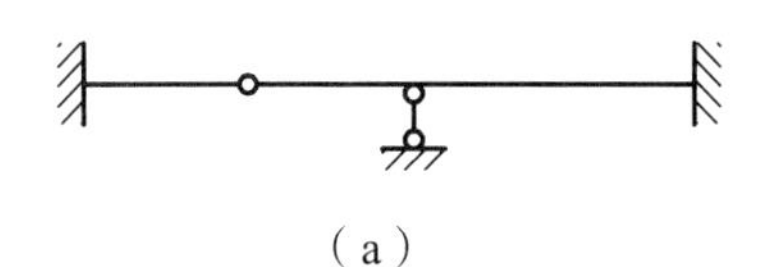

(a)

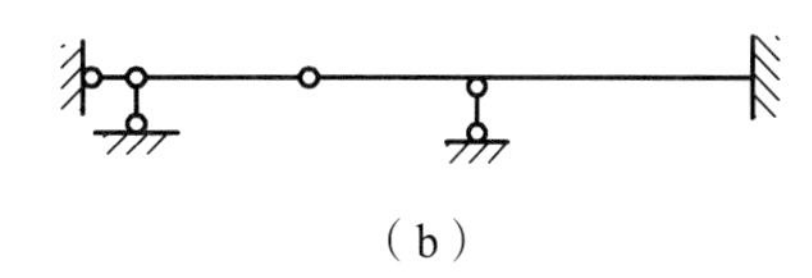

(b)

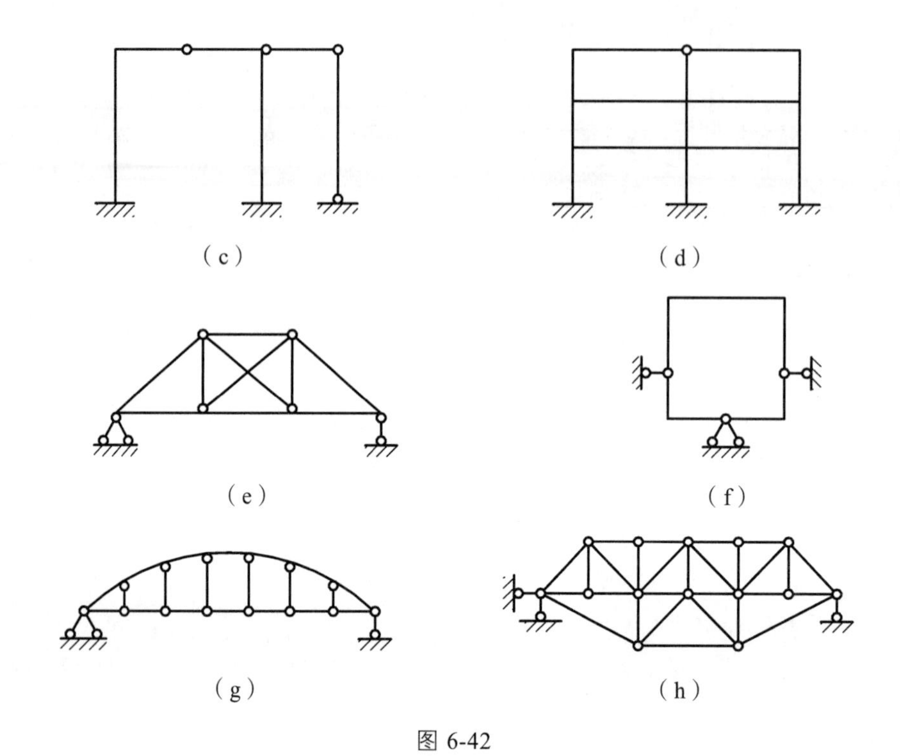

图 6-42

2. 如图 6-43 所示，用力法计算下列超静定梁，并绘制弯矩图、剪力图，*EI* 为常数。

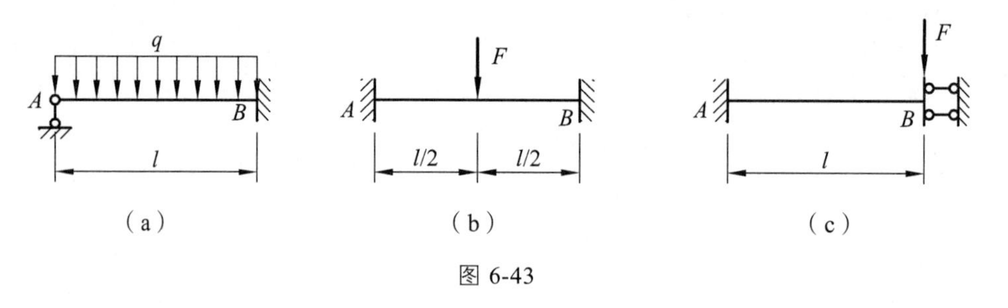

图 6-43

3. 如图 6-44 所示，用力法计算图示超静定梁的内力，并绘制弯矩图、剪力图。

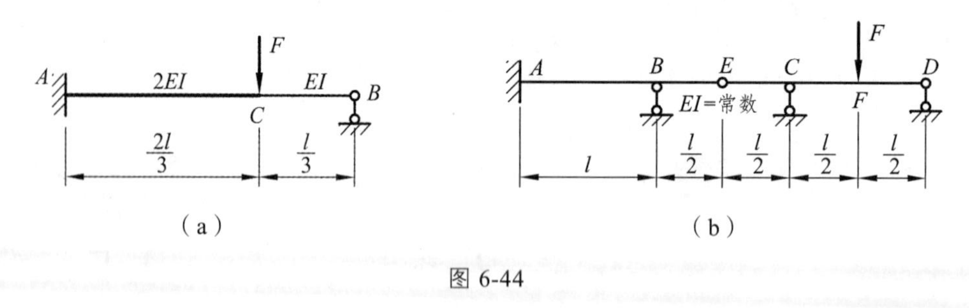

图 6-44

4. 如图 6-45 所示，用力法计算下列超静定刚架，并绘制弯矩图、剪力图和轴力图，*EI* 为常数。

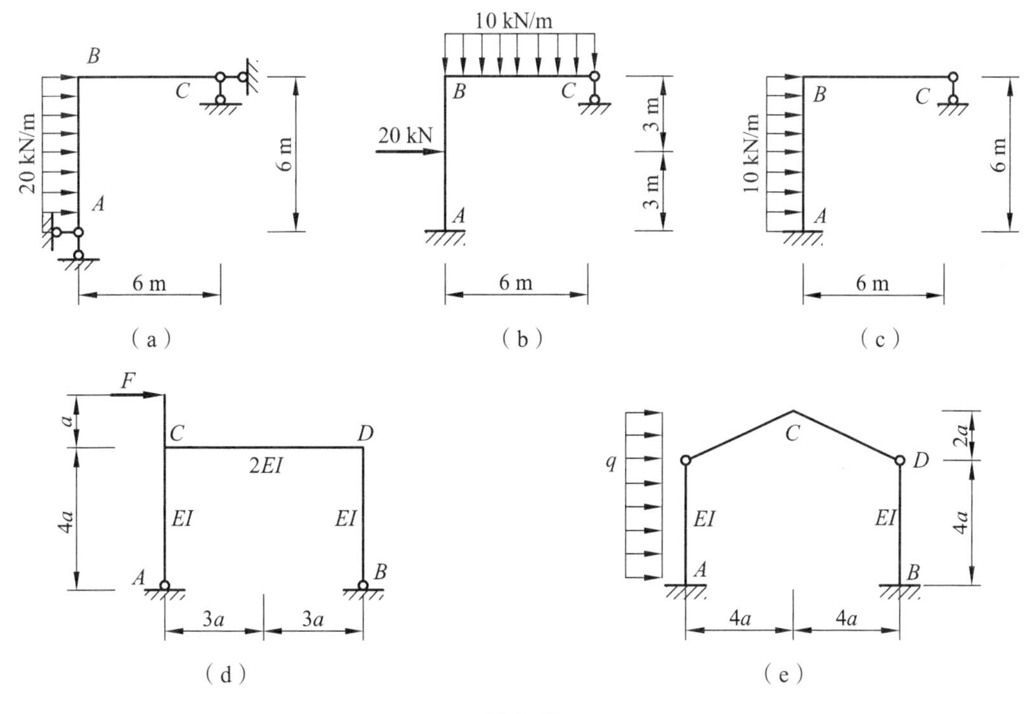

图 6-45

5. 如图 6-46 所示，用力法计算下列超静定桁架各杆的内力，*EA* 为常数。

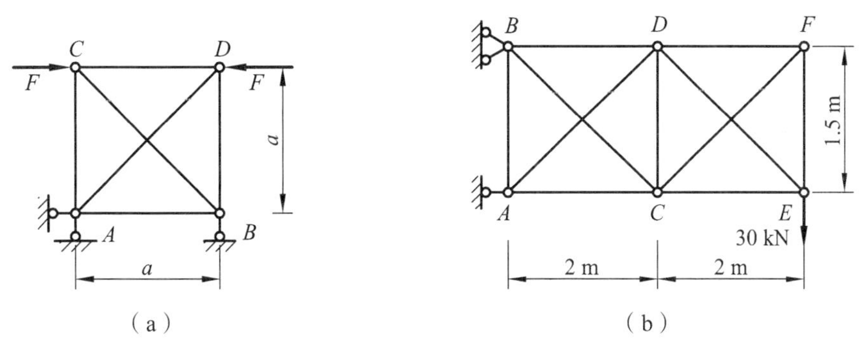

图 6-46

6. 如图 6-47 所示，用力法计算图示排架桁架，作弯矩图。

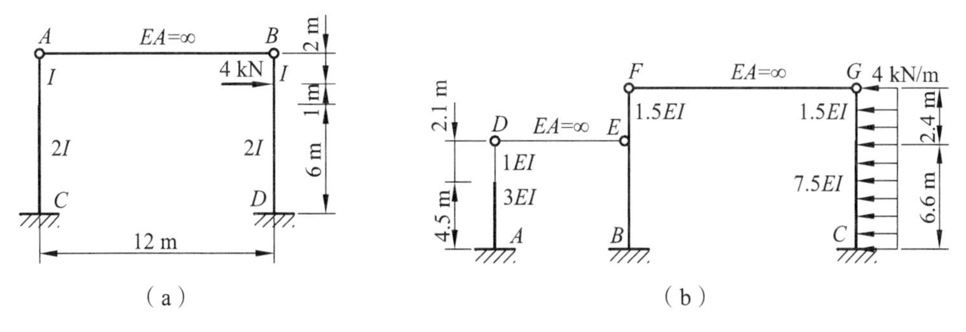

图 6-47

7. 如图 6-48 所示，利用对称性计算图示刚架，绘制弯矩图、轴力图和剪力图。

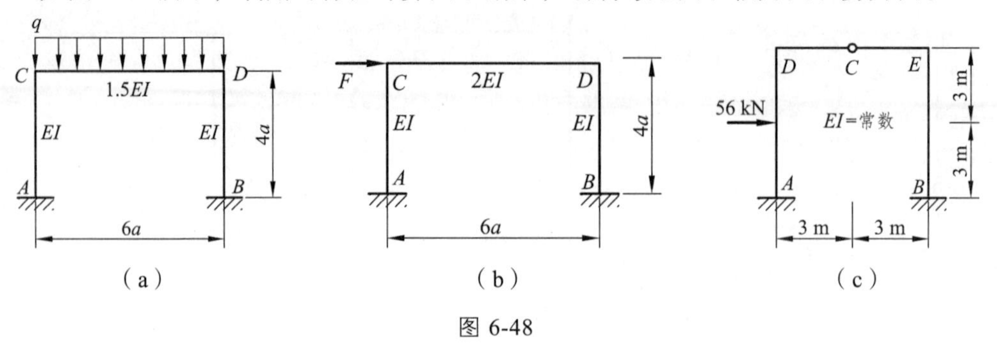

图 6-48

8. 如图 6-49 所示，利用对称性计算图示刚架，绘制弯矩图。

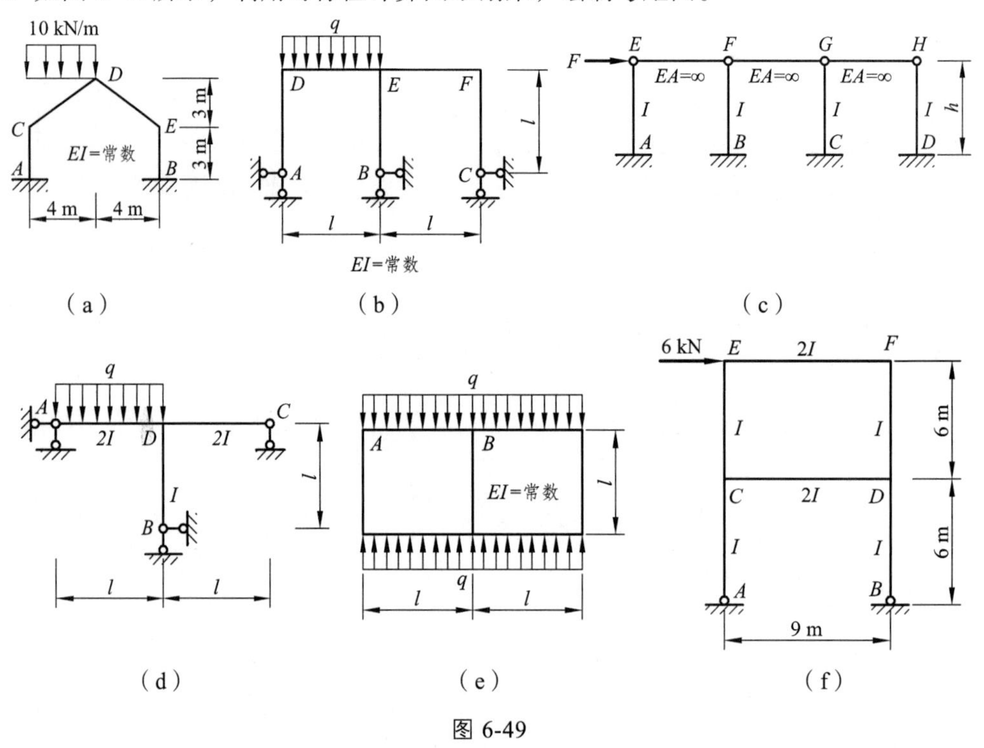

图 6-49

9. 如图 6-50 所示，试计算图示结构在温度改变作用下的内力，并绘制弯矩图。已知各杆截面对称于形心轴，EI 为常数，截面高度 $h=l/10$，线膨胀系数为 α。

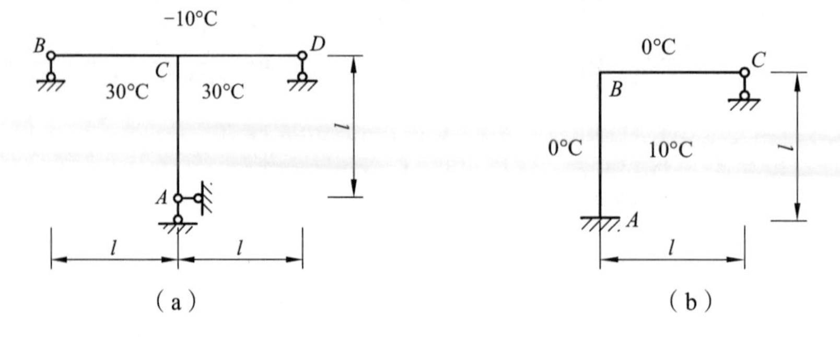

图 6-50

10. 计算图 6-51 所示超静定单跨梁支座移动引起的内力，作弯矩图和剪力图。

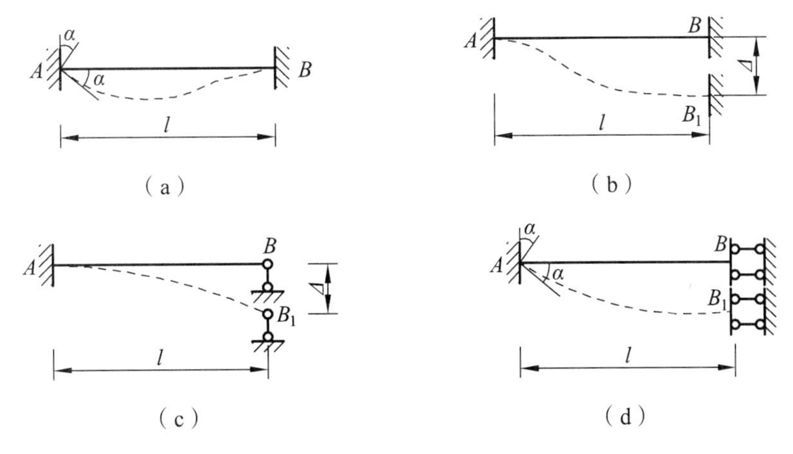

图 6-51

11. 试求图 6-52 所示等截面圆弧无铰拱中截面 A、D、C 的弯矩及支座 B 的反力，不计轴向及剪切变形影响。

12. 试求图 6-53 所示变截面抛物线无铰拱 $\left(y=\dfrac{4f}{l^2}x^2,\ I_x=\dfrac{I_C}{\cos\varphi}\right)$ 截面 A、D、C 的弯矩及支座反力。

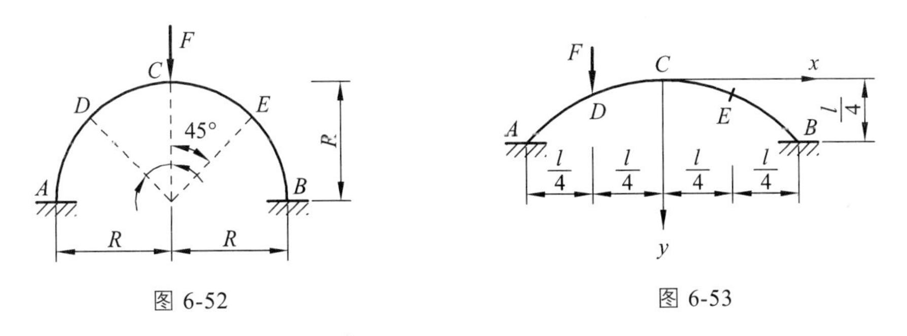

图 6-52　　　　图 6-53

13. 求图 6-49（b）所示的铰 B 两截面的相对转角。

答　案

1.（a）3；（b）2；（c）2；（d）16；（e）3；（f）1；（g）3；（h）1。

2. 见表 7-1。

3.（a）$F_{By}=\dfrac{F}{2}(\uparrow)$；

（b）$M_B=\dfrac{3Fl}{44}$(下侧受拉)。

4.（a）$M_B=45\ \text{kN}\cdot\text{m}$ (外侧受拉)；

（b）$M_B=0$；

（c）$M_A=135\ \text{kN}\cdot\text{m}$ (左侧受拉)；

（d）$M_{DB}=\dfrac{77}{34}Fa$(右拉)，$M_{CD}=\dfrac{93}{34}Fa$(下拉)，$F_{SDB}=+\dfrac{77}{136}F$，$F_{NAC}=+\dfrac{5}{6}F$；

（e）$M_{AC}=10qa^2$(左拉)，$M_{BC}=2qa^2$(上拉)，$F_{SBC}=-0.896qa$。

5.（a）$F_{NCD}=-0.896F$；

（b）$F_{NBD}=58.5\ \text{kN}$。

6.（a）$M_{CA}=11.76\ \text{kN}\cdot\text{m}$ (左外侧受拉)；

（b）$M_{CG}=95.76\ \text{kN}\cdot\text{m}$ (右侧受拉)。

7.（a）$M_{CA}=2qa^2$(右侧受拉)；

（b）$M_{CA}=\dfrac{8}{9}Fa$ (左侧受拉)；

（c）$M_A=97.5\ \text{kN}\cdot\text{m}$ (左侧受拉)。

8.（a）$M_{AC}=9.27\ \text{kN}\cdot\text{m}$（右边受拉）；

$F_{SAC}=-8.74\text{kN}, F_{NAC}=-30.89\ \text{kN}$（压）。

（b）$M_{DE}=0.039ql^2, M_{ED}=0.074ql^2$ (均上边受拉)。

（c）$M_{AE}=\dfrac{1}{4}Fh$ (左边受拉)。

（d）$M_{DA}=\dfrac{3}{40}ql^2$ (上边受拉)。

（e）$M_{AB}=\dfrac{1}{6}qa^2$ (上边受拉)。

（f）$M_{EF}=10.8\ \text{kN}\cdot\text{m}$ (下边受拉)。

9.（a）$M_{CB}=525EI\alpha/l$ (上侧受拉)；

（b）$M_{AB}=465EI\alpha/4l$ (左侧受拉)。

10.（a）$M_{AB}=4EI\alpha/l$ (下侧受拉)；

（b）$M_{AB}=6EI\Delta/l^2$(上侧受拉)；

（c）$M_{AB}=3EI\Delta/l^2$(上侧受拉)；

（d）$M_{AB}=EI\alpha/l$ (下侧受拉)。

11. $M_A=M_B=-0.11FR$ (上侧受拉)；

$R_{Ax}=R_{Bx}=0.46F$。

12. $M_C=-0.012\ 7Fl$；

$R_{By}=0.156F$，$R_{Ax}=\dfrac{135}{256}F$。

13. $\theta_{BB}=206.25\alpha$。

7 位移法

7.1 位移法的基本概念

超静定结构分析的基本方法有两种，即力法和位移法。力法发展较早，19 世纪末已用于分析连续梁。而位移法稍晚，直到 20 世纪初，由于钢筋混凝土结构的出现，刚架的应用逐渐增多，为了计算复杂的刚架而发展起来的。

无论是力法还是位移法，都必须满足以下条件：

① 力的平衡；② 位移的协调；③ 力与位移的物理关系。

力法是以多余未知力为基本未知量，以解除多余约束的静定结构作为基本结构，通过变形条件建立力法方程，将这些多余未知力求出，即可通过平衡条件计算出结构的全部内力。

位移法是以结构的结点位移作为基本未知量，取超静定的单个杆件及其组成的体系作为基本结构，通过平衡条件建立位移法方程，求出位移后，即可利用位移和内力之间的关系，求出杆件和结构的内力。

结构在确定的荷载等因素作用下，其内力与位移之间具有确定的物理关系，即确定的内力与确定的位移相对应。因此，可以先求出内力再求位移，亦可先求位移再求内力。但不论哪一种方法，都采取“先修改后复原”的方法。即先将给定结构修改为便于分析的、熟知的结构，然后再恢复为原结构，从而求出其内力和位移。

通过下面简单例子具体说明位移法的基本原理和计算方法。

如图 7-1（a）所示刚架，在荷载作用下产生的变形如图中虚线所示，设结点 1 的转角为 Z_1，根据变形协调条件可知，汇交于结点 1 的两杆杆端应有相同的转角 Z_1。为了使问题简化，在受弯杆件中，略去杆件的轴向变形和剪切变形的影响，并认为弯曲变形是很小的，因而可假定受弯杆两端之间的距离保持不变。则结点 1 只有角位移 Z_1，而无线位移，整个刚架的变形取决于未知转角 Z_1 的方向和大小。若能求得转角位移 Z_1，即可求出刚架的内力。

为求转角位移 Z_1，可先对原结构 7-1（a）做些修改，设想在 1 结点处安装一个阻止转动的装置“⊽”，称为附加刚臂约束，如图 7-1（b）所示。结点 1 装上附加约束后就不能转动了，于是，原结构被隔离成如图 7-1（d）所示的两根彼此独立的单跨超静定梁（梁单元），称为位移法的基本结构。在荷载作用下，由于附加约束阻止了结点转动，在附加约束内必将产生一个约束力矩 R_{1F}。考虑到原结构结点 1 实际上是转动了一个未知的转角 Z_1，为了恢复原状，可在如图 7-1（c）所示的结点 1 的附加约束上人为地加上一个外力矩 R_{11}，迫使结点 1 正好转动了一个转角 Z_1，于是，变形复原到原先给定的结构。这就是借助附加约束以控制结点的位移，实现基本结构的两阶段分析。

将上述“先固定后复原”两个步骤的结果相叠加，即图 7-1（b）和图 7-1（c）相叠加，即等于原结构［见图 7-1（a）］的结果。应注意到原结构的结点 1 上并没有附加约束，因而不存在约束力矩 （即原结构上的约束力矩应等于零）。于是得到

$$R_{11}+R_{1F}=0 \tag{a}$$

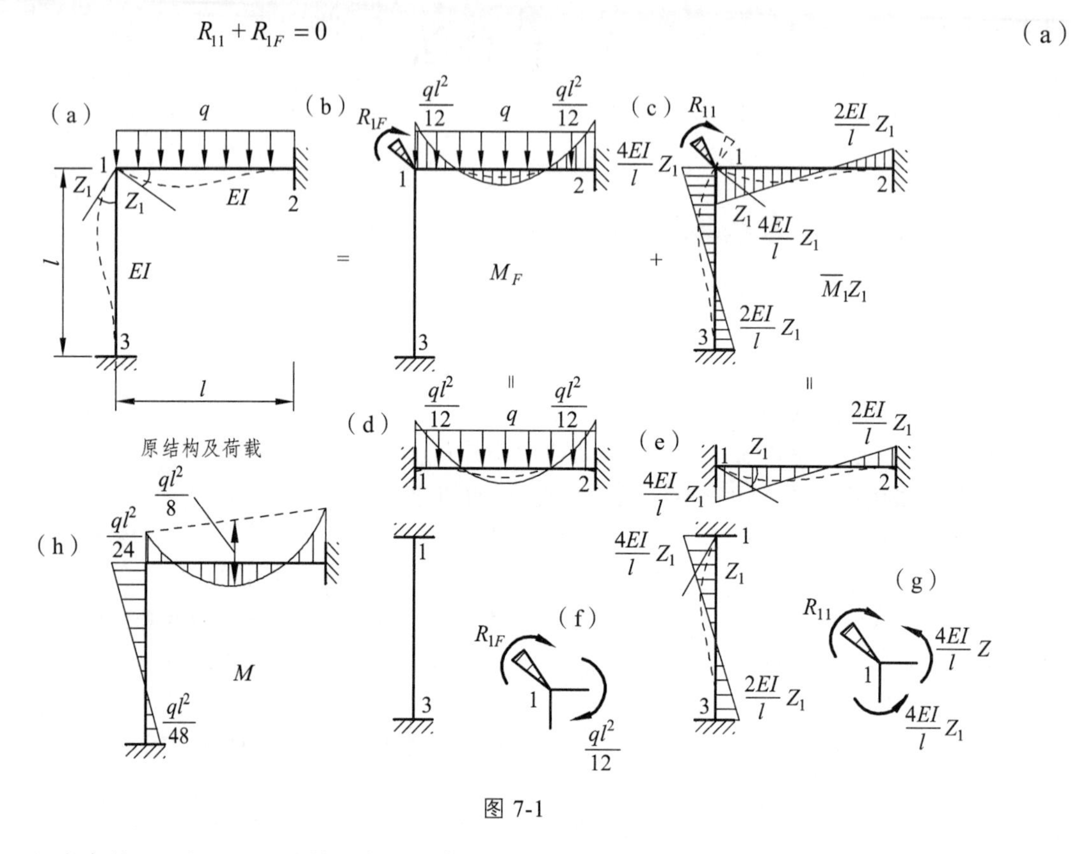

图 7-1

上式中的 R_{11} 和 R_{1F}，可利用力法已求出的单跨超静定梁（即基本结构的单元）分别在外荷载作用下［见图 7-1（d）］以及杆端 1 处转动 Z_1［见图 7-1（e）］时产生的弯矩图来计算，将图 7-1（d）和图 7-1（e）所示的单跨梁弯矩图通过结点 1 拼起来即分别成为图 7-1（b）和图 7-1（c）所示的弯矩图，分别记作 M_F 和 $\bar{M}_1 Z_1$。取出结点 1 为隔离体，如图 7-1（f）、（g）所示，由力矩平衡方程 $\sum M=0$，即可分别求出 $R_{1F}=-\frac{ql^2}{12}$，$R_{11}=\frac{8EI}{l}Z_1$。

代入方程（a），即得

$$\frac{8EI}{l}Z_1-\frac{ql^2}{12}=0 \tag{b}$$

上式即为位移法方程。其中 $\frac{8EI}{l}$ 为刚度系数，它表示结点的转角 $Z_1=1$ 时附加约束上所需的力矩；$-\frac{ql^2}{12}$ 为自由项，它表示当结点固定时荷载作用下在附加约束上所产生的力矩。解方程（b），得

$$Z_1 = \frac{ql^3}{96EI}$$

最后，根据叠加原理，即可求出最终弯矩图，如图 7-1（h）所示。

综上所述，位移法的基本思路是“先固定后复原”。“先固定”是指在原结构可能产生位移的结点上设置附加约束，使结点固定，从而得到基本结构；“后复原”是指人为地迫使原先被“固定”的结点恢复到结构应有的位移状态。通过上述两个步骤，使基本结构与原结构内力和变形完全相同，从而可以通过基本结构来计算原结构的变形、内力。

由以上分析，归纳位移法计算的要点为：

（1）以独立的结点位移（包括结点角位移和结点线位移）为基本未知量。

（2）以单跨超静定梁系为基本结构。

（3）由基本结构在附加约束处的受力与原结构一致的平衡条件建立位移法方程。先求出结点位移，进而计算出各杆件内力。

7.2 等截面直杆的转角位移方程

由以上可知，用位移法计算刚架是以单跨超静定梁作为基本结构的，因此在介绍位移法之前，对各种形式的单跨超静定梁其位移与所受力之间的相互物理关系以及外荷载对它的影响，必须要有一个比较全面的了解和认识，同时也有必要采集或准备一些基本的计算数据储存入表格，以备查用。

1．两端固定等截面直杆的物理方程

图 7-2 为等截面直杆 AB，其两端固定（或刚接）杆长为 l，$A'B'$ 表示杆件 AB 的杆端发生变形后的位置。其中 θ_A、θ_B 分别表示 A 端和 B 端的转角，其转向以顺时针为正；Δ_A、Δ_B 分别表示 A、B 两端沿杆轴垂直方向的线位移，其方向以绕另一端顺时针方向转动为正；Δ_{AB} 表示 A、B 两端的相对线位移，$\beta = \Delta_{AB}/l$ 表示直线 $A'B'$ 与 AB 的平行线的交角，称为弦转角，并规定以顺时针方向转动为正。杆端弯矩以顺时针方向转动为正；杆端剪力的符号规定和以前的相同。

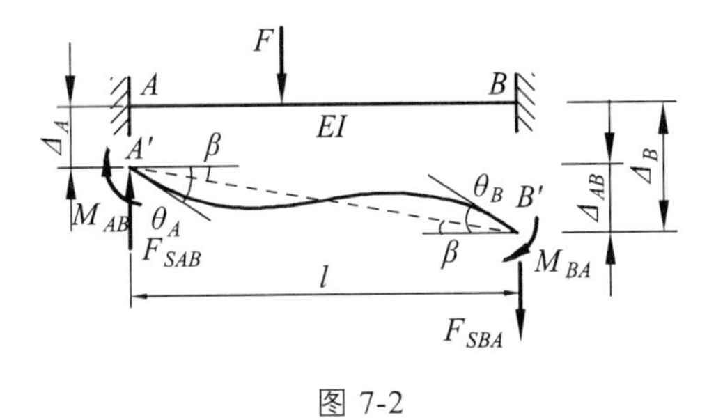

图 7-2

上述等截面杆在支座转角 θ_A、θ_B 以及相对线位移Δ_{AB} 和荷载的共同作用下，其杆端内力（或反力）可根据力法求得：

$$
\left.\begin{aligned}
M_{AB} &= 4i\theta_A + 2i\theta_B - 6i\frac{\Delta_{AB}}{l} + M_{AB}^F \\
M_{BA} &= 2i\theta_A + 4i\theta_B - 6i\frac{\Delta_{AB}}{l} + M_{BA}^F \\
F_{SAB} &= -\frac{6i}{l}\theta_A - \frac{6i}{l}\theta_B + \frac{12i}{l}\cdot\frac{\Delta_{AB}}{l} + F_{SAB}^F \\
F_{SBA} &= -\frac{6i}{l}\theta_A - \frac{6i}{l}\theta_B + \frac{12i}{l}\cdot\frac{\Delta_{AB}}{l} + F_{SBA}^F
\end{aligned}\right\} \tag{7-1}
$$

式中，$i=\dfrac{EI}{l}$ 称为杆件的线刚度，$\beta=\dfrac{\Delta_{AB}}{l}$ 即为弦转角，M_{AB}^F、M_{BA}^F 表示荷载作用下产生的杆端弯矩，称为固端弯矩，以顺时针为正；F_{SAB}^F、F_{SBA}^F 表示荷载作用下产生的杆端剪力，称为固端剪力，正负号规定与之前相同。

2．一端固定一端铰支的等截面直杆的物理方程

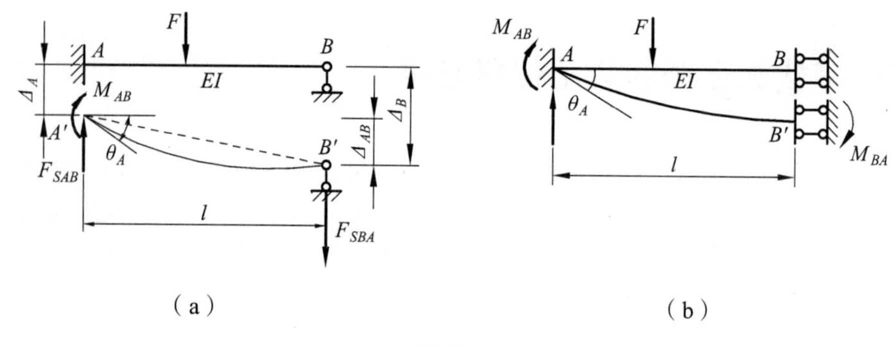

图 7-3

如图 7-3（a）所示为一端固定一端铰接的等截面直杆，在支座转角 θ_A、相对线位移 Δ_{AB} 和荷载的共同作用下，其杆端内力可根据力法求得：

$$
\left.\begin{aligned}
M_{AB} &= 3i\theta_A - 3i\frac{\Delta_{AB}}{l} + M_{AB}^F \\
M_{BA} &= 0 \\
F_{SAB} &= -\frac{3i}{l}\theta_A + \frac{3i}{l}\cdot\frac{\Delta_{AB}}{l} + F_{SAB}^F \\
F_{SBA} &= -\frac{3i}{l}\theta_A + \frac{3i}{l}\cdot\frac{\Delta_{AB}}{l} + F_{SBA}^F
\end{aligned}\right\} \tag{7-2}
$$

3．一端固定一端为定向支座的等截面直杆的物理方程

如图 7-3（b）所示为一端固定（或刚接），另一端为定向支承的等截面直杆，在支座位移 θ_A 和荷载共同作用下，其杆端内力可由力法求得：

$$
\left.\begin{aligned}
M_{AB} &= i\theta_A + M_{AB}^F \\
M_{BA} &= -i\theta_A + M_{BA}^F \\
F_{SAB} &= F_{SAB}^F \\
F_{SBA} &= 0
\end{aligned}\right\} \tag{7-3}
$$

4．两端铰支等截面直杆的物理方程

如图 7-4 所示为两端铰支等截面直杆，在支座两端沿杆轴向产生相对位移 Δ_u 时，其杆端轴力为：

$$\left.\begin{aligned} F_{NAB} &= -\frac{EA}{l}\Delta_u \\ F_{NBA} &= \frac{EA}{l}\Delta_u \end{aligned}\right\} \tag{7-4}$$

式中　A——杆件的横截面面积。

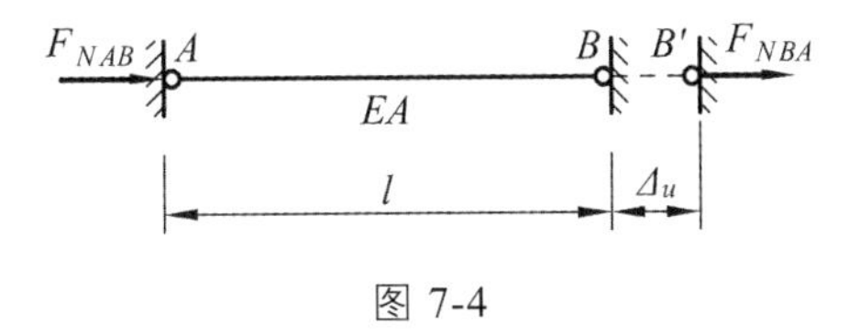

图 7-4

为了便于应用，现将以上四种超静定的等截面直杆在单位各杆端位移以及几种常见荷载单独作用下杆端的内力列于表 7-1 中，以备查用。

表 7-1　等截面直杆的杆端弯矩和剪力

序号	梁的简图	杆端弯矩		杆端剪力	
		M_{AB}	M_{BA}	F_{SAB}	F_{SBA}
1		$4i$	$2i$	$-\frac{6i}{l}$	$-\frac{6i}{l}$
2		$-\frac{6i}{l}$	$-\frac{6i}{l}$	$\frac{12i}{l^2}$	$\frac{12i}{l^2}$
3		$3i$	0	$-\frac{3i}{l}$	$-\frac{3i}{l}$
4		$-\frac{3i}{l}$	0	$\frac{3i}{l^2}$	$\frac{3i}{l^2}$
5		i	$-i$	0	0

续表

序号	梁的简图	杆端弯矩		杆端剪力	
		M_{AB}	M_{BA}	F_{SAB}	F_{SBA}
6		$-i$	i	0	0
7		$-\frac{Fab^2}{l^2}$	$\frac{Fab^2}{l^2}$	$\frac{Fb^2(l+2a)}{l^3}$	$-\frac{Fa^2(l+2b)}{l^3}$
8		$-\frac{Fl}{8}$	$\frac{Fl}{8}$	$\frac{F}{2}$	$-\frac{F}{2}$
9		$\frac{b(3a-l)}{l^2}M$	$\frac{a(3b-l)}{l^2}M$	$-\frac{6ab}{l^3}M$	$-\frac{6ab}{l^3}M$
10		$-\frac{ql^2}{12}$	$\frac{ql^2}{12}$	$\frac{ql}{2}$	$-\frac{ql}{2}$
11		$-\frac{Fab(l+b)}{2l^2}$	0	$\frac{Fb(3l^2-b^2)}{2l^3}$	$-\frac{Fa^2(2l+b)}{2l^3}$
12		$-\frac{3}{16}Fl$	0	$\frac{11}{16}F$	$-\frac{5}{16}F$
13		$\frac{l^2-3b^2}{2l^2}M$	0	$-\frac{3(l^2-b^2)}{2l^3}M$	$-\frac{3(l^2-b^2)}{2l^3}M$
14		$-\frac{ql^2}{8}$	0	$\frac{5}{8}ql$	$-\frac{3}{8}ql$

续表

序号	梁的简图	杆端弯矩		杆端剪力	
		M_{AB}	M_{BA}	F_{SAB}	F_{SBA}
15		$-\dfrac{Fa(2l-a)}{2l}$	$-\dfrac{Fa^2}{2l}$	F	0
16		$-\dfrac{3}{8}Fl$	$-\dfrac{1}{8}Fl$	F	0
17		$-\dfrac{Mb}{l}$	$-\dfrac{Ma}{l}$	0	0
18		$-\dfrac{ql^2}{3}$	$-\dfrac{ql^2}{6}$	ql	0

7.3 位移法基本未知量数目的确定

从前面的分析可知，用位移法求解超静定结构时，首先应确定基本未知量和基本结构，当求得基本未知量后，便可计算出结构中各杆的内力。

7.3.1 角位移法数目的确定

用位移法计算时，通常以前述几种单跨超静定梁作为位移法的基本结构，基本未知量的数目等于结构独立的结点角位移数与结点线位移数的总和。

角位移的数目比较容易确定，角位移数目就等于刚结点的数目，如图 7-5（a）所示结构，有 A、B、C、D 四个刚结点，故有四个独立的角位移；如图 7-6（a）所示刚架，有 D、E、H 三个刚结点，故有三个独立的角位移。

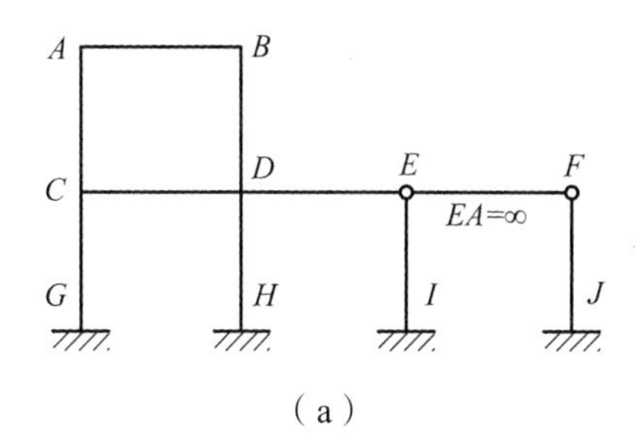

（a）

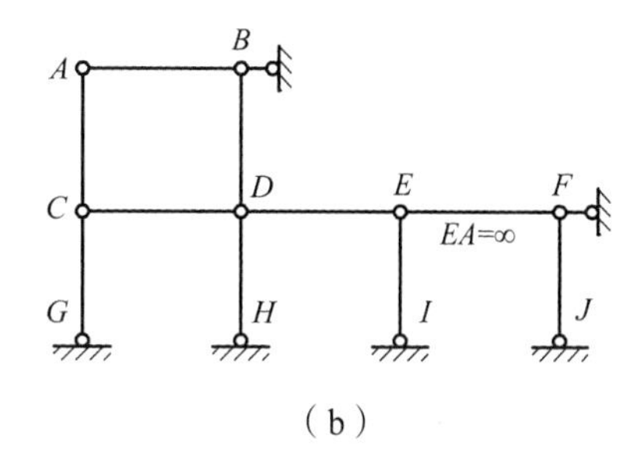

（b）

图 7-5

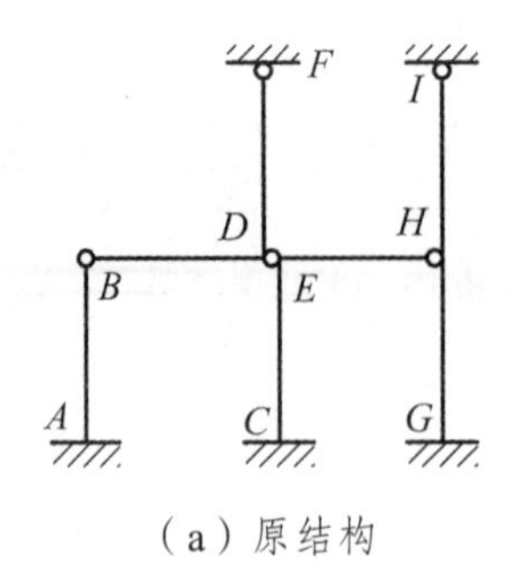

（a）原结构

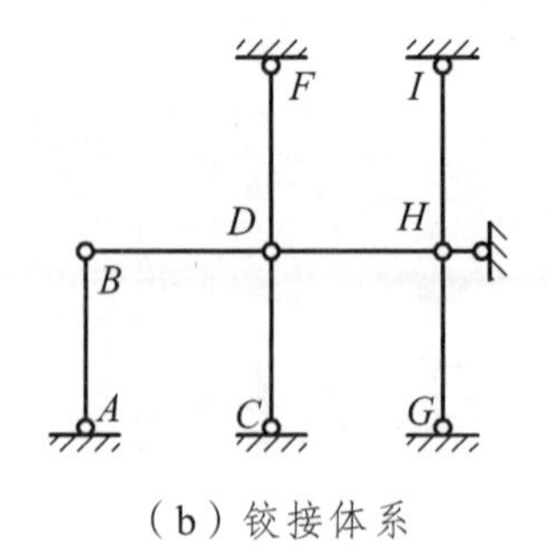

（b）铰接体系

图 7-6

7.3.2 线位移法数目的确定

在确定结点线位移的数目时，由于不计受弯直杆的轴向变形，并且假设弯曲变形是微小的，即认为直杆在受弯前后其投影长度保持不变。在图 7-6（a）所示结构中的四个结点（结点 B、D、E、H）只有水平线位移，而且是相等的，因此，只有一个独立的线位移。

由于在确定结点线位移数目时，不计及杆件的轴向变形和弯曲变形，因此，可以先把所有的刚性结点和固定支座全部改成铰接，使结构变成一个铰接体系。用增加链杆的方法使该体系成为几何不变且无多余约束的体系，所增加的最少链杆数目，就是结点独立线位移的数目。如图 7-6（a）所示的结构，把其所有的刚性结点和固定支座改成铰接后，则变为 7-6（b）所示的铰接体系。由几何组成分析可知，该体系是几何可变的，至少需要在铰结点 H 处加一水平支杆，就能使体系成为几何不变，由此判定原结构只有一个独立的结点线位移。结构基本未知量的总数等于结点的角位移数和线位移数之和。如图 7-6（a）所示结构有三个结点角位移和一个结点线位移，共有四个位移基本未知量。

图 7-5（a）所示的刚架有 A、B、C、D 四个刚结点，即有四个角位移；图 7-5（b）为原刚架相应的铰接体系，按几何组成分析，至少要在结点 B 和 F 处加上两根水平支杆后，方可使该体系成为几何不变（杆 EF 拉压刚度 $EA=\infty$），所以，原结构有两个线位移，共有六个位移基本未知量。

如图 7-7（a）所示刚架，横梁 EH 的弯曲刚度 $EI=\infty$，在外力作用下只能平移而无转动，所以结点 E 和 H 只做水平移动而转角为零。注意，因高柱的上段和下段的刚度不同，因而把 D、G 视为刚结点，因此，刚架具有结点 D 和 G 两个未知角位移。刚架的铰接体系如图 7-6（b）所示，在结点 D、G 和 H 处各加上一水平支杆，即可成为几何不变体系，所以原刚架有三个线位移，共有五个位移基本未知量。

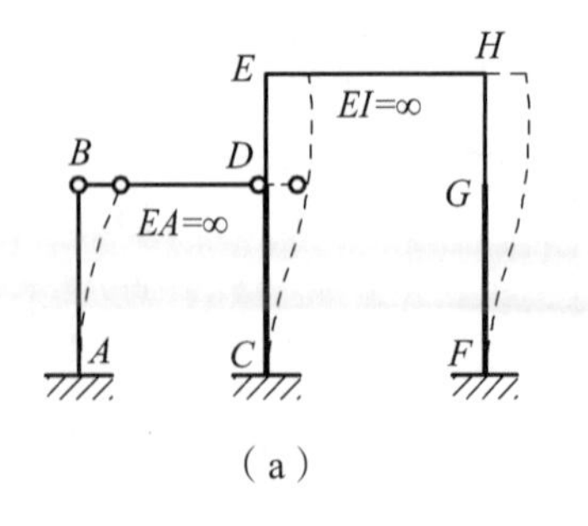

（a）

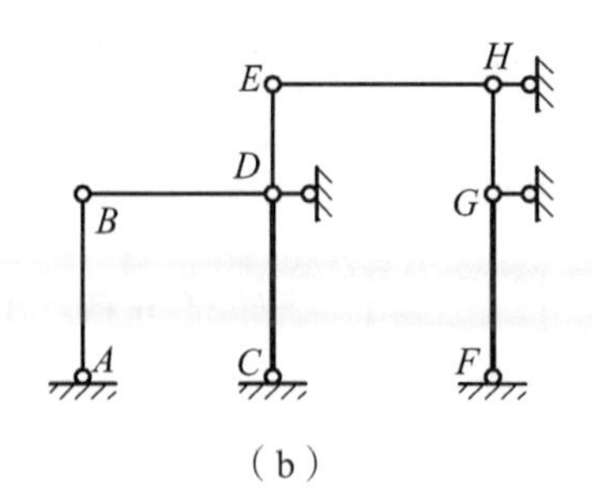

（b）

图 7-7

需要注意的是，上述确定结点线位移数目的方法，是以不考虑受弯直杆的轴向变形为前提的。对于两力杆则必须考虑轴向变形，因此，当确定图 7-5（a）所示刚架的线位移数目时，在图 7-5（b）所示与其相应的铰接体系中，若两力杆 EF 刚度为有限值时，则还要在 C（或 D 或 E）结点加上一根支杆后，才能使每个结点均不产生线位移，所以原刚架具有三个线位移，共有七个位移未知量。

7.4 位移法典型方程和算例

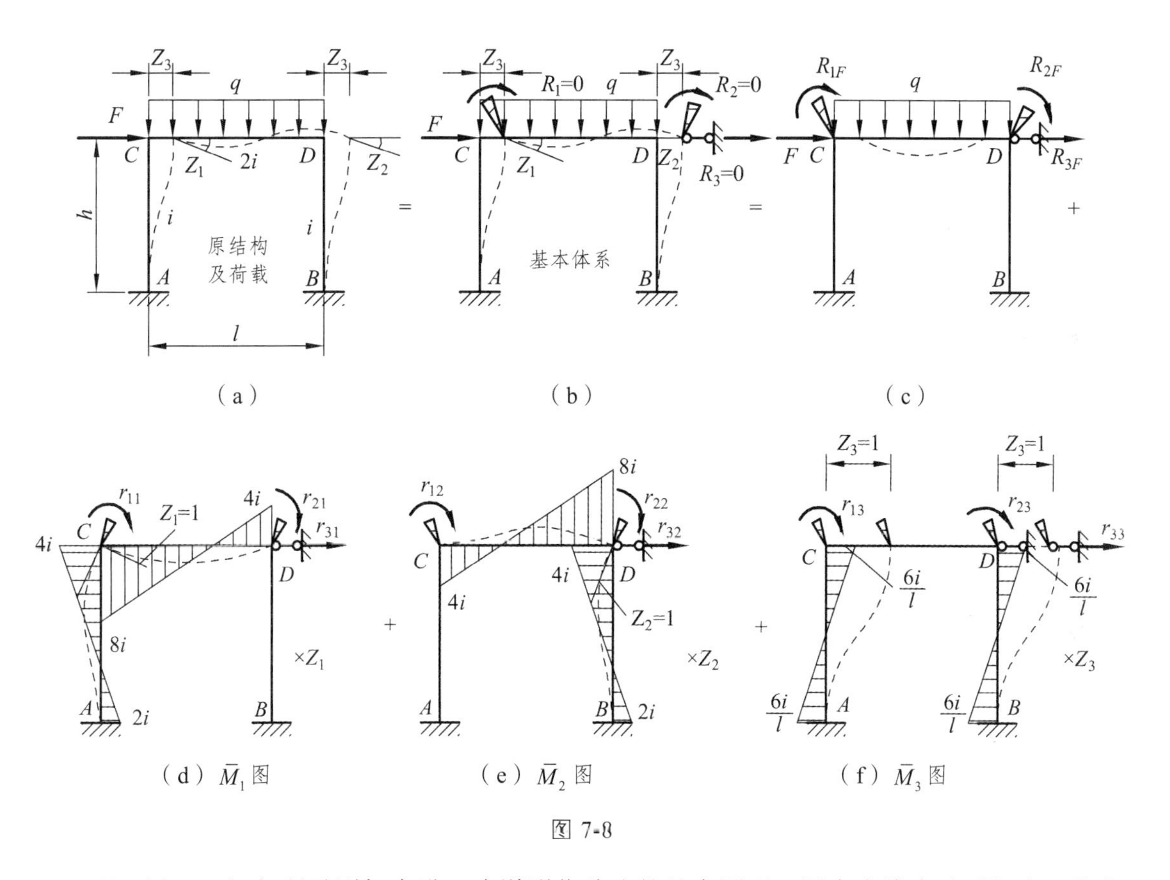

（a）（b）（c）

（d）$\bar{M}_1$ 图　（e）$\bar{M}_2$ 图　（f）$\bar{M}_3$ 图

图 7-8

现以图 7-8（a）所示刚架来进一步说明位移法的基本原理。图中虚线表示刚架由于荷载作用而产生的变形曲线，刚架有三个位移未知量，其中 Z_1 和 Z_2 分别表示结点 C 和结点 D 的角位移未知量；Z_3 为结点 C 和结点 D 的线位移未知量。

同力法一样，在位移法中，需要对原结构做一些适当的修改，使它变得易于分析。先设想在原结构的结点 C 和结点 D 上装上阻止转动的刚臂约束“⊽”，而且在结点 D 上装上一个阻止移动的支杆约束，如图 7-8（b）所示。则原结构中各杆就变成彼此独立的单跨超静定梁。这些单跨超静定梁是位移法分析的基础，称为位移法的基本结构。考虑到原结构实际上存在结点位移 Z_1、Z_2 和 Z_3，因而，迫使各附加约束产生与原结构完全相同的位移，则基本结构的全部内力、反力和变形与原结构完全一致。同时注意到原结构实际上不存在附加约束，因此，基本结构在荷载和各结点位移共同作用下，各附加约束的反力都应等于零，即 $R_1 = 0, R_2 = 0, R_3 = 0$。

为了确定出各结点的位移未知量，根据叠加原理，可以把作用于基本结构上的荷载和各结点位移分开来计算，然后再叠加。图 7-8（c）、（d）、（e）、（f）分别表示基本结构在荷载及结点位移单独作用时的情况，图中 R_{1F}、R_{2F} 和 R_{3F} 表示荷载单独作用时在各附加约束处产生的反力。r_{11}、r_{21}、r_{31} 表示 $Z_1 = 1$ 单独作用时在各附加约束处产生的反力，由于还不知道角位移的转向，通常假定为顺时针方向，线位移方向可以任意设定，这些反力的方向假定与所在结点的位移方向一致，以此类推，可得 $Z_2 = 1$ 及 $Z_3 = 1$ 单独作用时相应附加约束处的约束反力。荷载和各结点单位位移单独作用下各附加约束反力可根据图 7-8 中荷载弯矩图 M_F 及各单位位移弯矩图 $\bar{M}_1$、$\bar{M}_2$、$\bar{M}_3$ 由平衡条件求得。

将图 7-8（c）、（d）、（e）、（f）叠加，即可把基本结构的变形状态和受力状态复原到与原结构的状态完全一致，于是将上述图中的各相应附加约束的反力相加，就得到各附加约束的总反力。即

$$\left.\begin{aligned} R_1 = r_{11}Z_1 + r_{12}Z_2 + r_{13}Z_3 + R_{1F} = 0 \\ R_2 = r_{21}Z_1 + r_{22}Z_2 + r_{23}Z_3 + R_{2F} = 0 \\ R_3 = r_{31}Z_1 + r_{32}Z_2 + r_{33}Z_3 + R_{3F} = 0 \end{aligned}\right\}$$

在上式中，系数 r_{ij} 表示 $Z_j = 1$ 单独作用时在第 i 个附加约束上产生的反力，R_{iF} 称为自由项，表示荷载单独作用时，在第 i 个约束处产生的反力。r_{ij} 和 R_{iF} 均取与附加约束所设的位移 Z_i 方向一致者为正，相反者为负。

上式中第一和第二式的物理意义为原结构结点 C 和结点 D 隔离体［见图 7-8（b）］的力矩平衡条件：$R_1 = M_{CA} + M_{CD} = 0$；$R_2 = M_{DC} + M_{DE} = 0$。第三式的物理意义为原结构截面隔离体［见图 7-8（b）］横梁 CD 水平方向力的平衡条件：$R_3 = F_{SCA} + F_{SDB} - F = 0$

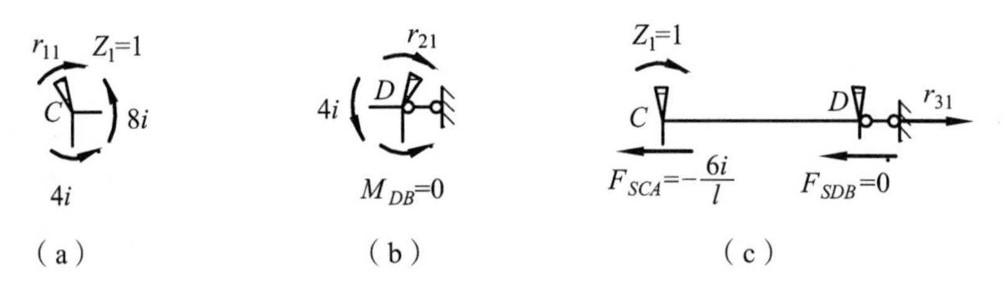

图 7-9

以上系数和自由项均为常数，且可分成两类，即附加转动约束中的反力矩和附加移动约束中的反力。可按照图 7-8（c）、（d）、（e）、（f）中荷载弯矩图 M_F 及各单位位移弯矩图 $\bar{M}_1$、$\bar{M}_2$、$\bar{M}_3$ 根据平衡条件求得。图 7-9（a）、（b）所示为 $Z_1 = 1$ 时结点 C、D 的隔离体，各杆端弯矩可见于 $\bar{M}_1$ 图。由结点的力矩平衡条件，结合反力互等定理可知：

$$r_{11} = 4i + 8i = 12i\ ; \quad r_{12} = r_{21} = 4i$$

$Z_1 = 1$ 时附加链杆中的反力可以根据图 7-9（c）横梁隔离体的平衡条件确定。由 $\bar{M}_1$ 图所示 AC 杆两端的杆端内力可求得 $F_{SCA} = -\dfrac{6i}{l}$，再由横梁 $\sum F_x = 0$，结合反力互等定理可知：

$$r_{13} = r_{31} = -\frac{6i}{l}$$

同理，可求得方程的其他系数和自由项如下：

$$r_{22} = 4i + 8i = 12i\text{；}\quad r_{23} = r_{32} = -\frac{6i}{l}\text{；}\quad r_{33} = \frac{12i}{l^2} + \frac{12i}{l^2} = \frac{24i}{l^2}$$

$$R_{1F} = -\frac{1}{12}ql^2\text{；}\quad R_{2F} = \frac{1}{12}ql^2\text{；}\quad R_{3F} = -F$$

代入位移法方程即可求得位移未知量。

求解有 n 个位移基本未知量的超静定结构时，应设置 n 个附加约束，而每一个附加约束分别对应一个结点或截面平衡条件，相应地也就有 n 个平衡条件，据此可以建立 n 个位移法方程，从而可以联立解出全部位移未知量。位移法方程可写为

$$\left.\begin{array}{l} r_{11}Z_1 + r_{12}Z_2 + \cdots + r_{1n}Z_n + R_{1F} = 0 \\ r_{21}Z_1 + r_{22}Z_2 + \cdots + r_{2n}Z_n + R_{2F} = 0 \\ \qquad\vdots \\ r_{n1}Z_1 + r_{n2}Z_2 + \cdots + r_{nn}Z_n + R_{nF} = 0 \end{array}\right\} \tag{7-5}$$

式（7-5）即为位移法方程的一般形式，不论结构是什么形式，位移法方程的形式是不变的，故式（7-5）称为位移法典型方程。由以上的分析可知，位移法方程的实质是一组平衡方程。

式中 r_{ij} 是由单位位移 $Z_j=1$ 引起的沿 Z_i 方向的附加约束反力，称为刚度系数；R_{iF} 是由荷载引起的沿 Z_i 方向的附加约束反力，称为自由项。当这些附加约束反力与所设未知量方向一致时取正号，反之则为负。上述符号中的第一个下标表示与未知位移序号相应的附加约束反力序号，第二个下标则表示产生该项附加约束反力的原因。所有这些附加约束反力均可以根据隔离体平衡条件求得。位于方程左上方 r_{11} 至右下方 r_{nn} 的一条主对角线上的系数 r_{ii} 称为主系数，主对角线两侧的其他系数 r_{ij}（$i \neq j$）则称为副系数。主系数代表由单位位移 $Z_i = 1$ 作用所引起在 Z_i 自身方向上的约束反力，它必定与该单位位移的方向一致，故是恒正的；而副系数代表由单位位移 $Z_j = 1$ 的作用所引的 Z_i 方向的约束反力，它可能与所设定的 Z_i 同向、反向，或者是无该项约束反力发生，所以它可能为正、为负或为零。根据反力互等定理有

$$r_{ij} = r_{ji} \tag{7-6}$$

式（7-5）的位移法典型方程也可写成如下的矩阵形式：

$$\boldsymbol{rZ} + \boldsymbol{R}_F = \boldsymbol{0} \tag{7-7}$$

式中 $\boldsymbol{r}$ 称为刚度矩阵，其矩阵元素由式（7-5）中的全部刚度系数 r_{ij} 项构成，由式（7-6）可知，$\boldsymbol{r}$ 为对称矩阵，$\boldsymbol{Z}$ 为未知位移向量；$\boldsymbol{R}_F$ 为荷载引起的附加约束力向量。

位移法方程是一个线性代数方程组，求解这一个方程组可以得到全部基本未知量，即全部结点位移。此时，结构杆件的杆端弯矩可根据转角位移方程直接求得，也可根据叠加原理

用下式计算

$$M = \sum \bar{M}_i Z_i + M_F \tag{7-8}$$

求出刚架各杆端的弯矩后，利用平衡条件即可求出各杆端的剪力和轴力，并绘出剪力图和轴力图。

最后，应对所求得的内力图进行校核，通常只进行平衡条件的校核，其校核方法与力法相同。

综上所述，可归纳出位移法计算超静定结构的步骤如下：

（1）确定基本未知量和基本结构。

（2）建立位移法方程。

（3）绘出基本结构上的单位弯矩图 $\bar{M}$ 图与荷载弯矩图 M_F 图，利用平衡条件求系数和自由项。

（4）解方程求出基本未知量。

（5）由 $M = \sum \bar{M}_i Z_i + M_F$ 叠加绘出最后弯矩图，进而绘出剪力图和轴力图。

（6）校核。

【例题 7-1】 试用位移法计算图 7-10（a）所示刚架，并绘出内力图。

解：（1）确定基本未知量和基本结构。

此刚架只有一个刚结点 E，无结点线位移。因此，基本未知量为结点 E 处的转角位移 Z_1，基本结构如图 7-10（b）所示。

（2）建立位移法方程。由 E 结点的附加刚臂约束处力矩总和为零的条件 $\sum M_E = 0$，建立位移法方程：

$$r_{11} Z_1 + R_{1F} = 0$$

（3）在基本结构上利用表 7-1 绘出 Z_1=1 和荷载分别单独作用于基本结构上的弯矩图 $\bar{M}_1$ 图和 M_F 图，如图 7-10（c）、（d）所示，求系数和自由项，令 $i = \dfrac{EI}{4}$。

分别在图 7-10（c）、（d）中利用结点 E 的力矩平衡条件 $\sum M_E = 0$，可计算出系数和自由项如下：

$$r_{11} = 11i\,, \quad R_{1F} = -110\ \text{kN}\cdot\text{m}$$

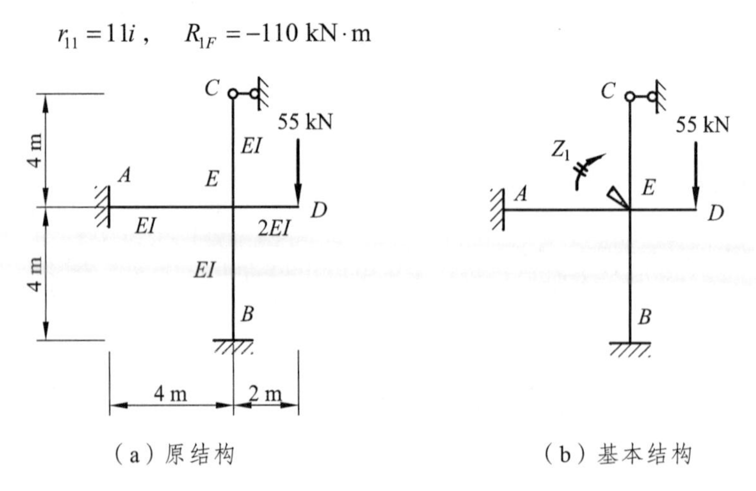

（a）原结构　　（b）基本结构

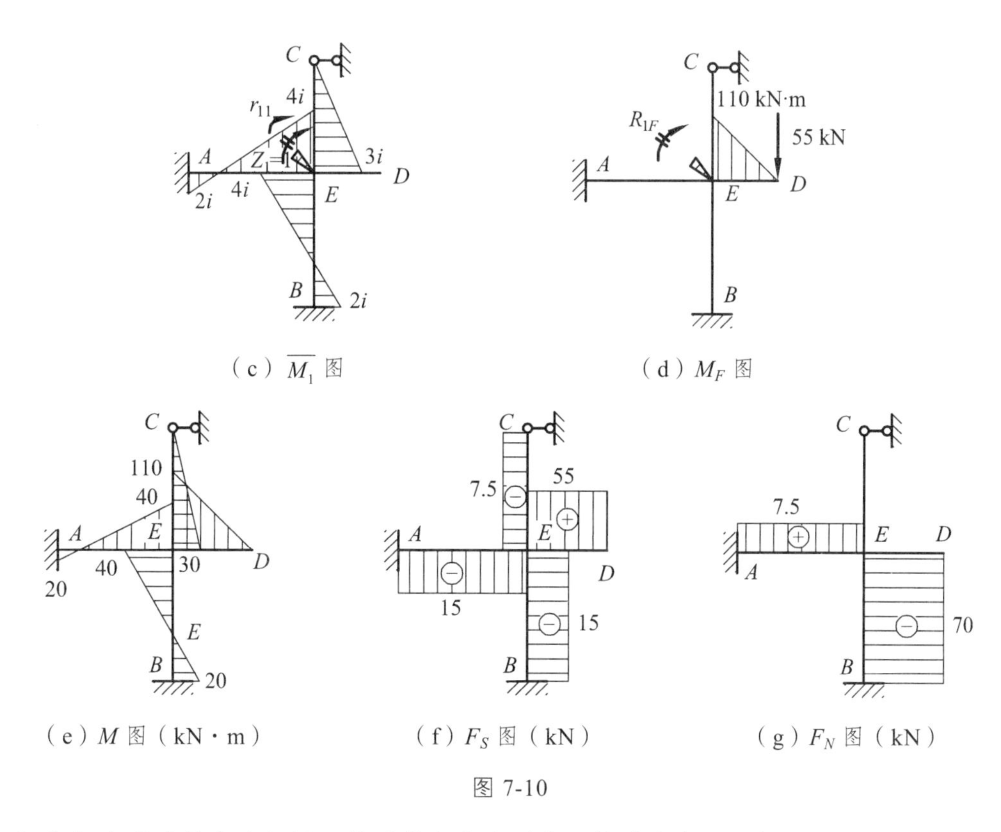

（c）$\overline{M_1}$ 图　　（d）M_F 图

（e）M 图（kN·m）　　（f）F_S 图（kN）　　（g）F_N 图（kN）

图 7-10

（4）解方程求基本未知量。将系数和自由项代入位移法方程，得

$$11iZ_1-110=0$$

解方程得：

$$Z_1=\frac{10}{i}$$

所得 Z_1 为正值，说明结点 E 的实际角位移方向与所假设方向（顺时针方向）一致。

（5）绘制内力图。根据叠加原理，由 $M=\overline{M}_1Z_1+M_F$，计算出各杆端弯矩：

$$M_{AE}=2i\times\frac{10}{i}+0=20\ \text{kN}\cdot\text{m}\ ;\quad M_{EA}=4i\times\frac{10}{i}+0=40\ \text{kN}\cdot\text{m}$$

$$M_{BE}=2i\times\frac{10}{i}+0=20\ \text{kN}\cdot\text{m}\ ;\quad M_{EB}=4i\times\frac{10}{i}+0=40\ \text{kN}\cdot\text{m}$$

$$M_{ED}=0+(-100)=-110\ \text{kN}\cdot\text{m}\ ;\quad M_{EC}=3i\times\frac{10}{i}+0=30\ \text{kN}\cdot\text{m}$$

杆端正值弯矩为顺时针方向，负值弯矩为逆时针方向，由此确定各截面的弯矩纵标，从而绘出刚架的最终弯矩图，如图 7-10（e）所示。

利用杆件和结点的平衡条件可绘出 F_S 图、F_N 图，分别如图 7-10（f）、（g）所示。

（6）校核。在位移法计算中，只需做平衡条件校核。校核该弯矩图时，结点 E 应是四杆两个方向的弯矩平衡。

在图 7-10（e）中取结点 E 为隔离体，验算其是否满足平衡条件 $\sum M_E = 0$ 。由

$$\sum M_E = 110 - 40 - 40 - 30 = 0$$

可知计算无误。

【例题 7-2】 用位移法计算图 7-11（a）所示连续梁，并绘制弯矩图。EI = 常数。

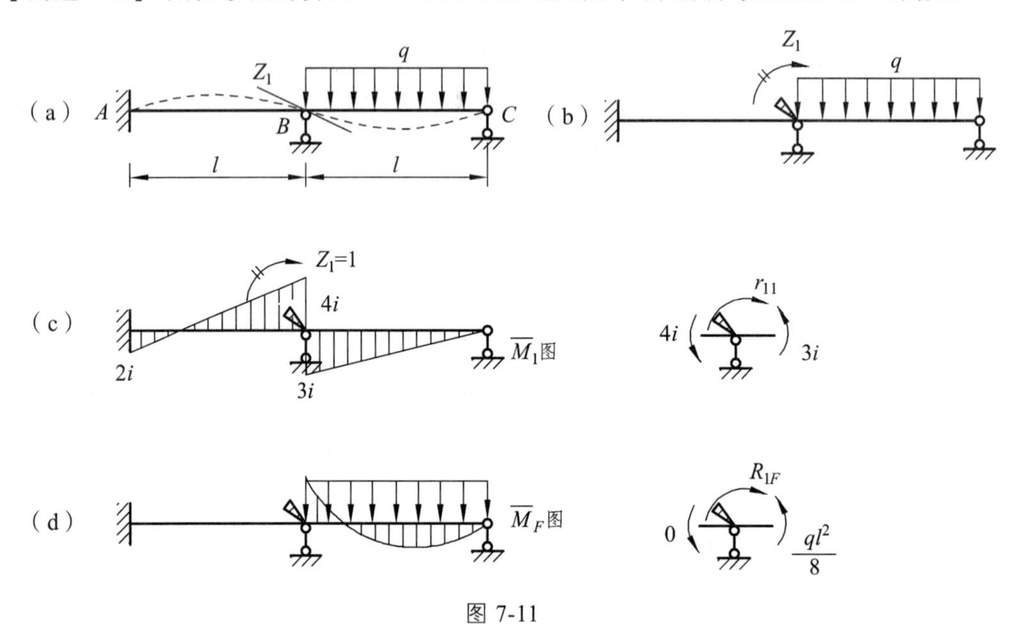

图 7-11

解：（1）取结点 B 的转角 Z_1 为基本未知量。取基本结构如图 7-11（b）所示。

（2）列出位移法方程。

$$r_{11}Z_1 + R_{1F} = 0$$

（3）求系数和自由项，分别绘制 $\overline{M}_1$ 图［见图 7-11（c）］及 M_F 图［见图 7-11（d）］，取结点 B，由平衡条件得

$$r_{11} = 4i + 3i = 7i\ ; \qquad R_{1F} = -\frac{1}{8}ql^2$$

（4）带入位移法基本方程。

$$7iZ_1 - \frac{1}{8}ql^2 = 0$$

求解得 $$Z_1 = \frac{ql^2}{56i}$$

（5）绘制弯矩图。

根据叠加原理，由 $M = \overline{M_1}Z_1 + M_F$ 计算出各杆端弯矩：

$$M_{BC} = 3iZ_1 - \frac{1}{8}ql^2 = -\frac{ql^2}{14}$$

$$M_{AB} = 2iZ_1 + 0 = \frac{ql^2}{28}$$

绘制弯矩图如图 7-12 所示。

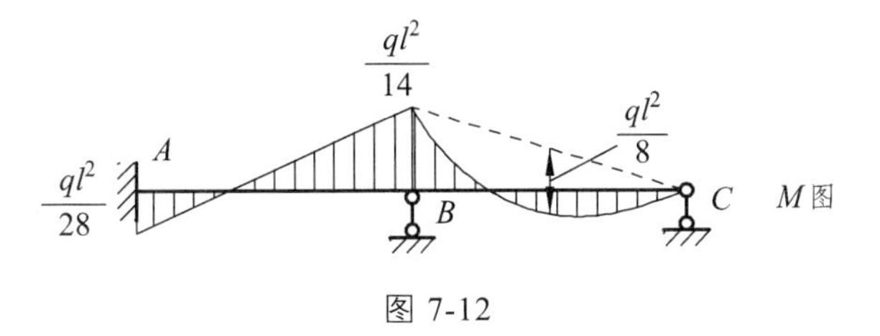

图 7-12

【例题 7-3】 计算图 7-13（a）所示刚架，并绘制弯矩图。

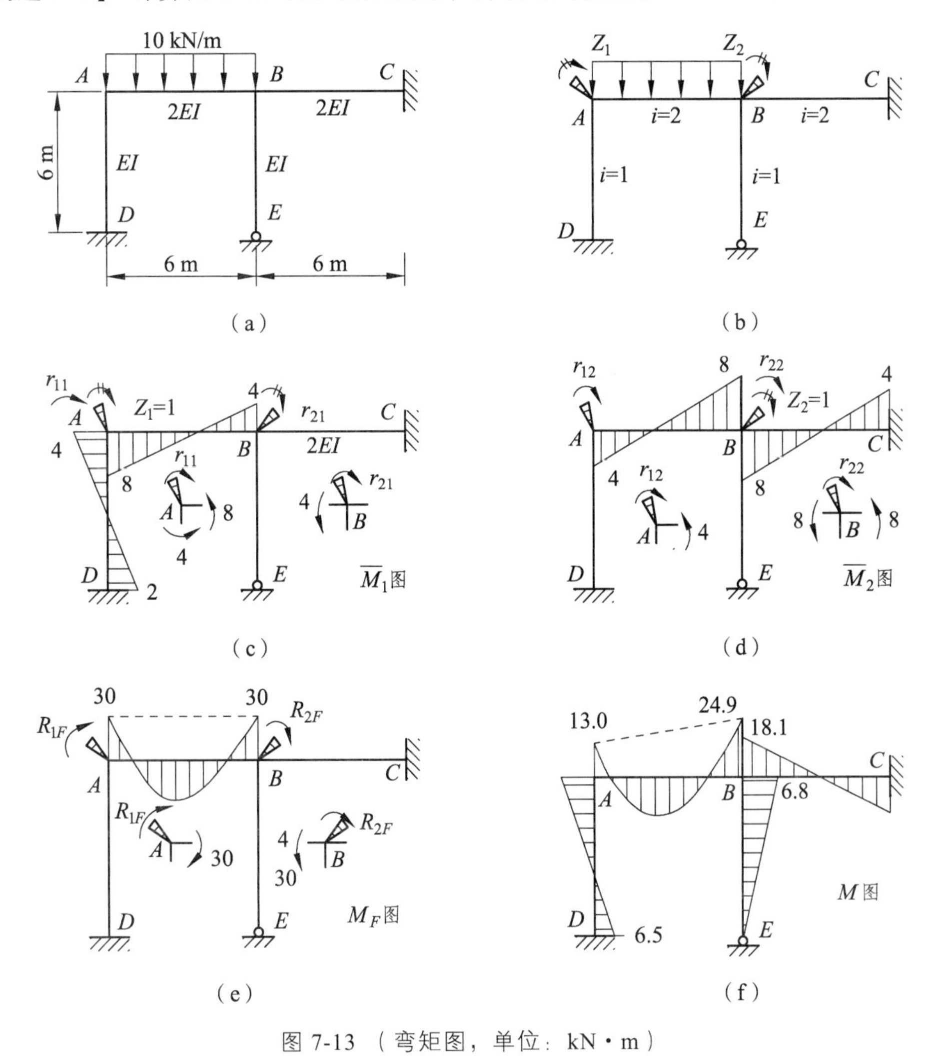

图 7-13 （弯矩图，单位：kN·m）

解：（1）结构的 A、B 两结点各有一角位移，没有线位移。基本结构如图 7-13（b）所示，基本未知量为角位移 Z_1 和 Z_2。

（2）建立位移法方程。根据基本结构每个结点处附加刚臂的约束力矩总和为零的条件，建立位移法方程。

$$r_{11}Z_1 + r_{12}Z_2 + R_{1F} = 0$$
$$r_{21}Z_1 + r_{22}Z_2 + R_{2F} = 0$$

（3）求系数和自由项，分别绘制 $\overline{M}_1$、$\overline{M}_2$ 图及 M_F 图，如图 7-13（c）、（d）、（e）所示。从 $\overline{M}_1$、$\overline{M}_2$ 图中分别取结点 A、结点 B 为隔离体，令 $\frac{EI}{6}=1$，可求得

$$r_{11} = 4\times2+4\times1=12；\quad r_{12}=r_{21}=2\times2=4；\quad r_{22}=2\times4+2\times4+3=19$$

从 M_F 图中分别取结点 A、结点 B 为隔离体，可求得

$$R_{1F} = -\frac{ql^2}{12} = -30$$

$$R_{2F} = \frac{ql^2}{12} = 30$$

（4）将以上系数代入位移法典型方程并求解得：

$$12Z_1 + 4Z_2 - 30 = 0$$
$$4Z_1 + 19Z_2 + 30 = 0$$

解得：

$$Z_1 = 3.25，\quad Z_2 = -2.26$$

（5）绘制最终弯矩图。

根据叠加原理，由 $M=\overline{M}_1Z_1+\overline{M}_2Z_2+M_F$ 计算出各杆端弯矩。

$$M_{AB} = 8Z_1 + 4Z_2 - 30 = -13.0\ \text{kN}\cdot\text{m}$$

$$M_{BA} = 4Z_1 + 8Z_2 + 30 = 24.9\ \text{kN}\cdot\text{m}$$

$$M_{BE} = 3Z_2 = -6.78\ \text{kN}\cdot\text{m}$$

$$M_{BC} = 8Z_2 = -18.08\ \text{kN}\cdot\text{m}$$

绘出弯矩图，如图 7-13（f）所示。

【例题 7-4】 用位移法计算图 7-14（a）所示有侧移的刚架，并绘制弯矩图。

解：（1）此刚架具有一个独立转角 Z_1 和一个独立线位移 Z_2。在结点 C 加入一个附加刚臂和附加支杆，便得到图 7-14（b）所示的基本结构。

（2）建立位移法典型方程。

$$r_{11}Z_1 + r_{12}Z_2 + R_{1P} = 0$$

$$r_{21}Z_1 + r_{22}Z_2 + R_{2P} = 0$$

（3）在基本结构上利用表 7-1，绘出 $Z_1=1$、$Z_2=1$ 和荷载分别单独作用于基本结构上的弯矩图 $\bar{M}_1$、$\bar{M}_2$ 和 M_F 图，如图 7-14（c）、（d）、（e）所示，求系数和自由项，图中 $i=\frac{EI}{4}$。

分别取图 7-14（c）、（d）、（e）的 C 结点为隔离体，由 $\sum M_C=0$,可求得

$$r_{11}=4i+3i=7i\ ,\quad r_{12}=r_{21}=-1.5i\ ,\quad R_{1F}=0$$

分别取图 7-14（c）、（d）、（e）的柱顶以上部分为隔离体，由 $\sum X=0$,可求得

$$r_{22}=\frac{12i}{4^2}+\frac{3i}{4^2}=\frac{15i}{16}\ ,\qquad R_{2P}=-\frac{3}{8}ql-30=-60\ \text{kN}$$

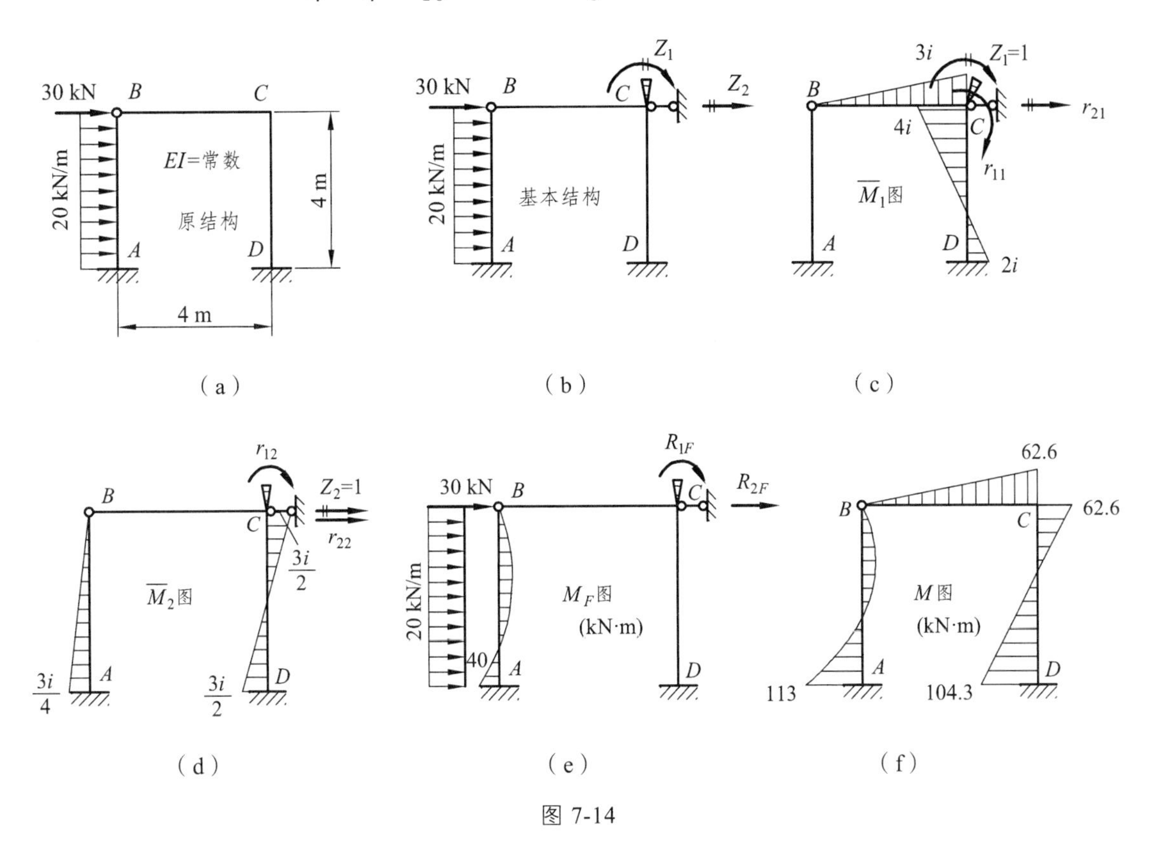

图 7-14

（4）将以上系数带入位移法典型方程，并求解。

$$Z_1=20.87/i\ ,\quad Z_2=97.39/i$$

需要注意的是，角位移单位为 $\text{kN}\cdot\text{m}^2/EI$，线位移单位为 $\text{kN}\cdot\text{m}^3/EI$。

（5）绘制弯矩图。

根据叠加原理，由 $M=\overline{M}_1Z_1+\overline{M}_2Z_2+M_F$ ，计算出各杆端弯矩。

$$M_{CB}=3iZ_1=3i\times\frac{20.87}{i}=62.6\ \text{kN}\cdot\text{m}$$

$$M_{DC}=-104.3\ \text{kN}\cdot\text{m}$$

$$M_{AB}=-113\ \text{kN}\cdot\text{m}$$

绘出弯矩图，如图 7-14（f）所示。

7.5 对称性的利用

对称的连续梁和刚架在工程中应用广泛。在力法一章中，对于利用结构的对称性来简化计算已做过介绍。用位移法求解时，对于对称的超静定结构，同样可利用其对称性简化计算。具体做法就是根据其受力、变形特点，取半个结构进行计算。对于半刚架的选取方法和力法相同，在此不再赘述，下面举例说明。

【例题 7-5】 试用位移法计算图 7-15（a）所示刚架，并绘出弯矩图。已知各杆的 EI 为常数。

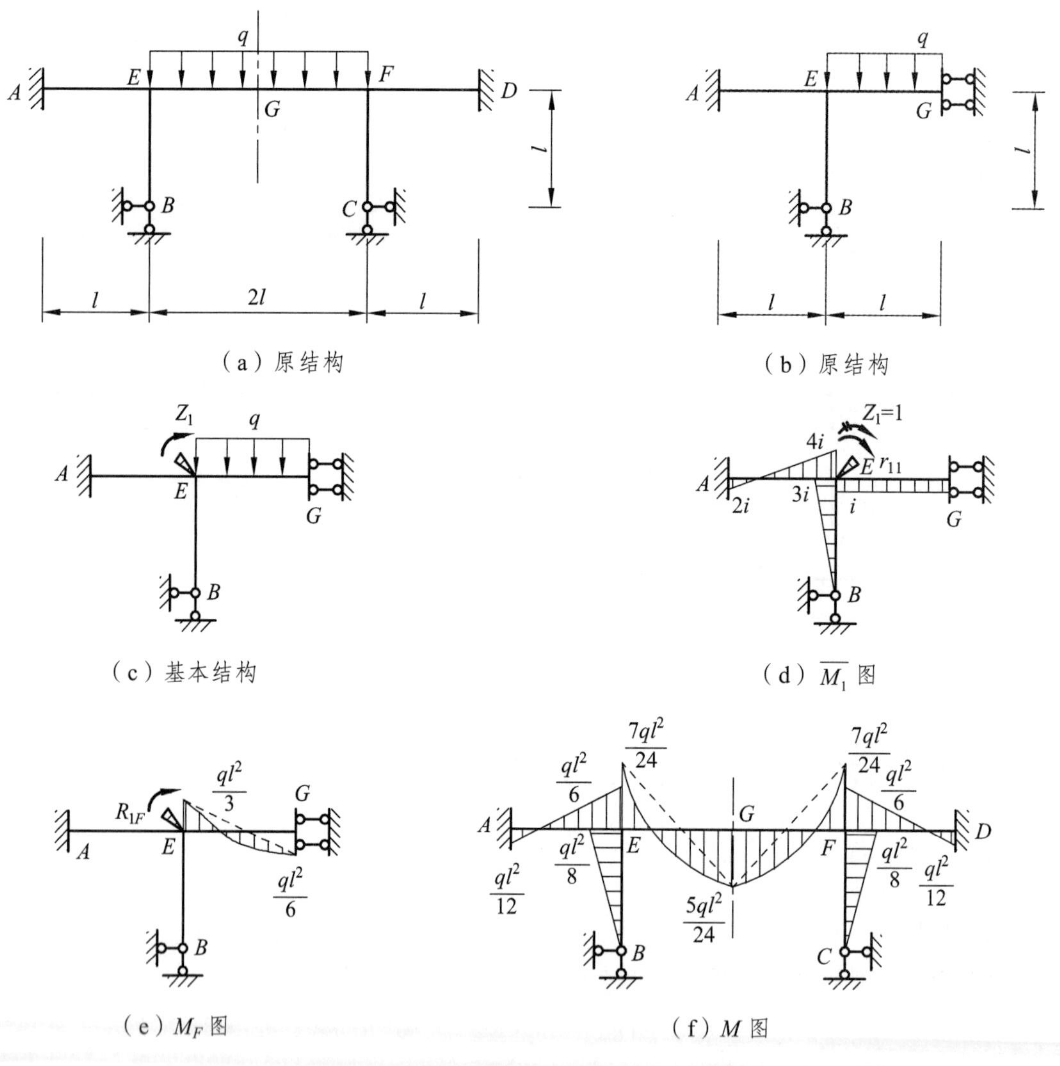

图 7-15

解：（1）选取半刚架并形成基本结构。

图 7-15（a）所示刚架为对称结构作用对称荷载的情况，根据其受力、变形特点，可取如图 7-15（b）所示半刚架进行计算。即先用位移法绘出图 7-15（b）所示半个刚架的弯矩图，

然后再利用结构的对称性得出原结构的弯矩图。

分析可知，用位移法求解图 7-15（b）所示刚架时，基本未知量只有一个，基本结构如图 7-15（c）所示。

（2）建立位移法方程。

$$r_{11}Z_1 + R_{1F} = 0$$

（3）求系数和自由项。令 $i=\dfrac{EI}{l}$，分别绘出 $Z_1=1$ 和荷载单独作用在基本结构上的弯矩图 $\overline{M}_1$ 图和 M_F 图，如图 7-15（d）、（e）所示。

分别在图 7-15（d）、（e）中利用结点 E 的力矩平衡条件，计算出系数和自由项如下：

$$r_{11}=8i,\quad R_{1F}=-\frac{ql^2}{3}$$

（4）解方程求基本未知量。将系数和自由项代入位移法方程，得

$$8iZ_1-\frac{ql^2}{3}=0$$

解方程得

$$Z_1=\frac{ql^2}{24i}$$

（5）绘制弯矩图。由 $M=\overline{M}_1Z_1+M_F$ 叠加可绘出左半刚架的弯矩图，由结构的对称性可绘出原结构的 M 图，如图 7-15（f）所示。

（6）校核。在图 7-15（f）中取结点 E 为隔离体，验算其是否满足平衡条件 $\sum M_E=0$。由

$$\sum M_E=\frac{ql^2}{6}+\frac{ql^2}{8}-\frac{7ql^2}{24}=0$$

可知计算无误。

7.6 直接由平衡条件建立位移法基本方程

前面介绍了利用位移法基本结构来建立位移法方程。位移法典型方程实质上代表了原结构的结点和截面的平衡条件。因此，位移法方程的建立可以不通过附加约束的基本结构，而是利用杆件的物理方程［式（7-1）至式（7-4）］，直接取结点和截面一侧为隔离体的平衡条件，来建立以结点位移为未知量的位移法方程。现在举例说明。

【例题 7-6】 用直接平衡法计算图 7-16（a）所示刚架的弯矩图。各杆线刚度均为 i。

解：（1）确定基本未知量。

图示刚架有刚结点 C 的转角位移 Z_1 和结点 C、D 的水平线位移 Z_2 两个基本未知量。设 Z_1 为顺时针方向转动，Z_2 向右移动。

（2）列出求各杆的物理方程。

利用等截面直杆的物理方程式（7-1）、式（7-2）及表 7-1，由跨度 $l=12$ m，高 $h=6$ m，可得

AC 杆：
$$M_{CA}=4iZ_1-\frac{6i}{h}Z_2+\frac{qh^2}{12}=4Z_1-Z_2+3$$

$$M_{AC}=2iZ_1-\frac{6i}{h}Z_2-\frac{qh^2}{12}=2Z_1-Z_2-3$$

CD 杆：
$$M_{CD}=3iZ_1=3Z_1$$

BD 杆：
$$M_{BD}=3i\frac{Z_2}{l}=-0.5Z_2$$

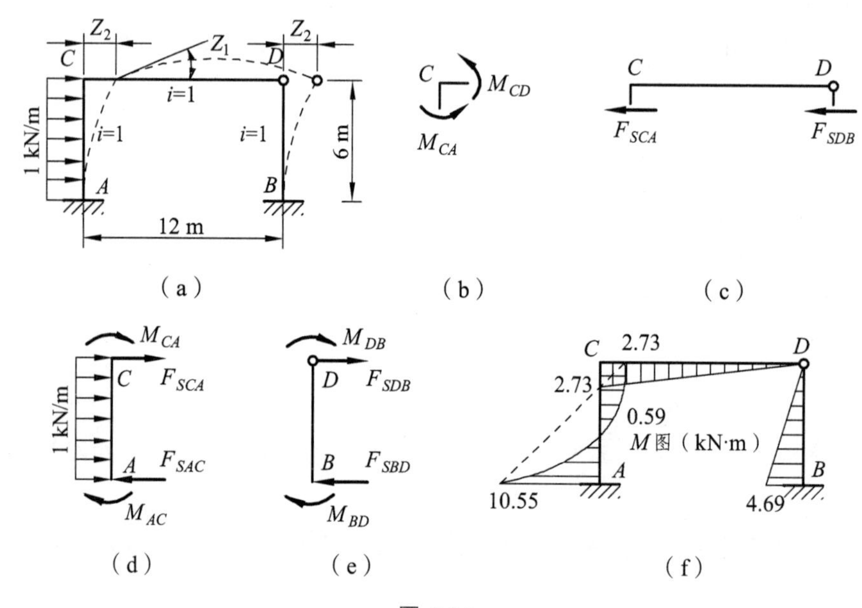

图 7-16

（3）建立位移法方程。

有侧移刚架的位移法方程，有下述两种：

① 与结点转角 Z_1 对应的基本方程为结点 C 的力矩平衡方程，如图 7-16（b）所示，取结点 C 为隔离体，由 $\sum M_C=0$，得

$$M_{CA}+M_{CD}=0$$

将 M_{CA}、M_{CD} 代上式，经整理后得

$$7Z_1-Z_2+3=0 \tag{a}$$

② 与结点线位移 Z_2 对应的基本方程为横梁 CD 的截面平衡方程，如图 7-16（c）所示，取横梁 CD 为隔离体，$\sum F_x=0$，得

$$F_{SCA}+F_{SDB}=0 \tag{b}$$

取立柱 CA 为隔离体［见图 7-16（d）］，由 $\sum M_A=0$，得

$$F_{SCA}=-\frac{6Z_1-2Z_2}{h}-\frac{1}{2}qh=-Z_1+\frac{1}{3}Z_2-3 \tag{c}$$

同样，取立柱 DB 为隔离体［见图 7-16（e）］，由 $\sum M_B=0$，得

$$F_{SDB}=-\frac{-0.5Z_2}{h}=\frac{1}{12}Z_2 \tag{d}$$

将（c）、（d）两式代入横梁 CD 的截面平衡方程（b）整理得

$$-Z_1+\frac{5}{12}Z_2-3=0 \tag{e}$$

（4）将（a）、（e）两式联立得位移法方程。

$$\left.\begin{aligned}7Z_1-Z_2+3=0\\-Z_1+\frac{5}{12}Z_2-3=0\end{aligned}\right\}$$

解得：

$$Z_1=0.91 \qquad Z_2=9.37$$

（5）计算杆端弯矩，绘制弯矩图。

将 Z_1、Z_2 的值代入杆端弯矩表达式，求得杆端弯矩，并作弯矩图，如图 7-16（f）所示。

7.7　支座位移作用下的位移法计算

结构在支座位移和温度变化等因素作用下，采用位移法的基本结构进行分析，其计算原理和计算过程仍与荷载作用时的情况相同，所不同的只是典型方程中的自由项。下面举例说明用位移法计算结构在支座位移作用下的内力。

【例题 7-7】如图 7-17(a)所示刚架的支座 A 产生转角 φ，支座 B 产生竖向位移 $\varDelta=3l\varphi/4$。试用位移法绘制其弯矩图。E 为常数。

解：此刚架的基本未知量只有结点 C 的角位移 Z_1，在结点 C 加一附加刚臂约束即得基本结构，相应的位移法典型方程为：

$$r_{11}Z_1+R_{1\varDelta}=0$$

设 $i=\dfrac{EI}{l}$，则 $i_{AC}=i$，$i_{BC}=\dfrac{8i}{3}$，作 $\bar{M}_1$ 图和 $M_\varDelta$ 图，如图 7-17（c）、（d）所示。可求得系数和自由项：

$$r_{11}=8i+4i=12i\,,\quad R_{1\varDelta}=2i\varphi-\frac{32i}{3l}\varDelta=-6i\varphi$$

带入位移法方程，可解出基本未知量：

$$Z_1=-\frac{R_{1\varDelta}}{r_{11}}=\frac{\varphi}{2}$$

根据叠加原理，可求得各杆端弯矩，最后绘出刚架的弯矩图，如图 7-17（e）所示。

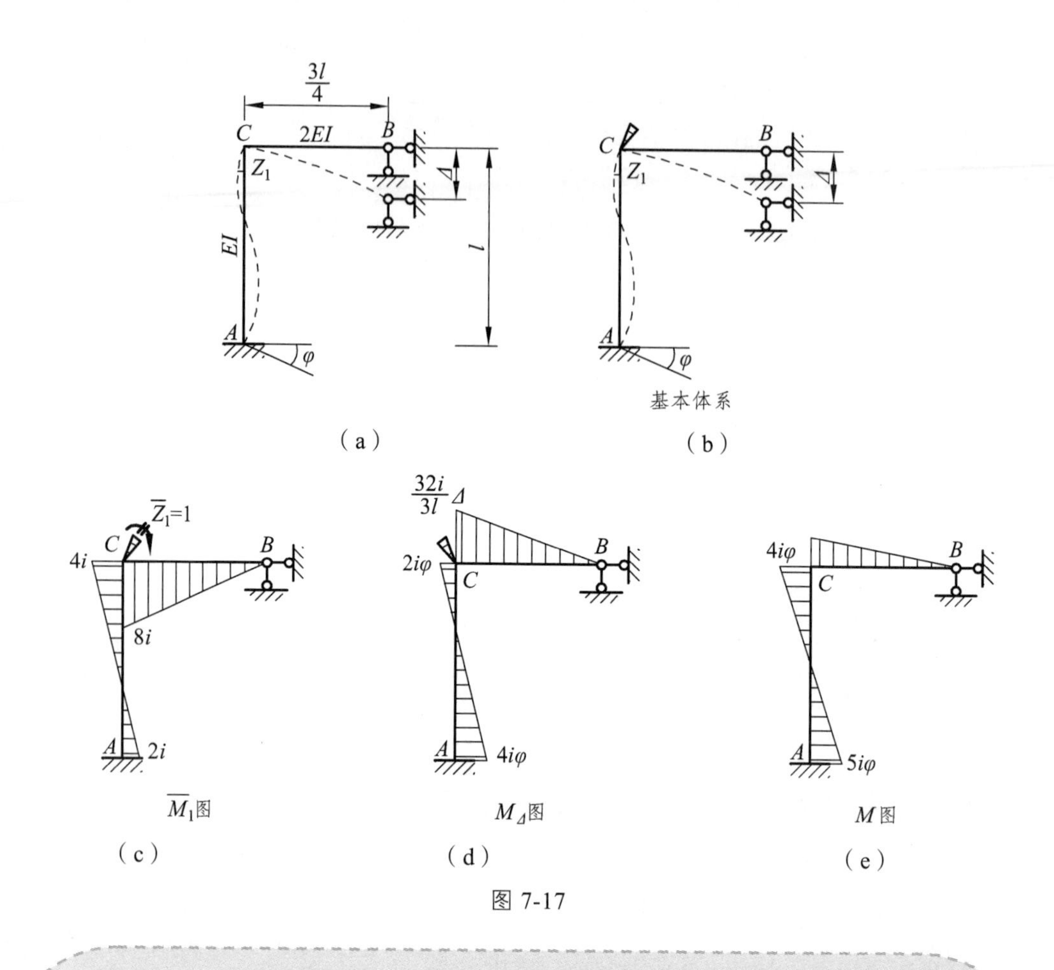

图 7-17

思考题

1. 位移法的基本未知量与超静定次数有关吗?

2. 位移法的基本未知量有哪几种?怎样确定两类基本未知量的数目?为什么铰接处的角位移不作为基本未知量?

3. 位移法的基本思路是什么?为什么说位移法是建立在力法的基础之上的?

4. 什么是位移法的基本结构?怎样建立基本结构?

5. 位移法典型方程的物理意义是什么?其系数和自由项的物理意义是什么?如何计算?

6. 在计算附加约束反力时,什么情况下取结点为隔离体,利用力矩平衡条件?什么情况下取包括杆件和结点之结构的一部分为隔离体,利用力的投影平衡条件?

7. 力法与位移法在原理与步骤上有何异同?试将二者从基本未知量、基本结构、典型方程的意义、每一系数和自由项的含义和求法等方面做一全面比较。

8. 在什么情况下求内力时可采用刚度的相对值?求结点位移时能否采用刚度的相对值?

9. 为什么对称结构在对称或反对称荷载作用时可取半结构计算?非对称荷载作用时能否取半结构计算?

习 题

1. 确定图 7-18 所示结构的位移未知量数目，并画出其基本结构。

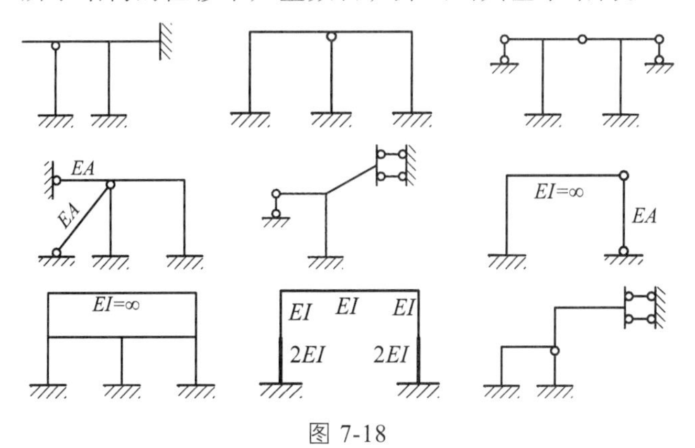

图 7-18

2. 如图 7-19 所示，用位移法计算下列结构，并绘制弯矩图、剪力图、轴力图，*EI* 为常数。

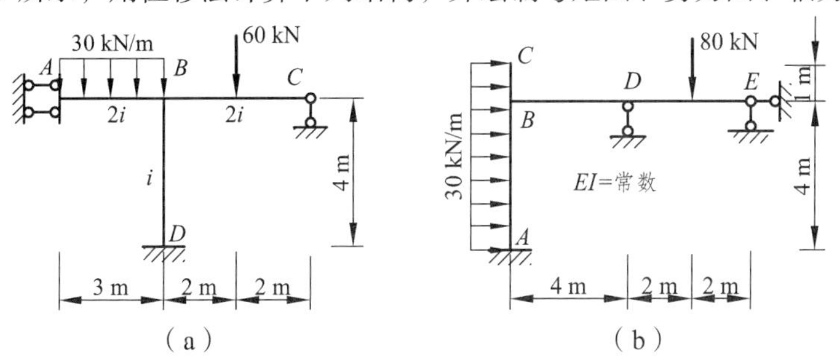

图 7-19

3. 用位移法作图示刚架的 *M* 图。

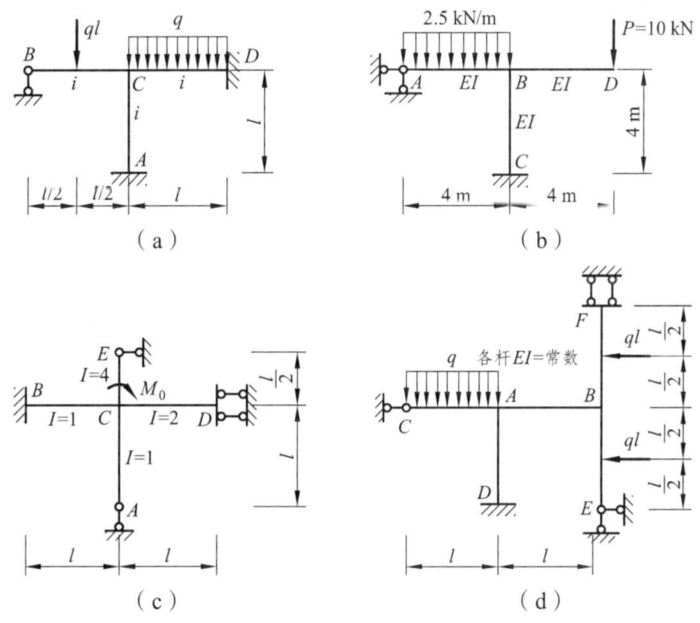

图 7-20

4. 如图 7-21 所示，用位移法作连续梁的 M 图。EI = 常数。

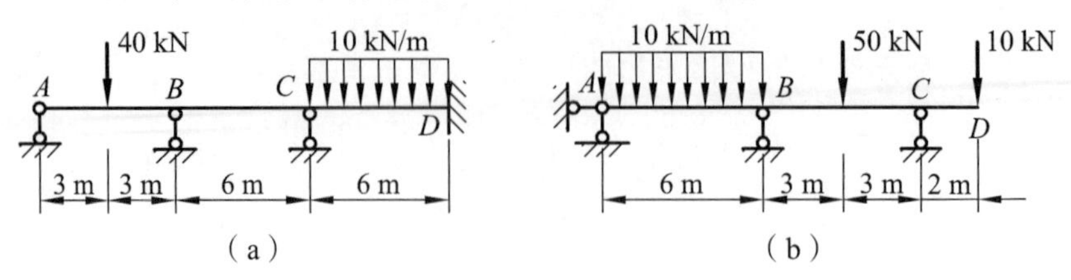

图 7-21

5. 如图 7-22 所示，用位移法作刚架的 M 图。EI = 常数。

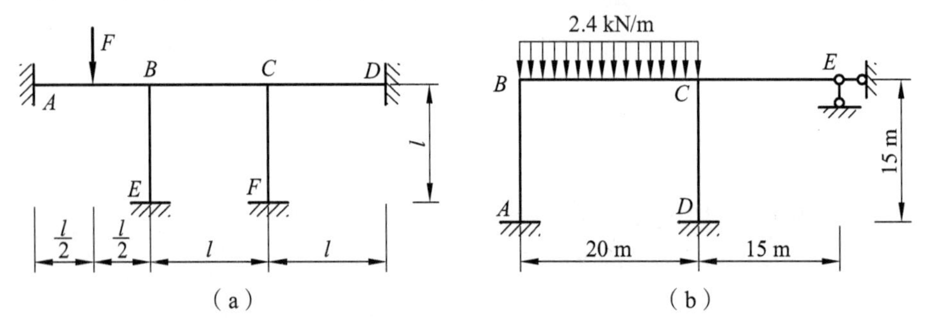

图 7-22

6. 用位移法计算图 7-23 所示排架和刚架，作 M 图。

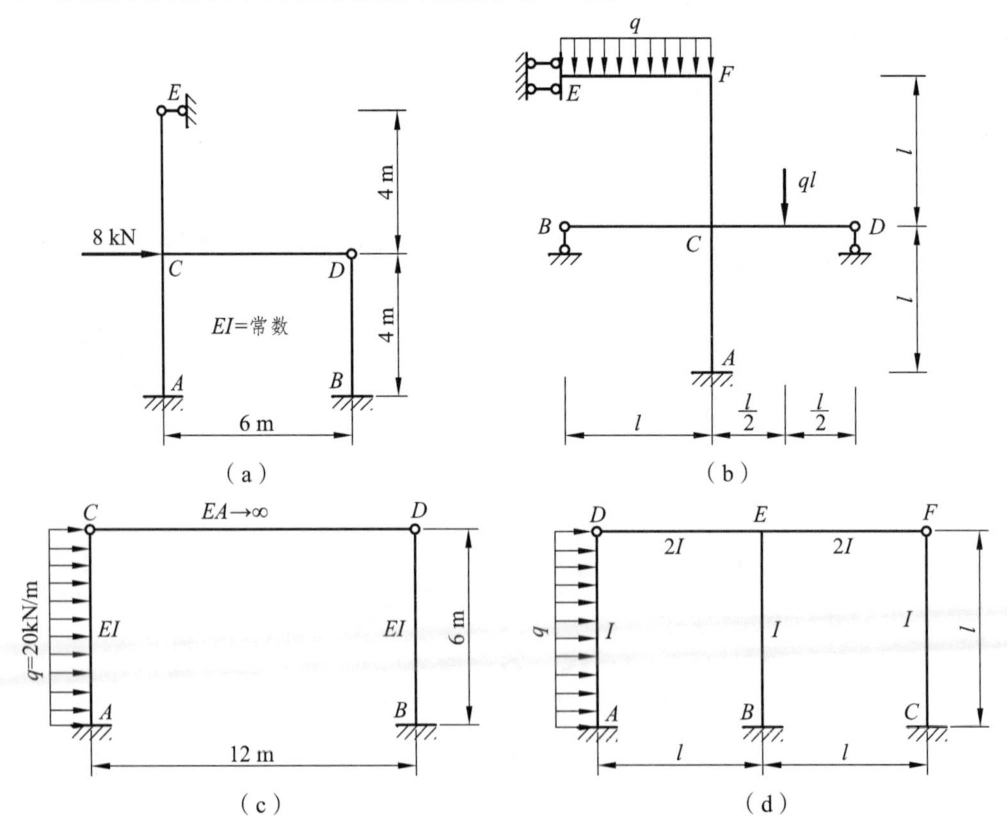

图 7-23

7. 利用对称性，作图 7-24 所示刚架的 M 图。EI 为常数。

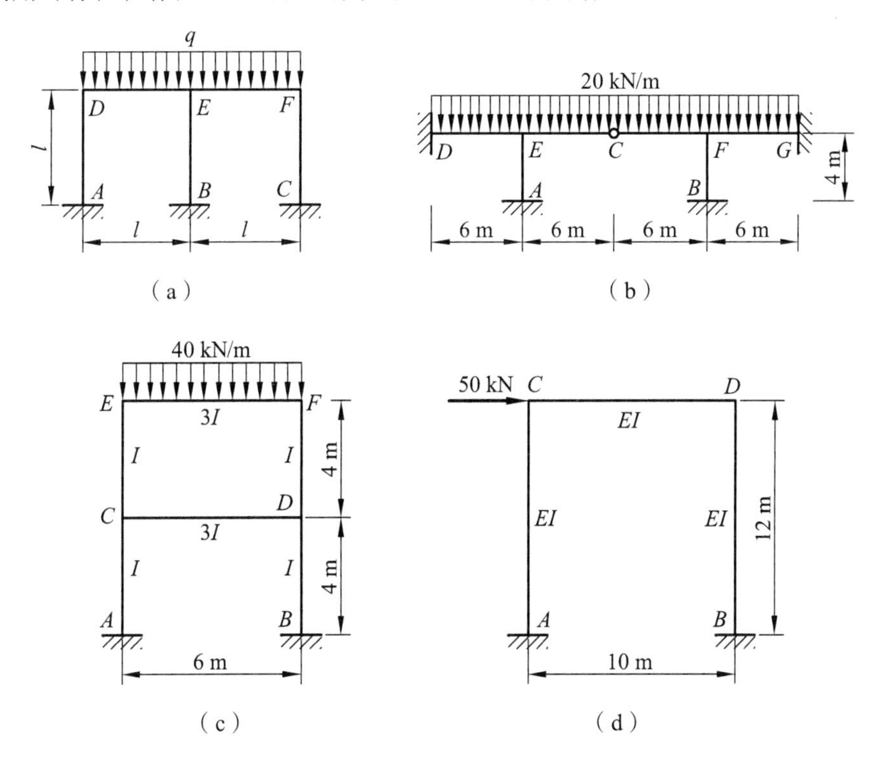

图 7-24

8. 如图 7-25 所示，试用位移法求作下列结构由于支座位移产生的弯矩图。

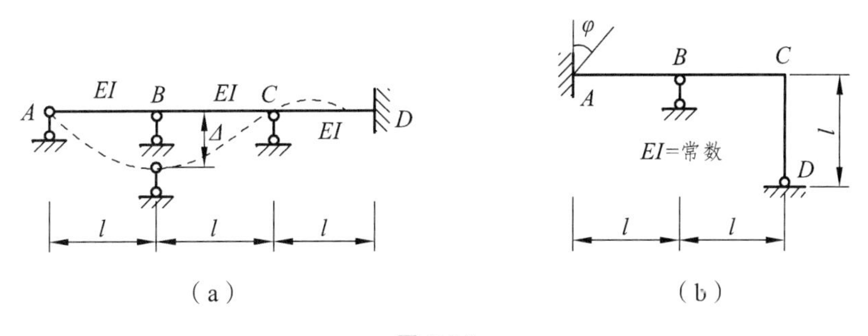

图 7-25

9. 试直接按平衡条件建立位移法方程，计算图 7-19、图 7-20、图 7-21 所示结构，并绘出 M 图。

答　案

1. 答案（略）。

2.（a）$M_{AB}=\dfrac{11}{12}ql^2$（上侧受拉）；

（b）$M_{AB}=51.3\ \text{kN}\cdot\text{m}$（左侧受拉）。

3.（a）$\bar{M}_{CB}=3i$, $M_{CB}^{F}=\dfrac{3}{16}ql^2$；

（b）$\bar{M}_{BA}=\dfrac{3EI}{4}$, $M_{BA}^{F}=5\ \text{kN}\cdot\text{m}$；

（c）$\bar{M}_{CD}=\dfrac{2EI}{l}$；

（d）$\theta_A=1$, $\bar{M}_{FB}=0$；

$\theta_B=1$, $\bar{M}_{FB}=i$; $M_{FB}^{F}=\dfrac{1}{8}ql^2$。

4.（a）$M_{DC}=41.54\ \text{kN}\cdot\text{m}$，$M_{CD}=-6.92\ \text{kN}\cdot\text{m}$；

（b）$M_{BA}=45.63\ \text{kN}\cdot\text{m}$。

5.（a）$M_{AB}=-\dfrac{41}{280}Fl$，$M_{BC}=-\dfrac{11}{280}Fl$；

（b）$M_{BC}=-54.3\ \text{kN}\cdot\text{m}$，$M_{CB}=70.3\ \text{kN}\cdot\text{m}$。

6.（a）$\theta_F=1$，$\bar{M}_{FE}=i$，$\theta_C=1$，$\bar{M}_{FC}=2i$，$\Delta_C=1$，$M_{FE}^{F}=\dfrac{1}{3}ql^2$；

（b）$M_{AD}=-\dfrac{11}{56}ql^2$，$M_{EB}=-\dfrac{3}{28}ql^2$；

（c）$M_{AC}=-10.04\ \text{kN}\cdot\text{m}$, $M_{BD}=-5.56\ \text{kN}\cdot\text{m}$, $M_{CE}=7.53\ \text{kN}\cdot\text{m}$；

（d）$M_{AC}=-2\,254\ \text{kN}\cdot\text{m}$, $M_{BD}=-135\ \text{kN}\cdot\text{m}$。

7.（a）$M_{AD}=\dfrac{1}{48}ql^2$，$M_{DE}=-\dfrac{1}{24}ql^2$；

（b）$M_{DE}=0$，$M_{ED}=180\ \text{kN}\cdot\text{m}$，$M_{EC}=-360\ \text{kN}\cdot\text{m}$；

（c）$M_{EF}=-57.39\ \text{kN}\cdot\text{m}$, $M_{AC}=-5.22\ \text{kN}\cdot\text{m}$, $M_{CE}=20.87\ \text{kN}\cdot\text{m}$；

（d）$M_{AC}=-168.29\ \text{kN}\cdot\text{m}$, $M_{CA}=-131\ \text{kN}\cdot\text{m}$。

8.（a）$M_{AB}=3.64\dfrac{EI}{l}\varphi$，$M_{BA}=0.92\dfrac{EI}{l}\varphi$，$M_{CB}=-0.23\dfrac{EI}{l}\varphi$；

（b）$M_{BA}=-3.96\dfrac{EI}{l^2}\Delta$，$M_{CD}=-2.27\dfrac{EI}{l^2}\Delta$。

9. 答案（略）。

8　弯矩分配法和剪力分配法

力法和位移法是分析超静定结构的两个基本方法，其共同特点是：都需要建立和求解多元联立方程组。当基本未知量的个数较多时，计算工作将非常繁琐；特别是在过去尚无计算机的年代里，对于较为复杂的结构分析工作依靠手算求解联立方程组，更是一件十分繁重和令人感到头痛的事。因此，为了避免解算联立方程，有人曾提出过多种算法，如弯矩分配法和剪力分配法、叠代法等。本章介绍目前在工程中仍具有实用价值、物理概念明确、易于掌握的弯矩分配法和剪力分配法。就它们本质来说，都属于位移法的范畴，其计算原理及符号规则均与位移法相同，只是计算过程直接以杆端内力为计算目标，采用逐步修正并逼近精确结果的算法，因此称为逐次渐近法。

8.1　弯矩分配法的基本概念

对于结点无线位移的超静定结构，用位移法求解是为了消除基本结构各个刚结点上的附加约束反力矩，表达为联立方程的形式，通过解方程而一次完成的。用弯矩分配法计算多结点的结构时，为消除附加约束反力矩，是对每个附加约束逐次松弛、反复多次进行的，从结点被锁固的状态出发，将各结点逐次恢复转角位移的过程，直接表达为各杆端弯矩的逐次修正的过程；当松弛结束时，变形和内力趋于实际的最终状态。其计算过程的实质是松弛法求解联立代数方程的过程，各杆端弯矩逐次渐近于精确值，所以又称弯矩分配法为渐近法。

1．符号规定

弯矩分配法的理论基础是位移法，弯矩分配法中对杆端转角、杆端弯矩、固端弯矩的正负号规定与位移法相同，即假设对杆端顺时针旋转为正。作用于结点的外力偶荷载和作用于转动约束的约束力矩，也假设对结点或约束顺时针旋转为正。

2．结点力偶的分配与传递

图 8-1（a）所示为无结点线位移的单结点刚架，在 A 结点有力偶 m_A 作用，用位移法计算时，基本未知量为刚结点 A 的角位移 Z_1，位移法方程为：

$$r_{11}Z_1 + R_{1F} = 0 \qquad \text{(a)}$$

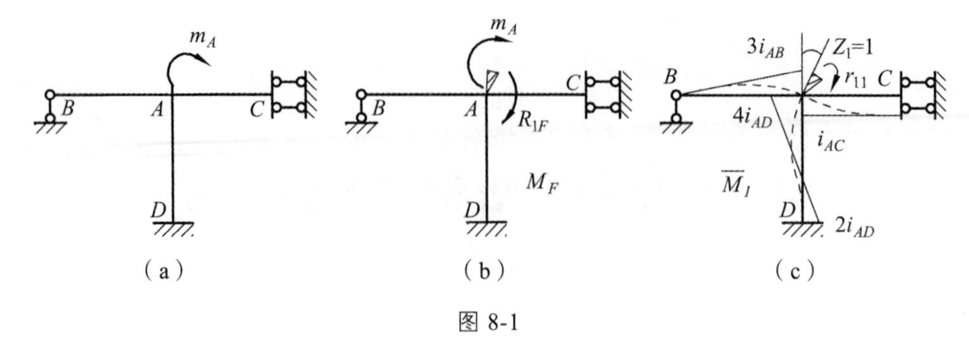

图 8-1

（1）转动刚度。

通常把杆件转动的一端称为近端，另一端称为远端。

当刚结点 A 产生单位角位移 $Z_1=1$ 时，各杆近端弯矩由图 8-1（c）所示的 $\bar{M}_1$ 图有：

$$\left.\begin{aligned}\bar{M}_{AB}&=3i_{AB}=S_{AB}\\ \bar{M}_{AC}&=i_{AC}=S_{AC}\\ \bar{M}_{AD}&=4i_{AD}=S_{AD}\end{aligned}\right\}\tag{b}$$

$$r_{11}=3i_{AB}+i_{AC}+4i_{AD}=S_{AB}+S_{AC}+S_{AD}=\sum S_A\tag{c}$$

上式中 S_{AB}、S_{AC} 和 S_{AD} 分别称为 AB、AC 和 AD 的近端转动刚度，它是使杆近端产生单位转角时所需施加的力矩，表示杆端对转动的抵抗能力，此值不仅与杆件的弯曲线刚度 $i=EI/l$ 有关，而且与杆件另一端（远端）的支承情况有关。图 8-2（a）、（b）、（c）分别为不同支承情况的等截面杆，相应的近端转动刚度分别为：

远端固定　　$S_{AB}=4i$

远端铰支　　$S_{AB}=3i$

远端滑动　　$S_{AB}=-i$

交于 A 结点各杆在 A 端的转动刚度之和，称为 A 结点的转动总刚度。

$$\sum S_A=S_{AB}+S_{AC}+S_{AD}\tag{8-1}$$

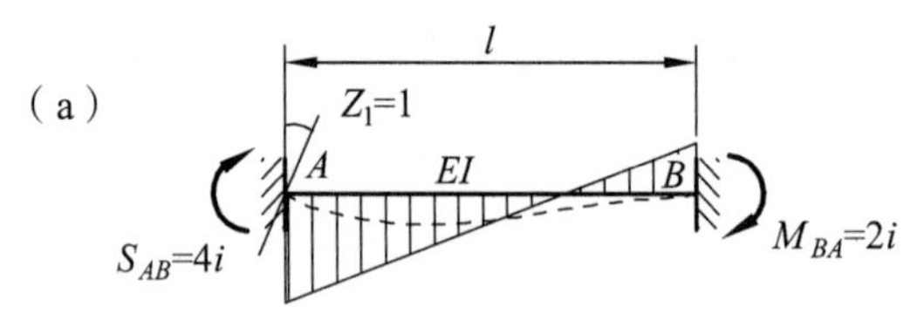

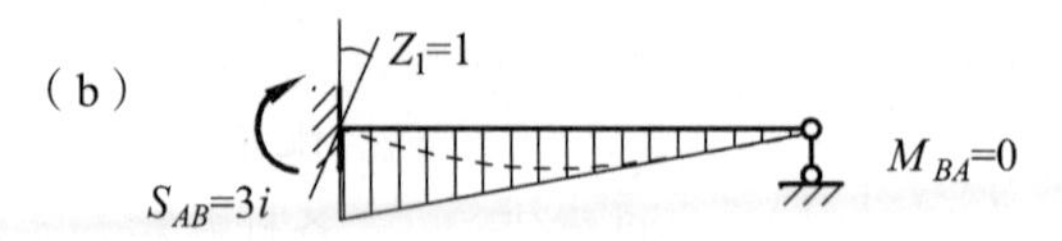

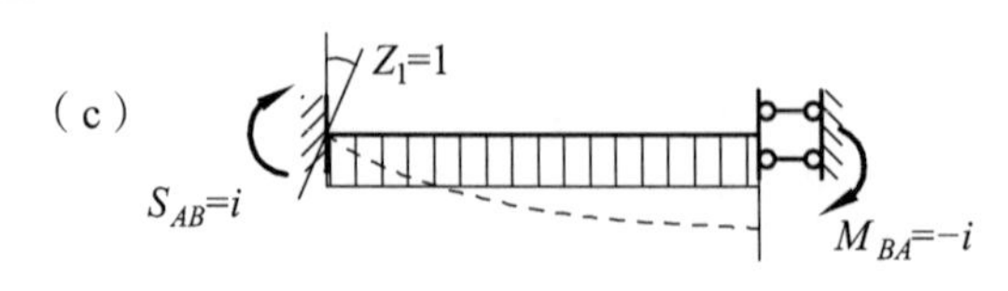

图 8-2

（2）分配系数。

由图 8-1（b）所示的 M_F 图有：

$$R_{1F} + m_A = 0 \qquad R_{1F} = -m_A \tag{d}$$

R_{1F} 是结点固定时附加刚臂约束上的约束反力矩，亦是使结点 A 不平衡的力矩。

将式（c）及（d）带入位移法方程（a）式，解得

$$Z_1 = \frac{-R_{1F}}{r_{11}} = \frac{m_A}{3i_{AB} + i_{AC} + 4i_{AD}} = \frac{m_A}{\sum S_A} \tag{e}$$

根据叠加原理，由 $M = \bar{M}_1 Z_1 + M_F$，即可求出由于 A 结点转动 Z_1 时各杆端获得的弯矩。

近端弯矩：

$$\left.\begin{aligned} M_{AB} &= \bar{M}_{AB} Z_1 = 3i_{AB} Z_1 = S_{AB} Z_1 = \frac{S_{AB}}{\sum S_A} m_A = \mu_{AB} m_A \\ M_{AC} &= \bar{M}_{AC} Z_1 = i_{AC} Z_1 = S_{AC} Z_1 = \frac{S_{AC}}{\sum S_A} m_A = \mu_{AC} m_A \\ M_{AD} &= \bar{M}_{AD} Z_1 = 4i_{AD} Z_1 = S_{AD} Z_1 = \frac{S_{AD}}{\sum S_A} m_A = \mu_{AD} m_A \end{aligned}\right\} \tag{8-2}$$

远端弯矩：

$$\left.\begin{aligned} M_{BA} &= \bar{M}_{BA} Z_1 = 0 = 0 \cdot M_{AB} = C_{AB} \cdot M_{AB} \\ M_{CA} &= \bar{M}_{CA} Z_1 = -i_{AC} Z_1 = -1 \cdot M_{AC} = C_{AC} \cdot M_{AC} \\ M_{DA} &= \bar{M}_{DAD} Z_1 = 2i_{AD} Z_1 = 0.5 \cdot M_{AD} = C_{AD} \cdot M_{AC} \end{aligned}\right\} \tag{8-3}$$

式（8-2）中，M_{AB}、M_{AC} 和 M_{AD} 称为分配弯矩，表示为 M_{Aj}^{μ}，与各杆 A 端的转动刚度成正比，正号表示在杆端为顺时针方向。由式（8-2）可见

$$M_{Aj}^{\mu} = \mu_{Aj} m_A \tag{8-4}$$

另由式（8 2）可得

$$\mu_{Aj} = \frac{S_{Aj}}{\sum S_A} \tag{8-5}$$

式（8-5）中，μ_{Aj} 称为弯矩分配系数，表示 A 结点上作用的外力偶荷载 m_A 分配到 A 结点各杆近端弯矩的比例，其中 j 可以是 B、C、D 等。分配系数 μ_{Aj} 数值上等于杆 Aj 的转动刚度与 A 结点转动总刚度的比值。显然，在同一结点上，各杆弯矩分配系数总和应等于 1，即：

$$\sum \mu_{Aj} = \mu_{AB} + \mu_{AC} + \mu_{AD} = 1 \tag{8-6}$$

（3）传递系数。

结点转动时，力偶荷载 m_A 在结点各杆近端产生分配弯矩，与此同时，杆远端亦产生弯矩，称为传递弯矩，表示为 M_{Aj}^{C}，由式（8-3）可知

$$M_{jA}^{C}=C_{Aj}\cdot M_{Aj}^{\mu} \tag{8-7}$$

在式（8-3）中，C_{Aj} 称为传递系数，表示当杆件近端转动时，杆件远端传递弯矩与近端分配弯矩的比值。由上式可得：

$$C_{Aj}=\frac{M_{jA}^{C}}{M_{Aj}^{\mu}} \tag{8-8}$$

由上式可见，在等截面杆件中，传递系数 C 随远端的支承情况而不同，图 8-2（a）、（b）、（c）所示各杆的传递系数分别为：

远端固定　　$C = 1/2$

远端铰支　　$C = 0$

远端滑动　　$C = -1$

对于图 8-1（a）所示受结点力偶 m_A 作用的单结点结构，结点力偶 m_A 将按各杆近端的分配系数进行分配，然后再按传递系数向远端传递，由此得到各杆件的杆端弯矩，不必再一步一步按位移法进行求解。这就是由位移法导出弯矩分配法的基本思想。

8.2　单结点结构的弯矩分配法

上述结点外力矩作用下的弯矩分配法，亦可用于任意荷载作用下的无结点线位移结构，对于具有一个结点角位移的结构，其计算步骤如下：

（1）固定结点。先在发生角位移的刚结点假想加入附加刚臂，由式（8-5）计算该结点各杆的力矩分配系数 μ_{ik} 及各杆端的固端弯矩 M_{ik}^{F}，利用结点的力矩平衡条件求出附加刚臂的约束力矩 R_{iF}，约束力矩规定以顺时针转向为正。

（2）放松结点。该结点处实际上并没有附加刚臂，也不存在约束力矩，为了能恢复到原结构的实际状态，消除约束力矩 R_{iF} 的作用，在结点处施加一个与它反向的外力矩 $m_i=-R_{iF}$，并将力矩 m_i 在近端分配并向远端传递，即可求出分配弯矩 M_{ik}^{μ} 和传递弯矩 M_{ki}^{C}。

（3）计算最后杆端弯矩。以上两种情况叠加即为结构的实际受力状态，将第一步中各杆端的固端弯矩分别和第二步中的各杆端分配弯矩以及传递弯矩叠加，可得该结点各杆的近端或远端的最后弯矩。即根据叠加原理 $M=\bar{M}_1Z_1+M^F$ 求得最后弯矩。

【例题 8-1】 求图 8-3（a）所示刚架各杆端弯矩，并绘出弯矩图。各杆的相对线刚度如图所示。

解：（1）先固定结点，计算固端弯矩。

先在结点 A 附加一刚臂，使结点 A 不能转动，如图 8-3（b）所示，各杆固端弯矩由表 7-1 可得。

$$M_{AB}^{F}=\frac{Fa^2b}{l^2}=\frac{120\times2^2\times3}{5^2}=57.6\ \text{kN}\cdot\text{m}$$

$$M_{BA}^{F}=-\frac{Fab^2}{l^2}=-\frac{120\times2\times3^2}{5^2}=-86.4\ \text{kN}\cdot\text{m}$$

$$M_{AD}^{F}=-\frac{ql^{2}}{8}=-\frac{20\times4^{2}}{8}=-40\ \text{kN}\cdot\text{m}$$

$$M_{DA}^{F}=0$$

$$M_{AC}^{F}=M_{CA}^{F}=0$$

由结点 A 的平衡条件 $\sum M_{A}=0$，求得附加刚臂上的约束反力矩为：

$$R_{AF}=M_{AB}^{F}+M_{AC}^{F}+M_{AD}^{F}=57.6+0-40=17.6\ \text{kN}\cdot\text{m}$$

附加刚臂上的约束反力矩 R_{AF}，实际上就是由荷载产生的刚结点 A 的不平衡力矩，为使刚结点 A 上各杆力矩能获得平衡，应当消除这个不平衡力矩，为此，可在刚结点 A 上施加一个与之等值反向的力矩 $m_{A}=-R_{AF}=-17.6\ \text{kN}\cdot\text{m}$。

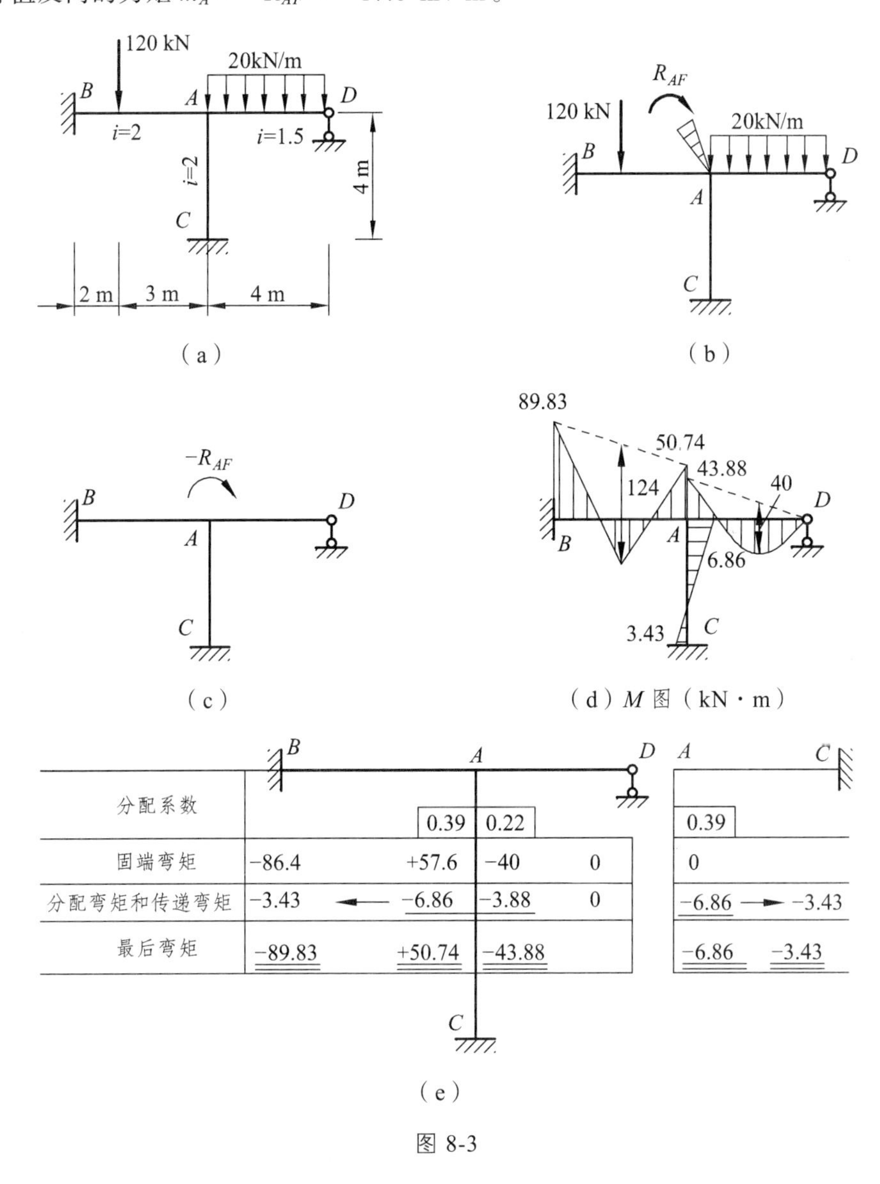

	BA	AB	AD	DA	AC	CA
分配系数		0.39	0.22		0.39	
固端弯矩	−86.4	+57.6	−40	0	0	
分配弯矩和传递弯矩	−3.43 ←	−6.86	−3.88	0	−6.86 →	−3.43
最后弯矩	−89.83	+50.74	−43.88		−6.86	−3.43

图 8-3

（2）放松结点。

附加刚臂上的约束反力矩 R_{AF}，实际上就是由荷载产生的刚结点 A 的不平衡力矩，为使刚结点 A 上各杆力矩能获得平衡，应当消除这个不平衡力矩。为此，可在刚结点 A 上施加一等值反向的力矩 $m_A = -R_{AF} = -17.6\ \text{kN}\cdot\text{m}$，如图 8-3（c）所示，在不平衡力矩被消除的过程中，结点 A 即逐渐转动到无附加约束时的自然位置，故此步骤常简称为“放松结点”。将图 8-3（b）和（c）相叠加就恢复到图 8-3（a）的状态。对于图 8-3（c），我们可用上述力矩分配法求出各杆端弯矩。

为此，先按（8-5）式计算 A 点的各杆端的分配系数为：

$$\mu_{AB}=\frac{4\times2}{4\times2+4\times2+3\times1.5}=0.39$$

$$\mu_{AC}=\frac{4\times2}{4\times2+4\times2+3\times1.5}=0.39$$

$$\mu_{AD}=\frac{3\times1.5}{4\times2+4\times2+3\times1.5}=0.22$$

利用公式 $\sum \mu_{Ak}=1$ 进行校核：

$$\sum \mu_{Ak}=\mu_{AB}+\mu_{AC}+\mu_{AD}=0.39+0.39+0.22=1$$

可知分配系数计算正确。

计算各杆近端的分配弯矩为：

$$M_{AB}^{\mu}=0.39\times(-17.6)\ \text{kN}\cdot\text{m}=-6.86\ \text{kN}\cdot\text{m}$$

$$M_{AC}^{\mu}=0.39\times(-17.6)\ \text{kN}\cdot\text{m}=-6.86\ \text{kN}\cdot\text{m}$$

$$M_{AD}^{\mu}=0.22\times(-17.6)\ \text{kN}\cdot\text{m}=-3.88\ \text{kN}\cdot\text{m}$$

计算各杆远端的传递弯矩为：

$$M_{BA}^{C}=\frac{1}{2}\times(-6.86)\ \text{kN}\cdot\text{m}=-3.43\ \text{kN}\cdot\text{m}$$

$$M_{CA}^{C}=\frac{1}{2}\times(-6.86)\ \text{kN}\cdot\text{m}=-3.43\ \text{kN}\cdot\text{m}$$

$$M_{DA}^{C}=0$$

（3）计算最后杆端弯矩。

最后将各杆端的固端弯矩与分配弯矩以及传递弯矩相叠加，即得各杆端的最后的弯矩值。为了计算方便，可按图 8-3（e）所示格式进行计算。各杆端弯矩的正负号规定与位移法相同，弯矩图如图 8-3（d）所示。

【例题 8-2】 试作图 8-4（a）所示连续梁的弯矩图。

解：（1）先在结点 B 加一附加刚臂，使结点 B 不能转动，此步骤常称为“固定结点”。此时各杆端产生的固端弯矩由表 7.1 求得：

$$M_{BA}^{F}=\frac{1}{8}ql^{2}=180\ \text{kN}\cdot\text{m}$$

$$M_{BC}^{F}=-\frac{1}{8}Pl=-100\ \text{kN}\cdot\text{m}$$

$$M_{CB}^{F}=\frac{1}{8}Pl=100\ \text{kN}\cdot\text{m}$$

由结点 B 的平衡条件求得约束力矩：

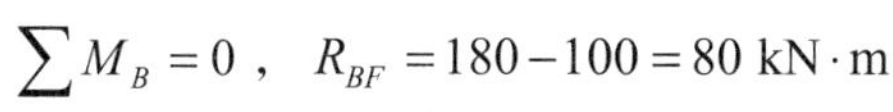

$$\sum M_{B}=0,\quad R_{BF}=180-100=80\ \text{kN}\cdot\text{m}$$

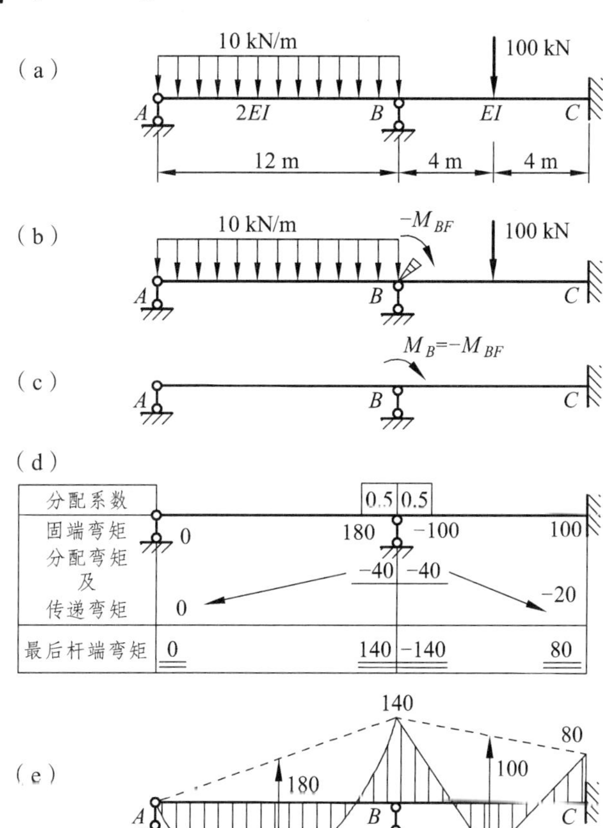

图 8-4

（2）求出各杆端分配系数：

$$i_{BA}=\frac{2EI}{12}=\frac{EI}{6},\quad i_{BC}=\frac{EI}{8}$$

$$S_{BA}=3i_{BA}=3\times\frac{EI}{6}=\frac{EI}{2},\quad S_{BC}=4i_{BC}=4\times\frac{EI}{8}=\frac{EI}{2}$$

则 $$\mu_{BA}=\frac{S_{BA}}{S_{BA}+S_{BC}}=0.5\text{，}\quad \mu_{BC}=\frac{S_{BC}}{S_{BA}+S_{BC}}=0.5$$

（3）力矩的分配和传递。

在结点 B 处加入一个平衡力矩 $m_B=-R_{BF}=-80\ \text{kN}\cdot\text{m}$，在近端分配并向远端传递。

分配力矩：

$$M_{BA}^{\mu}=\mu_{BA}M_B=0.5\times(-80)=-40\ \text{kN}\cdot\text{m}$$

$$M_{BC}^{\mu}=\mu_{BC}M_B=0.5\times(-80)=-40\ \text{kN}\cdot\text{m}$$

传递弯矩：

$$M_{AB}^{C}=C_{BA}M_{BA}^{\mu}=0\qquad M_{CB}^{C}=C_{BC}M_{BC}^{\mu}=0.5\times(-40)=-20\ \text{kN}\cdot\text{m}$$

（4）最后将各杆端的固端弯矩［见图 8-4（b）］与分配弯矩、传递弯矩［见图 8-4（c）］叠加，即得各杆端的最后弯矩值。弯矩的分配与传递过程列于图 8-4（d）的表中。绘出最后弯矩图，如图 8-4（e）所示。

8.3 用弯矩分配法计算多结点结构

上面以单结点结构说明了力矩分配法的基本原理。对于具有多个结点转角但无结点线位移（或称无侧移）的结构，只需依次对各结点使用上节所述方法便可求解。做法是：先将所有结点固定，计算各杆固端弯矩；然后将各结点**轮流地放松**，即每次只放松一个结点，其他结点仍暂时固定，这样把各结点的不平衡力矩轮流地进行分配、传递，直到传递弯矩小到可略去时为止，以这样的逐次渐近方法来计算杆端弯矩。下面结合具体例子来说明。

图 8-5（a）所示连续梁，有两个结点转角而无结点线位移。现将两个刚结点 B、C 都固定起来，可算得各杆的固端弯矩为：

$$M_{BA}^{F}=\frac{3}{16}Fl=18.75\ \text{kN}\cdot\text{m}$$

$$M_{BC}^{F}=-\frac{1}{12}ql^2=-15\ \text{kN}\cdot\text{m}$$

$$M_{BC}^{F}=\frac{1}{12}ql^2=15\ \text{kN}\cdot\text{m}$$

$$M_{AB}^{F}=M_{CD}^{F}=M_{DC}^{F}=0$$

将上述各值填入图 8-5（b）的固端弯矩 M^F 一栏中。此时结点 B、C 上各有不平衡力矩：

$$R_{BF}=\sum M_{Bj}^{F}=18.75\ \text{kN}\cdot\text{m}-15\ \text{kN}\cdot\text{m}=3.75\ \text{kN}\cdot\text{m}$$

$$R_{CF}=\sum M_{Cj}^{F}=15\ \text{kN}\cdot\text{m}$$

为了消除不平衡力矩，在位移法中是令结点 B、C 同时产生与原结构相同的转角，也就是同时放松两个结点，让它们一次转动到实际的平衡位置。如前所述，这需要建立联立方程并求解。在力矩分配法中则是逐次地将各结点轮流放松来达到同样的目的。

首先放松结点 C，此时结点 B 仍固定，故与上节放松单个结点的情况完全相同，因而可按前述力矩分配和传递的方法来消除 C 结点的不平衡力矩。为此，需先求出结点 C 处各杆端的分配系数，由于各跨 EI、l 均相同，故线刚度均为 i，由公式（8-5）有

$$\mu_{CB}=\frac{S_{CB}}{S_{CB}+S_{CD}}=\frac{3}{5}\,;\quad \mu_{CD}=\frac{S_{CD}}{S_{CB}+S_{CD}}=\frac{2}{5}$$

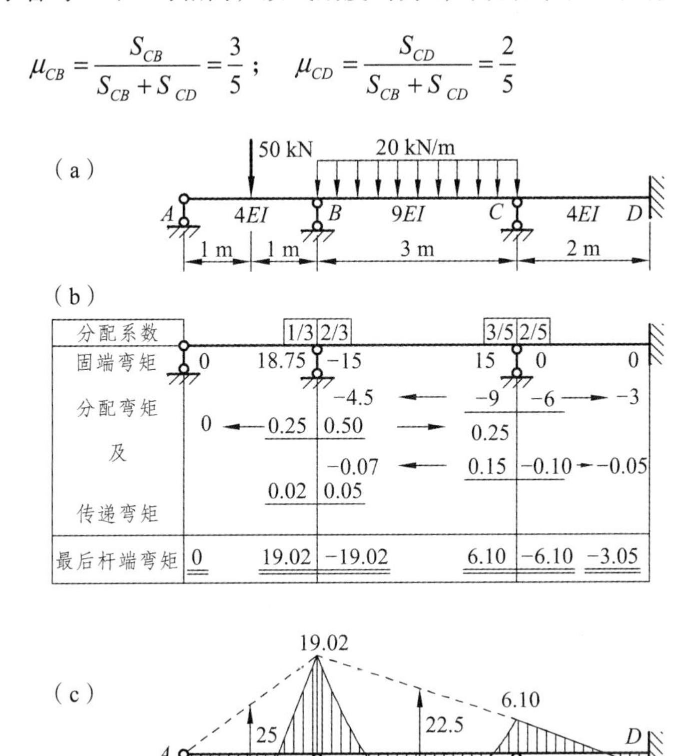

图 8-5

将其填入图 8-5（b）的分配系数一栏中。把结点 C 的不平衡力矩 15 kN·m 反号并进行分配，得分配弯矩为：

$$M_{CB}^{\mu}=0.6\times(-15\ \text{kN}\cdot\text{m})=-9\ \text{kN}\cdot\text{m}$$

$$M_{CD}^{\mu}=0.4\times(-15\ \text{kN}\cdot\text{m})=-6\ \text{kN}\cdot\text{m}$$

把它们填入图 8-5（b）表中。这样，结点 C 便暂时获得了平衡，在分配弯矩下面画一条横线来表示平衡。此时，结点 C 也就随之转动了一个角度（但还没有转到最后位置）。同时，分配弯矩应向各自的远端进行传递，传递弯矩为：

$$M_{BC}^{C}=\frac{1}{2}\times(-9\ \text{kN}\cdot\text{m})=-4.5\ \text{kN}\cdot\text{m}$$

$$M_{DC}^{C}=\frac{1}{2}\times(-6\ \text{kN}\cdot\text{m})=-3\ \text{kN}\cdot\text{m}$$

在图中用箭头表示把它们分别传递到各远端。

其次，结点 B 原有不平衡力矩 $3.75\ \text{kN}\cdot\text{m}$，又加上结点 C 传递来的弯矩 $-4.5\ \text{kN}\cdot\text{m}$，因此，共有不平衡力矩 $-0.75\ \text{kN}\cdot\text{m}$。现在把结点 C 在刚才转动后的位置上重新设置附加刚臂将其固定，然后放松结点 B，于是又与上节放松单个结点的情况相同。结点 B 各杆端的分配系数为：

$$\mu_{BA}=\frac{S_{BA}}{S_{BA}+S_{BC}}=\frac{1}{3}；\quad \mu_{BC}=\frac{S_{BC}}{S_{BA}+S_{BC}}=\frac{2}{3}$$

将不平衡力矩 $-0.75\ \text{kN}\cdot\text{m}$ 反号并进行分配：

$$M_{BA}^{\mu}=\frac{1}{3}\times0.75\ \text{kN}\cdot\text{m}=0.25\ \text{kN}\cdot\text{m}$$

$$M_{BC}^{\mu}=\frac{2}{3}\times0.75\ \text{kN}\cdot\text{m}=0.5\ \text{kN}\cdot\text{m}$$

同时向各远端进行传递：

$$M_{BA}^{C}=0$$

$$M_{BC}^{C}=\frac{1}{2}\times0.5=0.25\ \text{kN}\cdot\text{m}$$

于是结点 B 亦暂告平衡，同时也转动了一个角度（也未转到最后位置），然后将它也在转动后的位置上重新固定起来。

再看结点 C，它又有了新的不平衡力矩 $0.25\ \text{kN}\cdot\text{m}$，于是再又将结点 C 放松，按同样方法进行分配和传递，如此反复地将各结点轮流地固定、放松，不断地进行力矩的分配和传递，则不平衡力矩的数值将愈来愈小（因为分配系数和传递系数均小于 1），直到传递弯矩的数值小到按计算精度的要求可以略去时，便可停止计算。这时，各结点经过逐次转动，也就逐渐逼近了其最后的平衡位置。

最后，将各杆端的固端弯矩和屡次所得到的分配弯矩和传递弯矩叠加起来，便得到各杆端的最后弯矩。结果见于图中的双划线之上，由此可作出弯矩图，如图 8-5（c）所示。

【例题 8-3】 试用力矩分配法作图 8-6（a）所示连续梁的弯矩图。

解： 此连续梁用位移法求解时有三个基本未知量，即 B、C、D 结点的角位移。在用弯矩分配法计算时，也只需相应设置三个附加刚臂约束。右边悬臂部分的内力是静定的，若将其切去，而以相应的弯矩 $-40\ \text{kN}\cdot\text{m}$ 和剪力 20 kN 作为外力施加于结点 E 处，则结点 E 便化为铰支端来处理。

（1）计算弯矩分配系数。

结点 B： $\mu_{BA}=\frac{S_{BA}}{S_{BA}+S_{BC}}=0.6$； $\mu_{BC}=\frac{S_{BC}}{S_{BA}+S_{BC}}=0.4$

结点 C：　$\mu_{CB}=\dfrac{S_{CB}}{S_{CB}+S_{CD}}=0.5$；　　$\mu_{CD}=\dfrac{S_{CD}}{S_{CB}+S_{CD}}=0.5$

结点 D：　$\mu_{DC}=\dfrac{S_{DC}}{S_{DC}+S_{DE}}=0.4$；　　$\mu_{DE}=\dfrac{S_{DE}}{S_{DC}+S_{DE}}=0.6$

结点 E：　$S_{EF}=0$；　　$\mu_{ED}=\dfrac{S_{ED}}{S_{ED}+S_{EF}}=1$；　　$\mu_{EF}=0$

将分配系数分别写于图 8-6（b）中方框内。

（a）

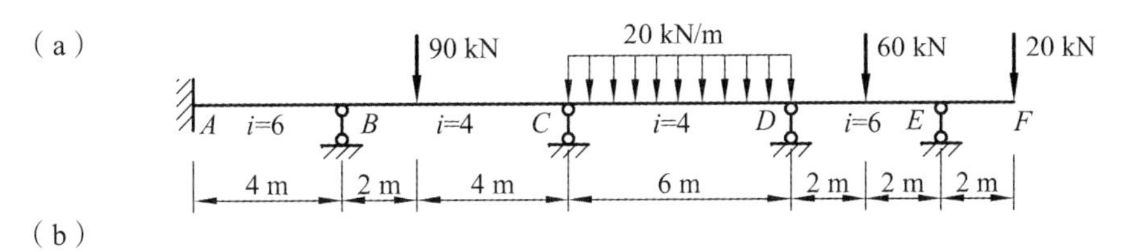

（b）

	A	B		C		D		E	
分配系数		0.6	0.4	0.5	0.5	0.4	0.6	1	0
固端弯矩	0	0	−80	40	−60	60	−30	30	−40
分配弯矩及传递弯矩	24 ←	48	32 →	16	−6	← −12	−18 →	−9	
			2.5 ←	5	5 →	2.5	9.5 ←	19	0
	−0.75 ←	−1.5	−1.0 →	−0.5	−2.4	← −4.8	−7.2 →	−3.6	
			0.73 ←	1.45	1.45 →	0.73	1.8 ←	3.6	0
	−0.22 ←	−0.44	−0.29 →	−0.15	−0.51	← −1.01	−1.52 →	0.76	
			0.17 ←	0.33	0.33 →	0.17	0.38 ←	0.76	0
		−0.1	−0.07			−0.22	−0.33		
最后杆端弯矩	23.03	45.96	−45.96	62.13	−62.13	45.37	−45.37	40	−40

（c）

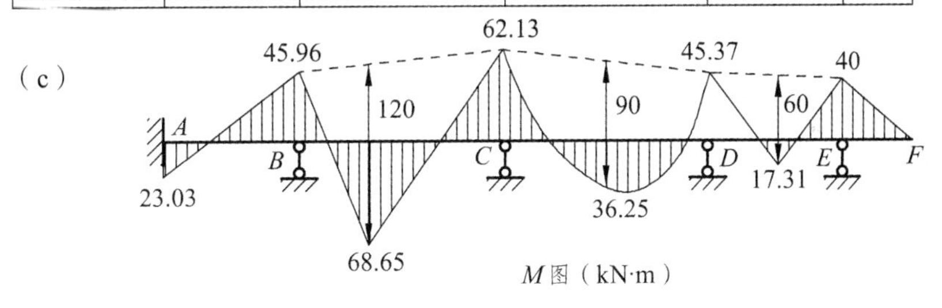

M 图（kN·m）

图 8-6

（2）计算固端弯矩。

$$M_{BC}^{F}=-\frac{Fab^2}{l^2}=-80\ \text{kN}\cdot\text{m}$$

$$M_{CB}^{F}=\frac{Fa^2b}{l^2}=40\ \text{kN}\cdot\text{m}$$

$$M_{CD}^{F}=-\frac{ql^2}{12}=-60\ \text{kN}\cdot\text{m}$$

$$M_{DC}^{F}=\frac{ql^2}{12}=60\ \text{kN}\cdot\text{m}$$

$$M_{DE}^{F}=-\frac{Fl}{8}=-30\ \text{kN}\cdot\text{m}$$

$$M_{ED}^{F}=\frac{Fl}{8}=30\ \text{kN}\cdot\text{m}$$

$$M_{EF}^{F}=-Fl=-40\ \text{kN}\cdot\text{m}$$

将计算结果填在图 8-6（b）中第一行。

（3）按先 B、D 后 C、E 的顺序，依次在结点处进行力矩分配与传递，并把分配和传递弯矩写于杆端，将历次分配和传递弯矩叠加求得各杆端的最后弯矩，如图 8-6（b）所示。

（4）根据杆端最后弯矩，用叠加法作弯矩图，如图 8-6（c）所示。

轮流放松各结点进行力矩分配和传递时，为了使计算时收敛较快，分配宜从不平衡力矩数值较大的结点开始，本例先放松结点 B。此外，由于放松结点 B 时 C 结点是固定的，故又可同时放松结点 D。由此可知，凡不相邻的各结点每次均可同时放松，这样便可加快收敛的速度。整个计算详见图 8-6（b）。

【例题 8-4】 用弯矩分配法计算图 8-7 所示的超静定刚架，并作弯矩图，EI 为常数。

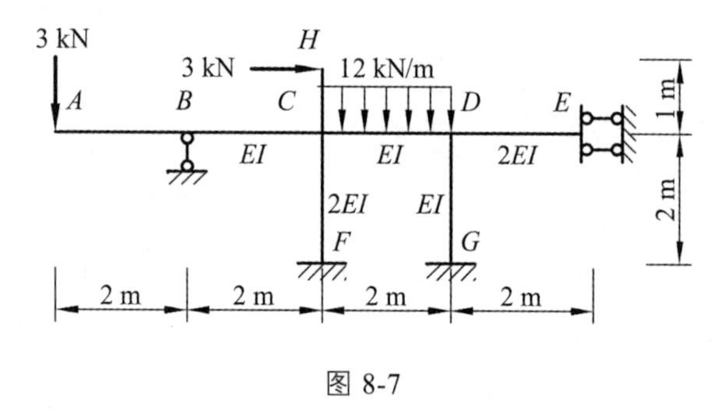

图 8-7

解： 该结构含有静定部分，因此首先将原结构简化为图 8-8（a）所示结构，然后计算分配系数及固端弯矩，再进行分配和传递。

（1）求分配系数（设 $EI=1$）。

$$S_{CB}=3i_{CB}=3\times\frac{EI}{2}=\frac{3}{2}$$

$$S_{CD}=4i_{CD}=4\times\frac{EI}{2}=2$$

$$S_{CF}=4i_{CF}=4\times\frac{2EI}{2}=4$$

$$\mu_{CB}=\frac{\frac{3}{2}}{\frac{3}{2}+2+4}=\frac{1}{5},\quad \mu_{CD}=\frac{2}{\frac{3}{2}+2+4}=\frac{4}{15},\quad \mu_{CF}=\frac{4}{\frac{3}{2}+2+4}=\frac{8}{15}$$

同理 $$\mu_{DC}=\frac{2}{5},\quad \mu_{DG}=\frac{2}{5},\quad \mu_{DE}=\frac{1}{5}$$

（2）求固端弯矩。

$$M_{BC}^{F}=-6\ \mathrm{kN\cdot m}$$

$$M_{CB}^{F}=\frac{1}{2}\times(-6)=-3\ \mathrm{kN\cdot m}$$

$$M_{CD}^{F}=-\frac{1}{12}ql^{2}=-4\ \mathrm{kN\cdot m}$$

$$M_{DC}^{F}=\frac{1}{12}ql^{2}=4\ \mathrm{kN\cdot m}$$

（3）弯矩的分配与传递。

按 C、D 顺序进行分配，$R_{CF}=-3-3-4=-10\ \mathrm{kN\cdot m}$，$R_{DF}=4\ \mathrm{kN\cdot m}$，为缩短计算过程，应先放松约束力矩较大的结点 C。分配及传递的计算过程详见图 8-8（b）。

（4）绘制最终弯矩图。

根据叠加原理计算各杆端弯矩，绘制出弯矩图，如图 8-8（c）所示。

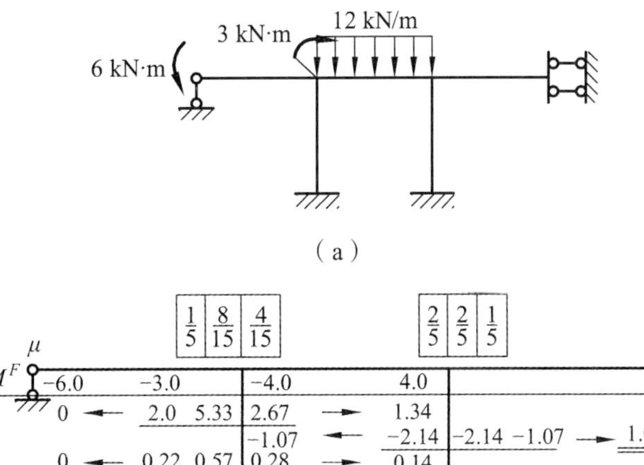

（a）

（b）

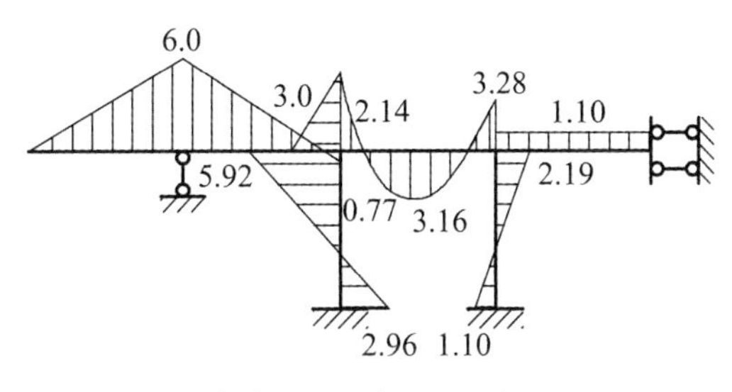

（c）M 图（kN · m）

图 8-8

【例题 8-5】 用力矩分配法作图 8-9（a）所示封闭框架的弯矩图。EI 为常数。

解： 图 8-9（a）所示刚架，结构和荷载对两个轴都是对称的。在对称轴 x 上的 C、D 点只有水平位移，而没有竖向位移和转角；在对称轴 y 上的 A、B 点只有竖向位移，而没有水平位移和转角。因此，可取结构的四分之一进行计算，对称轴上的点可取为滑动支座。计算简图如图 8-9（b）所示。作出该部分弯矩图后，其余部分根据对称结构承受对称荷载作用，弯矩图亦应是对称的关系，便可作出结构的弯矩图。

（1）计算分配系数，只有一个结点 C。

转动刚度：

$$S_{1A}=i_{1A}=\frac{EI}{3/2}=\frac{2EI}{3},\quad S_{1C}=i_{1C}=\frac{EI}{1}=EI$$

分配系数：

$$\mu_{1A}=\frac{S_{1A}}{S_{1A}+S_{1C}}=0.4\qquad \mu_{1C}=\frac{S_{1C}}{S_{1A}+S_{1C}}=0.6$$

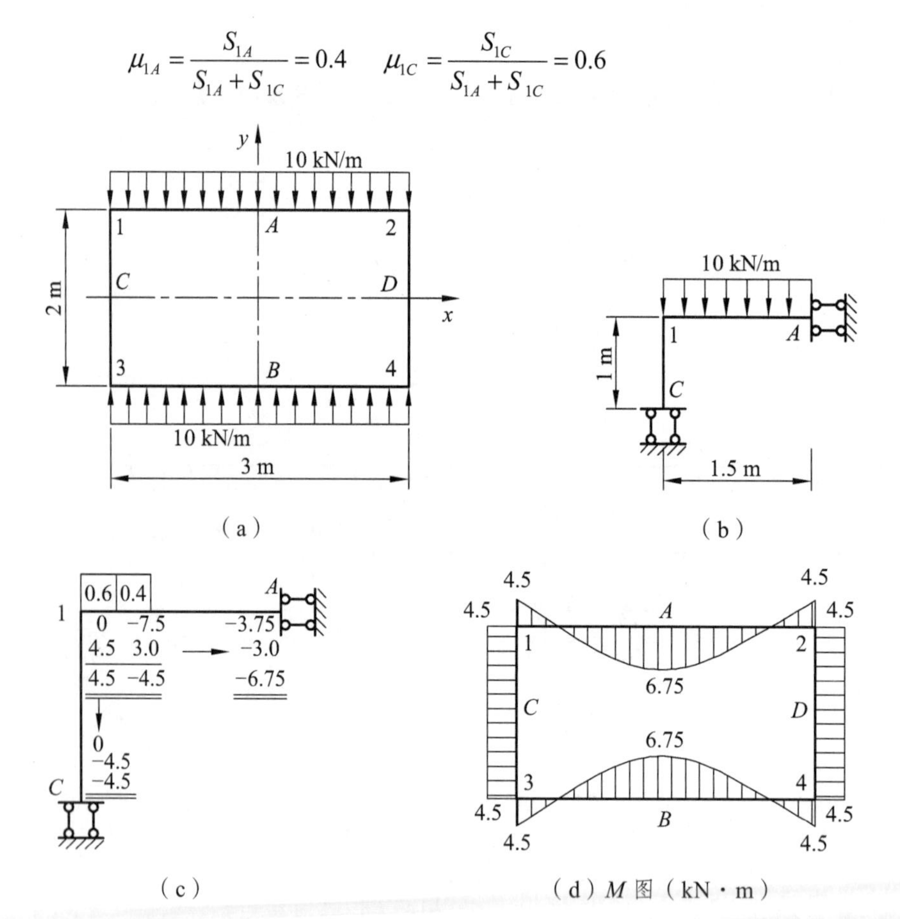

图 8-9

（2）计算固端弯矩。

由表 7-1 得各杆的固端弯矩为：

$$M_{1A}^{F}=-\frac{1}{3}ql^{2}=-7.5\ \text{kN}\cdot\text{m}$$

$$M_{A1}^{F}=-\frac{1}{6}ql^{2}=-3.75\ \text{kN}\cdot\text{m}$$

（3）进行力矩的分配和传递，求最后杆端弯矩，计算过程如图 8-9（c）所示。

（4）作弯矩图。根据对称关系作出弯矩图，如图 8-9（d）所示。

8.4 无剪力分配法

无剪力分配法是计算符合某些特定条件的有侧移刚架的一种方法，如前所述，力矩分配法只能用于无侧移结构，也就是说该方法只能应用于计算只有结点转角位移的结构。对于剪力静定的结构，它的侧移可以不作为未知量，因此这种结构足可以用力矩分配法计算的，称为无剪力分配法。下面通过一个例题来说明具体的解题方法和过程。

【例题 8-5】 试利用对称性用力矩分配法计算图 8-10（a）所示刚架，并绘出弯矩图。

解：此刚架荷载并非对称，为了利用对称性来计算，可将荷载分解为对称的和反对称的两个部分，如图 8-10（b）和（c）所示，现分别计算如下。

（1）在对称荷载作用下的计算［见图 8-10（b）］。

在对称荷载作用下，处于对称轴上梁中点截面，剪力等于零，且无角位移和水平线位移。取出半边刚架来计算，则另一半刚架对其所起的约束作用，可简化为定向支座，如图 8-11（a）所示。

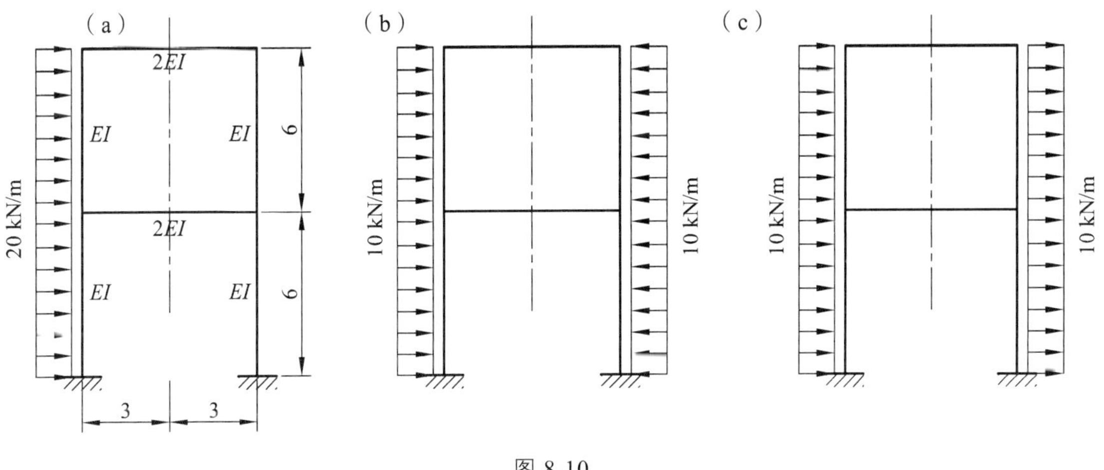

图 8-10

① 计算弯矩分配系数。

此时，刚架有 B、C 两个刚结点，基本结构如图 8-11（b）所示。令 $\frac{EI}{6}=i$，

故得 $$i_{AB}=i_{BC}=i\text{，}\quad i_{BE}=i_{CD}=\frac{2EI}{3}=4\cdot\frac{EI}{6}=4i$$

分配系数按式（8-5）计算，得

刚结点 B： $$\sum S_{Bj}=S_{BA}+S_{BC}+S_{BE}=4i_{AB}+4i_{BC}+i_{BE}=12i$$

$$\mu_{BA}=\frac{S_{BA}}{\sum S_{Bj}}=\frac{4i}{12i}=\frac{1}{3}\qquad \mu_{BC}=\frac{S_{BC}}{\sum S_{Bj}}=\frac{4i}{12i}=\frac{1}{3}$$

$$\mu_{BE}=\frac{S_{BE}}{\sum S_{Bj}}=\frac{4i}{12i}=\frac{1}{3}$$

刚结点 C：　$\sum S_{Cj}=S_{CB}+S_{CD}=4i_{BC}+i_{CD}=8i$

$$\mu_{CB}=\frac{S_{CB}}{\sum S_{Cj}}=\frac{4i}{8i}=0.5\qquad \mu_{CD}=\frac{S_{CD}}{\sum S_{Cj}}=\frac{4i}{8i}=0.5$$

② 计算固端弯矩，由图 8-11（b）所示的荷载产生的固端弯矩，得

$$M_{CB}^{F}=M_{BA}^{F}=\frac{ql^2}{12}=\frac{10\times 6^2}{12}=30\ \text{kN}\cdot\text{m}$$

$$M_{BC}^{F}=M_{AB}^{F}=-\frac{ql^2}{12}=-\frac{10\times 6^2}{12}=-30\ \text{kN}\cdot\text{m}$$

此时，刚结点 B 和刚结点 C，由荷载产生的不平衡力矩分别为：

$$R_{BF}=M_{CB}^{F}+M_{BC}^{F}=30-30=0$$

$$R_{CF}=M_{CB}^{F}=30\ \text{kN}\cdot\text{m}$$

③ 弯矩的分配与传递。

弯矩的分配与传递的过程列表计算如下（见表 8-1）。

表 8-1

结点		A	C_{BA}=1/2	B			C=1/2	C		C=1	D	C=−1	E
杆端		AB	←	BA	BE	BC	→ ←	CB	CD	→	DC	↘	EB
分配系数		——		1/3	1/3	1/3		0.5	0.5		—		——
固端弯矩		−30		30		−30		30					
力矩的分配与传递		1.2			↗	−7.5	←	−15	−15	→	15		
			←	2.5	2.5	2.5	→	1.2				↘	−2.5
		0.1			↗	−0.3	←	−0.6	−0.6	→	0.6		
			←	0.1	0.1	0.1						↘	−0.1
最后弯矩		−28.7		32.6	2.6	−35.2		15.6	−15.6		15.6		−2.6

根据表内的计算结果，可作出刚架在对称荷载作用下所产生的弯矩图，如图 8-12（a）所示。

（2）在反对称荷载作用下的计算［见图 8-10（c）]。

在反对称荷载作用下，处于对称轴上的横梁中点截面，弯矩和轴力均等于零，且无竖向位移。如取出半边刚架来计算，则另一半刚架对其所起的约束作用，可简化为铰支座，如图 8-11（c）所示。

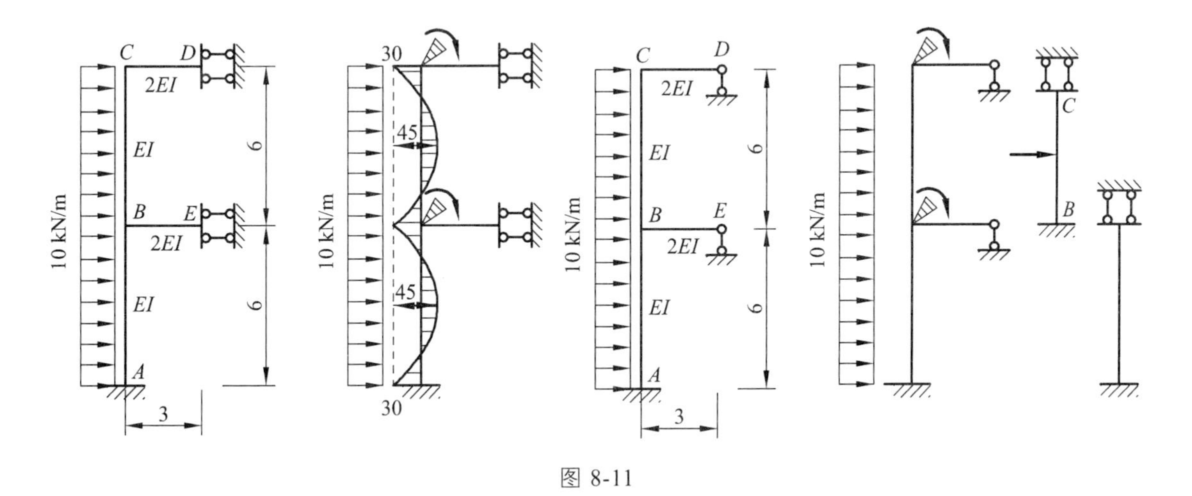

图 8-11

此时，刚架也有两个刚结点。同时，刚结点 B 和 C 都有水平移动，横梁 CD、BE 虽有水平位移，但两端并无相对线位移，这称为无侧移杆件，竖柱 AB、BC 两端虽有相对侧移，但由于支座 D、E 处无水平反力，故 AB、BC 柱的剪力是静定的，这称为剪力静定杆。因此，柱顶的水平位移不作为未知量，而把每层柱子看成是下端固定、上端为定向支座的单跨超静定梁，如图 8-11（e）所示。因此，这样就只有两个刚结点的角位移未知量，便于用力矩分配法来计算了。

基本结构是在刚结点 B 和刚结点 C 上，分别设置附加刚臂约束，如图 8-11（d）所示。

由于在反对称荷载作用下，半刚架的支承情况与前面对称荷载时不同，所以分配系数要重新计算。各杆的线刚度由前可知为 $i_{AB}=i_{BC}=i$，$i_{BE}=i_{CD}=4i$。分配系数计算如下：

刚结点 B：$\sum S_{Bj}=S_{BA}+S_{BC}+S_{BE}=i_{AB}+i_{BC}+3i_{BE}=14i$

$$\mu_{BA}=\frac{S_{BA}}{\sum S_{Bj}}=\frac{i_{AB}}{14i}=\frac{1}{14}$$

$$\mu_{BC}=\frac{S_{BC}}{\sum S_{Bj}}=\frac{i_{BC}}{14i}=\frac{1}{14}$$

$$\mu_{BE}=\frac{S_{BE}}{\sum S_{Bj}}=\frac{3i_{BE}}{14i}=\frac{6}{7}$$

刚结点 C：$\sum S_{Cj}=S_{CB}+S_{CD}=i_{BC}+3i_{CD}=13i$

$$\mu_{CB}=\frac{S_{CB}}{\sum S_{Cj}}=\frac{i_{BC}}{13i}=\frac{1}{13}$$

$$\mu_{CD}=\frac{S_{CD}}{\sum S_{Cj}}=\frac{3i_{CD}}{13i}=\frac{12}{13}$$

由图 8-11（d）可计算荷载产生的固端弯矩，上层柱 BC，按下端固定、上端为定向支座处理，其固端弯矩可根据表 7-1 中的公式计算。

$$M_{BC}^{F}=-\frac{ql^2}{3}=-\frac{10\times6^2}{3}=-120\ \text{kN}\cdot\text{m}$$

$$M_{CB}^{F}=-\frac{ql^2}{6}=-\frac{10\times6^2}{6}=-60\ \text{kN}\cdot\text{m}$$

下层柱 AB，也按下端固定、上端为定向支座处理。其固端弯矩包括两个部分：一部分由直接作用在该柱上的底层横向水平均布荷载所产生的，计算方法与上相同；另一部分是由该层以上所有水平荷载的合力 $F=ql=10\times6=60$ kN 所产生的，按表 7-1 中的公式（令 $a=l$，$b=0$）计算。故得

$$M_{AB}^{F}=-\frac{ql^2}{3}-\frac{Fl}{2}=-\frac{10\times6^2}{3}-\frac{60\times6}{2}=-300\ \text{kN}\cdot\text{m}$$

$$M_{BA}^{F}=-\frac{ql^2}{6}-\frac{Fl}{2}=-\frac{10\times6^2}{6}-\frac{60\times6}{2}=-240\ \text{kN}\cdot\text{m}$$

此时，刚结点 B 和刚结点 C，由荷载产生的不平衡力矩分别为：

$$R_{BF}=M_{BA}^{F}+M_{BC}^{F}=-240-120=-360\ \text{kN}\cdot\text{m}$$

$$R_{CF}=M_{CB}^{F}=-60\ \text{kN}\cdot\text{m}$$

为清楚起见，也将计算过程列成表格的形式，如表 8-2 所示。不过，这时需要注意的是，柱子上、下端之间的传递系数均为 $C_{ij}=C_{ji}=-1$。

表 8-2

结点	A	$C_{BA}=-1$	B			$C=-1$	C	
杆端	AB	←	BA	BE	BC	← →	CB	CD
分配系数	——		1/14	6/7	1/14		1/13	12/13
固端弯矩	−300		−240		−120		−60	
力矩的分配与传递	−25.7	←	25.7	308.6	25.7	→	−25.7	
					−6.6	←	6.6	79.1
	−0.5	←	0.5	5.6	0.5	→	−0.5	
							0	0.5
最后弯矩	−326.2		−213.8	314.2	−100.4		−79.6	79.6

根据表内的计算结果，可作出刚架在反对称荷载作用下所产生的弯矩图，如图 8-12（b）所示。

最后，将对称荷载作用下的弯矩图［见图 8-12（a）］和反对称荷载作用下的弯矩图［见图 8-12（b）］进行叠加，即得上述刚架在原非对称荷载作用下的弯矩图，如图 8-12（c）所示。

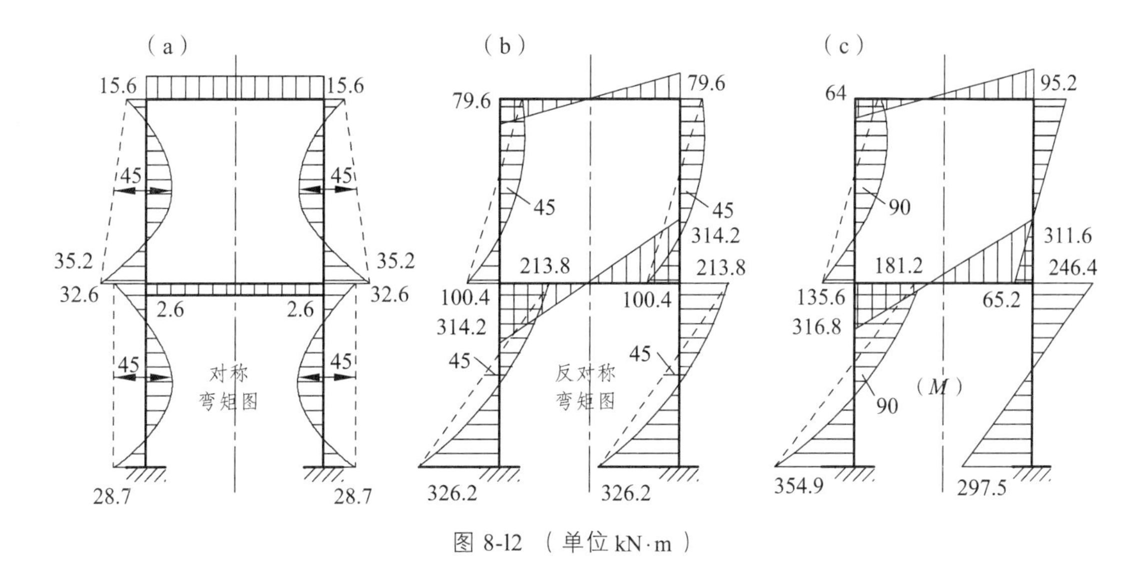

图 8-12 （单位 kN·m）

对无剪力分配法的应用要注意以下两点：

（1）要注意适用条件，如对图 8-13 所示的有侧移刚架是不能使用无剪力分配法的。这是因为，虽然柱子 *AB*、*CD* 是有侧移的，但是它们的剪力不是静定的，因此不符合无剪力分配法的应用条件。

（2）对于有侧移杆件的固端弯矩计算，作用在上一层的荷载对下一层是有影响的。

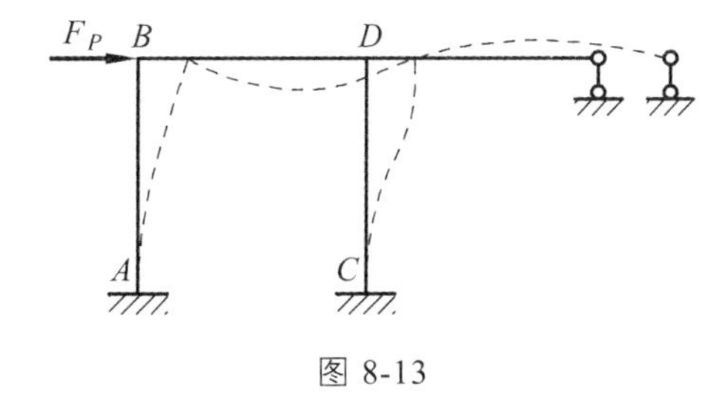

图 8-13

8.5 剪力分配法

剪力分配法是适用于铰接排架和横梁为刚性杆、竖柱为弹性杆的有侧移刚架的计算。

下面以图 8-14（a）所示排架为例，来讨论如何用剪力分配法计算超静定结构。

该结构的横梁为刚性二力杆，故只有一个独立结点线位移 Z_1，即柱顶的水平线位移，为求此位移，将各柱顶截开，得隔离体如图 8-14（b）所示，由平衡条件 $\sum F_x=0$ 得

$$F=F_{S1}+F_{S2}+F_{S3}$$

式中的各柱顶剪力与柱顶水平位移的关系，可由表 7-1 求得

$$F_{S1}=\frac{3i_1}{h_1^2}Z_1=D_1Z_1\text{，}\quad F_{S2}=\frac{3i_2}{h_2^2}Z_1=D_2Z_1\text{，}\quad F_{S3}=\frac{3i_3}{h_3^2}Z_1=D_3Z_1$$

其中：

$$D_1=\frac{3i_1}{h_1^2}, \quad D_2=\frac{3i_2}{h_2^2}, \quad D_3=\frac{3i_3}{h_3^2} \tag{8-9}$$

称为杆件的侧移刚度，即杆件发生单位侧移时，所产生的杆端剪力。

将上述剪力代入平衡条件，可求出线位移。

$$Z_1=\frac{F}{D_1+D_2+D_3}=\frac{F}{\sum D_i}$$

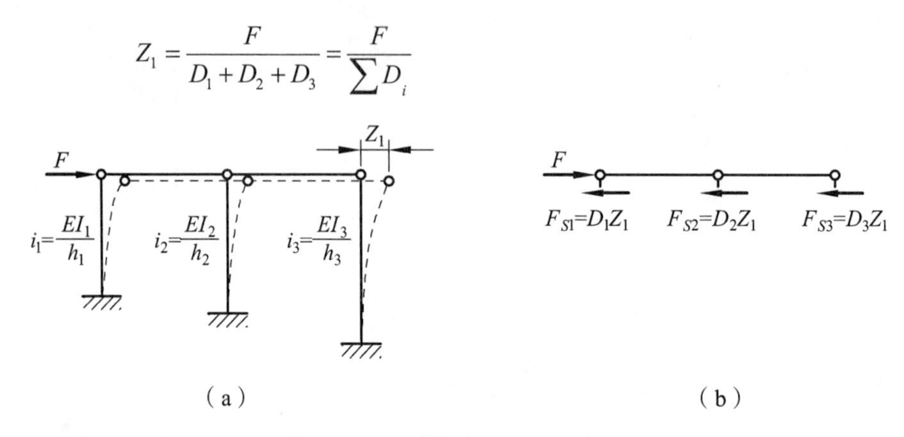

图 8-14

从而可得各柱顶剪力为：

$$F_{S1}=\frac{D_1}{\sum D_i}F=\mu_1 F, \quad F_{S2}=\frac{D_2}{\sum D_i}F=\mu_2 F, \quad F_{S3}=\frac{D_3}{\sum D_i}F=\mu_3 F$$

式中

$$\mu_1=\frac{D_1}{\sum D_i}, \quad \mu_2=\frac{D_2}{\sum D_i}, \quad \mu_3=\frac{D_3}{\sum D_i} \tag{8-10}$$

称为剪力分配系数，可见 $\mu_1+\mu_2+\mu_3=1$。由柱顶剪力即可求出结构的弯矩。对于排架结构，各柱固定端的弯矩等于柱顶剪力与其高度之积，即

$$M_1=-F_{S1}h_1 \qquad M_2=-F_{S2}h_2 \qquad M_3=-F_{S3}h_3 \tag{8-11}$$

式中负号表示弯矩绕杆端逆时针转动。

这种利用剪力分配系数求柱顶剪力的方法称为剪力分配法。

对于图 8-15 所示横梁刚度为无限大的刚架，柱顶作用水平荷载，结点角位移为零，只有一个独立结点线位移（柱顶的水平线位移），故同样可采用剪力分配法进行计算。其各柱的侧移刚度为：

$$D_1=\frac{12EI_1}{h_1^2}, \quad D_2=\frac{12EI_2}{h_2^2}, \quad D_3=\frac{12EI_3}{h_3^2} \tag{8-12}$$

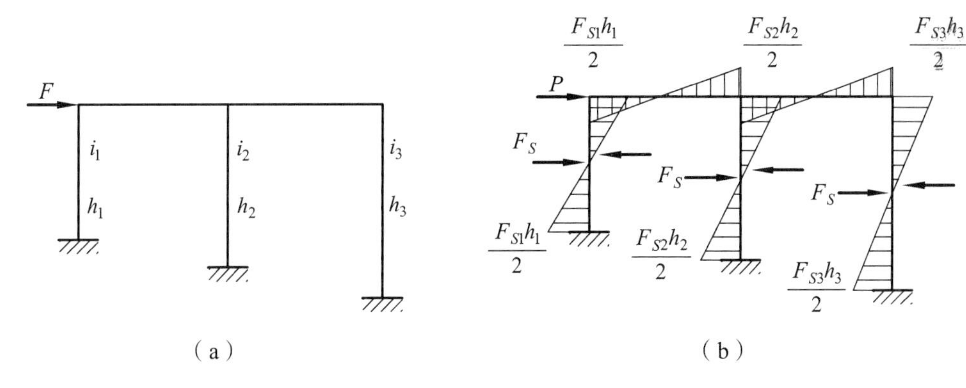

图 8-15

各柱的剪力分配系数和最后内力的计算方法与上述排架相同，应注意的是，由柱的剪力求柱的弯矩时，两端无转动的柱发生侧移时，柱上、下端的弯矩是等值而反方向的，即弯矩零点在柱高的中点。根据柱弯矩零点（即反弯点）在柱中点的条件，可由剪力求得各柱两端弯矩等于柱顶剪力与其高度之积的一半。据此可画出立柱的弯矩图。最后再根据结点的平衡条件，由柱端弯矩求出梁端弯矩，画出横梁的弯矩图，如图 8-15（b）所示。

若结构为多层多跨刚架，由水平投影平衡条件可知，任一层的总剪力等于该层及以上各层所有水平荷载的代数和，它也按剪力分配系数分配到该层的各个柱顶，由此即可确定各竖柱的弯矩。

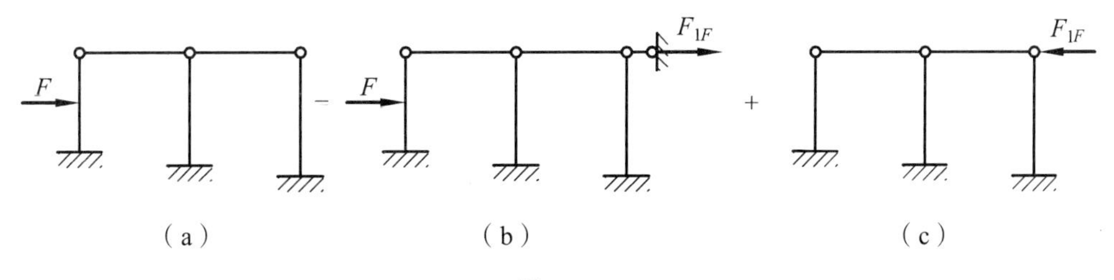

图 8-16

对以上结构，如柱间有水平荷载作用，如图 8-16（a）所示，这时可按与力矩分配法类似的思路进行分析。首先，将结构分解为只有荷载和只有结点线位移的单独作用，如图 8-16（b）、（c）所示。显然，图 8-16（b）中各柱端内力（称为固端力）可查表 7-1 求得，从而求出附加链杆上的反力 F_{1F}。而由叠加原理可知，图 8-16（c）中右柱顶的柱顶荷载值应为 F_{1F}，方向与图 8-16（b）中的 F_{1F} 相反，这种情况可用上述剪力分配法进行计算。最后，将图 8-16（b）、（c）两种情况的内力叠加，即得原结构的最后内力。

【例题 8-6】 用剪力分配法计算图 8-17（a）所示刚架，作弯矩图。

解：（1）如图 8-17（b）所示，在柱顶加水平支杆，求支杆的约束反力。

在图 8-17（b）中，只有左边柱间受均布载荷。查表 7-1 可得：

$$F_{SAD}^{F}=-\frac{qh}{2}=-\frac{5\times4}{2}=-10\text{ kN}$$

由横梁的平衡条件 $\sum F_x=0$，可求出附加支杆的反约束力：$F_{1F}=-10\text{ kN}$。

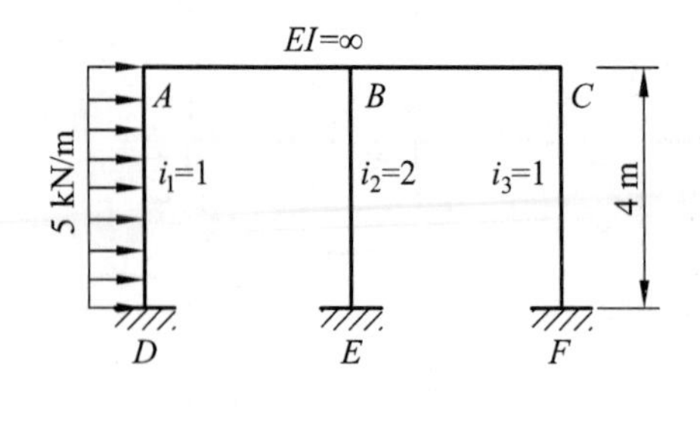

(a)

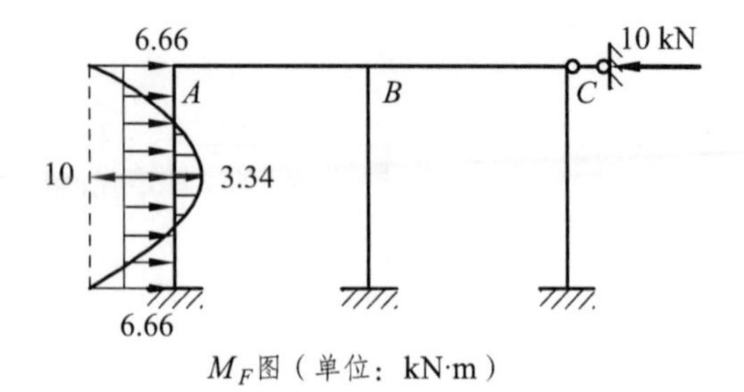

(b)

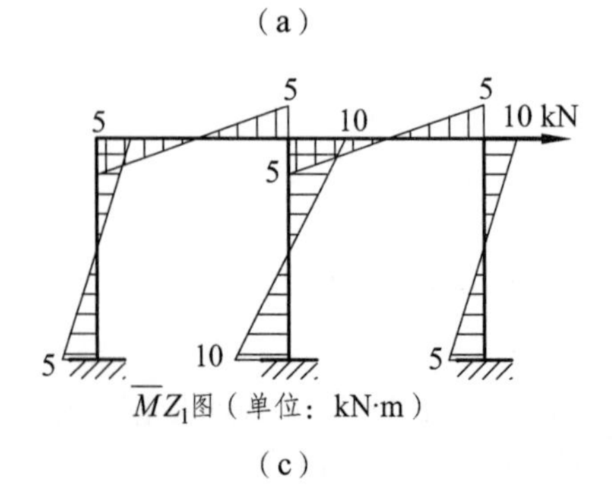

(c)

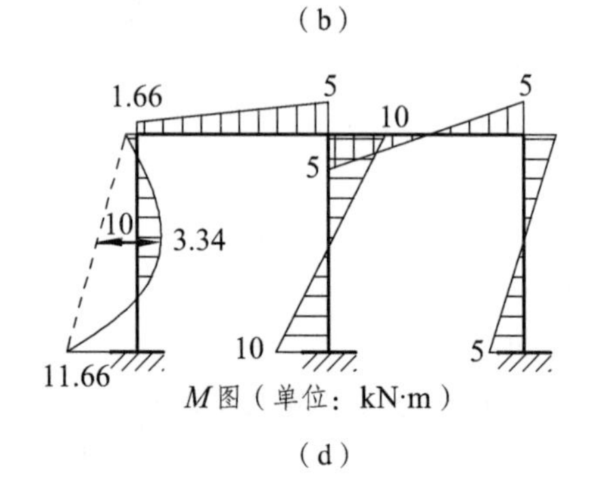

(d)

图 8-17

（2）将支杆约束反力反向加在原结构上，如图 8-17（c）所示，用剪力分配法进行计算。

① 先计算各柱剪力分配系数。

$$\mu_1 = \mu_3 = \frac{1}{1+2+1} = 0.25$$

$$\mu_2 = \frac{2}{1+2+1} = 0.5$$

② 计算各柱剪力。

$$F_{S1} = F_{S3} = 0.25 \times 10 = 2.5 \text{ kN}$$

$$F_{S2} = 0.5 \times 10 = 5 \text{ kN}$$

③ 计算杆端弯矩。

$$M_1 = M_3 = -F_{S1} \times \frac{h_1}{2} = -2.5 \times \frac{4}{2} = -5 \text{ kN} \cdot \text{m}$$

$$M_2 = -F_{S2} \times \frac{h_2}{2} = -5 \times \frac{4}{2} = -10 \text{ kN} \cdot \text{m}$$

由结点力矩平衡条件计算梁端弯矩。边结点：

$$M_{AB} = 5 \text{ kN} \cdot \text{m}$$

中结点：中柱端弯矩按梁刚度分配给两梁，两梁刚度相同，故：

$$M_{BA} = M_{BC} = \frac{1}{2} \times 10 = 5 \text{ kN} \cdot \text{m}$$

（3）作最后弯矩图，根据叠加原理，将图 8-17（b）和 8-17（c）叠加得出最后的弯矩图，如图 8-17（d）所示。

【例题 8-7】 试用剪力分配法计算图 8-18（a）所示的刚架，并绘制弯矩图。柱 EI 为常数，$l=h=4$ m。

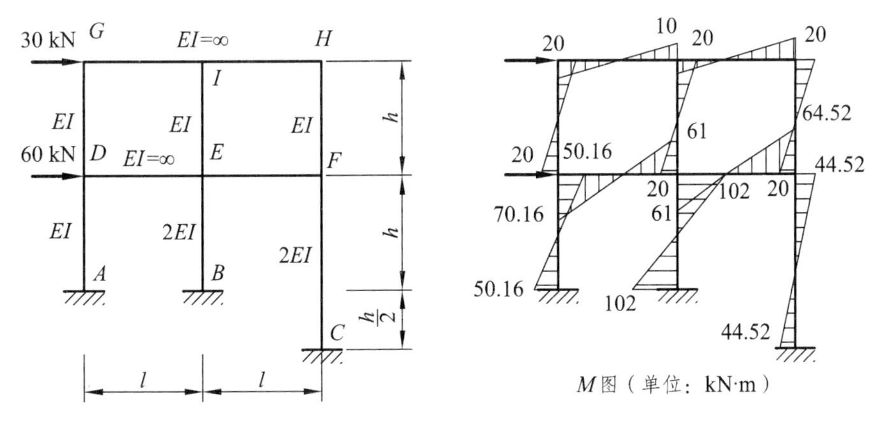

图 8-18

解：（1）计算剪力分配系数。

为方便计算，令 $\dfrac{12EI}{h^3}=1$，查表 7-1，可得上层各竖柱的侧移刚度为：

$$D_{GD}=D_{IE}=D_{HF}=1$$

下层各竖柱（从左至右）的侧移刚度为：

$$D_{DA}=1,\quad D_{EB}=\frac{12E\times 2I}{h^3}=2,\quad D_{FC}=\frac{12E\times 2I}{(3h/2)^2}=\frac{16}{27}$$

则上、下各层竖柱顶的剪力分配系数分别为：

$$\mu_{GD}=\mu_{IE}=\mu_{HF}=\frac{1}{1+1+1}=\frac{1}{3}$$

$$\mu_{DA}=\frac{1}{1+2+\dfrac{16}{27}}=0.278\ 4,\quad \mu_{EB}=\frac{2}{1+2+\dfrac{16}{27}}=0.556\ 7$$

$$\mu_{FC}=\frac{\dfrac{16}{27}}{1+2+\dfrac{16}{27}}=0.164\ 9$$

上、下层的总剪力分别为 F、$3F$，则各柱顶的剪力分别为：

$$F_{SGD}=\mu_{GD}\times 30=\frac{1}{3}\times 30=10\text{ kN},\quad F_{SHE}=F_{SIF}=\frac{30}{3}=10\text{ kN}$$

$$F_{SDA}=\mu_{DA}\times 3\times 30=25.05\text{ kN},\quad F_{SEB}=50.10\text{ kN},\quad F_{SFC}=14.84\text{ kN}$$

各柱端的弯矩分别为：

$$M_{GD}=M_{DG}=-\frac{F_{SGD}h}{2}=-\frac{Fh}{6}=-\frac{30\times 4}{6}=-20\text{ kN}\cdot\text{m}$$

$$M_{HE}=M_{EH}=M_{IF}=M_{FI}=-\frac{Fh}{6}=-20\text{ kN}\cdot\text{m}$$

$$M_{DA}=M_{AD}=-\frac{F_{SDA}h}{2}=-50.16\ \text{kN}\cdot\text{m}$$

$$M_{EB}=M_{BE}=-\frac{F_{SEB}h}{2}=-102\ \text{kN}\cdot\text{m}$$

$$M_{FC}=M_{CF}=-F_{SFC}\times\frac{3h}{2}=-44.52\ \text{kN}\cdot\text{m}$$

求出了各竖柱的弯矩后，还可按如下方法确定刚性横梁的弯矩：若结点只连接一根刚性横梁，则可由结点的力矩平衡条件确定横梁在该结点端的杆端弯矩；若结点连接了两根刚性横梁，则可近似认为两根刚性横梁的转动刚度相同，从而分配到相同的杆端弯矩。最后弯矩图如图 8-18（b）所示。

以上剪力分配法对于绘制多层多跨刚架在风力、地震力（通常简化为结点水平力荷载）作用下的弯矩图是非常方便的，但其基本假设是横梁刚度为无穷大，各刚结点均无转角，因而各柱的反弯点在其高度的一半处。但实际结构的横梁刚度并非无穷大，故各柱的反弯点的高度与上述结果有所不同。经验表明，当梁与柱的线刚度比大于 5 时，上述结果仍足够精确。随着梁柱线刚度比的减小，结点转动的影响将逐渐增加，柱的反弯点位置将有所变动。大体变化规律是：底层柱的反弯点位置逐渐升高；顶部少数层柱的反弯点位置逐渐降低（尤以最顶层较为显著）；其余中间各层则变化不大，柱的反弯点仍在中点附近。了解这一规律，对于确定多层刚架弯矩图的形状以及校核计算机的输出有无重大错误，都是很有用处的。

综合训练项目二：桁架（刚架）多点应力应变测试及理论计算

内容：指导学生进行应力、应变测试及理论计算。指导学生依托多功能结构力学实验台自主设计结构形式及实验方案并进行组装、确定测点、贴片、接线、掌握测量仪器的使用方法；进行加载实验测试及数据处理，由应力、应变计算出结构内力和位移；再对结构进行理论计算（或利用结构求解器计算）并与实验结果比较，分析误差产生的原因。

目的：培养学生建立模型能力、力学分析与计算能力、实验动手能力及实践创新能力，编写报告、演讲表达能力；培养学生的责任感和团结协作精神。

通过实验测试与理论计算结果的对比分析，验证“理想桁架”假设。在结点荷载作用下，虽然结点具有一定的刚性，除产生轴力外，还会产生一定的弯矩和剪力。但结点刚性因素对桁架内力的影响是次要的，其主要内力是轴力。根据理想桁架计算所得的内力是“主内力”，而由节点刚性等因素而引起的内力是“次内力”，在节点荷载作用下杆件内力以轴力为主，将节点简化为理想的铰接点是合理的。

时间安排：课外 1 周

要求：分组完成任务，每组 3 ~ 5 人，进行结构形式及测试方案设计，组装、测试、数据处理并与理论计算结构比较分析，编写报告，制作 PPT。要求小组分工协作。加强团队意识与合作精神。

知识、能力与素质目标：培养学生的建模能力、力学分析及计算能力；培养学生的实验技能、实践创新能力及编写报告、演讲表达能力；培养学生的责任感和团结协作精神。

成果要求及考核方法：要求编写报告并进行答辩。考核报告质量、答辩及回答问题情况。

思考题

1. 什么是转动刚度？什么是分配系数？分配系数与转动刚度有何关系？为什么每一结点的弯矩分配系数之和等于1？分配系数与结构上的荷载情况有无关系？

2. 什么是分配弯矩？为什么要分配？什么是传递弯矩？如何传递？传递弯矩是否发生于分配弯矩之后？

3. 单跨超静定梁的转动刚度和传递系数与杆件的线刚度有何关系？

4. 什么是固端弯矩？什么是不平衡力矩？如何计算不平衡力矩？为什么要将它反号才能进行分配？

5. 单结点的弯矩分配法有哪些步骤？每一步的物理意义是什么？

6. 在多结点的弯矩分配过程中，为什么先固定所有刚结点使之不能转动？在放松时，为什么每次只放松一个结点？是否可同时放松多个结点？

7. 弯矩分配法只适合于无结点线位移的结构，当这类结构发生已知支座移动时结点是有线位移的，为什么还可以用弯矩分配法计算？

8. 用弯矩分配法计算超静定结构时，为什么计算过程是收敛的？

9. 试比较弯矩分配法与位移法的异同。

10. 无剪力分配法的基本结构是什么形式？无剪力分配法的适用条件是什么？

11. 剪力分配法的适用条件是什么？为什么称为剪力分配法？

习题

1. 试用弯矩分配法计算图 8-19 所示连续梁，并绘出弯矩图。EI = 常数。

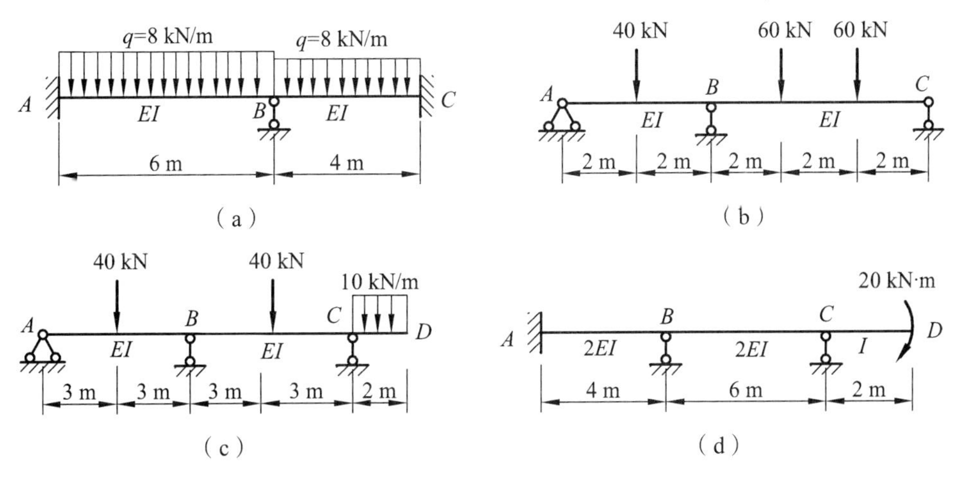

图 8-19

2. 试用弯矩分配法计算图 8-20 所示单结点结构，并绘出弯矩图、剪力图和轴力图。

3. 试用弯矩分配法计算图 8-21 所示梁，并绘出弯矩图。

4. 试用弯矩分配法计算图 8-22 所示结构，并绘出弯矩图。

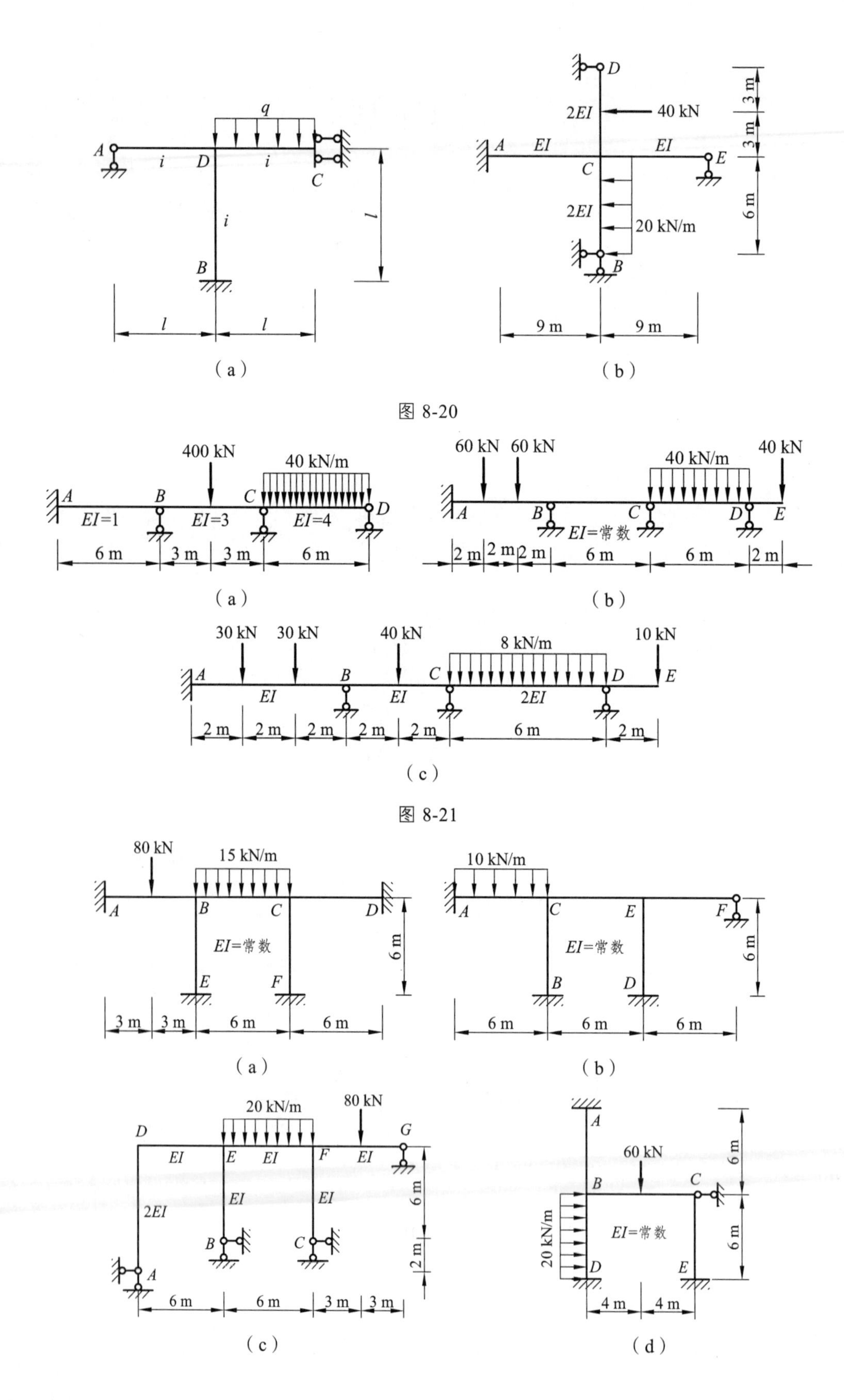
q
A
i
D
i
C
i
l
B
l
l
(a)
D
2EI
40 kN
3 m
3 m
A
EI
EI
E
C
2EI
20 kN/m
6 m
B
9 m
9 m
(b)
图 8-20
400 kN
40 kN/m
A
B
C
D
EI=1
EI=3
EI=4
6 m
3 m
3 m
6 m
(a)
60 kN
60 kN
40 kN/m
40 kN
A
B
C
D
E
EI=常数
2 m
2 m
2 m
6 m
6 m
2 m
(b)
30 kN
30 kN
40 kN
8 kN/m
10 kN
A
B
C
D
E
EI
EI
2EI
2 m
2 m
2 m
2 m
2 m
6 m
2 m
(c)
图 8-21
80 kN
15 kN/m
A
B
C
D
EI=常数
6 m
E
F
3 m
3 m
6 m
6 m
(a)
10 kN/m
A
C
E
F
EI=常数
6 m
B
D
6 m
6 m
6 m
(b)
20 kN/m
80 kN
D
G
EI
E
EI
F
EI
EI
EI
2EI
6 m
B
C
2 m
A
6 m
6 m
3 m
3 m
(c)
A
6 m
60 kN
B
C
20 kN/m
EI=常数
6 m
D
E
4 m
4 m
(d)

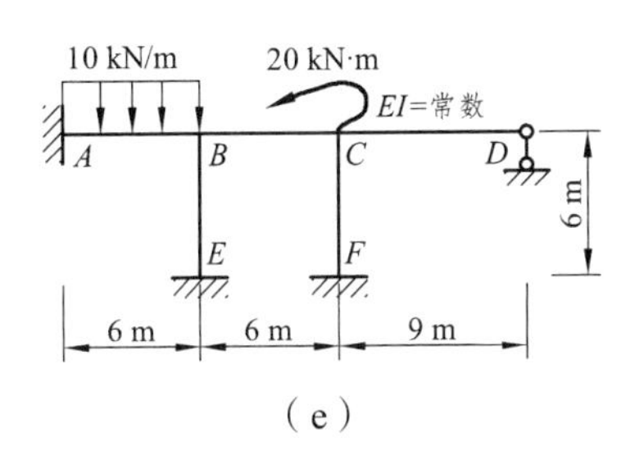

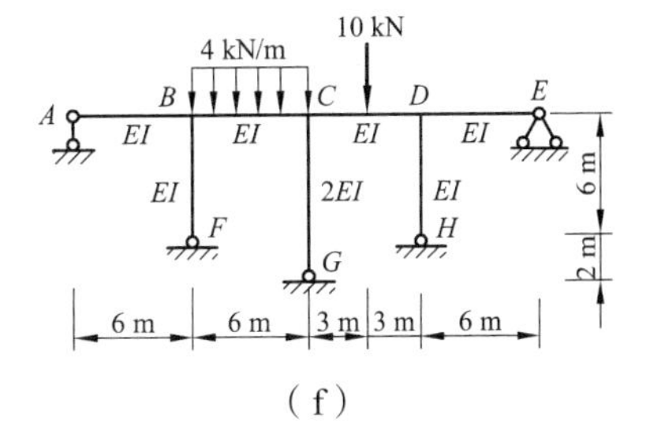

图 8-22

5. 利用对称性作图 8-23 所示结构的弯矩图。

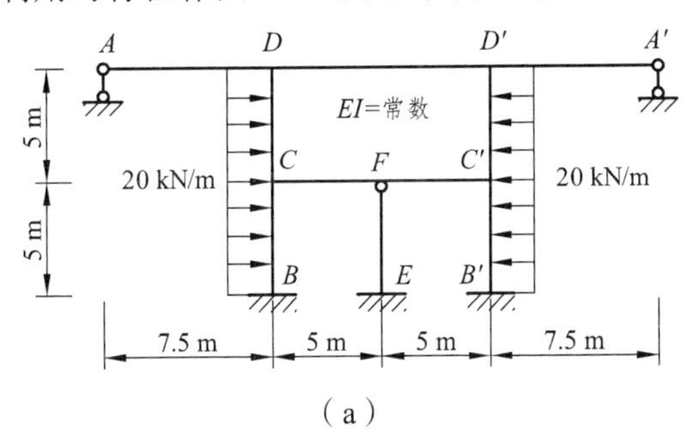

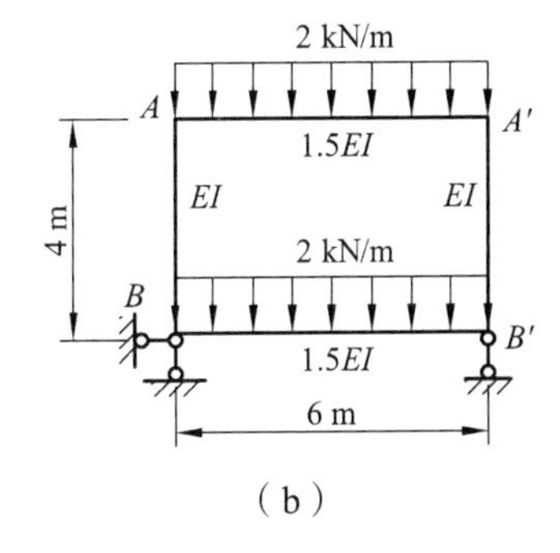

图 8-23

6. 试用弯矩分配法计算图 8-24 所示具有剪力静定的结构，并绘出弯矩图。

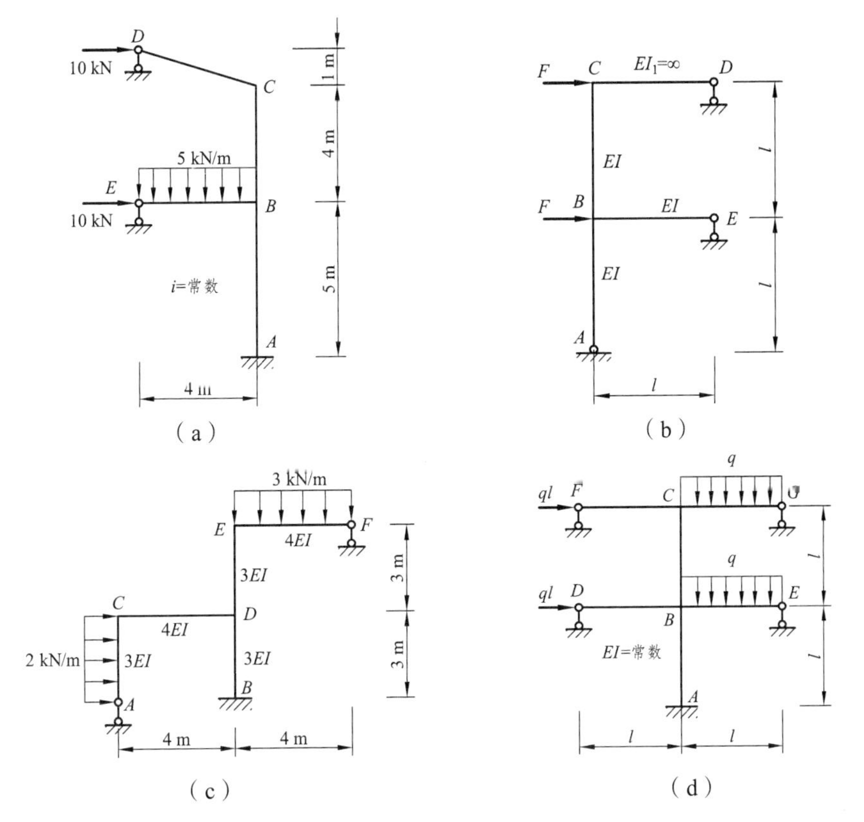

图 8-24

7. 用剪力分配法计算图 8-25 所示结构，并作弯矩图。

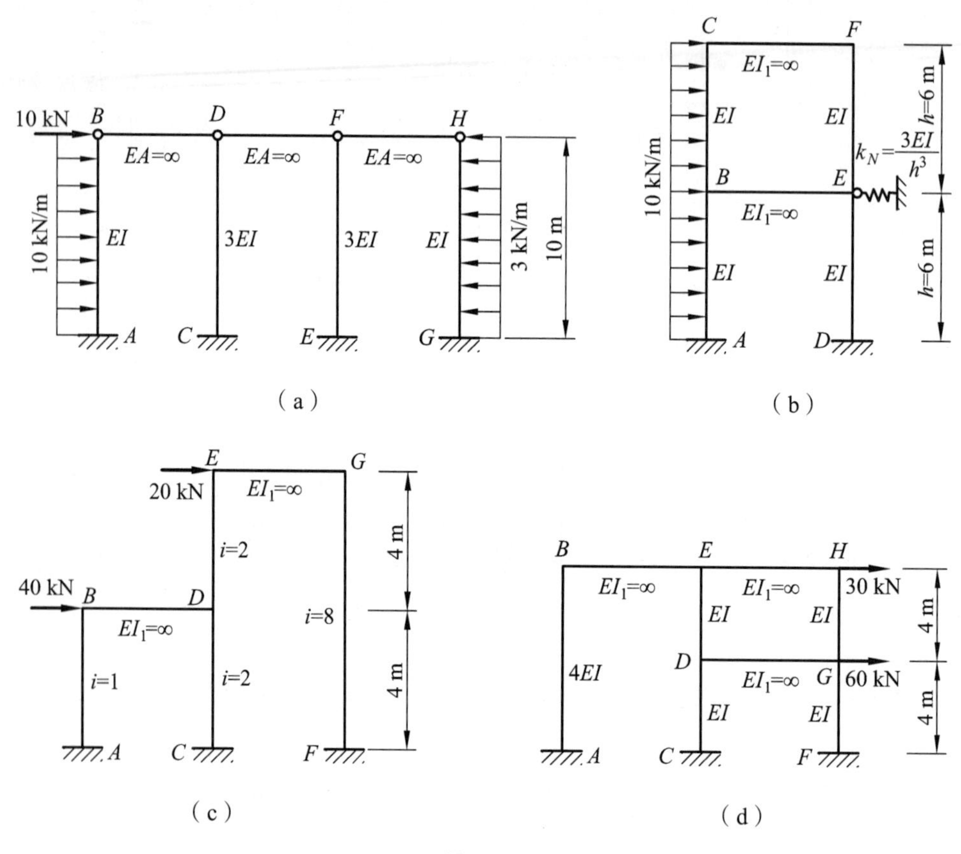

图 8-25

8. 运用力学基本概念分析图 8-26 所示结构，绘制弯矩图的形状。

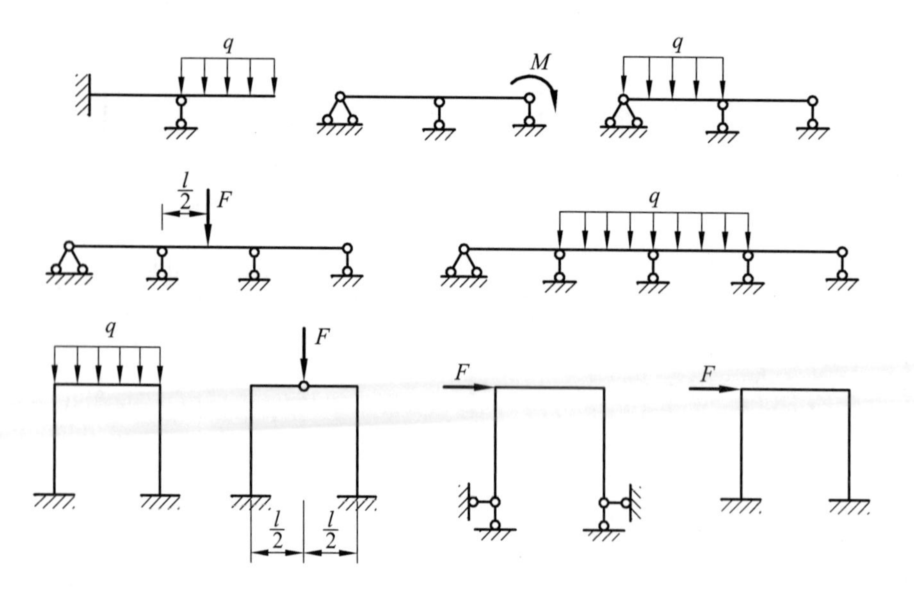

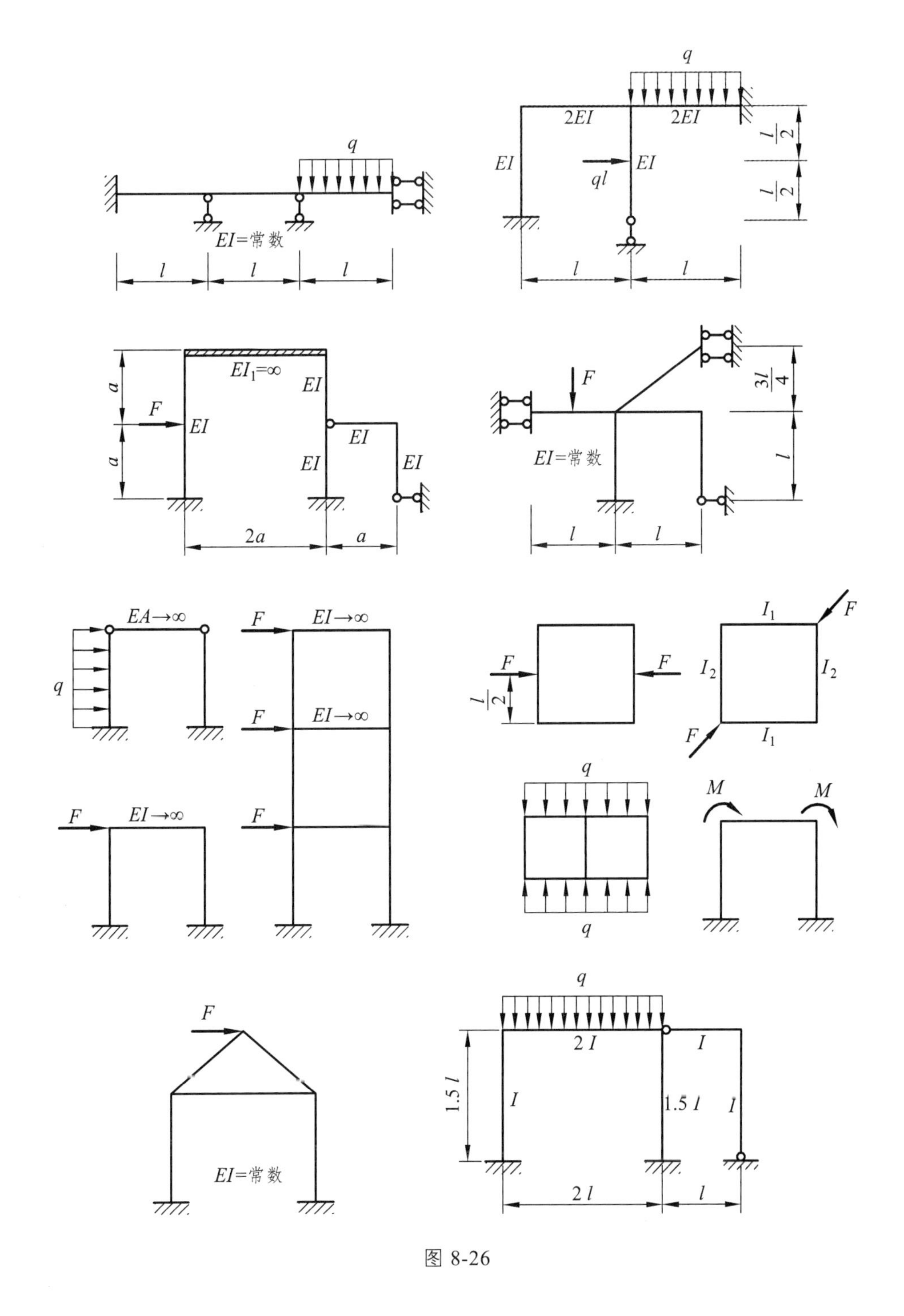

图 8-26

✎ 答　案

1.（a）$M_{BA}=31.25\ \text{kN}\cdot\text{m}$；

$M_{BC}=-31.25\ \text{kN}\cdot\text{m}$。

（b）$M_{BA}=84\ \text{kN}\cdot\text{m}$；

$M_{BC} = -84$ kN·m。

（c）$M_{BA} = 40$ kN·m；

$M_{BC} = -40$ kN·m；

$M_{CB} = 20$ kN·m；

$M_{CD} = -20$ kN·m。

（d）$M_{AB} = -3.33$ kN·m；

$M_{BA} = -6.66$ kN·m；

$M_{BC} = -6.66$ kN·m；

$M_{CB} = 20$ kN·m；

$M_{CD} = -20$ kN·m。

2.（a）$M_{DC} = -\frac{7}{24ql^2}$，$M_{DB} = \frac{1}{6ql^2}$；

（b）$M_{CA} = 7.2$ kN·m，$M_{CE} = 5.5$ kN·m。

3.（a）$M_{AB} = 45.5$ kN·m，$M_{CD} = -308.22$ kN·m；

（b）$M_B = 15.4$ kN·m（上边受拉），$M_C = 66.3$ kN·m（上边受拉）；

（c）$M_B = 30.71$ kN·m（上边受拉），$M_C = 19.52$ kN·m（上边受拉）。

4.（a）$M_{AB} = -61.3$ kN·m；

（b）$M_{AC} = -53.17$ kN·m，$M_{BC} = -3.92$ kN·m；

（c）$M_{DE} = -5.65$ kN·m，$M_{FG} = -84.2$ kN·m；

（d）$M_{BD} = -64.82$ kN·m，$M_{BC} = -69.64$ kN·m；

（e）$M_{BA} = -21$ kN·m，$M_{CB} = -10.7$ kN·m；

（f）$\mu_{BC} = 0.4$，$\mu_{CB} = 0.32$，$M_{CB} = 12.73$。

5.（a）$M_{CD} = -50$ kN·m，$M_{CF} = 4.16$ kN·m，$M_{BC} = -39.58$ kN·m；

（b）$M_{AA'} = -4.5$ kN·m。

6.（a）$M_{BE} = 170.3$ kN·m，$M_{BC} = -14.4$ kN·m，$M_{CB} = -25$ kN·m；

（b）$M_{BC} = Fl/8$；

（c）$M_{DC} = 4.9$ kN·m；

（d）$M_{BC} = -0.36ql^2$，$M_{BA} = -0.79ql^2$。

7.（a）$M_{AB} = 170.3$ kN·m，$M_{CD} = M_{EF} = -135.9$ kN·m；

（b）$M_{AB} = -150$ kN·m，$M_{DE} = -120$ kN·m；

（c）$M_{AB} = -25$ kN·m，$M_{CD} = -50$ kN·m，$M_{FG} = -90$ kN·m；

（d）$M_{AB} = -80$ kN·m，$M_{CD} = -70$ kN·m。

8. 答案（略）。

9 矩阵位移法

前面介绍的力法和位移法都是传统的结构力学基本方法，应用这些方法分析结构时，最终都归结为求解线性代数方程组，当基本未知量较多时，解算工作将极其繁重，甚至无法求解。随着计算机技术的发展和广泛应用，使结构分析由传统的手算转向电算为基础的结构分析方法得到空前的发展。

结构矩阵分析方法是以结构力学的原理为基础，用矩阵表达代数方程组，以电子计算机为运算工具，采用矩阵进行运算，不仅使得公式紧凑、形式统一，也便于使计算过程规格化和程序化，因而适宜于计算机自动进行数值计算。

与传统的力法和位移法相对应，结构矩阵分析方法也分为矩阵力法和矩阵位移法。而矩阵位移法计算过程比矩阵力法更为规格化，更有利于编制程序，因而应用得更广泛。本章仅讨论矩阵位移法。

矩阵位移法的解题过程分为两大步：一是单元分析，二是整体分析。

在杆件结构的矩阵位移法中，把复杂的结构视为有限个单元（杆件）的集合，各单元在结点处彼此连接而组成整体，因而解算时须先把结构分解成有限个单元和结点，即对结构进行离散；继而对单元进行分析，建立单元杆端力与杆端位移的单元刚度方程，形成单元刚度矩阵。然后，根据变形协调条件、静力平衡条件使离散化的结构恢复为原结构，并形成结构刚度方程，再求解结构的结点位移和杆端内力。矩阵位移法的基本思路是“先分后合”，即先将结构离散，然后再集合，这样一分一合的过程，就把复杂结构的计算转化为简单杆件的分析与综合问题。

9.1 单元刚度矩阵

9.1.1 单元的划分

在杆件结构中，一般把每个杆件作为一个单元。为了计算方便，只采用等截面直杆这种形式的单元，并且规定荷载只作用于结点处。根据上述要求，划分单元的结点应该是杆件的汇交点、支承点和截面突变点等，这些结点都是根据结构本身的构造特征来确定的，故称为构造结点。此外，对于集中荷载作用处，为保证结构只承受结点荷载，可将它作为结点处理，这种结点则称为非构造结点（单元上承受荷载的另一种处理方法是将它改用等效结点荷载替代，这将在 9.4 节中进行讨论）。结构的所有结点确定后，结点间的单元也就确定了。

对于结构中曲杆或变截面杆件，可沿轴线将其分段，每段均作为等截面直杆单元处理，其截面近似按该段中点处的截面计算。显然，采用这种处理方法，单元划分得越细，其计算结果将越接近真实情况。

9.1.2 单元的杆端位移和杆端力

为了便于以后的计算机分析，现将表示方法说明如下。如图 9-1 所示某一等截面单元ⓔ，它的两端分别用 i、j 表示，$\bar{x}$、$\bar{y}$ 为该单元局部坐标，其原点设在单元 i 端，其中 $\bar{x}$ 轴与单元的轴线重合，以 i 为单元的始端，以 j 为单元的末端，并以由 i 到 j 为正，单元绕 i 端逆时针旋转 90° 为 $\bar{y}$ 轴。现设杆端 i 轴向位移、切向位移和转角位移分别为 $\bar{u}_i^e$、$\bar{v}_i^e$、$\bar{\theta}_i^e$［见图 9-1（a）］，相应的杆端轴力、剪力和弯矩为 $\bar{F}_{xi}^e$、$\bar{F}_{yi}^e$、$\bar{M}_i^e$［见图 9-1（b）］；杆端 j 的位移分别为 $\bar{u}_j^e$、$\bar{v}_j^e$、$\bar{\theta}_j^e$，相应的杆端力为 $\bar{F}_{xj}^e$、$\bar{F}_{yj}^e$、$\bar{M}_j^e$。正负号规定如下：就单元 e 来讲，$\bar{u}^e$ 和 $\bar{F}_x^e$ 以 x 轴正向为正值；$\bar{v}^e$ 和 $\bar{F}_y^e$ 以沿 y 轴正向为正值。$\bar{\theta}^e$ 和 $\bar{M}$ 以顺时针为正。

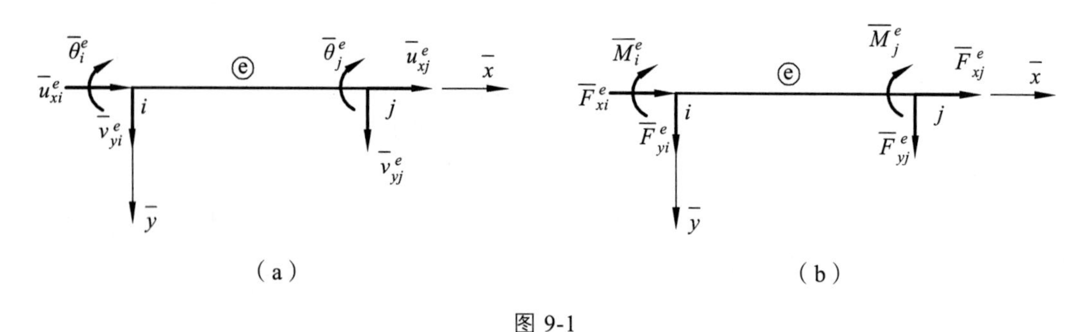

图 9-1

如果用 $\bar{F}^e$ 和 $\bar{\Delta}^e$ 分别表示单元坐标系下的杆端力列向量和杆端位移列向量，则有

$$\begin{aligned}\bar{F}^e &= \begin{bmatrix}\bar{F}_{Xi}^e & \bar{F}_{Yi}^e & \bar{M}_i^e & \bar{F}_{Xj}^e & \bar{F}_{Yj}^e & \bar{M}_j^e\end{bmatrix}^{\mathrm{T}} \\ \bar{\Delta}^e &= \begin{bmatrix}\bar{u}_i^e & \bar{v}_i^e & \bar{\theta}_i^e & \bar{u}_j^e & \bar{v}_j^e & \bar{\theta}_j^e\end{bmatrix}^{\mathrm{T}}\end{aligned} \tag{9-1}$$

9.1.3 单元刚度矩阵

杆端力与杆端位移之间的转换关系称为单元刚度方程，现就图 9-1 所示的单元ⓔ，建立单元杆端力与杆端位移之间的转换矩阵，称为单元刚度矩阵。根据第 7 章推导的转角位移方程，很容易得到杆端弯矩与杆端位移的关系；然后根据杆件的平衡条件，可得到杆端剪力与杆端位移之间的关系；杆端的轴力仅与杆端的轴向位移有关。应用叠加原理即可得到杆端力与杆端位移之间的关系如下：

$$\left.\begin{aligned}
\overline{F}_{Xi}^{e} &= \frac{EA}{l}\overline{u}_{i}^{e} - \frac{EA}{l}\overline{u}_{j}^{e} \\
\overline{F}_{Yi}^{e} &= \frac{12EI}{l^3}\overline{v}_{i}^{e} + \frac{6EI}{l^2}\overline{\theta}_{i}^{e} - \frac{12EI}{l^3}\overline{v}_{j}^{e} + \frac{6EI}{l^2}\overline{\theta}_{j}^{e} \\
\overline{M}_{i}^{e} &= \frac{6EI}{l^2}\overline{v}_{i}^{e} + \frac{4EI}{l}\overline{\theta}_{i}^{e} - \frac{6EI}{l^2}\overline{v}_{j}^{e} + \frac{2EI}{l}\overline{\theta}_{j}^{e} \\
\overline{F}_{Xj}^{e} &= -\frac{EA}{l}\overline{u}_{i}^{e} + \frac{EA}{l}\overline{u}_{j}^{e} \\
\overline{F}_{Yj}^{e} &= -\frac{12EI}{l^3}\overline{v}_{i}^{e} - \frac{6EI}{l^2}\overline{\theta}_{i}^{e} + \frac{12EI}{l^3}\overline{v}_{j}^{e} - \frac{6EI}{l^2}\overline{\theta}_{j}^{e} \\
\overline{M}_{j}^{e} &= \frac{6EI}{l^2}\overline{v}_{i}^{e} + \frac{2EI}{l}\overline{\theta}_{i}^{e} - \frac{6EI}{l^2}\overline{v}_{j}^{e} + \frac{4EI}{l}\overline{\theta}_{j}^{e}
\end{aligned}\right\} \tag{9-2}$$

写成矩阵的形式有：

$$\begin{bmatrix} \overline{F}_{Xi} \\ \overline{F}_{Yi} \\ \overline{M}_{i} \\ \overline{F}_{Xj} \\ \overline{F}_{Yj} \\ \overline{M}_{j} \end{bmatrix}^{e} = \begin{bmatrix} \frac{EA}{l} & 0 & 0 & -\frac{EA}{l} & 0 & 0 \\ 0 & \frac{12EI}{l^3} & \frac{6EI}{l^2} & 0 & -\frac{12EI}{l^3} & \frac{6EI}{l^2} \\ 0 & \frac{6EI}{l^2} & \frac{4EI}{l} & 0 & -\frac{6EI}{l^2} & \frac{2EI}{l} \\ -\frac{EA}{l} & 0 & 0 & \frac{EA}{l} & 0 & 0 \\ 0 & -\frac{12EI}{l^3} & \frac{6EI}{l^2} & 0 & \frac{12EI}{l^3} & \frac{6EI}{l^2} \\ 0 & -\frac{6EI}{l^2} & \frac{2EI}{l} & 0 & \frac{6EI}{l^2} & \frac{4EI}{l} \end{bmatrix} \begin{bmatrix} \overline{u}_{i} \\ \overline{v}_{i} \\ \overline{\theta}_{i} \\ \overline{u}_{j} \\ \overline{v}_{j} \\ \overline{\theta}_{j} \end{bmatrix}^{e} \tag{9-3(a)}$$

上式称为单元的刚度方程，可简写为：

$$\overline{\boldsymbol{F}}^{e} = \overline{\boldsymbol{K}}^{e}\overline{\boldsymbol{\varDelta}}^{e} \tag{9-3(b)}$$

上式中 $\overline{\boldsymbol{F}}^{e}$ 为杆端力列阵，$\overline{\boldsymbol{\varDelta}}^{e}$ 为杆端位移列阵。

$$\overline{\boldsymbol{F}}^{e} = \begin{bmatrix} \overline{F}_{xi}^{e} \\ \overline{F}_{yi}^{e} \\ \overline{M}_{i}^{e} \\ \vdots \\ \overline{F}_{xj}^{e} \\ \overline{F}_{yj}^{e} \\ \overline{M}_{j}^{e} \end{bmatrix} \qquad \overline{\boldsymbol{\varDelta}}^{e} = \begin{bmatrix} \overline{u}_{i}^{e} \\ \overline{v}_{i}^{e} \\ \overline{\theta}_{i}^{e} \\ \vdots \\ \overline{u}_{j}^{e} \\ \overline{v}_{j}^{e} \\ \overline{\theta}_{j}^{e} \end{bmatrix} \tag{9-4}$$

$$
\overline{\boldsymbol{K}}^e = \begin{array}{c} \begin{array}{cccccc} \bar{u}_i^e=1 & \bar{v}_i^e=1 & \bar{\theta}_i^e=1 & \bar{u}_j^e=1 & \bar{v}_j^e=1 & \bar{\theta}_j^e=1 \end{array} \\ \left[\begin{array}{ccc|ccc} \frac{EA}{l} & 0 & 0 & -\frac{EA}{l} & 0 & 0 \\ 0 & \frac{12EI}{l^3} & \frac{6EI}{l^2} & 0 & -\frac{12EI}{l^3} & \frac{6EI}{l^2} \\ 0 & \frac{6EI}{l^2} & \frac{4EI}{l} & 0 & -\frac{6EI}{l^2} & \frac{2EI}{l} \\ \hline -\frac{EA}{l} & 0 & 0 & \frac{EA}{l} & 0 & 0 \\ 0 & -\frac{12EI}{l^3} & \frac{6EI}{l^2} & 0 & \frac{12EI}{l^3} & \frac{6EI}{l^2} \\ 0 & -\frac{6EI}{l^2} & \frac{2EI}{l} & 0 & \frac{6EI}{l^2} & \frac{4EI}{l} \end{array}\right] \begin{array}{l} \overline{F}_{Xi}^e \\ \overline{F}_{Yi}^e \\ \overline{M}_i^e \\ \overline{F}_{Xj}^e \\ \overline{F}_{Yj}^e \\ \overline{M}_j^e \end{array} \end{array} \tag{9-5}
$$

$\overline{\boldsymbol{K}}^e$ 为单元ⓔ的单元刚度矩阵。$\overline{\boldsymbol{K}}^e$ 中的每个元素称为单元刚度系数，代表由于单位杆端位移所引起的杆端力。例如式（9-5）中第五行第三列元素 $\frac{6EI}{l^2}$ 代表第三个杆端位移分量 $\bar{\theta}_i^e=1$、其他位移为零时，引起的第五个杆端力分量。一般情况，第 i 行第 j 列元素 k_{ij} 代表 j 列的杆端单位位移在第 i 行引起的杆端力。

单元刚度矩阵的物理意义：$\overline{\boldsymbol{K}}^e$ 中某一列的六个元素分别表示当该杆端位移分量等于 1 时所引起的六个杆端力分量。在单元刚度矩阵的上方标记出各杆端位移，在右方标记出各杆端力，这样就可更清楚地看出各元素的物理意义。单元刚度矩阵的行数等于单元杆端力的数目，列数则等于杆端位移的数目，而单元的杆端力与杆端位移是一一对应的，故单元刚度矩阵为 6×6 阶方阵。

分析一般单元矩阵各元素，可以看出其具有如下性质：

（1）对称性。

单元刚度矩阵 $\overline{\boldsymbol{K}}^e$ 中的各个元素在主对角线两侧是对称分布的，即：

$$\bar{k}_{ij} = \bar{k}_{ji}$$

可以根据反力互等定理得出这一结论。所以，$\overline{\boldsymbol{K}}^e$ 是对称矩阵。

（2）奇异性。

所谓矩阵的奇异性，是指其对应行列式等于零。对一般单元刚度矩阵来说有：

$$\left|\overline{\boldsymbol{K}}^e\right| = 0$$

按计算 $\overline{\boldsymbol{K}}^e$ 的矩阵行列式，便可验证上述结论。

因为 $\overline{\boldsymbol{K}}^e$ 为奇异矩阵，因此不存在逆矩阵。在式（9-3)所示的单元刚度方程中，如已知杆端位移为 $\bar{\Delta}^e$，则可由方程直接计算出杆端力，且是唯一解。但如果已知杆端力，则不一定能计算出杆端位移解 $\bar{\Delta}^e$，$\bar{\Delta}^e$ 如果有解，则为非唯一解。

9.1.4 特殊单元的刚度矩阵

式（9-5）是平面杆系结构一般单元的刚度矩阵表达式，其中六个杆端位移可指定为任意值，这种单元又称为自由单元。在结构中还有一些特殊单元，单元的两端受到某些约束，以至于单元的某些杆端位移的值为零。各种特殊单元的刚度方程只需对一般单元的刚度方程做一些特殊处理即可。

如图 9-2 所示简支梁，单元两端受到约束，不能发生线位移而只发生转角，可以建立单元两端角位移与杆端弯矩之间的关系，并得到相应的单元刚度矩阵。在连续梁或无结点线位移的刚架中，各单元在杆端只有角位移而无线位移，就应采用这种矩阵。

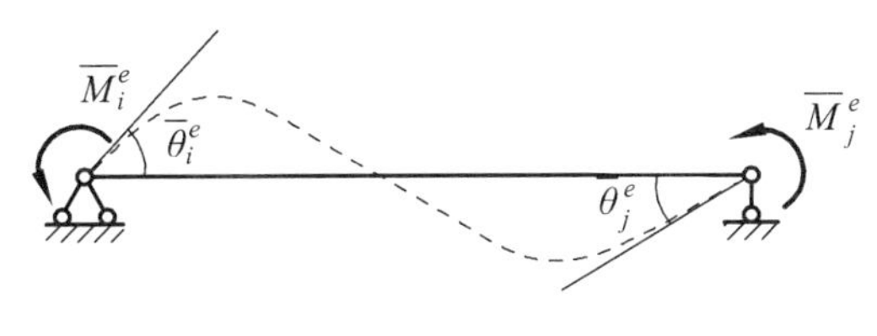

图 9-2 梁单元

图 9-2 所示简支梁的刚度方程：

$$\begin{bmatrix} \overline{M}_i \\ \overline{M}_j \end{bmatrix}^e = \begin{bmatrix} \dfrac{4EI}{l} & \dfrac{2EI}{l} \\ \dfrac{2EI}{l} & \dfrac{4EI}{l} \end{bmatrix} \begin{bmatrix} \overline{\theta}_i \\ \overline{\theta}_j \end{bmatrix}^e \tag{9-6}$$

相应的单元刚度矩阵为：

$$\overline{\boldsymbol{K}}^e = \begin{bmatrix} \dfrac{4EI}{l} & \dfrac{2EI}{l} \\ \dfrac{2EI}{l} & \dfrac{4EI}{l} \end{bmatrix}^e \tag{9-7}$$

实际上这个单元刚度矩阵是式（9-5）删去第 1，2，4，5 行和列后自动得出的。

顺便指出，某些单元刚度矩阵是可逆的。例如，图 9-2 所示单元附加了两端不能发生线位移的约束条件，单元没有刚体位移，单元刚度矩阵为非奇异矩阵，因此单元刚度矩阵为可逆矩阵。

9.2 整体坐标系下的单元刚度矩阵

单元刚度矩阵是基于杆单元局部坐标系的，以杆轴线为 $\overline{x}$ 轴，这样所有的单元都具有相同的单元刚度矩阵的形式。但在实际结构中，各杆件的杆轴方向不可能相同。为了便于整体分析，必须选用一个公共坐标系，称为整体坐标系。为了区别，用 $\overline{x}$，$\overline{y}$ 表示单元坐标系，用 x，y 表示整体坐标系。

整体分析时，首先需要推导整体坐标系中的单元刚度矩阵 $\boldsymbol{K}^e$。可以采用坐标变换的方法，将局部坐标系下的单元刚度矩阵转换至整体坐标系中。因此，首先讨论坐标系的转换矩阵。

1．单元坐标转换矩阵

图 9-3 所示为单元 e，其局部坐标系为 $\bar{x}O\bar{y}$，整体坐标系为 xOy。由 x 轴到 $\bar{x}$ 的夹角为 α，以逆时针为正。

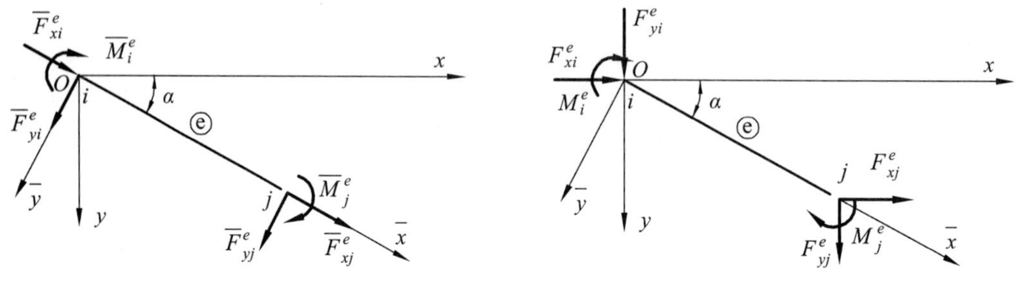

（a）局部坐标系中的单元杆端力　　　　（b）整体坐标系中的单元杆端力

图 9-3　单元杆端力的转换关系

在单元坐标系中的杆端力分量为 $\overline{F}_x$、$\overline{F}_y$、$\overline{M}$，整体坐标系中的杆端力分量为 F_x、F_y、M，两者之间有如下关系（参看图 9-3）：

$$\left.\begin{aligned}
&\overline{F}_{Xi}^e = F_{ix}^e\cos\alpha + F_{iy}^e\sin\alpha\\
&\overline{F}_{Yi}^e = -F_{ix}^e\sin\alpha + F_{iy}^e\cos\alpha\\
&\overline{M}_i^e = M_i^e\\
&\overline{F}_{Xj}^e = F_{jx}^e\cos\alpha + F_{iy}^e\sin\alpha\\
&\overline{F}_{Yj}^e = F_{jx}^e\cos\alpha + F_{jy}^e\sin\alpha\\
&\overline{M}_j^e = M_j^e
\end{aligned}\right\} \tag{9-8}$$

将式（9-8）写成矩阵的形式：

$$\begin{bmatrix}\overline{F}_{xi}\\ \overline{F}_{yi}\\ \overline{M}_i\\ \overline{F}_{xj}\\ \overline{F}_{yj}\\ \overline{M}_j\end{bmatrix}^{\mathrm{e}} = \begin{bmatrix}\cos\alpha & \sin\alpha & 0 & 0 & 0 & 0\\ -\sin\alpha & \cos\alpha & 0 & 0 & 0 & 0\\ 0 & 0 & 1 & 0 & 0 & 0\\ 0 & 0 & 0 & \cos\alpha & \sin\alpha & 0\\ 0 & 0 & 0 & -\sin\alpha & \cos\alpha & 0\\ 0 & 0 & 0 & 0 & 0 & 1\end{bmatrix}\begin{bmatrix}F_{xi}\\ F_{yi}\\ M_i\\ F_{xj}\\ F_{yj}\\ M_j\end{bmatrix}^{\mathrm{e}} \tag{9-9}$$

或简写成：

$$\overline{\boldsymbol{F}}^e = \boldsymbol{T}\boldsymbol{F}^e \tag{9-10}$$

式中，$\boldsymbol{T}$ 称为单元坐标转换矩阵，即

$$
\boldsymbol{T}=\left[\begin{array}{ccc|ccc}
\cos\alpha & \sin\alpha & 0 & 0 & 0 & 0 \\
-\sin\alpha & \cos\alpha & 0 & 0 & 0 & 0 \\
0 & 0 & 1 & 0 & 0 & 0 \\
\hline
0 & 0 & 0 & \cos\alpha & \sin\alpha & 0 \\
0 & 0 & 0 & -\sin\alpha & \cos\alpha & 0 \\
0 & 0 & 0 & 0 & 0 & 1
\end{array}\right] \tag{9-11}
$$

可以证明，单元坐标转换矩阵 $\boldsymbol{T}$ 为正交矩阵，其逆矩阵等于其转置矩阵，即

$$
\boldsymbol{T}^{-1}=\boldsymbol{T}^{\mathrm{T}} \tag{9-12}
$$

由式（9-10）可得：

$$
F^{e}=\boldsymbol{T}^{-1}\overline{F}^{e}=\boldsymbol{T}^{\mathrm{T}}\overline{F}^{e} \tag{9-13}
$$

上式表明单元ⓔ在整体坐标系与单元坐标系下杆端力之间的变换关系。这一变换关系同样适用于杆端位移，设单元坐标系下的杆端位移为 $\overline{\Delta}^{e}$，整体坐标系下的杆端位移为 Δ^{e}，则

$$
\overline{\boldsymbol{\Delta}}^{e}=\boldsymbol{T}\boldsymbol{\Delta}^{e};\quad \boldsymbol{\Delta}^{e}=\boldsymbol{T}^{\mathrm{T}}\overline{\boldsymbol{\Delta}}^{e} \tag{9-14}
$$

2．整体坐标系中的单元刚度矩阵

整体坐标系中，单元杆端力与杆端位移的关系式同样可表示为：

$$
\boldsymbol{F}^{e}=\boldsymbol{K}^{e}\boldsymbol{\Delta}^{e} \tag{9-15}
$$

式中，$\boldsymbol{K}^{e}$ 为整体坐标系下的单元刚度矩阵。

现在来推导 $\boldsymbol{K}^{e}$ 整体坐标系下的单元刚度矩阵 $\boldsymbol{K}^{e}$ 与局部坐标系下的单元刚度矩阵 $\overline{\boldsymbol{K}}^{e}$ 的关系。单元ⓔ在局部坐标系下的刚度方程为：

$$
\overline{\boldsymbol{F}}^{e}=\overline{\boldsymbol{K}}^{e}\overline{\boldsymbol{\Delta}}^{e} \tag{a}
$$

将式（9-10）、式（9-14）代入得

$$
\boldsymbol{T}F^{e}=\overline{\boldsymbol{K}}^{e}\boldsymbol{T}\Delta^{e} \tag{b}
$$

上式两边分别前乘 $\boldsymbol{T}^{-1}=\boldsymbol{T}^{\mathrm{T}}$，可得

$$
\boldsymbol{F}^{e}=\boldsymbol{T}^{\mathrm{T}}\overline{\boldsymbol{K}}^{e}\boldsymbol{T}\boldsymbol{\Delta}^{e} \tag{c}
$$

比较式（c）与式（9-15）可得：

$$
\boldsymbol{K}^{e}=\boldsymbol{T}^{\mathrm{T}}\overline{\boldsymbol{K}}^{e}\boldsymbol{T} \tag{9-16}
$$

上式即为在两种坐标系中单元刚度矩阵的转换关系，只要求出单元坐标转换矩阵 $\boldsymbol{T}$，就可以由单元刚度矩阵 $\overline{\boldsymbol{K}}^{e}$ 求得整体坐标系下的单元刚度矩阵 $\boldsymbol{K}^{e}$，整体坐标系中的单元刚度矩阵 $\boldsymbol{K}^{e}$ 与 $\overline{\boldsymbol{K}}^{e}$ 同阶，具有类似的性质：

（1）元素 $\boldsymbol{K}_{ij}$ 表示整体坐标系下第 j 个杆端位移分量等于 1 时引起的第 i 个杆端力分量。

（2）$\boldsymbol{K}^e$ 为对称矩阵。

（3）一般单元的 $\boldsymbol{K}^e$ 为奇异矩阵。

【例题 9-1】 试求图 9-4 所示刚架中各单元在整体坐标系中的刚度矩阵 $\boldsymbol{K}^e$。设各杆长和截面①相同。$l=5\text{ m}$，$b\times h=0.5\text{ m}\times 1.0\text{ m}$（截面尺寸），$A=0.5\text{ m}^2$，$I=\dfrac{1}{24}\text{ m}^4$，$E=3\times 10^7\text{ kPa}$，$\dfrac{EA}{l}=10^4\text{ kN/m}$，$\dfrac{EI}{l}=25\times 10^4\text{ kN}\cdot\text{m}$。

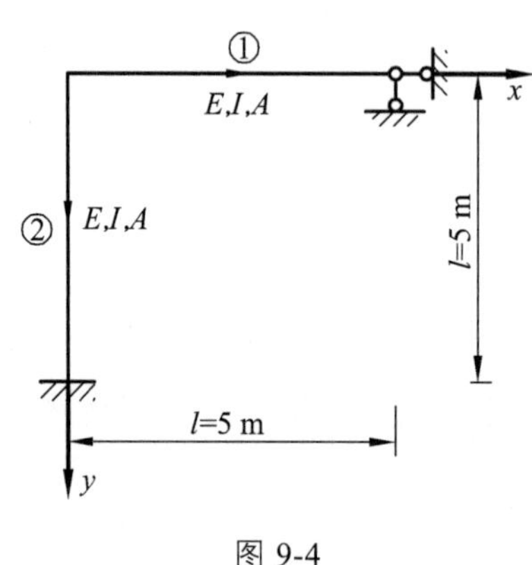

图 9-4

解：（1）局部坐标系中的单元刚度矩阵 $\overline{\boldsymbol{K}}^e$。

结构离散为 2 个单元，每个单元的局部坐标的 x 轴如图 9-4 所示。由于两个单元尺寸相同，故 $\overline{\boldsymbol{K}}^{①}$ 和 $\overline{\boldsymbol{K}}^{②}$ 相等。由式（9-5）

$$\overline{\boldsymbol{K}}^{①}=\overline{\boldsymbol{K}}^{②}=\begin{bmatrix} 300 & 0 & 0 & -300 & 0 & 0 \\ 0 & 12 & 30 & 0 & -12 & 30 \\ 0 & 30 & 100 & 0 & -30 & 50 \\ -300 & 0 & 0 & 300 & 0 & 0 \\ 0 & -12 & -30 & 0 & -12 & -30 \\ 0 & 30 & 50 & 0 & -30 & 100 \end{bmatrix}$$

（2）整体坐标系中的单元刚度矩阵 $\boldsymbol{K}^e$。

单元①：$\alpha=0$，$\boldsymbol{T}=\boldsymbol{I}$

$$\boldsymbol{K}^{①}=\overline{\boldsymbol{K}}^{①}$$

单元②：$\alpha=90°$，单元②的转换矩阵为：

$$\boldsymbol{T}=\begin{bmatrix} 0 & 1 & 0 & 0 & 0 & 0 \\ -1 & 0 & 0 & 0 & 0 & 0 \\ 0 & 0 & 1 & 0 & 0 & 0 \\ 0 & 0 & 0 & 0 & 1 & 0 \\ 0 & 0 & 0 & -1 & 0 & 0 \\ 0 & 0 & 0 & 0 & 0 & 1 \end{bmatrix}$$

由式（9-16）可得单元②的刚度矩阵：

$$\boldsymbol{K}^{②}=\boldsymbol{T}^{\mathrm{T}}\overline{\boldsymbol{K}}^{②}\boldsymbol{T}=\begin{bmatrix}12 & 0 & -30 & -12 & 0 & -30\\0 & 300 & 0 & 0 & -300 & 0\\-30 & 0 & 100 & 30 & 0 & 50\\-12 & 0 & 30 & 12 & 0 & 30\\0 & -300 & 0 & 0 & 300 & 0\\-30 & 0 & 50 & 30 & 0 & 100\end{bmatrix}\times 10^4$$

9.3 连续梁的整体刚度矩阵

结构计算必须满足平衡条件和变形协调条件。矩阵位移法在单元分析的基础上，利用结构的变形协调条件和平衡条件建立结构刚度方程，得到结构刚度矩阵。研究结构刚度矩阵形成的规律，便可直接形成结构刚度矩阵的方法。

如图 9-5 所示两跨连续梁分为两个单元，三个结点，单元编号为①、②，结点编号为 1 ~ 3，采用图示整体坐标系，其中单元坐标系与整体坐标系相一致。现取结构的结点位移列向量为：

$$\boldsymbol{\Delta}=(\Delta_1 \quad \Delta_2 \quad \Delta_3)^{\mathrm{T}}$$

其中 $\Delta_i\,(i=1,\ 2,\ 3)$ 代表第 i 个结点位移，以顺时针为正。

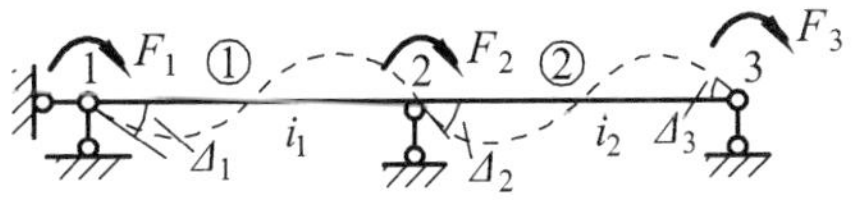

（a）

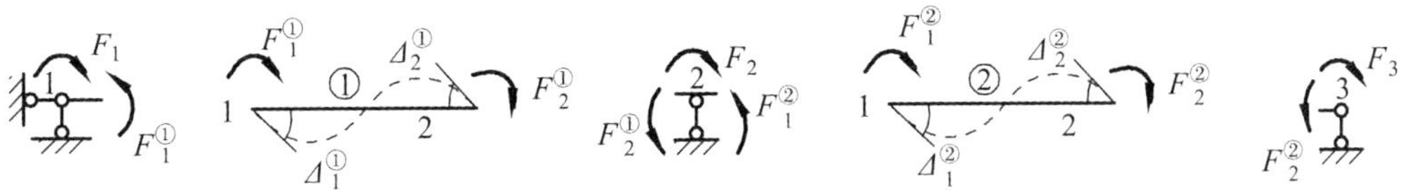

（b）

图 9-5　连续梁

相应的结点荷载是附加约束上的集中力偶 F_1，F_2，F_3。它们构成整体坐标系下结点荷载的列向量：

$$\boldsymbol{F}=(F_1 \quad F_2 \quad F_3)^{\mathrm{T}}$$

其中 F_i 代表与第 i 个结点角位移相应的荷载，与 Δ_i 方向一致时为正。下标中的 1，2，3 是对结点位移和结点荷载在整体坐标系中统一编排的数码，称为总码。

为了导出结点荷载列向量 $\boldsymbol{F}$ 与位移列向量 $\boldsymbol{\Delta}$ 之间的关系式，应考虑结点的力矩平衡方程条件和结点与杆端的变形协调条件。取如图 9-5 所示结点为隔离体，建立相应的平衡方程。即

$$\left.\begin{aligned}F_1^{①} &= 4i_1\varDelta_1^{①} + 2i_1\varDelta_2^{①} \\ F_2^{①} &= 2i_1\varDelta_1^{①} + 4i_1\varDelta_2^{①}\end{aligned}\right\} \tag{9-17}$$

$$\left.\begin{aligned}F_2^{②} &= 4i_2\varDelta_2^{②} + 2i_2\varDelta_3^{②} \\ F_3^{②} &= 2i_2\varDelta_2^{②} + 4i_2\varDelta_3^{②}\end{aligned}\right\} \tag{9-18}$$

写成矩阵：

$$\boldsymbol{F}^e = \boldsymbol{K}^e\boldsymbol{\delta}^e \tag{9-19}$$

对于单元①：

$$\begin{bmatrix}F_1^{①} \\ F_2^{①}\end{bmatrix} = \begin{bmatrix}4i_1 & 2i_1 \\ 2i_1 & 4i_1\end{bmatrix}\begin{bmatrix}\varDelta_1^{①} \\ \varDelta_2^{①}\end{bmatrix} \tag{9-20}$$

其单元①刚度矩阵为：

$$\begin{array}{c} \quad\quad 1 \quad\quad\ 2 \\ \overline{\boldsymbol{K}}^{①} = \begin{bmatrix}\overline{\boldsymbol{K}}_{11}^{①} & \overline{\boldsymbol{K}}_{12}^{①} \\ \overline{\boldsymbol{K}}_{21}^{①} & \overline{\boldsymbol{K}}_{22}^{①}\end{bmatrix}\begin{matrix}1 \\ 2\end{matrix}\end{array} \tag{9-21}$$

式中标注在单元刚度矩阵旁用整体码表示行码和列码。

对于单元②：

$$\begin{bmatrix}F_2^{②} \\ F_3^{②}\end{bmatrix} = \begin{bmatrix}4i_2 & 2i_2 \\ 2i_2 & 4i_2\end{bmatrix}\begin{bmatrix}\varDelta_2^{②} \\ \varDelta_3^{②}\end{bmatrix} \tag{9-22}$$

其单元②刚度矩阵为：

$$\begin{array}{c} \quad\quad 2 \quad\quad\ 3 \\ \overline{\boldsymbol{K}}^{②} = \begin{bmatrix}\overline{\boldsymbol{K}}_{22}^{②} & \overline{\boldsymbol{K}}_{23}^{②} \\ \overline{\boldsymbol{K}}_{32}^{②} & \overline{\boldsymbol{K}}_{33}^{②}\end{bmatrix}\begin{matrix}2 \\ 3\end{matrix}\end{array} \tag{9-23}$$

对结构进行整体分析，引入位移条件，即

$$\left.\begin{aligned}\varDelta_1^{①} &= \varDelta_1 \\ \varDelta_2^{①} &= \varDelta_2^{②} = \varDelta_2 \\ \varDelta_3^{②} &= \varDelta_3\end{aligned}\right\} \tag{9-24}$$

引入平衡条件，即

$$\left.\begin{aligned}F_1 &= F_1^{①} \\ F_2 &= F_1^{②} + F_2^{①} \\ F_3 &= F_2^{②}\end{aligned}\right\} \tag{9-25}$$

将式（9-21）和式（9-23）代入式（9-25）可得

$$\left.\begin{aligned}F_1&=(4i_1\varDelta_1+2i_1\varDelta_2)\\F_2&=(2i_1\varDelta_1+4i_1\varDelta_2)+(4i_2\varDelta_2+2i_2\varDelta_3)\\F_3&=(2i_2\varDelta_2+4i_2\varDelta_3)\end{aligned}\right\}\tag{9-26}$$

将上述方程写成矩阵的形式，即

$$\begin{bmatrix}F_1\\F_2\\F_3\end{bmatrix}=\begin{bmatrix}4i_1&2i_1&0\\2i_1&(4i_1+4i_2)&2i_2\\0&2i_2&4i_2\end{bmatrix}\begin{bmatrix}\varDelta_1\\\varDelta_2\\\varDelta_3\end{bmatrix}\tag{9-27}$$

简写为：

$$\boldsymbol{F}=\boldsymbol{K\varDelta}\tag{9-28}$$

式中的 $\boldsymbol{K}$ 就是结构刚度矩阵，即

$$\boldsymbol{K}=\begin{array}{c}\begin{matrix}\quad 1\quad&\quad 2\quad&\quad 3\quad\end{matrix}\\\left[\begin{matrix}\overline{\boldsymbol{K}}_{11}^{\text{①}}&\overline{\boldsymbol{K}}_{12}^{\text{①}}&0\\\overline{\boldsymbol{K}}_{21}^{\text{①}}&\overline{\boldsymbol{K}}_{11}^{\text{①}}+\overline{\boldsymbol{K}}_{22}^{\text{②}}&\overline{\boldsymbol{K}}_{22}^{\text{②}}\\0&\overline{\boldsymbol{K}}_{32}^{\text{②}}&\overline{\boldsymbol{K}}_{33}^{\text{②}}\end{matrix}\right]\begin{matrix}1\\2\\3\end{matrix}\end{array}\tag{9-29}$$

由式（9-29）可以看出，结构刚度矩阵中的各元素都是由各单元刚度矩阵的相关元素组成，单元刚度矩阵元素在结构刚度矩阵中的位置，由单元在整体坐标系中所对应的总码决定。根据元素所对应的总码，可将单元刚度矩阵中的相关元素直接形成结构刚度矩阵。

在应用时，不需要列出单元刚度方程和结构刚度矩阵方程，可以直接对单元刚度矩阵进行换码。对于数值为零的杆端位移，换码后总码的行码和列码都取为“0”，再把元素从单元刚度矩阵送往结构刚度矩阵的工程中，除了对应行码和列码为“0”的元素外，其他的所有元素均应按其行码和列码送往结构刚度矩阵的相应位置。例如 $\overline{\boldsymbol{K}}^{\text{①}}$ 中的元素 $\overline{\boldsymbol{K}}_{12}^{\text{①}}$ 行码为 1，列码为 2，所以该元素应放在结构矩阵的第 1 行第 2 列。对于结构刚度矩阵 $\boldsymbol{K}$ 的同一位置有多个元素，应予以叠加。例如 $\overline{\boldsymbol{K}}^{\text{①}}$ 中的元素 $\overline{\boldsymbol{K}}_{22}^{\text{①}}$ 和 $\overline{\boldsymbol{K}}^{\text{②}}$ 中的元素 $\overline{\boldsymbol{K}}_{22}^{\text{②}}$ 的行码和列码都为 2，所以在把 $\overline{\boldsymbol{K}}_{22}^{\text{①}}+\boldsymbol{K}_{22}^{\text{①}}$ 送入结构刚度矩阵的过程中，应把两个元素进行叠加即 $\overline{\boldsymbol{K}}_{22}^{\text{①}}+\overline{\boldsymbol{K}}_{22}^{\text{②}}$，送入到结构刚度矩阵 $\boldsymbol{K}$ 的第 2 行第 2 列。

上述先对单元刚度矩阵换码，再按总码表示的列码和行码分别将各元素置于结构刚度矩阵的相应位置，直接形成结构刚度矩阵的方法称为直接刚度法。而在形成结构刚度矩阵之前，已考虑结构位移边界条件（如结点线位移为零，固定端转角为零）的直接刚度法称为先处理法。

将所得结构刚度矩阵代入式（9-28)，得结点位移，即

$$\boldsymbol{\varDelta}=\boldsymbol{K}^{-1}\boldsymbol{F}$$

根据上式求得结点位移后，根据变形协调条件将杆端位移代之以相应的结点位移，即可计算出各单元的杆端弯矩。

各单元刚度矩阵换码后才能用直接刚度法形成结构刚度矩阵。换码后矩阵上方从左往右，

右侧从上往下，总码的排列是完全相同的，所以可将其写成列向量的形式并用 $\boldsymbol{\lambda}^e$ 表示。$\boldsymbol{\lambda}^e$ 中的元素决定了单元刚度矩阵中的各元素在结构刚度矩阵中的位置，故将 $\boldsymbol{\lambda}^e$ 称为单元 e 的定位向量。

对于式（9-21）和式（9-23）有

$$\boldsymbol{\lambda}^{①}=(1\quad 2)^{\mathrm{T}};\ \boldsymbol{\lambda}^{②}=(2\quad 3)^{\mathrm{T}}$$

【例题 9-2】 试用直接刚度法建立如图 9-6 所示连续梁的结构刚度矩阵，并计算各杆的杆端弯矩。

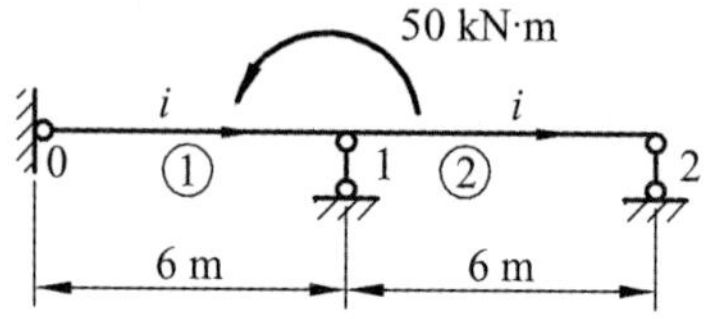

解：（1）编号。

单元编号为①、②；结点位移分量的总码分别编号为 0、1、2。左端为固定端支座，结点无转角位移，编号为 0；杆件轴线的箭头表示单元坐标 $\bar{x}$ 的方向。

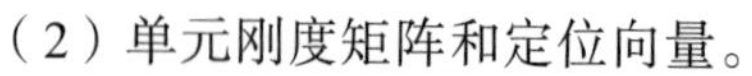

图 9-6

（2）单元刚度矩阵和定位向量。

单元①的刚度矩阵及定位向量为：

$$\overline{\boldsymbol{K}}^{①}=\begin{array}{c} \begin{matrix} 0 & \ \ 1 \end{matrix} \\ \begin{bmatrix} 4i & 2i \\ 2i & 4i \end{bmatrix}\begin{matrix} 0 \\ 1 \end{matrix} \end{array}$$

单元②的刚度矩阵及定位向量为：

$$\overline{\boldsymbol{K}}^{②}=\begin{array}{c} \begin{matrix} 1 & \ \ 2 \end{matrix} \\ \begin{bmatrix} 4i & 2i \\ 2i & 4i \end{bmatrix}\begin{matrix} 1 \\ 2 \end{matrix} \end{array}$$

（3）整体刚度矩阵为：

$$\boldsymbol{K}=\begin{bmatrix} 4i+4i & 2i \\ 2i & 4i+4i \end{bmatrix}=\begin{bmatrix} 8i & 2i \\ 2i & 8i \end{bmatrix}$$

（4）荷载列向量为：

$$\boldsymbol{F}=[50\quad 0]^{\mathrm{T}}$$

（5）基本方程：

$$\boldsymbol{F}=\boldsymbol{K\varDelta}$$

即

$$\begin{bmatrix} 50 \\ 0 \end{bmatrix}=\begin{bmatrix} 8i & 2i \\ 2i & 8i \end{bmatrix}\begin{bmatrix} \varDelta_1 \\ \varDelta_2 \end{bmatrix}$$

（6）解方程可得：

$$\begin{bmatrix} \varDelta_1 \\ \varDelta_2 \end{bmatrix}=\begin{bmatrix} -\dfrac{50}{7i} \\ \dfrac{25}{7i} \end{bmatrix}$$

根据各单元定位向量，从解得结点位移中确定相应的杆端位移，根据单元①和②的刚度矩阵，确定单元①和②的杆端弯矩如下。

单元①：

$$\overline{\Delta}_0^{①}=0;\ \overline{\Delta}_1^{①}=-\frac{50}{7i}$$

$$\begin{bmatrix}\overline{M}_1^{①}\\ \overline{M}_2^{①}\end{bmatrix}=\begin{bmatrix}4i & 2i\\ 2i & 4i\end{bmatrix}\begin{bmatrix}0\\ -\dfrac{50}{7i}\end{bmatrix}=\begin{bmatrix}-14.29\\ -28.57\end{bmatrix}\text{kN}\cdot\text{m}$$

单元②：

$$\overline{\Delta}_2^{②}=-\frac{50}{7i};\ \overline{\Delta}_2^{②}=\frac{25}{7i}$$

$$\begin{bmatrix}\overline{M}_1^{②}\\ \overline{M}_2^{②}\end{bmatrix}=\begin{bmatrix}4i & 2i\\ 2i & 4i\end{bmatrix}\begin{bmatrix}-\dfrac{50}{7i}\\ \dfrac{25}{7i}\end{bmatrix}=\begin{bmatrix}-21.43\\ 0\end{bmatrix}\text{kN}\cdot\text{m}$$

所得结果满足结点 2 的力矩平衡条件，故知计算结果正确。

9.4 等效结点荷载

在结构上除了结点上的集中力和集中力偶这类结点荷载外，实际上常有非结点荷载作用在单元上。对于非结点荷载，需要将其变换为相应的结点荷载，变换的原则是使结构在相应的结点荷载作用下，其结点位移与原非结点荷载作用下的结点位移相同，这种经过变换所得的结点荷载称为等效结点荷载。

【例题 9-3】 求如图 9-7 所示结构在给定荷载作用下的等效荷载向量 F。

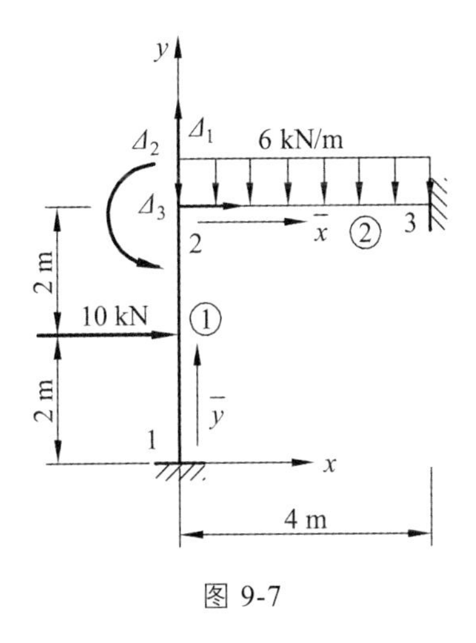

图 9-7

解：（1）求单元坐标系下的固端约束反力。

单元①：

$$\overline{\boldsymbol{F}}^{F①}=\begin{bmatrix}0\\-5\ \text{kN}\\5\ \text{kN}\cdot\text{m}\\0\\-5\ \text{kN}\\-5\ \text{kN}\cdot\text{m}\end{bmatrix}\begin{matrix}0\\0\\0\\1\\2\\3\end{matrix}$$

单元②：

$$\overline{\boldsymbol{F}}^{F②}=\begin{bmatrix}0\\12\ \text{kN}\\8\ \text{kN}\cdot\text{m}\\0\\12\ \text{kN}\\-8\ \text{kN}\cdot\text{m}\end{bmatrix}\begin{matrix}1\\2\\3\\0\\0\\0\end{matrix}$$

（2）求各单元在整体坐标系中的等效结点荷载 F^e。

利用坐标转换，使各固端力转为整体坐标系下的固端力。单元①、②的倾角分别为：

$$\alpha_1=90°;\ \alpha_2=0°$$

$$\boldsymbol{F}^{①}=\boldsymbol{T}^{\mathrm{T}}\overline{\boldsymbol{F}}^{F①}=\begin{bmatrix}-5\ \text{kN}\\0\\5\ \text{kN}\cdot\text{m}\\\vdots\\-5\ \text{kN}\\0\\-5\ \text{kN}\cdot\text{m}\end{bmatrix}\begin{matrix}0\\0\\0\\ \\1\\2\\3\end{matrix}$$

因 $\alpha_2=0°$，所以

$$\boldsymbol{F}^{②}=\overline{\boldsymbol{F}}^{F②}$$

（3）根据定位向量或所示总码计算各附加约束上的约束反力，并将其反号作用在结构上，即得到等效结点荷载。

$$\boldsymbol{F}=\begin{bmatrix}(-5+0)\ \text{kN}\\(0+12)\ \text{kN}\\(+5+8)\ \text{kN}\cdot\text{m}\end{bmatrix}=\begin{bmatrix}5\ \text{kN}\\-12\ \text{kN}\\-13\ \text{kN}\cdot\text{m}\end{bmatrix}$$

作用在单元上的非结点荷载转换为结点等效荷载的步骤如下：
（1）把结构离散为单元，并对单元进行编码。
（2）求出各单元在非结点荷载作用下的杆端力。
（3）求出各单元在整体坐标系下的杆端力。
（4）根据定位向量或所示总码计算各附加约束上的约束反力，并将其反号作用在结构上。

9.5 刚架计算步骤和算例

先处理的直接刚度法计算刚架的步骤可概括如下：

（1）划分单元并对结点和单元进行编号，选取整体坐标系和单元坐标系，同时对未知结点位移和相应的结点荷载进行编码。

（2）建立按总码顺序排列的自由结点位移列向量和相应的综合结点荷载列向量（包括对非结点荷载的处理)。

（3）对式（9-5)单元坐标系下的单元刚度矩阵进行坐标变换或按式（9-29）直接列出各单元在整体坐标系下的单元刚度矩阵，根据变形协调条件和位移边界条件写出各单元的定位向量，进行换码。

（4）将各单元刚度矩阵中有关元素按定位向量所示非“0”的行码和列码送到结构刚度矩阵中的相应位置。如果同一位置上有多个元素，则应将这些元素叠加，最终得到结构刚度矩阵。

（5）从结构刚度方程 $\boldsymbol{F}=\boldsymbol{K\Delta}$ 中求解自由结点位移。

（6）利用单元定位向量将杆端位移用相应的结点位移表示，计算在结构坐标系下的单元杆端力，再按式（9-15)变换为在单元坐标系下的单元杆端力。若单元受非结点荷载作用，则还需叠加上相应的固端力才可得到实际的杆端力。

【例题 9-4】 试求如图 9-7（a）所示刚架的内力。设各杆为矩形截面，杆长 $l=4\ \text{m}$，$bh=0.24\ \text{m}^2$，$E=30\ \text{GPa}$，$I=0.012\,8\ \text{m}^4$。忽略轴向变形。

解：（1）如图 9-7（a）所示，将刚架划分为①、②、③三个单元，节点编号为 1、2、3、4。在不考虑轴向变形的情况下，结点 2 和结点 3 的水平线位移相等，故独立的结点线位移只有一个 Δ_1。所以结点位移分别为 Δ_1，Δ_2，Δ_3。单元①中 $i\rightarrow 1$，$j\rightarrow 2$，$\alpha_1=90^\circ$；单元②中 $i\rightarrow 2$，$j\rightarrow 3$，$\alpha_2=0^\circ$；单元③中 $i\rightarrow 4$，$j\rightarrow 3$，$\alpha_3=90^\circ$。

（2）结点位移列向量为：

$$\boldsymbol{\Delta}=(\Delta_1 \quad \Delta_2 \quad \Delta_3)^{\mathrm{T}}$$

（3）将单元①上的非结点荷载转化为等效结点荷载后，与原有的结点荷载相叠加，得相应的综合结点荷载列向量如下：

$$\boldsymbol{F}=\begin{bmatrix}F_1\\F_2\\F_3\end{bmatrix}=\begin{bmatrix}48\ \text{kN}\\32\ \text{kN}\cdot\text{m}\\0\end{bmatrix}+\begin{bmatrix}20\ \text{kN}\\0\\0\end{bmatrix}=\begin{bmatrix}68\ \text{kN}\\32\ \text{kN}\cdot\text{m}\\0\end{bmatrix}$$

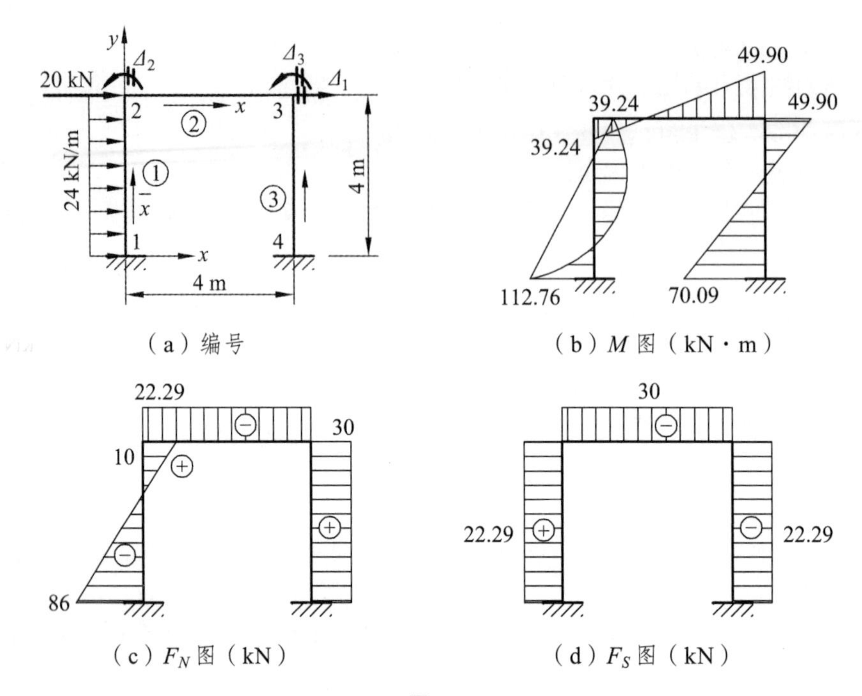

图 9-8

（4）建立整体坐标系下的单元刚度矩阵，确定单元定位向量并换码。

对于单元①，$\sin\alpha_1 = 1$，$\cos\alpha_1 = 0$，单元定位向量 $\boldsymbol{\lambda}^{①} = [0\quad 0\quad 0\quad 1\quad 0\quad 2]^{\mathrm{T}}$

$$
\begin{array}{c}
\quad\quad\quad\quad\quad 0 \qquad\qquad 0 \qquad\qquad 0 \qquad\qquad 1 \qquad\qquad 0 \qquad\qquad 2 \\
\boldsymbol{K}^{①} = 10^4 \times \left[\begin{array}{cccccc}
7.2\ \mathrm{kN\cdot m} & 0 & -14.4\ \mathrm{kN} & -7.2\ \mathrm{kN\cdot m} & 0 & -14.4\ \mathrm{kN} \\
0 & 180\ \mathrm{kN\cdot m} & 0 & 0 & -180\ \mathrm{kN\cdot m} & 0 \\
-14.4\ \mathrm{kN} & 0 & 38.4\ \mathrm{kN\cdot m} & 14.4\ \mathrm{kN} & 0 & 19.2\ \mathrm{kN\cdot m} \\
-7.2\ \mathrm{kN\cdot m} & 0 & 14.4\ \mathrm{kN} & 7.2\ \mathrm{kN\cdot m} & 0 & 14.4\ \mathrm{kN} \\
0 & -180\ \mathrm{kN\cdot m} & 0 & 0 & 180\ \mathrm{kN\cdot m} & 0 \\
-14.4\ \mathrm{kN} & 0 & 19.2\ \mathrm{kN\cdot m} & 14.4\ \mathrm{kN} & 0 & 38.4\ \mathrm{kN\cdot m}
\end{array}\right]\begin{array}{c}0\\0\\0\\1\\0\\2\end{array}
\end{array}
$$

对于单元②,由于 $\varDelta_1$ 只会使对齐②发生刚体平移而不引起内力，所以单元②的杆端内力只和结点 2、3 的两端转角 $\varDelta_2$、$\varDelta_3$ 有关。因此在确定单元定位向量时，$\varDelta_1$ 的总码应换为“0”。故单元②的定位向量应为：

$$
\boldsymbol{\lambda}^{②} = [0\quad 0\quad 2\quad 0\quad 0\quad 3]^{\mathrm{T}}
$$

故有

$$
\begin{array}{c}
\quad\quad\quad\quad\quad 0 \qquad\qquad 0 \qquad\qquad 2 \qquad\qquad 0 \qquad\qquad 0 \qquad\qquad 3 \\
\boldsymbol{K}^{②} = 10^4 \times \left[\begin{array}{cccccc}
180\ \mathrm{kN\cdot m} & 0 & 0 & -180\ \mathrm{kN\cdot m} & 0 & 0 \\
0 & 7.2\ \mathrm{kN\cdot m} & 14.4\ \mathrm{kN} & 0 & -7.2\ \mathrm{kN\cdot m} & 14.4\mathrm{kN} \\
0 & 14.4\ \mathrm{kN} & 38.4\ \mathrm{kN\cdot m} & 0 & -14.4\ \mathrm{kN} & 19.2\mathrm{kN\cdot m} \\
-180\ \mathrm{kN\cdot m} & 0 & 0 & 180\ \mathrm{kN\cdot m} & 0 & 0 \\
0 & -7.2\ \mathrm{kN\cdot m} & -14.4\ \mathrm{kN} & 0 & 7.2\ \mathrm{kN\cdot m} & -14.4\mathrm{kN} \\
0 & 14.4\ \mathrm{kN} & 19.2\ \mathrm{kN\cdot m} & 0 & -14.4\ \mathrm{kN} & 38.4\mathrm{kN\cdot m}
\end{array}\right]\begin{array}{c}0\\0\\2\\0\\0\\3\end{array}
\end{array}
$$

对于单元③，$\sin\alpha_3 = 1$，$\cos\alpha_3 = 0$，$\boldsymbol{\lambda}^{③} = [0\quad 0\quad 0\quad 1\quad 0\quad 3]^{\mathrm{T}}$。

$$\boldsymbol{K}^{③} = 10^4 \times \begin{array}{c} \begin{matrix} 0 & 0 & 0 & 1 & 0 & 3 \end{matrix} \\ \begin{bmatrix} 7.2\ \mathrm{kN\cdot m} & 0 & -14.4\ \mathrm{kN} & -7.2\ \mathrm{kN\cdot m} & 0 & -14.4\ \mathrm{kN} \\ 0 & 180\ \mathrm{kN\cdot m} & 0 & 0 & -180\ \mathrm{kN\cdot m} & 0 \\ -14.4\ \mathrm{kN} & 0 & 38.4\ \mathrm{kN\cdot m} & 14.4\ \mathrm{kN} & 0 & 19.2\ \mathrm{kN\cdot m} \\ -7.2\ \mathrm{kN\cdot m} & 0 & 14.4\ \mathrm{kN} & 7.2\ \mathrm{kN\cdot m} & 0 & 14.4\ \mathrm{kN} \\ 0 & -180\ \mathrm{kN\cdot m} & 0 & 0 & 180\ \mathrm{kN\cdot m} & 0 \\ -14.4\ \mathrm{kN} & 0 & 19.2\ \mathrm{kN\cdot m} & 14.4\ \mathrm{kN} & 0 & 38.4\ \mathrm{kN\cdot m} \end{bmatrix} \begin{matrix} 0 \\ 0 \\ 0 \\ 1 \\ 0 \\ 3 \end{matrix} \end{array}$$

（5）将上面三个单元刚度矩阵中各个元素，按定位向量表示的非“0”行码和列码，用直接刚度法可得到结构刚度矩阵为：

$$\boldsymbol{K} = 10^4 \times \begin{array}{c} \begin{matrix} 1 & 2 & 3 \end{matrix} \\ \begin{bmatrix} (7.2+7.2)\ \mathrm{kN\cdot m} & 14.4\ \mathrm{kN} & 14.4\ \mathrm{kN} \\ 14.4\ \mathrm{kN} & (38.4+38.4)\ \mathrm{kN\cdot m} & 19.2\ \mathrm{kN\cdot m} \\ 14.4\ \mathrm{kN} & 19.2\ \mathrm{kN\cdot m} & (38.4+38.4)\ \mathrm{kN\cdot m} \end{bmatrix} \begin{matrix} 1 \\ 2 \\ 3 \end{matrix} \end{array}$$

$$= 10^4 \times \begin{array}{c} \begin{matrix} 1 & 2 & 3 \end{matrix} \\ \begin{bmatrix} 14.4\ \mathrm{kN\cdot m} & 14.4\ \mathrm{kN} & 14.4\ \mathrm{kN} \\ 14.4\ \mathrm{kN} & 76.8\ \mathrm{kN\cdot m} & 19.2\ \mathrm{kN\cdot m} \\ 14.4\ \mathrm{kN} & 19.2\ \mathrm{kN\cdot m} & -76.8\ \mathrm{kN\cdot m} \end{bmatrix} \begin{matrix} 1 \\ 2 \\ 3 \end{matrix} \end{array}$$

结构刚度方程为：$\boldsymbol{F} = \boldsymbol{K\Delta}$，即

$$\begin{bmatrix} 68\ \mathrm{kN} \\ 32\ \mathrm{kN\cdot m} \\ 0 \end{bmatrix} = 10^4 \times \begin{bmatrix} 14.4\ \mathrm{kN\cdot m} & 14.4\ \mathrm{kN} & 14.4\ \mathrm{kN} \\ 14.4\ \mathrm{kN} & 76.8\ \mathrm{kN\cdot m} & 19.2\ \mathrm{kN\cdot m} \\ 14.4\ \mathrm{kN} & 9.2\ \mathrm{kN\cdot m} & 76.8\ \mathrm{kN\cdot m} \end{bmatrix} \times \begin{bmatrix} \Delta_1 \\ \Delta_2 \\ \Delta_3 \end{bmatrix}$$

（6）解刚度方程。

利用 $\boldsymbol{\Delta} = \boldsymbol{K}^{-1}\boldsymbol{F}$ 直接解刚度方程可得

$$\begin{bmatrix} \Delta_1 \\ \Delta_2 \\ \Delta_3 \end{bmatrix} = 10^4 \times \begin{bmatrix} 6.269\,8\ \mathrm{m} \\ -0.496\ \mathrm{rad} \\ -1.051\,6\ \mathrm{rad} \end{bmatrix}$$

（7）计算各单元的杆端力。

单元①：

$$\begin{bmatrix} F_{1x} \\ F_{1y} \\ M_1 \\ F_{2x} \\ F_{2y} \\ M_2 \end{bmatrix}^{①} = 10^4 \times \begin{bmatrix} 7.2\ \mathrm{kN\cdot m} & 0 & -14.4\ \mathrm{kN} & -7.2\ \mathrm{kN\cdot m} & 0 & -14.4\ \mathrm{kN} \\ 0 & 180\ \mathrm{kN\cdot m} & 0 & 0 & -180\ \mathrm{kN\cdot m} & 0 \\ -14.4\ \mathrm{kN} & 0 & 38.4\ \mathrm{kN\cdot m} & 14.4\ \mathrm{kN} & 0 & 19.2\ \mathrm{kN\cdot m} \\ -7.2\ \mathrm{kN\cdot m} & 0 & 14.4\ \mathrm{kN} & 7.2\ \mathrm{kN\cdot m} & 0 & 14.4\ \mathrm{kN} \\ 0 & -180\ \mathrm{kN\cdot m} & 0 & 0 & 180\ \mathrm{kN\cdot m} & 0 \\ -14.4\ \mathrm{kN} & 0 & 19.2\ \mathrm{kN\cdot m} & 14.4\ \mathrm{kN} & 0 & 38.4\ \mathrm{kN\cdot m} \end{bmatrix}$$

$$\begin{bmatrix} 0 \\ 0 \\ 0 \\ 6.269\ 8\ \text{m} \\ 0 \\ -0.496\ 0\ \text{rad} \end{bmatrix} \times 10^4 + \begin{bmatrix} -48\ \text{kN} \\ 0 \\ 32\ \text{kN}\cdot\text{m} \\ -48\ \text{kN} \\ 0 \\ -32\ \text{kN}\cdot\text{m} \end{bmatrix} = \begin{bmatrix} -86.000\ \text{kN} \\ 0 \\ 112.762\ \text{kN}\cdot\text{m} \\ -10.000\ \text{kN} \\ 0 \\ 39.239\ \text{kN}\cdot\text{m} \end{bmatrix}$$

按式（9-9）转换为单元坐标系下的杆端力，得

$$\begin{bmatrix} \overline{F}_{x1} \\ \overline{F}_{y1} \\ \overline{M}_1 \\ \overline{F}_{x2} \\ \overline{F}_{y2} \\ \overline{M}_2 \end{bmatrix}^{①} = \begin{bmatrix} 0 & 1 & 0 & 0 & 0 & 0 \\ -1 & 0 & 0 & 0 & 0 & 0 \\ 0 & 0 & 1 & 0 & 0 & 0 \\ 0 & 0 & 0 & 0 & 1 & 0 \\ 0 & 0 & 0 & -1 & 0 & 0 \\ 0 & 0 & 0 & 0 & 0 & 1 \end{bmatrix} \begin{bmatrix} -86.000\ \text{kN} \\ 0 \\ 112.762\ \text{kN}\cdot\text{m} \\ -10.000\ \text{kN} \\ 0 \\ 39.239\ \text{kN}\cdot\text{m} \end{bmatrix} = \begin{bmatrix} 0 \\ 86.000\ \text{kN} \\ 112.762\ \text{kN}\cdot\text{m} \\ 0 \\ 10.000\ \text{kN} \\ 39.239\ \text{kN}\cdot\text{m} \end{bmatrix}$$

单元②：因 $\alpha_2 = 0$，故单元坐标系下的杆端力与整体坐标系下的杆端力相同，有

$$\begin{bmatrix} \overline{F}_{x2} \\ \overline{F}_{y2} \\ \overline{M}_2 \\ \overline{F}_{x3} \\ \overline{F}_{y3} \\ \overline{M}_3 \end{bmatrix}^{②} = \begin{bmatrix} F_{2x} \\ F_{2y} \\ M_2 \\ F_{3x} \\ F_{3y} \\ M_3 \end{bmatrix}^{②} = 10^4 \times \begin{bmatrix} 180\ \text{kN}\cdot\text{m} & 0 & 0 & -180\ \text{kN}\cdot\text{m} & -7.2\ \text{kN}\cdot\text{m} & 0 \\ 0 & 7.2\ \text{kN}\cdot\text{m} & 14.4\ \text{kN} & 0 & -14.4\ \text{kN} & 14.4\ \text{kN} \\ 0 & 14.4\ \text{kN} & 38.4\ \text{kN}\cdot\text{m} & 0 & 0 & 19.2\ \text{kN}\cdot\text{m} \\ -180\ \text{kN}\cdot\text{m} & 0 & 0 & 180\ \text{kN}\cdot\text{m} & 0 & 0 \\ 0 & -7.2\ \text{kN}\cdot\text{m} & -14.4\ \text{kN} & 0 & 7.2\ \text{kN}\cdot\text{m} & -14.4\ \text{kN} \\ 0 & 14.4\ \text{kN} & 19.2\ \text{kN}\cdot\text{m} & 0 & -14.4\ \text{kN} & 38.4\ \text{kN}\cdot\text{m} \end{bmatrix}$$

$$\begin{bmatrix} 0 \\ 0 \\ 0.496\ 0\ \text{rad} \\ 0 \\ 0 \\ -1.051\ 6\ \text{rad} \end{bmatrix} \times 10^4 = \begin{bmatrix} 0 \\ -22.285\ \text{kN} \\ -39.237\ \text{kN}\cdot\text{m} \\ 0 \\ 22.285\ \text{kN} \\ -49.905\ \text{kN}\cdot\text{m} \end{bmatrix}$$

同理可得单元③单元坐标系下的杆端力为

$$\begin{bmatrix} \overline{F}_{x4} \\ \overline{F}_{y4} \\ \overline{M}_4 \\ \overline{F}_{x3} \\ \overline{F}_{y3} \\ \overline{M}_3 \end{bmatrix}^{③} = \begin{bmatrix} 0 \\ 30.000\ \text{kN} \\ 70.094\ \text{kN}\cdot\text{m} \\ 0 \\ -30.000\ \text{kN} \\ 49.905\ \text{kN}\cdot\text{m} \end{bmatrix}$$

（8）根据所得各单元的杆端弯矩和剪力作出内力图，根据剪力图作轴力图，内力图如图9-8（b）、（c）、（d）所示。

思考题

1. 矩阵位移法的基本思路是什么？
2. 试述矩阵位移法与传统位移法的异同。
3. 什么叫单元刚度矩阵？其中每一元素的物理意义是什么？
4. 为何用矩阵位移法分析时，要建立两种坐标系？
5. 矩阵位移法中，杆端力、杆端位移和结点力、结点位移的正负号是如何规定的？
6. 单元定位向量由什么组成？它的用处是什么？
7. 对单元刚度矩阵进行坐标变换的目的是什么？
8. 什么叫等效结点荷载？如何求得？“等效”是指什么效果相等？

习　题

1. 计算图9-9所示连续梁的结点转角和杆端弯矩。

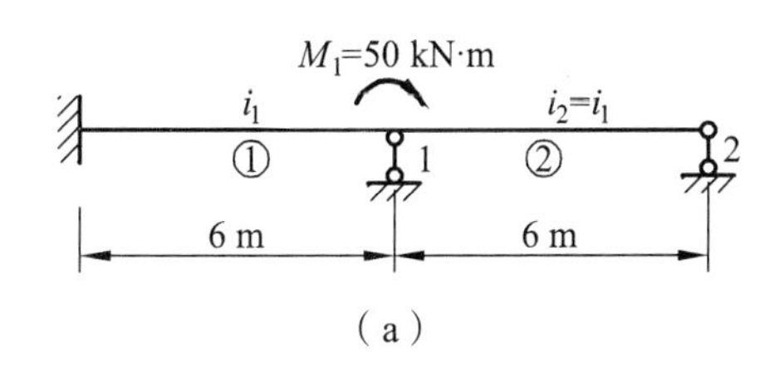

（a）

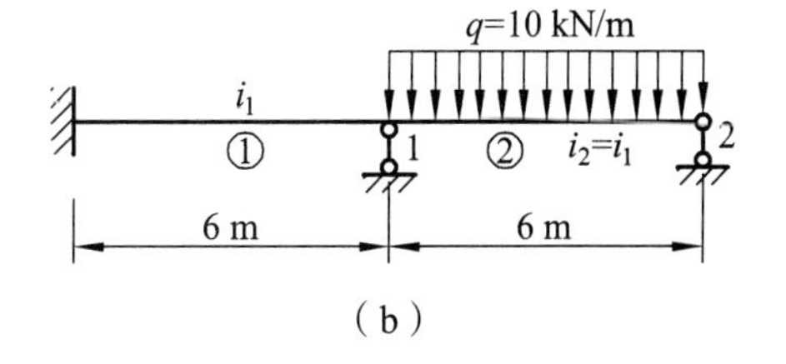

（b）

图9-9

2. 试用矩阵位移法计算图9-10所示连续梁。EI = 常数。

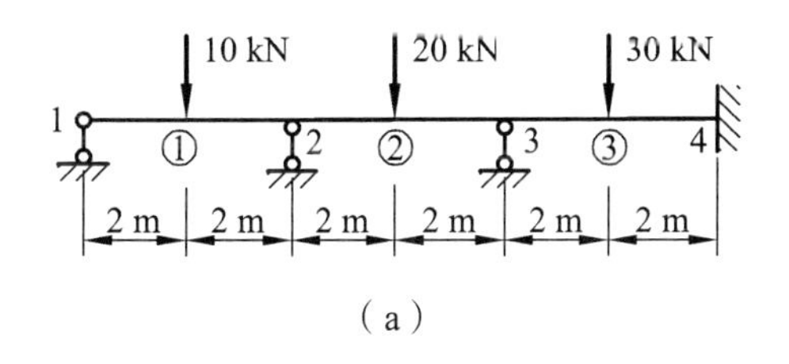

（a）

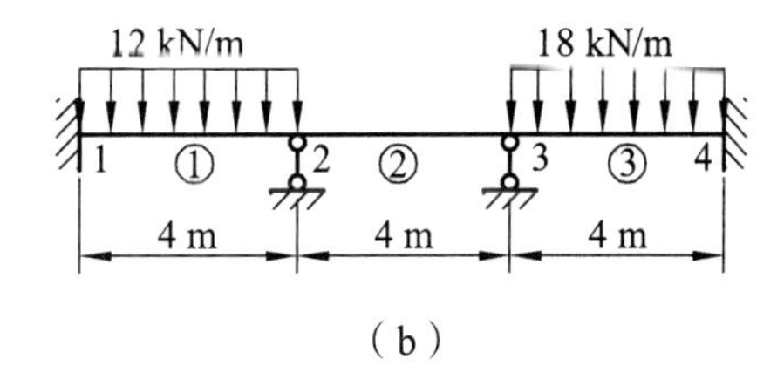

（b）

图9-10

3. 用矩阵位移法计算图9-11所示结构（不计轴向变形），并绘制弯矩图。
4. 用矩阵位移法计算图9-12所示结构（不计轴向变形），并绘制弯矩图。
5. 用矩阵位移法计算图9-13所示刚架（不计轴向变形），并绘制弯矩图、剪力图和轴力图。

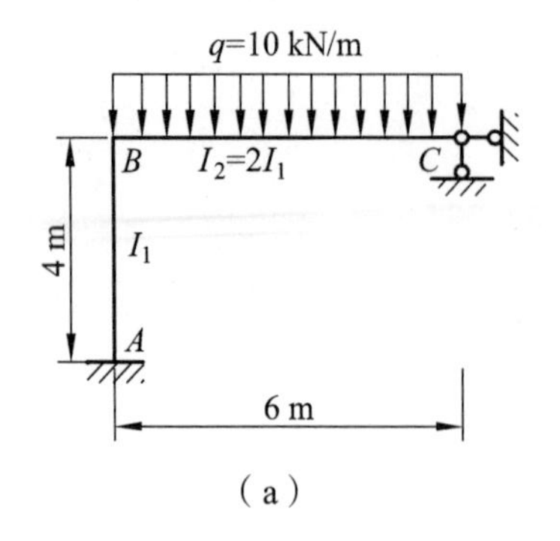

（a）

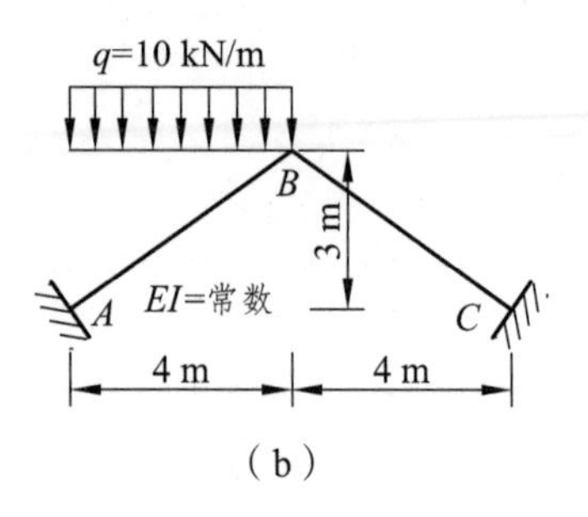

（b）

图 9-11

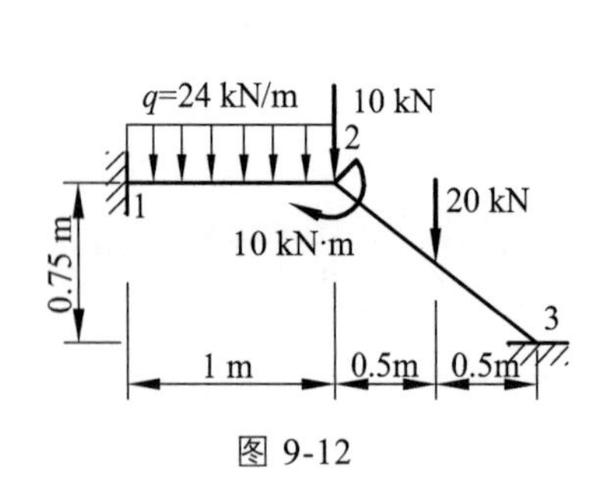

图 9-12

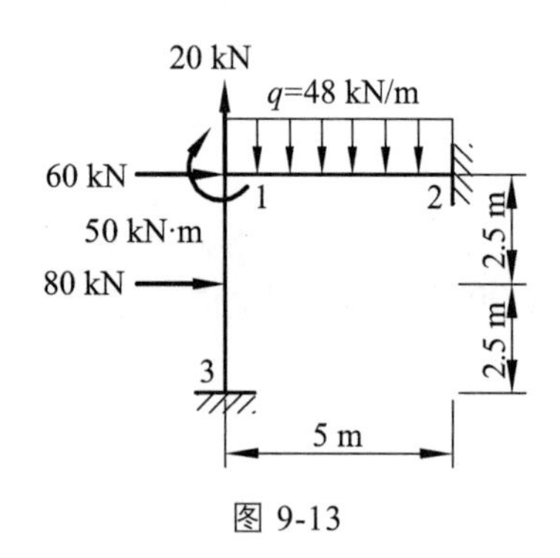

图 9-13

6. 用矩阵位移法计算图 9-14 所示刚架（不计轴向变形），并绘制弯矩图。

7. 试用矩阵位移法计算图 9-15 所示桁架各杆的轴力，设各杆 EA/L 相同。

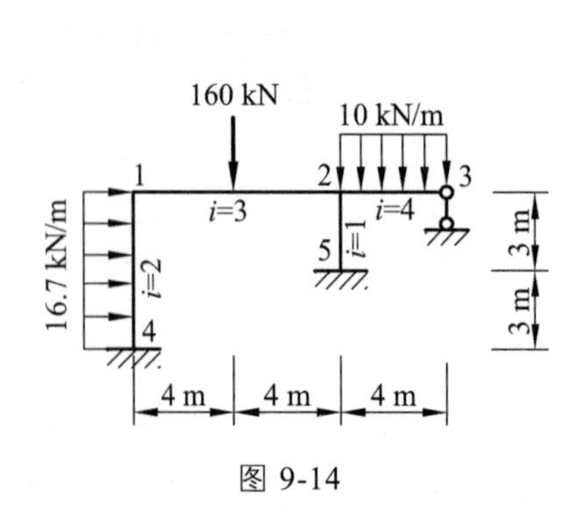

图 9-14

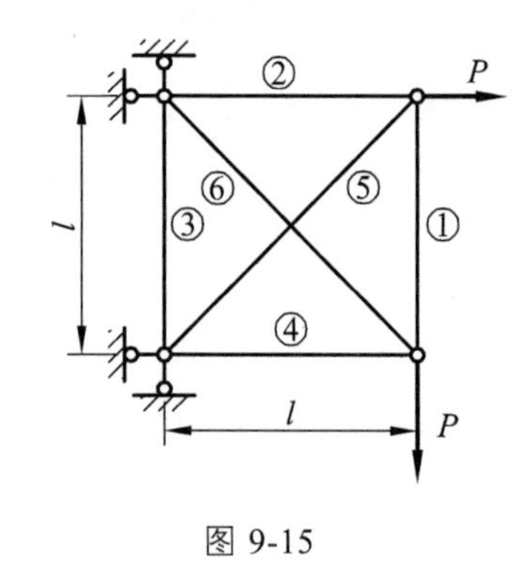

图 9-15

答　案

1.（a）结点转角 $\begin{bmatrix}\theta_1\\ \theta_2\end{bmatrix}=\begin{bmatrix}\dfrac{50}{7i}\\ -\dfrac{25}{7i}\end{bmatrix}$；杆端弯矩 $\begin{bmatrix}\bar{M}_1\\ \bar{M}_2\end{bmatrix}^{①}=\begin{bmatrix}14.9\\ 28.57\end{bmatrix}$ kN · m；$\begin{bmatrix}\bar{M}_1\\ \bar{M}_2\end{bmatrix}^{②}=\begin{bmatrix}21.43\\ 0\end{bmatrix}$ kN · m

（b）结点转角 $\begin{bmatrix}\theta_1\\ \theta_2\end{bmatrix}=\begin{bmatrix}\dfrac{45}{7i}\\ -\dfrac{75}{7i}\end{bmatrix}$；杆端弯矩 $\begin{bmatrix}\bar{M}_1\\ \bar{M}_2\end{bmatrix}^{①}=\begin{bmatrix}12.86\\ 25.71\end{bmatrix}$ kN · m；$\begin{bmatrix}\bar{M}_1\\ \bar{M}_2\end{bmatrix}^{②}=\begin{bmatrix}-25.71\\ 0\end{bmatrix}$ kN · m。

2.（a）F_1=(24.375　　– 41.250) kN · m；

（b）F_1=(21.867　　– 4.266 7) kN · m。

3.（a）M_{AB} = 11.25 kN · m，M_{BA} = 22.5 kN · m；

（b）M_{AB} = – 16.7 kN · m，M_{BA} = 6.7 kN · m。

4. M_1 = 436.647 6 kN · m；M_3 = – 898.525 kN · m。

5. M_2 = – 133.873 kN · m；M_3 = 35.358 kN · m。

6. M_{41} = 70 kN · m；M_{52} = 70 kN · m；M_{12} = 70 kN · m；

M_{23} = 80 kN · m；M_{21} = – 160 kN · m。

7. 答案（略）。

参考文献

[1] 周竞欧，朱伯钦，许哲明. 结构力学[M]. 上海：同济大学出版社，2014.

[2] 朱慈勉，张伟平. 结构力学：上册[M]. 2 版. 北京：高等教育出版社，2009.

[3] 朱慈勉，张伟平. 结构力学：下册[M]. 2 版. 北京：高等教育出版社，2009.

[4] 龙驭球，包世华. 结构力学教程（Ⅰ）[M]. 北京：高等教育出版社，2000.

[5] 龙驭球，包世华. 结构力学教程（Ⅱ）[M]. 北京：高等教育出版社，2001.

[6] 王焕定，章梓茂，景瑞. 结构力学[M]. 2 版. 北京：高等教育出版社，2010.

[7] 李廉锟. 结构力学[M]. 6 版. 北京：高等教育出版社，2017.

[8] 包世华，熊峰，范小春. 结构力学教程[M]. 武汉：武汉理工大学出版社，2017.